DIANZI YUANQIJIAN
XUEXI BAODIAN

# 电子元器件
# 学习宝典

蔡杏山　主编

化学工业出版社

·北京·

本书系统地介绍了电子元器件功能特点、识别及检测的相关知识，主要内容有万用表的使用、电阻器、电容器、电感器与变压器、二极管、三极管、晶闸管、场效应管与IGBT、继电器与干簧管、过流保护元器件、过压保护元器件、光电器件、电声器件、压电器件、显示器件、传感器、贴片元器件、集成电路和电工器件等。本书采用双色图解的形式，对重点部分进行了标记，同时，在重点章节同步配套视频教学，非常适合零基础读者学习。

　　本书涵盖了电子产品中常用电子元器件功能特点、识别、检测等内容，讲解全面详细，语言通俗易懂，读者可以通过学习本书快速掌握电子元器件的知识技能。

　　本书可供电子电工技术人员学习使用，也可作为大中专院校及培训学校的相关专业教材。

**图书在版编目（CIP）数据**

电子元器件学习宝典/蔡杏山主编. —北京：化学工业
出版社，2019.6
ISBN 978-7-122-34027-6

Ⅰ.①电… Ⅱ.①蔡… Ⅲ.①电子元器件 Ⅳ.①TN6

中国版本图书馆CIP数据核字（2019）第041407号

---

责任编辑：李军亮　万忻欣　　　　　　　　　　　　装帧设计：王晓宇
责任校对：边　涛

---

出版发行：化学工业出版社（北京市东城区青年湖南街13号　邮政编码100011）
印　　装：大厂聚鑫印刷有限责任公司
787mm×1092mm　1/16　印张25½　字数674千字　2019年7月北京第1版第1次印刷

---

购书咨询：010-64518888　　　售后服务：010-64518899
网　　址：http://www.cip.com.cn
凡购买本书，如有缺损质量问题，本社销售中心负责调换。

---

定　　价：88.00元

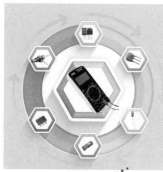

# 电子元器件学习宝典

　　电子元器件是构成电子产品的最小单元。检修电子产品归根结底就是找出损坏的电子元器件，设计电子产品则是选择各种电子元器件，然后像搭积木一样将这些电子元器件连接起来，组合成具有使用价值的电子产品。不管是检修电子产品还是设计电子产品，都需要掌握电子元器件的相关知识。

　　为了让读者能轻松快速掌握各种电子元器件的功能特点、识别和检测方法，我们推出了《电子元器件学习宝典》。本书主要有以下特点：

　　·全书双色图解　层次分明，重点突出，采用直观形象的图表方式，帮助读者轻松理解专业知识。

　　·语言通俗易懂　少用专业化术语，避免复杂的理论分析和公式推导，非常适合初学者学习。

　　·元器件种类齐全　包含了电子产品中常用电子元器件的功能特点、识别与检测等内容。

　　·配备二维码教学视频　书中重要知识点配备二维码视频讲解，通过视频教学进行详细解说，让读者能快速掌握所学内容。

　　·网络免费辅导　读者在阅读时遇到难理解的问题，可登录易天电学网：www.xxITee.com，观看有关辅导材料或向老师提问进行学习。

　　本书由蔡杏山主编，蔡玉山、詹春华、黄勇、何慧、黄晓玲、蔡春霞、刘凌云、刘海峰、刘元能、邵永亮、朱球辉、蔡华山、蔡理峰、万四香、蔡理刚、何丽、梁云、唐颖、王娟、戴艳花、邓艳姣、何彬、何宗昌、蔡理忠、黄芳、谢佳宏、李清荣、蔡任英和邵永明等参与了资料的收集和部分章节的编写工作。

　　由于我们水平有限，书中的不足之处在所难免，望广大读者和同仁予以批评指正。

编　者

# 目录
Contents

第 **3** 章
电容器

048 ——————

二维码
058、064

第 **4** 章
电感器与变压器

065 ——————————

二维码
070、079

第 **5** 章
二极管

083 ——————————

第 **8** 章
场效应管与 IGBT

147

二维码
155、160

第 **9** 章
继电器与干簧管

162

二维码
165、171

第**10**章
过流、过压保护元器件

173

二维码
180、182

第**11**章
光电器件

183

二维码
184、195、204、208

第**12**章
**电声器件**

211————

二维码
214、217、219、225

第**16**章
贴片元器件

# 第17章
## 集成电路
294 ——————

第**18**章

**电工器件**

350 ————

二维码

058、064

# 万用表的使用

## 1.1 指针万用表的测量原理与使用

### 1.1.1 面板说明

指针万用表是一种广泛使用的电子测量仪表，它由一只灵敏度很高的直流电流表（微安表）作表头，再加上挡位选择开关和相关的电路组成。指针万用表可以测量电压、电流、电阻，还可以测量电子元器件的好坏。指针万用表种类很多，使用方法都大同小异，本章以MF-47新型万用表为例进行介绍。

MF-47新型万用表外观如图1-1所示，它在早期MF-47型万用表的基础上增加了很多新的测量功能，如增加了电容量、电池电量、稳压二极管稳压值的测量功能，另外还有电路通路蜂鸣测量和电阻箱等功能。从图中可以看出，MF-47新型指针万用表面板上主要有刻度盘、挡位选择开关、旋钮和一些插孔。

（1）刻度盘

刻度盘如图1-2所示，它由9条刻度线组成。

第1条标有"Ω"符号的为欧姆刻度线。在测量电阻阻值时查看该刻度线。这条刻度线最右端刻度表示的阻值最小，为0；最左端刻度表示的阻值最大，为∞（无穷大）。在未测量时表针指在左端无穷大处。

第2条标有"$\underline{V}$，$\underline{mA}$"符号的为直、交流电压/直流电流刻度线。在测量直、交流电压和直流电流时都查看这条刻度线。该刻度线最左端刻度表示最小值，最右端刻度表示最大值，该刻度线下方标有三组数，它们的最大值分别是250、50和10。当选择不同挡位时，

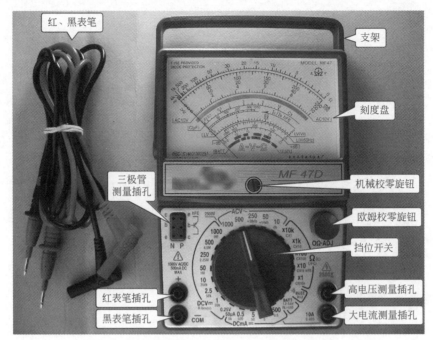

图 1-1 MF-47 新型指针万用表外观图

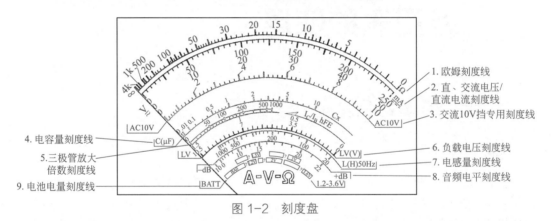

图 1-2 刻度盘

要将刻度线的最大刻度看作该挡位最大量程数值（其他刻度也要相应变化）。如挡位选择开关拨至"50V"挡测量时，表针指在第二刻度线最大刻度处，表示此时测量的电压值为 50V（而不是 10V 或 250V）。

第 3 条标有"AC10V"字样的为交流 10V 挡专用刻度线。在挡位开关拨至交流 10V 挡测量时查看该刻度线。

第 4 条标有"C（μF）"字样的为电容容量刻度线。在测量电容容量时查看该刻度线。

第 5 条标有"$I_C/I_B$ hFE"字样（在刻度线右方）的为三极管放大倍数刻度线。在测量三极管放大倍数时查看该刻度线。

第 6 条标有"LV（V）"字样的为负载电压刻度线。在测量稳压二极管稳压值和一些非线性元器件（如整流二极管、发光二极管和三极管的 PN 结）正向压降时查看该刻度线。

第 7 条标有"L（H）50Hz"字样的为电感量刻度线。在测量电感的电感量时查看该刻度线。

第 8 条标有"+dB"字样的为音频电平刻度线。在测量音频信号电平时查看该刻度线。

第9条标有"BATT"字样的为电池电量刻度线。在测量1.2～3.6V电池是否可用时查看该刻度线。

（2）挡位选择开关

当万用表测量不同的项目时，应将挡位选择开关拨至不同的挡位。挡位选择开关及插孔如图1-3所示，它可以分为多类挡位，除通路蜂鸣挡和电池电量挡外，其他各类挡位根据测量值的大小又细分成多挡。

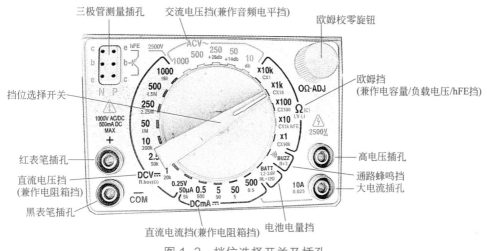

图1-3　挡位选择开关及插孔

（3）旋钮

指针万用表面板上的旋钮有机械校零旋钮和欧姆校零旋钮，机械校零旋钮如图1-1所示，欧姆校零旋钮如图1-3所示。

机械校零旋钮的作用是在使用万用表测量前，将表针调到刻度盘电压刻度线（第2条刻度线）的"0"刻度处（或欧姆刻度线的"∞"刻度处）。

欧姆校零旋钮的作用是在使用欧姆挡或通路蜂鸣挡时，按一定的方法将表针调到欧姆刻度线的"0"刻度处。

（4）插孔

万用表的插孔如图1-3所示。

在图中左下角标有"COM"字样的为黑表笔插孔，标有"+"字样的为红表笔插孔；图中右下角标有"2500 V"字样的为高电压测量插孔（在测量大于1000V而小于2500V的电压时，红表笔需插入该插孔），标有"10A"字样的为大电流测量插孔（在测量大于500mA而小于10A的直流电流时，红表笔需插入该插孔）；图中左上角标有"P"字样的为PNP型三极管插孔，标有"N"字样的为NPN型三极管插孔。

## 1.1.2　测量原理

指针万用表内部有一只直流电流表，为了让它不但能测直流电流还能测电压、电阻等电量，需要给万用表加相关的电路。下面就介绍万用表内部各种电路如何与直流电流表配合进行各种电量的测量。

（1）直流电流的测量原理

万用表直流电流的测量原理如图1-4所示，图中右端虚线框内的部分为万用表测直流电流时的等效电路，左端为被测电路。

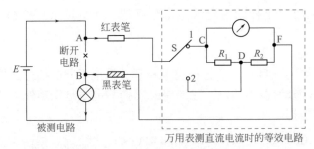

图 1-4　直流电流测量原理

在图中，如果想测量流过灯泡的电流大小，首先要将电路断开，然后将万用表的红表笔接 A 点（断口的高电位处），黑表笔接 B 点（断口的低电位处）。这时被测电路的电流经 A 点、红表笔流进万用表。在万用表内部，电流经挡位开关 S 的"1"端后分作两路：一路流经电阻 $R_1$、$R_2$，另一路流经电流表，两电流在 F 点汇合后再从黑表笔流出进入被测电路。因为有电流流经电流表，电流表表针偏转指示被测电流的大小。

如果被测电路的电流很大，为了防止流过电流表的电流过大而表针无法正常指示或电流表被烧坏，可以将挡位开关 S 拨至"2"处（大电流测量挡），这时从红表笔流入的大电流经开关 S 的"2"到达 D 点，电流又分作两路：一路流经 $R_2$，另一路流经 $R_1$、电流表，两电流在 F 点汇合后再从黑表笔流出。因为在测大电流时分流电阻小（测小电流时分流电阻为 $R_1+R_2$，而测大电流时分流电阻为 $R_2$），被分流掉的电流大，再加上 $R_1$ 的限流，所以流过电流表的电流不会很大，电流表不会被烧坏，表针仍可以正常指示。

从上面的分析可知，万用表测量直流电流时有以下规律：

① 用万用表测直流电流时需要将电路断开，并且红表笔接断口的高电位处，黑表笔接断口的低电位处；

② 用万用表测直流电流时，内部需要并联电阻进行分流，测量的电流越大，要求分流电阻越小，所以在选用大电流挡测量时，万用表内部的电阻很小。

（2）直流电压的测量原理

万用表直流电压的测量原理如图 1-5 所示，图中右端虚线框内的部分为万用表测直流电压时的等效电路，左端为被测电路。

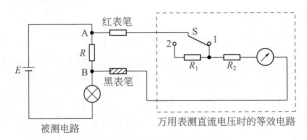

图 1-5　直流电压测量原理

在图中，如果要测量被测电路中电阻 R 两端的电压（即 A、B 两点之间的电压），应将红表笔接 A 点（R 的高电位端），黑表笔接 B 点（R 的低电位端），这时从 A 点会有一路电流流进红表笔，在万用表内部经挡位开关 S 的"1"端和限流电阻 $R_2$ 后流经电流表，再从黑表笔流出到达 B 点，A、B 之间的电压越高（即 R 两端的电压越高），流过电流表的电流越大，表针摆动幅度越大，指示的电压值越高。

如果 A、B 之间的电压很高，流过电流表的电流就会很大，则会出现表针摆动幅度超出指示范围而无法正常指示，或者电流表被烧坏。为避免这种情况的发生，在测量高电压时，可以将挡位开关S拨至"2"处（高电压测量挡），这时从红表笔流入的电流经开关S的"2"端，再由$R_1$、$R_2$限流后流经电流表，然后从黑表笔流出。因为测高电压时万用表内部的限流电阻大，故流进内部电流表的电流不会很大，电流表不会被烧坏，表针可以正常指示。

从上面的分析可知，万用表测量直流电压时有以下规律：

①　用万用表测直流电压时，红表笔要接被测电路的高电位处，黑表笔接低电位处；

②　用万用表测直流电压时，内部需要用串联电阻进行限流，测量的电压越高，要求限流电阻越大，所以在选用高电压挡测量时，万用表内部的电阻很大。

（3）交流电压的测量原理

万用表交流电压的测量原理如图1-6所示，图中右端虚线框内的部分为万用表测交流电压时的等效电路，左端为被测交流信号。

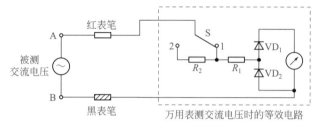

图1-6　交流电压测量原理

从图中可以看出，万用表测交流电压与测直流电压时的等效电路大部分是相同的，但在测交流电压时增加了$VD_1$、$VD_2$构成的半波整流电路。因为交流信号的极性是随时变化的，所以红、黑表笔可以随意接在A、B点，为了叙述方便，将红表笔接A点，黑表笔接B点。

在测量时，如果交流信号为正半周，那么A点为正，B点为负，则有电流从红表笔流入万用表，再经挡位开关S的"1"端、电阻$R_1$和二极管$VD_1$流经电流表，然后由黑表笔流出到达交流信号的B点。如果交流信号为负半周，那么A点为负，B点为正，则有电流从黑表笔流入万用表，经二极管$VD_2$、电阻$R_1$和挡位开关S的"1"端，再由红表笔流出到达交流信号的A点。测交流电压时有一个半周有电流流过电流表，表针会摆动，并且交流电压越高，表针摆动的幅度越大，指示的电压越高。

如果被测交流电压很高，可以将挡位开关S拨至"2"处（高电压测量挡），这时从红表笔流入的电流需要经过限流电阻$R_2$、$R_1$，因为限流电阻大，故流过电流表的电流不会很大，电流表不会被烧坏，表针可以正常指示。

从上面的分析可知，万用表测量交流电压时有以下规律；

①　用万用表测交流电压时，因为交流电压极性随时变化，故红、黑表笔可以任意接在被测交流电压两端；

②　用万用表测交流电压时，内部需要用串联电阻进行限流，测量的电压越高，要求限流电阻越大，另外内部还需要整流电路。

（4）电阻阻值的测量原理

万用表电阻阻值的测量原理如图1-7所示，图中右端虚线框内的部分为万用表测电阻阻值时的等效电路，左端为被测电阻$R_x$。由于电阻不能提供电流，所以在测电阻时，万用表内部需要使用直流电源（电池）。

电阻无正、负之分，故在测电阻阻值时，红、黑表笔可以随意接在被测电阻两端。在测量电阻时，红表笔接在被测电阻$R_x$的一端，黑表笔接另一端，这时万用表内部电路与$R_x$构成回路，有电流流过电路，电流从电池的正极流出，在C点分作两路：一路经挡位开关S的"1"端、电阻$R_1$流到D点，另一路经电位器$R_P$、电流表流到D点，两电流在D点汇合

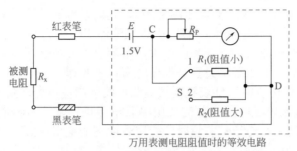

图 1-7　电阻阻值测量原理

后从黑表笔流出，再流经被测电阻 $R_x$，然后由红表笔流入，回到电池的负极。

被测电阻 $R_x$ 的阻值越小，回路的电阻也就越小，流经电流表的电流也就越大，表针摆动的幅度越大，指示的阻值越小，这一点与测电压、电流是相反的（在测电压、电流时，表针摆动幅度越大，指示的电压或电流值越大），所以万用表刻度盘上电阻刻度线标注的数值大小与电压、电流刻度线是相反的。

如果被测电阻阻值很大，则流过电流表的电流就越小，表针摆动幅度很小，读数困难且不准确。为此在测量高阻值电阻时，可以将挡位开关 S 拨至"2"处（高阻值测量挡），接入的电阻 $R_2$ 的阻值较低挡位的电阻 $R_1$ 大，因为 $R_2$ 阻值大，所以经 $R_2$ 分流掉的电流小，流过电流表的电流大，表针摆动的幅度大，使测量高阻值电阻时也可以很容易从刻度盘准确读数。

从上面的分析可知，万用表测量电阻阻值时有以下规律：

① 在测电阻阻值时，万用表内部需要用到电池（在测电压、电流时，电池处于断开状态）；

② 在测电阻阻值时，万用表的红表笔接内部电池的负极，黑表笔接内部电池的正极；

③ 在测电阻阻值时，被测电阻阻值越大，表针摆动的幅度越小，被测电阻阻值越小，表针摆动的幅度越大。

### 1.1.3　使用前的准备工作

指针万用表在使用前需要安装电池、机械校零和安插表笔。

（1）安装电池

指针万用表工作时需要安装电池，电池安装如图 1-8 所示。

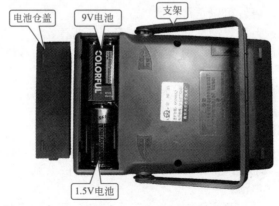

图 1-8　电池安装

在安装电池时，先将万用表后面的电池盖取下，然后将一节 2 号 1.5V 电池和一节 9V 电池分别安装在相应的电池插座中，安装时要注意两节电池的正负极性要与电池盒标注极性一致。如果万用表不安装电池，电阻挡（兼作电容量 / 负载电压 /hFE 挡）和通路蜂鸣挡将无法使用，电压、电流挡仍可使用。

（2）机械校零

机械校零操作如图1-9所示。

将万用表平放在桌面上，观察表针是否指在电压/电流刻度线左端"0"位置（即欧姆刻度线左端"∞"位置），如果未指向该位置，可用螺钉旋具（俗称螺丝刀、起子）调节机械校零旋钮，让表针指在电压/电流刻度线左端"0"处即可。

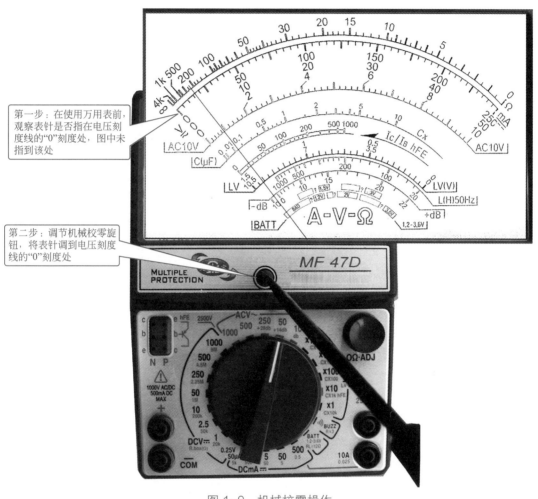

第一步：在使用万用表前，观察表针是否指在电压刻度线的"0"刻度处，图中未指到该处

第二步：调节机械校零旋钮，将表针调到电压刻度线的"0"刻度处

图1-9  机械校零操作

（3）安插表笔

万用表有红、黑两根表笔，测量时应将红表笔插入标"+"字样的插孔中，黑表笔插入标"COM"字样的插孔中。

### 1.1.4  直流电压的测量

MF-47新型指针万用表的直流电压挡位可细分为0.25V、1V、2.5V、10V、50V、250V、500V、1000V、2500V挡。

（1）直流电压的测量步骤

直流电压的测量步骤如下：

① 测量前先估计被测电压的最大值，选择合适的挡位，即选择的挡位要大于且最接近

估计的最大电压值，这样测量值更准确。若无法估计，可先选最高挡测量，再根据大致测量值重新选取合适低挡位进行测量；

② 测量时，将红表笔接被测电压的高电位处，黑表笔接被测电压的低电位处；

③ 读数时，找到刻度盘上直流电压刻度线，即第 2 条刻度线，观察表针指在该刻度线何处。由于第 2 条刻度线标有 3 组数（3 组数共用一条刻度线），因此读哪一组数要根据所选择的电压挡位来确定。例如测量时选择的是"250V"挡，读数时就要读最大值为 250 的那一组数，在选择"2.5V"挡时仍读该组数，只不过要将 250 看成是 2.5，该组其他数也要作相应变化。同样地，在选择"10V""1000V"挡测量时读最大值为 10 的那组数，在选择"50V""500V"挡位测量时要读最大值为 50 的那组数。

直流电压测量补充说明：

① 如果要测量 1000～2500V 电压，挡位选择开关应拨至"1000V"挡，红表笔插入 2500V 专用插孔，黑表笔仍插在"－"插孔中，读数时选择最大值为 250 的那一组数；

② 直流电压"0.25V"挡与直流电流"50μA"挡是共用的。在选择该挡测直流电压时，可以测量 0～0.25V 范围内的电压，读数时选择最大值为 250 的那一组数；在选择该挡测直流电流时，可以测量 0～50μA 范围内的电流，读数选择最大值为 50 的那一组数。

（2）直流电压测量举例

用万用表测量一节干电池的电压，其测量过程如图 1-10 所示。

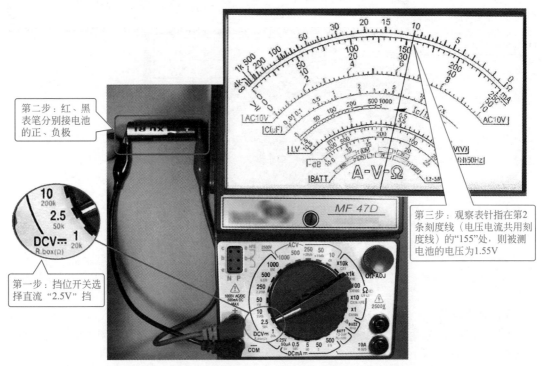

图 1-10 一节干电池电压的测量过程

估计一节电池的电压不会超过 2V，因此将挡位选择开关拨至直流电压的"2.5V"挡，然后红表笔接电池的正极，黑表笔接电池的负极，读数时查看表针在第 2 条刻度线所指的刻度，并观察该刻度对应的数值（最大值为 250 那组数），现发现表针所指刻度对应数值为 135，那么该电池电压为 1.35V（250 看成 2.5，135 相应要看成 1.35）。

当然也可以选择"10V""50V"挡，甚至更高的挡位来测量电池的电压，但准确度会下降，挡位偏离电池实际电压越大，准确度越低。

### 1.1.5  直流电流的测量

MF-47 新型指针万用表的直流电流挡位可细分为 50μA、0.5mA、5mA、50mA、500mA、10A 挡。

（1）直流电流的测量步骤

直流电流的测量步骤如下：

① 先估计被测电路电流可能有的最大值，然后选取合适的直流电流挡位，选取的挡位应大于并且最接近估计的最大电流值；

② 测量时，先要将被测电路断开，再将红表笔接断开位置的高电位处，黑表笔接断开位置的另一端；

③ 读数时查看第 2 条刻度线，读数方法与直流电压测量读数相同。

直流电流测量补充说明：当测量 500mA～10A 电流时，红表笔应插入 10A 专用插孔，黑表笔仍插在"－"插孔中不动，挡位选择开关拨至"500mA"挡，测量时查看第 2 条刻度线，并选择最大值为 10 的那组数进行读数，单位为 A。

（2）直流电流测量举例

下面以测量流过一只灯泡的电流大小来说明直流电流的测量方法，测量过程如图 1-11 所示。

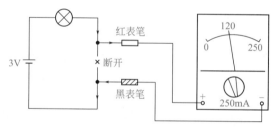

图 1-11  灯泡电流的测量示意图

估计流过灯泡的电流不会超过 250mA，将挡位选择开关拨至"250mA"挡，再将被测电路断开，然后将红表笔接断开位置的高电位处，黑表笔接断开位置的另一端，这样才能保证电流由红表笔流进，从黑表笔流出，表针才能朝正方向摆动，否则表针会反偏。读数时发现表针所指刻度对应的数值为 120，故流过灯泡的电流为 120mA。

### 1.1.6  交流电压的测量

MF-47 新型指针万用表的交流电压的挡位可细分为 10V、50V、250V、500V、1000V、2500V 挡。

（1）交流电压的测量步骤

交流电压的测量步骤如下：

① 估计被测交流电压可能有的最大值，选取合适的交流电压挡位，选取的挡位应大于并且最接近估计的最大值；

② 红、黑表笔分别接被测电压两端（交流电压无正负之分，故红、黑表笔可随意接）；

③ 读数时查看第 2 条刻度线，读数方法与直流电压的测量读数相同。

交流电压测量补充说明：

① 当选择交流"10V"挡测量时，应查看第 3 条刻度线（10V 交流电压挡测量专用刻度线），读数时选择最大值为 10 的一组数；

② 在测量 1000～2500V 交流电压时，挡位选择开关应拨至交流"1000V"挡，红表笔

要插入 2500V 专用插孔，黑表笔仍插在"－"插孔中，读数时选择最大值为 250 的那组数。

（2）交流电压测量举例

下面以测量市电电压的大小来说明交流电压的测量方法，测量过程如图 1-12 所示。估计市电电压不会大于 250V 且最接近 250V，故将挡位选择开关拨至交流"250V"挡，然后将红、黑表笔分别插入交流市电插座，读数时发现表针指第 2 条刻度线的"240"处（读最大值为 250 那组数），则市电电压为 240V。

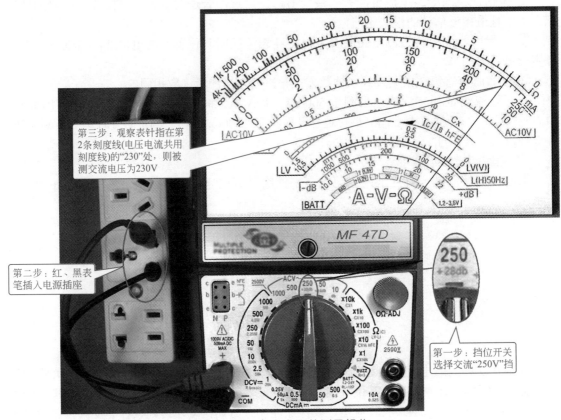

第三步：观察表针指在第 2 条刻度线(电压电流共用刻度线)的"230"处，则被测交流电压为230V

第二步：红、黑表笔插入电源插座

第一步：挡位开关选择交流"250V"挡

图 1-12　市电电压的测量操作

### 1.1.7　电阻阻值的测量

测量电阻的阻值要用到欧姆挡，MF-47 新型指针万用表的欧姆挡可细分为 $\times 1\Omega$、$\times 10\Omega$、$\times 100\Omega$、$\times 1k\Omega$、$\times 10k\Omega$ 挡。

（1）电阻阻值的测量步骤

电阻阻值的测量步骤如下：

① 选择挡位。先估计被测电阻的阻值大小，选择合适的欧姆挡位。挡位选择的原则是：在测量时尽可能让表针指在欧姆刻度线的中央位置，因为表针指在刻度线中央位置时的测量值最准确，若不能估计电阻的阻值，可先选高挡位测量，如果发现阻值偏小时，再换成合适的低挡位重新测量；

② 欧姆校零。挡位选好后要进行欧姆校零，欧姆校零的操作如图 1-13 所示，先将红、黑表笔短接，观察表针是否指到欧姆刻度线（即第 1 条刻度线）的"0"刻度处，如果表针没有指在"0"刻度，可调节欧姆校零旋钮，将表针调到"0"刻度处为止；

③ 红、黑表笔分别接被测电阻的两端；

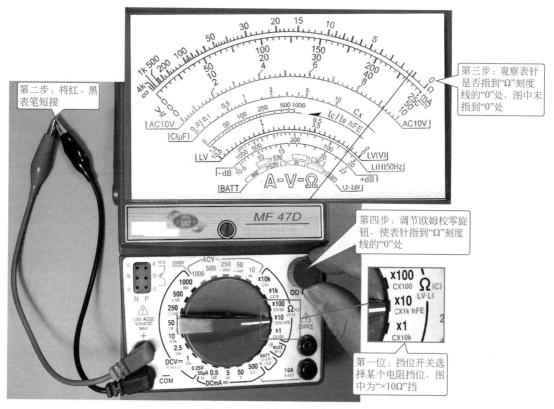

第二步：将红、黑表笔短接

第三步：观察表针是否指到"Ω"刻度线的"0"处，图中未指到"0"处

第四步：调节欧姆校零旋钮，使表针指到"Ω"刻度线的"0"处

第一位：挡位开关选择某个电阻挡位，图中为"×10Ω"挡

图1-13 欧姆校零的操作

④ 读数时查看第1条刻度线，观察表针所指刻度数值，然后将该数值与挡位数相乘，得到的结果就是该电阻的阻值。

（2）欧姆挡使用举例

下面以测量一个标称阻值为120Ω的电阻为例来说明欧姆挡的使用方法。

由于电阻的标称阻值为120Ω，为了使表针能尽量指到刻度线中央，可选择"×10Ω"挡，然后进行欧姆校零，过程如图1-14所示，再将红、黑表笔分别接被测电阻两端并观察表针在欧姆刻度线的所指位置，如图1-14所示，现发现表针指在数值"12"位置，则该电阻的阻值为12×10Ω=120Ω。

### 1.1.8 通路蜂鸣测量

通路蜂鸣测量是MF-47新型万用表新增的功能，利用该功能可以测量电路是否处于通路，若处于通路（电路阻值低于10Ω），万用表会发出1kHz的蜂鸣声，这样用户测量时不用查看刻度盘即能了解电路通断情况。

MF-47新型万用表的"BUZZ（R×3）"挡用作通路蜂鸣测量。下面以测量一根导线为例来说明通路蜂鸣的测量方法，测量操作过程如图1-15所示。通路蜂鸣挡测量导线的步骤如下：

① 将挡位开关拨至"BUZZ（R×3）"挡（即通路蜂鸣测量挡）；

② 将红、黑表笔短接进行欧姆校零；

③ 将红、黑表笔接被测导线的两端；

④ 如果万用表有蜂鸣声发出，表明导线处于通路，此时若想知道导线的电阻，可查看表针在欧姆刻度线所指数值，该数值乘以3即为被测导线的电阻。

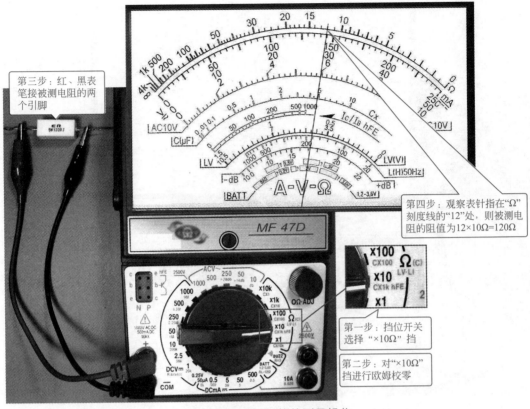

第三步：红、黑表笔接被测电阻的两个引脚

第四步：观察表针指在"Ω"刻度线的"12"处，则被测电阻的阻值为12×10Ω=120Ω

第一步：挡位开关选择"×10Ω"挡

第二步：对"×10Ω"挡进行欧姆校零

图1-14　电阻阻值的测量操作

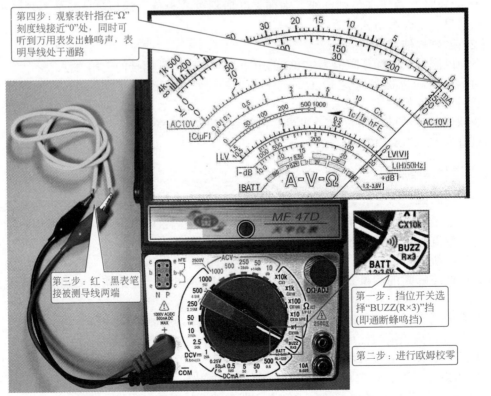

第四步：观察表针指在"Ω"刻度线接近"0"处，同时可听到万用表发出蜂鸣声，表明导线处于通路

第三步：红、黑表笔接被测导线两端

第一步：挡位开关选择"BUZZ(R×3)"挡（即通断蜂鸣挡）

第二步：进行欧姆校零

图1-15　利用通路蜂鸣测量挡测量导线的操作图

### 1.1.9 电池电量的测量（BATT 测量）

电池电量测量挡是用来测量电池电量情况，以确定被测电池是否可用。该挡可以测量 1.2~3.6V 各类电池电量（不含纽扣电池）。

（1）电池电量判断方法

任何一种电池，都可以看成由电动势 $E$ 和内阻 $r$ 组成，如图 1-16 所示。对于电量充足的电池，其内阻很小，当电池接入电路时，内阻上的压降很小，电池两端的电压 $U$ 与电动势 $E$ 基本相等，万用表测电池电压时，测得实际为电压 $U$。电池用旧后，其内阻增大，输出电流 $I$ 变小，如果此时电池外接负载电阻 $R_L$ 阻值很大，$U=IR_L$ 值仍较大，故电池两端的电压 $U$ 下降还不明显，但若 $R_L$ 阻值较小，则 $U=IR_L$ 值很小。

总之，当电量不足的电池的特征是：当接相同的负载，其输出电流较新电池小；当接阻值小的负载时，输出电压与新电池相比会明显下降，但接阻值大的负载时，输出电压下降不明显。

（2）电池电量测量原理

电池电量测量原理如图 1-17 所示，其中右虚线框内部分为测电池电量时的万用表内部电路等效图。

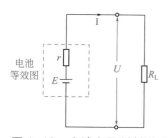

图 1-16　电池电量判断说明

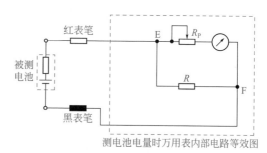

测电池电量时万用表内部电路等效图

图 1-17　电池电量测量原理

在测量电池电量时，红、黑表笔分别接被接测电池的正、负极，被测电池输出的电流流经万用表内部的电流表，表针会发生摆动。若被测电池电量充足，其内阻很小，输出电压很高，E、F 两点间的电压高，电流表两端电压高，流过电流表的电流大，表针摆动幅度大，表示被测电池电量充足；若被测电池电量不足，其内阻很大，内阻上的压降增大，电池输出电流小，输出电压低，流过电流表的电流小，表针摆动幅度小，表示被测电池电量不足。电池电量测量与直流电压测量原理很相似，但实际两者存在较大的差别，在使用直流电压挡测量时，万用表的内阻很大（红、黑表笔之间万用表内部电路的总电阻），例如万用表选择直流电压"2.50V"挡时，内阻为 50kΩ，而选择电池电量测量挡时，万用表的内阻约为 8~12Ω。

总之，电池电量测量原理是：在测量电池电量时，万用表为被测电池提供一个合适的负载，再将被测电池在该负载下对电流表表针驱动能力展现出来，从而判断电池电量是否充足。

（3）电池电量测量步骤

电池电量测量步骤如下：

① 将挡位开关拨到"BATT"挡（电池电量测量挡）；

② 将红、黑表笔分别接被测电池的正、负极；

③ 根据被测电池的标称值观察表针所指的位置，若指在绿框范围内，表示电池电量充足，若指在"？"范围内，表示电池尚可使用，若指在红框范围内，则电池电量不足。

补充说明：电池电量测量挡可以测量 1.2~3.6V 各类电池电量，但不含纽扣电池，对于纽扣电池，可用直流电压"2.5V"挡测量（该挡提供的负载 $R_L$ 为 50kΩ）。

### （4）电池电量测量举例

下面以测量一节1.5V电池电量来说明电池电量的测量方法，测量操作过程如图1-18所示。

先将万用表的挡位开关拨到"BATT"挡，再将红、黑表笔分别接被测电池的正、负极，然后观察表针在BATT刻度框1.5V区域的指示位置，现发现表针指在1.5V绿框范围内，说明被测电池电量充足。

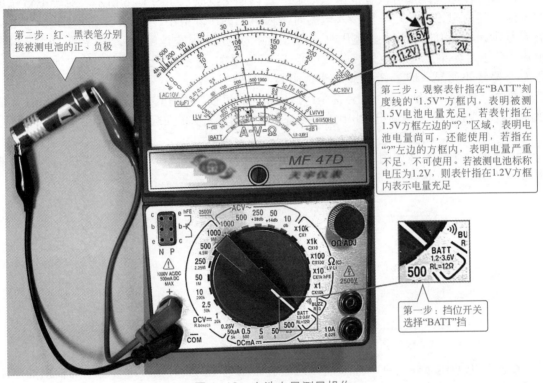

第二步：红、黑表笔分别接被测电池的正、负极

第三步：观察表针指在"BATT"刻度线的"1.5V"方框内，表明被测1.5V电池电量充足，若表针指在1.5V方框左边的"?"区域，表明电池电量尚可，还能使用，若指在"?"左边的方框内，表明电量严重不足，不可使用。若被测电池标称电压为1.2V，则表针指在1.2V方框内表示电量充足

第一步：挡位开关选择"BATT"挡

图1-18　电池电量测量操作

### 1.1.10　指针万用表使用注意事项

指针万用表使用时要按正确的方法操作，否则轻者会出现测量值不准确，重者会烧坏万用表，甚至发生触电事故，危害人身安全。指针万用表使用时的具体注意事项如下：

① 测量时不能选错挡位，特别是不能用电流或电阻挡来测电压，这样极易烧坏万用表。万用表不用时，可将挡位拨至交流电压最高挡（如"1000V"挡）；

② 测量直流电压或直流电流时，注意红表笔接电源或电路的高电位、黑表笔接低电位，若表笔接错测量表针会反偏，可能会损坏万用表；

③ 若不能估计被测电压、电流或电阻值的大小，应先用最高挡测量，再根据测得值的大小，换至合适的低挡位测量；

④ 测量时，手不要接触表笔金属部位，以免触电或影响测量精确度；

⑤ 测量电阻阻值和三极管放大倍数时要进行欧姆校零，如果旋钮无法将表针调到欧姆刻度线的"0"处，一般为万用表内部电池老旧，应及时更换新电池。

## 1.2　数字万用表的测量原理与使用

指针万用表是一种平均值式测量仪表，具有结构简单、成本低、读数直观形象（用表针摆动幅度反映测量值大小）的特点，且测量时可输出较高的电压（最高可达9V以上），特别适合测量一些需要较高电压才能导通的半导体元器件（如发光二极管、MOS管和IGBT等），由于指针万用表内阻小，在测量时对被测电路具有一定的分流作用，会影响测量精度。数字万用表是一种瞬时取样式测量仪表，它每隔一段时间来显示当前测量值，测量时常出现数值不稳定，需要数值稳定后才能读数，数字万用表的内阻大，对被测电路分流小，故测量精度高，由于采用数字测量技术，数字万用表具有较多的测量功能（如电容量、温度和频率测量）。

## 1.2.1 面板介绍

数字万用表的种类很多，但使用方法大同小异，本章就以应用广泛的VC890C+型数字万用表为例来说明数字万用表的使用方法。VC890C+型数字万用表及配件如图1-19所示。

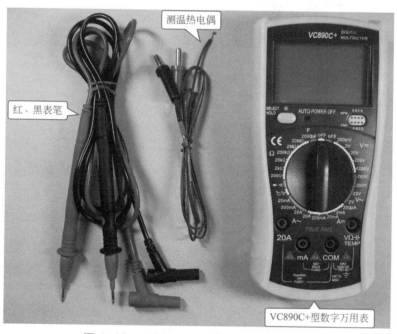

图1-19 VC890C+型数字万用表及配件

（1）面板说明

VC890C+型数字万用表的面板说明如图1-20所示。

（2）挡位开关及各功能挡

VC890C+型数字万用表的挡位开关及各功能挡如图1-21所示。

## 1.2.2 直流电压的测量

数字万用表的主要功能有直流电压和直流电流的测量、交流电压和交流电流的测量、电阻阻值的测量、二极管和三极管的测量，一些功能较全的数字万用表还具有测量电容、电感、温度和频率等功能。VC890C+型数字万用表具有上述大多数测量功能，下面以该型号的数字万用表为例来说明数字万用表各测量功能的使用。

VC890C+型数字万用表的直流电压挡可分为200mV、2V、20V、200V和1000V挡。

（1）直流电压的测量步骤

① 将红表笔插入"VΩ十TEMP"插孔，黑表笔插入"COM"插孔。

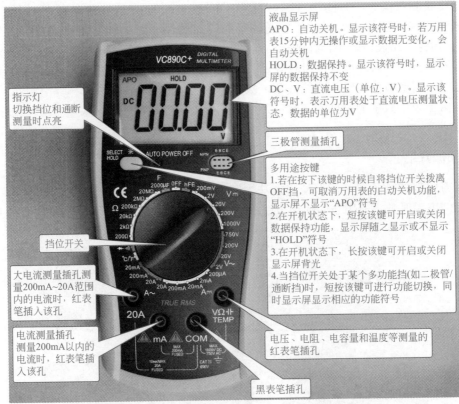

液晶显示屏
APO：自动关机。显示该符号时，若万用表15分钟内无操作或显示数据无变化，会自动关机
HOLD：数据保持。显示该符号时，显示屏的数据保持不变
DC、V：直流电压（单位：V）。显示该符号时，表示万用表处于直流电压测量状态，数据的单位为V

三极管测量插孔

多用途按键
1.若在按下该键的时候自将挡位开关拨离OFF挡，可取消万用表的自动关机功能，显示屏不显示"APO"符号
2.在开机状态下，短按该键可开启或关闭数据保持功能，显示屏随之显示或不显示"HOLD"符号
3.在开机状态下，长按该键可开启或关闭显示屏背光
4.当挡位开关处于某个多功能挡(如二极管/通断挡)时，短按该键可进行功能切换，同时显示屏显示相应的功能符号

指示灯
切换挡位和通断测量时点亮

挡位开关

大电流测量插孔测量200mA~20A范围内的电流时，红表笔插入该孔

电流测量插孔测量200mA以内的电流时，红表笔插入该孔

电压、电阻、电容量和温度等测量的红表笔插孔

黑表笔插孔

图 1-20　VC890C+ 型数字万用表的面板说明

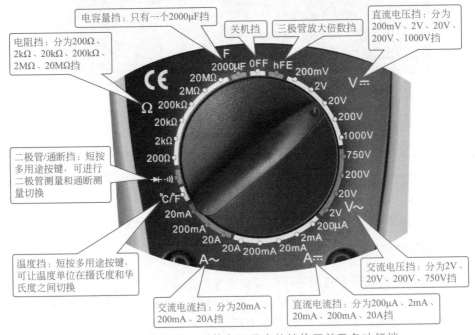

电容量挡：只有一个2000μF挡

关机挡

三极管放大倍数挡

直流电压挡：分为200mV、2V、20V、200V、1000V挡

电阻挡：分为200Ω、2kΩ、20kΩ、200kΩ、2MΩ、20MΩ挡

二极管/通断挡：短按多用途按键，可进行二极管测量和通断测量切换

温度挡：短按多用途按键，可让温度单位在摄氏度和华氏度之间切换

交流电流挡：分为20mA、200mA、20A挡

直流电流挡：分为200μA、2mA、20mA、200mA、20A挡

交流电压挡：分为2V、20V、200V、750V挡

图 1-21　VC890C+ 型数字万用表的挡位开关及各功能挡

② 测量前先估计被测电压可能有的最大值，选取比估计电压高且最接近的电压挡位，这样测量值更准确。若无法估计，可先选最高挡测量，再根据大致测量值重新选取合适低挡位进行测量。

③ 测量时，红表笔接被测电压的高电位处，黑表笔接被测电压的低电位处。

④ 读数时，直接从显示屏读出的数字就是被测电压值，读数时要注意小数点。

（2）直流电压测量举例

下面以测量一节标称为9V电池的电压来说明直流电压的测量方法，测量操作如图1-22所示。

由于被测电池标称电压为9V，根据选择的挡位数高于且最接近被测电压的原则，将挡位开关选择直流电压的"20V"挡最为合适，然后红表笔接电池的正极，黑表笔接电池的负极，再从显示屏直接读出数值即可，如果显示数据有变化，待其稳定后读值。图1-22中显示屏显示值为"08.66"，说明被测电池的电压为8.66V。当然也可以将挡位开关选择"200V""1000V"挡测量，但准确度会下降，挡位偏离被测电压越大，测量出来的电压值误差越大。

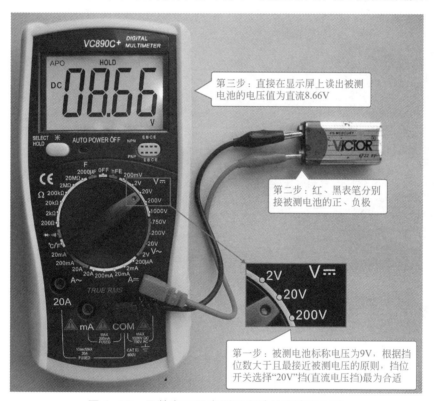

图 1-22　用数字万用表测量电池的直流电压值

### 1.2.3　直流电流的测量

VC890C+型数字万用表的直流电流挡位可分为200μA、2mA、20mA、200mA和20A挡。

（1）直流电流的测量步骤

① 将黑表笔插入"COM"插孔，红表笔插入"mA"插孔；如果测量200mA～20A电流，红表笔应插入"20A"插孔。

② 测量前先估计被测电流的大小，选取合适的挡位，选取的挡位应大于且最接近被测电流值。

③ 测量时，先将被测电路断开，再将红表笔置于断开位置的高电位处，黑表笔置于断开位置的低电位处。

④ 从显示屏上直接读出电流值。

**（2）直流电流测量举例**

下面以测量流过一只灯泡的工作电流为例来说明直流电流的测量方法，测量操作如图1-23所示。

灯泡的工作电流较大，一般会超过200mA，故挡位开关选择直流"20A"挡，并将红表笔插入"20A"插孔，再将电池连向灯泡的一根线断开，红表笔置于断开位置的高电位处，黑表笔置于断开位置的低电位处，这样才能保证电流由红表笔流进，从黑表笔流出，然后观察显示屏，发现显示的数值为"00.25"，则被测电流的大小为0.25A。

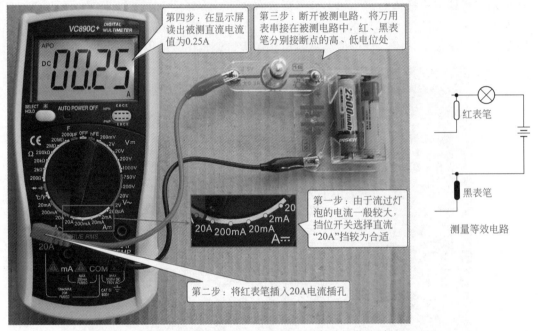

图1-23 用数字万用表测量灯泡的工作电流

## 1.2.4 交流电压的测量

VC890C+型数字万用表的交流电压挡可分为2V、20V、200V和780V挡。

**（1）交流电压的测量步骤**

① 将红表笔插入"VΩ┼TEMP"插孔，黑表笔插入"COM"插孔。

② 测量前，估计被测交流电压可能出现的最大值，选取合适的挡位，选取的挡位要大于且最接近被测电压值。

③ 红、黑表笔分别接被测电压两端（交流电压无正、负之分，故红、黑表笔可随意接）。

④ 读数时，直接从显示屏读出的数字就是被测电压值。

**（2）交流电压测量举例**

下面以测量市电电压的大小为例来说明交流电压的测量方法，测量操作如图1-24所示。

市电电压的标准值应为220V，万用表交流电压挡只有"750V"挡大于且最接近该数值，故将挡位开关选择交流"750V"挡，然后将红、黑表笔分别插入交流市电的电源插座，再从显示屏读出显示的数字，图中显示屏显示的数值为"0237"，故市电电压为237V。

数字万用表显示屏上的"T-RMS"表示真有效值。在测量交流电压或电流时，万用表测得的电压或电流值均为有效值，对于正弦交流电，其有效值与真有效值是相等的，对于非正弦交流电，其有效值与真有效值是不相等的，故对于无真有效值测量功能的万用表，在测量非正弦交流电时测得的电压值（有效值）是不准确的，仅供参考。

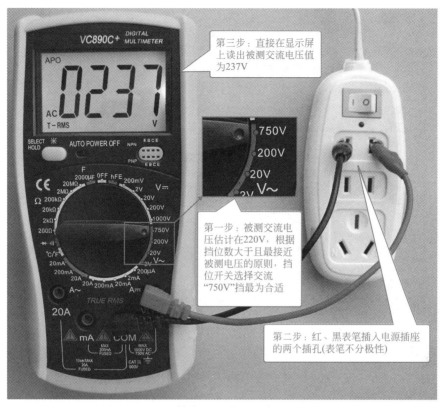

图 1-24 用数字万用表测量市电的电压值

### 1.2.5 交流电流的测量

VC890C+ 型数字万用表的交流电流挡可分为 20mA、200mA 和 20A 挡。

（1）交流电流的测量步骤

① 将黑表笔插入"COM"插孔，红表笔插入"mA"插孔；如果测量 200mA～20A 电流，红表笔应插入"20A"插孔。

② 测量前先估计被测电流的大小，选取合适的挡位，选取的挡位应大于且最接近被测电流。

③ 测量时，先将被测电路断开，再将红、黑表笔各接断开位置的一端。

④ 从显示屏上直接读出电流值。

（2）交流电流测量举例

下面以测量一个电烙铁的工作电流为例来说明交流电流的测量方法，测量操作如图 1-25 所示。

被测电烙铁的标称功率为 30W，根据 $I=P/U$ 可估算出其工作电流不会超过 200mA，挡位开关选择交流"200mA"挡最为合适，再按图 1-15 所示的方法将万用表的红、黑表笔与电烙铁连接起来，然后观察显示屏显示的数字为"123.7"，则流经电烙铁的交流电流大小为 123.7mA。

### 1.2.6 电阻阻值的测量

VC890C+ 型数字万用表的交流电流挡可分为 200Ω、2kΩ、20kΩ、200kΩ、2MΩ 和 20MΩ 挡。

（1）电阻阻值的测量步骤

① 将红表笔插入"VΩ┼┠TEMP"插孔，黑表笔插入"COM"插孔。

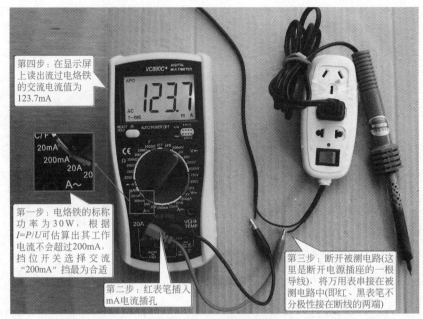

第四步：在显示屏上读出流过电烙铁的交流电流值为123.7mA

第一步：电烙铁的标称功率为30W，根据$I=P/U$可估算出其工作电流不会超过200mA，挡位开关选择交流"200mA"挡最为合适

第二步：红表笔插入mA电流插孔

第三步：断开被测电路(这里是断开电源插座的一根导线)，将万用表串接在被测电路中(即红、黑表笔不分极性接在断线的两端)

图 1-25　用数字万用表测量电烙铁的工作电流

② 测量前先估计被测电阻的大致阻值范围，选取合适的挡位，选取的挡位要大于且最接近被测电阻的阻值。

③ 红、黑表笔分别接被测电阻的两端。

④ 从显示屏上直接读出阻值大小。

**（2）电阻阻值测量举例**

下面以测量一个标称阻值为 1.5kΩ 的电阻为例来说明电阻挡的使用方法，测量操作如图1-26 所示。

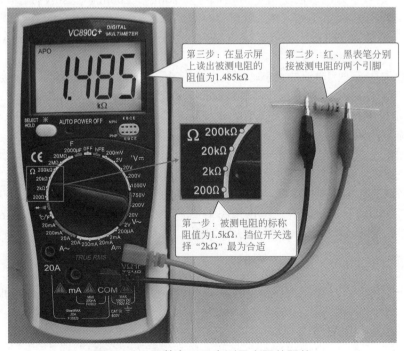

第三步：在显示屏上读出被测电阻的阻值为1.485kΩ

第二步：红、黑表笔分别接被测电阻的两个引脚

第一步：被测电阻的标称阻值为1.5kΩ，挡位开关选择"2kΩ"最为合适

图 1-26　用数字万用表测量电阻的阻值

由于被测电阻的标称阻值（电阻标示的阻值）为 1.5kΩ，根据选择的挡位大于且最接近被测电阻值的原则，挡位开关选择"2kΩ"挡最为合适，然后红、黑表笔分别接被测电阻两端，再观察显示屏显示的数字为"1.485"，则被测电阻的阻值为 1.485kΩ。

### 1.2.7　线路通断测量

VC890C+ 型数字万用表有一个二极管 / 通断测量挡，利用该挡除了可以测量二极管外，还可以测量线路的通断，当被测线路的电阻低于 50Ω 时，万用表上的指示灯会亮，同时发出蜂鸣声，由于使用该挡测量线路时万用表会发出声光提示，故无需查看显示屏即可知道线路的通断，适合快速检测大量线路的通断情况。

下面以测量一根导线为例来说明数字万用表通断测量挡的使用，测量操作如图 1-27 所示。

### 1.2.8　温度的测量

VC890C+ 型数字万用表有一个摄氏温度 / 华氏温度测量挡，温度测量范围是 −20～1000℃，短按多用途键可以将显示屏的温度单位在摄氏度和华氏度之间切换，如图 1-28 所示。摄氏温度与华氏温度的关系是：华氏温度值 = 摄氏温度值 ×（9/5）+32。

（1）温度测量的步骤

① 将万用表附带的测温热电偶的红插头插入"VΩ TEMP"孔，黑插头插入"COM"孔。测温热电偶是一种温度传感器，能将不同的温度转换成不同的电压，测温热电偶如图 1-29 所示。如果不使用测温热电偶，万用表也会显示温度值，该温度为表内传感器测得的环境温度值。

② 挡位开关选择"温度测量"挡。

③ 将热电偶测温端接触被测温的物体。

④ 读取显示屏显示的温度值。

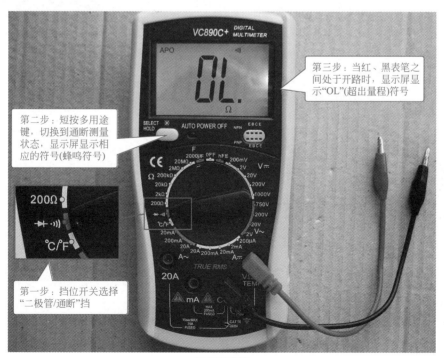

(a) 线路断时

图 1-27

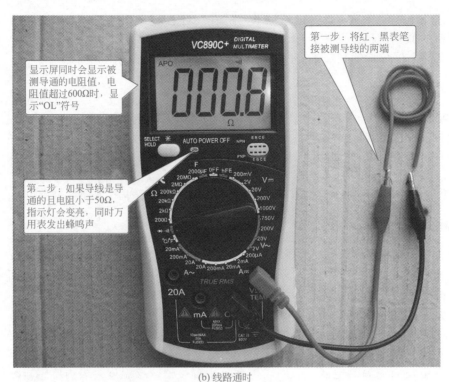

显示屏同时会显示被测导通的电阻值，电阻值超过600Ω时，显示"OL"符号

第一步：将红、黑表笔接被测导线的两端

第二步：如果导线是导通的且电阻小于50Ω，指示灯会变亮，同时万用表发出蜂鸣声

(b) 线路通时

图 1-27  通断测量挡的使用

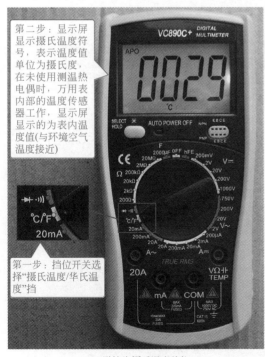

第二步：显示屏显示摄氏温度符号，表示温度值单位为摄氏度，在未使用测温热电偶时，万用表内部的温度传感器工作，显示屏显示的为表内温度值（与环境空气温度接近）

第一步：挡位开关选择"摄氏温度/华氏温度"挡

(a) 默认为摄氏温度单位

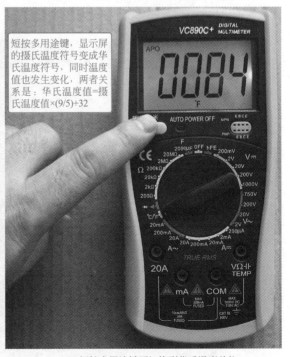

短按多用途键，显示屏的摄氏温度符号变成华氏温度符号，同时温度值也发生变化，两者关系是：华氏温度值=摄氏温度值×(9/5)+32

(b) 短按多用途键可切换到华氏温度单位

图 1-28  两种温度单位的切换

图 1-29 测温热电偶

（2）温度测量举例

下面以测一只电烙铁的温度为例来说明温度测量方法，测量操作如图 1-30 所示。测量时将热电偶的黑插头插入"COM"孔，红插头插入"VΩ┤┣TEMP"孔，并将挡位开关置于"摄氏温度 / 华氏温度"挡，然后将热电偶测温端接触电烙铁的烙铁头，再观察显示屏显示的数值为"0230"，则说明电烙铁烙铁头的温度为 230℃。

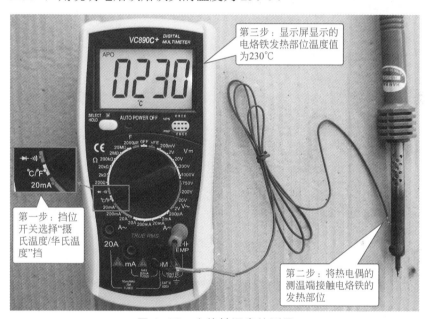

图 1-30 电烙铁温度的测量

### 1.2.9 数字万用表使用注意事项

数字万用表使用时要注意以下事项。

① 选择各量程测量时，严禁输入的电参数值超过量程的极限值。

② 36V 以下的电压为安全电压，在测高于 36V 的直流电压或高于 25V 的交流电压时，要检查表笔是否可靠接触、是否正确连接、是否绝缘良好等，以免触电。

③ 转换功能和量程时，表笔应离开测试点。

④ 选择正确的功能和量程，谨防操作失误，数字万用表内部一般都设有保护电路，但为了安全起见，仍应正确操作。

⑤ 在电池没有装好和电池后盖没安装时，不要进行测试操作。

⑥ 测量电阻时，请不要输入电压值。

⑦ 在更换电池或保险丝（熔丝的俗称）前，请将测试表笔从测试点移开，再关闭电源开关。

# 第2章

# 电阻器

## 2.1  固定电阻器

### 2.1.1  外形与符号

固定电阻器是指生产出来后阻值就固定不变的电阻器。固定电阻器的实物外形和电路符号如图 2-1 所示。

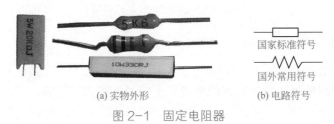

国家标准符号

国外常用符号

(a) 实物外形        (b) 电路符号

图 2-1  固定电阻器

### 2.1.2  降压限流、分流和分压功能说明

电阻器的功能主要有降压限流、分流和分压。电阻器的降压限流、分流和分压功能如图 2-2 所示。

在图 2-2（a）电路中，电阻器 $R_1$ 与灯泡串联，如果用导线直接代替 $R_1$，加到灯泡两端的电压有 6V，流过灯泡的电流很大，灯泡将会很亮，串联电阻 $R_1$ 后，由于 $R_1$ 上有 2V 电压，灯泡两端的电压就被降低到 4V，同时由于 $R_1$ 对电流有阻碍作用，流过灯泡的电流也就减小。

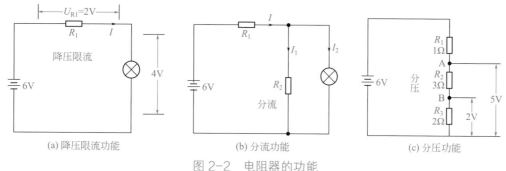

图 2-2 电阻器的功能

电阻器 $R_1$ 在这里就起着降压和限流作用。

在图 2-2（b）电路中，电阻器 $R_2$ 与灯泡并联在一起，流过 $R_1$ 的电流 $I$ 除了一部分流过灯泡外，还有一路经 $R_2$ 流回到电源，这样流过灯泡的电流减小，灯泡变暗。$R_2$ 的这种功能称为分流。

在图 2-2（c）电路中，电阻器 $R_1$、$R_2$ 和 $R_3$ 串联在一起，从电源正极出发，每经过一个电阻器，电压会降低一次，电压降低多少取决于电阻器阻值的大小，阻值越大，电压降低越多，图中的 $R_1$、$R_2$ 和 $R_3$ 将 6V 电压分成 5V 和 2V 的电压。

### 2.1.3 阻值与误差的表示方法

为了表示阻值的大小，电阻器在出厂时会在表面标注阻值。标注在电阻器上的阻值称为标称阻值。电阻器的实际阻值与标称阻值往往有一定的差距，这个差距称为误差。电阻器标注阻值和误差的方法主要有直标法和色环法。

（1）直标法

直标法是指用文字符号（数字和字母）在电阻器上直接标注出阻值和误差的方法。直标法的阻值单位有欧姆（Ω）、千欧姆（kΩ）和兆欧姆（MΩ）。

① 误差表示方法 直标法表示误差一般采用两种方式：一是用罗马数字Ⅰ、Ⅱ、Ⅲ分别表示误差为 ±5%、±10%、±20%，如果不标注误差，则误差为 ±20%；二是用字母来表示，各字母对应的误差见表 2-1，如 J、K 分别表示误差为 ±5%、±10%。

表 2-1 字母与阻值误差对照表

| 字母 | 对应误差 /% | 字母 | 对应误差 /% |
| --- | --- | --- | --- |
| W | ±0.05 | G | ±2 |
| B | ±0.1 | J | ±5 |
| C | ±0.25 | K | ±10 |
| D | ±0.5 | M | ±20 |
| F | ±1 | N | ±30 |

② 直标法常见的表示形式 直标法常见的表示形式如图 2-3 所示。

（2）色环法

色环法是指在电阻器上标注不同颜色圆环来表示阻值和误差的方法。图 2-4 中的两个电阻器就采用了色环法来标注阻值和误差，其中一只电阻器上有四条色环，称为四环电阻器，另一只电阻器上有五条色环，称为五环电阻器，五环电阻器的阻值精度较四环电阻器更高。

① 色环含义 要正确识读色环电阻器的阻值和误差，必须先了解各种色环代表的意义。色环电阻器各色环代表的意义见表 2-2。

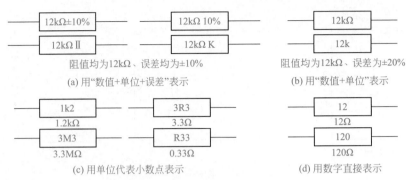

图 2-3　直标法常见的表示形式

图 2-4　色环电阻器

表 2-2　四环色环电阻器各色环颜色代表的意义及数值

| 色环颜色 | 第一环（有效数） | 第二环（有效数） | 第三环（倍乘数） | 第四环（误差数） |
|---|---|---|---|---|
| 棕 | 1 | 1 | $\times 10^1$ | ±1% |
| 红 | 2 | 2 | $\times 10^2$ | ±2% |
| 橙 | 3 | 3 | $\times 10^3$ | |
| 黄 | 4 | 4 | $\times 10^4$ | |
| 绿 | 5 | 5 | $\times 10^5$ | ±0.5% |
| 蓝 | 6 | 6 | $\times 10^6$ | ±0.2% |
| 紫 | 7 | 7 | $\times 10^7$ | ±0.1% |
| 灰 | 8 | 8 | $\times 10^8$ | |
| 白 | 9 | 9 | $\times 10^9$ | |
| 黑 | 0 | 0 | $\times 10^0=1$ | |
| 金 | | | | ±5% |
| 银 | | | | ±10% |
| 无色环 | | | | ±20% |

② 四环电阻器的识读　四环电阻器的识读如图 2-5 所示。四环电阻器的识读过程如下。

第一步：判别色环排列顺序。

四环电阻器的色环顺序判别规律有：

a. 四环电阻的第四条色环为误差环，一般为金色或银色，因此如果靠近电阻器一个引脚的色环颜色为金、银色，该色环必为第四环，从该环向另一引脚方向排列的三条色环顺序依次为三、二、一；

b. 对于色环标注标准的电阻器，一般第四环与第三环间隔较远。

第二步：识读色环。

按照第一、二环为有效数环、第三环为倍乘数环、第四环为误差数环的规律，再对照表 2-2 各色环代表的数字识读出色环电阻器的阻值和误差。

③ 五环电阻器的识读　五环电阻器阻值与误差的识读方法与四环电阻器基本相同，不同在于五环电阻器的第一、二、三环为有效数环，第四环为倍乘数环，第五环为误差数环。另外，五环电阻器的误差数环颜色除了有金、银色外，还可能是棕、红、绿、蓝和紫色。五环电阻器的识读如图2-6所示。

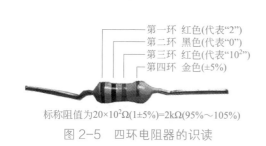

标称阻值为$20\times10^2\Omega(1\pm5\%)=2k\Omega(95\%\sim105\%)$

图2-5　四环电阻器的识读

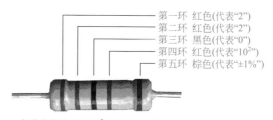

标称阻值为$220\times10^2\Omega(1\pm1\%)=22k\Omega(99\%\sim101\%)$

图2-6　五环电阻器阻值和误差的识读

## 2.1.4　标称阻值系列

电阻器是由厂家生产出来的，但厂家是不能随意生产任何阻值的电阻器。为了生产、选购和使用的方便，国家规定了电阻器阻值的系列标称值，该标称值分E-24、E-12和E-6三个系列，具体见表2-3。

表2-3　电阻器的标称阻值系列

| 标称阻值系列 | 允许误差/% | 误差等级 | 标称值/Ω |
| --- | --- | --- | --- |
| E-24 | ±5 | I | 1.0，1.1，1.2，1.3，1.5，1.6，1.8，2.0，2.2，2.4，2.7，3.0，3.3，3.6，3.9，4.3，4.7，5.1，5.6，6.2，6.8，7.5，8.2，9.1 |
| E-12 | ±15 | II | 1.0，1.2，1.5，1.8，2.2，2.7，3.3，3.9，4.7，5.6，6.8，8.2 |
| E-6 | ±20 | III | 1.0，1.5，2.2，3.3，4.7，6.8 |

国家标准规定，生产某系列的电阻器，其标称阻值应等于该系列中标称值的$10^n$（n为正整数）倍。如E-24系列的误差等级为I，允许误差范围为±5%，若要生产E-24系列（误差为±5%）的电阻器，厂家可以生产标称阻值为1.3Ω、13Ω、130Ω、1.3kΩ、13kΩ、130kΩ、1.3MΩ等的电阻器，而不能生产标称阻值是1.4Ω、14Ω、140Ω等的电阻器。

## 2.1.5　额定功率

额定功率是指在一定的条件下元器件长期使用允许承受的最大功率。电阻器额定功率越大，允许流过的电流越大。固定电阻器的额定功率也要按国家标准进行标注，其标称系列有1/8W、1/4W、1/2W、1W、2W、5W和10W等。小电流电路一般采用功率为1/8～1/2W的电阻器，而大电流电路中常采用1W以上的电阻器。

电阻器额定功率识别方法如下。

① 对于标注了功率的电阻器，可根据标注的功率值来识别功率大小。如图2-7所示的电阻器标注的额定功率值为10W，阻值为330Ω，误差为±5%。

② 对于没有标注功率的电阻器，可根据长度和直径来判别其功率大小。长度和直径值越大，功率越大。如图2-8所示的一大一小两个色环电阻器，体积大的电阻功率更大。碳膜、金属膜电阻器的长度、直径与功率对应关系可参见表2-4，例如一个长度为8mm、直径为2.6mm的金属膜电阻器，其功率为0.25W。

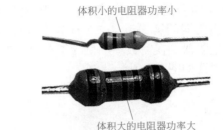

体积小的电阻器功率小

体积大的电阻器功率大

功率10W 阻值330Ω 误差±5%

图 2-7　根据标注识别功率　　　　图 2-8　根据体积大小来判别功率

表 2-4　碳膜、金属膜电阻器的长度、直径与功率对照表

| 碳膜电阻器 | | 金属膜电阻器 | | 额定功率 /W |
| --- | --- | --- | --- | --- |
| 长度 /mm | 直径 /mm | 长度 /mm | 直径 /mm | |
| 8 | 2.5 | | | 0.06 |
| 12 | 2.5 | 7 | 2.2 | 0.125 |
| 15 | 4.5 | 8 | 2.6 | 0.25 |
| 25 | 4.5 | 10.8 | 4.2 | 0.5 |
| 28 | 6 | 13 | 6.6 | 1 |
| 46 | 8 | 18.5 | 8.6 | 2 |

③ 在电路图中，为了表示电阻器的功率大小，一般会在电阻器符号上标注一些标志。电阻器上的标志与对应功率值如图 2-9 所示，1W 以下用线条表示，1W 以上的直接用数字表示功率大小（旧标准用罗马数字表示）。

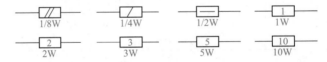

图 2-9　电路图中电阻器的功率标志

## 2.1.6　选用

电子元器件的选用是学习电子技术一个重要的内容，在选用元器件时，不同技术层次的人考虑问题不同，从事电子产品研发的人员需要考虑元器件很多参数，这样才能保证生产出来的电子产品性能好，并且不易出现问题，而对大多数从事维修、制作和简单设计的电子爱好者来说，只要考虑元器件的一些重要参数就可以解决实际问题。本书中介绍的各种元器件的选用方法主要是针对广大初、中级层次的电子技术人员。

（1）选用举例

在选用电阻器时，主要考虑电阻器的阻值、误差、额定功率和极限电压。

在图 2-10 中，要求通过电阻器 $R$ 的电流 $I=0.01A$，请选择合适的电阻器来满足电路实际要求。电阻器的选用过程如下：

① 确定阻值。用欧姆定律可求出电阻器的阻值 $R=U/I=(220/0.01)\Omega=22000\Omega=22\text{k}\Omega$；

② 确定误差。对于电路来说，误差越小越好，这里选择电阻器误差为 ±5%，若难于找到误差为 ±5% 的电阻器，也可选择误差为 ±10% 的电阻器；

③ 确定功率。根据功率计算公式可求出电阻器的功率大小为 $P=I^2R=(0.01)^2\times22000W=2.2W$，为了让电阻器能长时间使用，选择的电阻器功率应在实际功率的两倍以上，这里选择电阻器功率为 5W；

④ 确定被选电阻器的极限电压是否满足电路需要。当电阻器用在高电压小电流的电路时，可能功率满足要求，但电阻器的极限电压小于电路加到它两端的电压，电阻器会被击穿。

电阻器的极限电压可用 $U=\sqrt{PR}$ 来求，这里的电阻器极限电压 $U=\sqrt{5\times22000}$ V $\approx$ 331V，该值大于两端所加的 220V 电压，故可正常使用。当电阻器的极限电压不够时，为了保证电阻器在电路中不被击穿，可根据情况选择阻值更大或功率更大的电阻器。

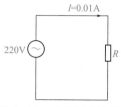

综上所述，为了让如图 2-10 所示电路中电阻器 R 能正常工作并满足要求，应选择阻值为 22kΩ、误差为 ±5%、额定功率为 5W 的电阻器。

图 2-10 电阻选用例图

**（2）电阻器选用技巧**

在实际工作中，经常会遇到所选择的电阻器无法与要求一致，这时可按下面方法解决。

① 对于要求不高的电路，在选择电阻器时，其阻值和功率应与要求值尽量接近，并且额定功率只能大于要求值，若小于要求值，电阻器容易被烧坏。

② 若无法找到某个阻值的电阻器，可采用多个电阻器并联或串联的方式来解决。电阻器串联时阻值增大，并联时阻值减小。

③ 若某个电阻器功率不够，可采用多个大阻值的小功率电阻器并联，或采用多个小阻值小功率的电阻器串联，不管是采用并联还是串联，每个电阻器承受的功率都会变小。至于每个电阻器应选择多大功率，可用 $P=U^2/R$ 或 $P=I^2R$ 来计算，再考虑两倍左右的余量。

如图 2-10 所示，如果无法找到 22kΩ、5W 的电阻器，可用两个 44kΩ 的电阻器并联来充当 22kΩ 的电阻器。由于这两个电阻器阻值相同，并联在电路中消耗功率也相同，单个电阻器在电路中承受功率 $P=U^2/R=(220^2/44000)$W=1.1W，考虑两倍的余量，功率可选择 2.5W，也就是说将两个 44kΩ、2.5W 的电阻器并联，可替代一个 22kΩ、5W 的电阻器。

如果采用两个 11kΩ 电阻器串联来替代图 2-10 中的电阻器，两个阻值相同的电阻器串联在电路中，它们消耗功率相同，单个电阻器在电路中承受的功率 $P=(U/2)^2/R=(110^2/11000)$W=1.1W，考虑两倍的余量，功率选择 2.5W，也就是说将两个 11kΩ、2.5W 的电阻器串联，同样可替代一个 22kΩ、5W 的电阻器。

## 2.1.7 用指针万用表检测固定电阻器

固定电阻器常见故障有开路、短路和变值。检测固定电阻器使用万用表的欧姆挡。

在检测时，先识读出电阻器上的标称阻值，然后选用合适的挡位并进行欧姆校零，然后开始检测电阻器。测量时为了减小测量误差，应尽量让万用表指针指在欧姆刻度线中央，若表针在刻度线上过于偏左或偏右时，应切换更大或更小的挡位重新测量。

固定电阻器的检测如图 2-11 所示，具体过程如下。

第一步：将万用表的挡位开关拨至"×100Ω"挡。

第二步：进行欧姆校零。将红、黑表笔短路，观察表针是否指在"Ω"刻度线的"0"刻度处，若未指在该处，应调节欧姆校零旋钮，让表针准确指在"0"刻度处。

第三步：将红、黑表笔分别接电阻器的两个引脚，再观察表针指在"Ω"刻度线的位置，图中表针指在刻度"20"，那么被测电阻器的阻值为 20×100kΩ=2kΩ。

若万用表测量出来的阻值与电阻器的标称阻值（2kΩ）相同，说明该电阻器正常（若测量出来的阻值与电阻器的标称阻值有些偏差，但在误差允许范围内，电阻器也算正常）。

若测量出来的阻值无穷大，说明电阻器开路。

若测量出来的阻值为 0，说明电阻器短路。

若测量出来的阻值大于或小于电阻器的标称阻值，并超出误差允许范围，说明电阻器变值。

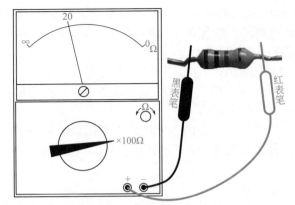

固定电阻器的检测

图 2-11　固定电阻器的检测

### 2.1.8　用数字万用表检测固定电阻器

用数字万用表检测固定电阻器如图 2-12 所示，被测电阻器的色环标注值为 1.5kΩ，测量时挡位开关选择 "2kΩ" 挡。

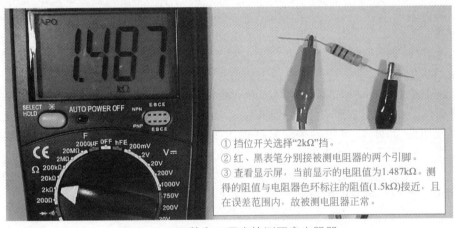

① 挡位开关选择 "2kΩ" 挡。
② 红、黑表笔分别接被测电阻器的两个引脚。
③ 查看显示屏，当前显示的电阻值为 1.487kΩ。测得的阻值与电阻器色环标注的阻值（1.5kΩ）接近，且在误差范围内，故被测电阻器正常。

图 2-12　用数字万用表检测固定电阻器

### 2.1.9　种类

电阻器种类很多，根据构成形式不同，通常可以分作碳质电阻器、薄膜电阻器、线绕电阻器和敏感电阻器四大类，每大类中又可分几小类。电阻器种类及特点见表 2-5。

### 2.1.10　电阻器的型号命名方法

国产电阻器的型号由四部分组成（不适合敏感电阻器的命名）：

第一部分用字母表示元器件的主称，R 表示电阻，W（或 RP）表示电位器。

第二部分用字母表示电阻体的制作材料。T—碳膜、H—合成碳膜、S—有机实心、N—无机实心、J—金属膜、Y—氮化膜、C—沉积膜、I—玻璃釉膜、X—线绕。

第三部分用数字或字母表示元件的类型。1—普通、2—普通、3—超高频、4—高阻、5—高温、6—精密、7—精密、8—高压、9—特殊、G—高功率、T—可调。

第四部分用数字表示序号。用不同序号来区分同类产品中的不同参数，如元件的外型尺寸和性能指标等。

国产电阻器的型号命名方法具体见表 2-6。

表 2-5 电阻器种类及特点

| 大类 | 构成 | 小类 | 特点 |
|---|---|---|---|
| 碳质电阻器 | 用碳质颗粒等导电物质、填料和黏合剂混合制成一个实体的电阻器 | 无机合成实心碳质电阻器<br>有机合成实心碳质电阻器 | 碳质电阻器价格低廉，但其阻值误差、噪声电压都大，稳定性差，目前较少采用 |
| 薄膜电阻器 | 用蒸发的方法将一定电阻率材料蒸镀于绝缘材料表面制成 | 碳膜电阻器<br>金属膜电阻器<br>金属氧化膜电阻器<br>合成碳膜电阻器<br>化学沉积膜电阻器<br>玻璃釉膜电阻器<br>金属氮化膜电阻 | 碳膜电阻器成本低、性能稳定、阻值范围宽、温度系数和电压系数低，但承受功率较小，这种电阻器是目前应用最广泛的电阻器。<br>金属膜电阻器比碳膜电阻器的精度高，稳定性好，噪声小，温度系数小，在仪器仪表及通信设备中大量采用。<br>金属氧化膜电阻器高温下稳定，耐热冲击，过载能力强，耐潮湿，但阻值范围比较小。<br>合成碳膜电阻器价格低、阻值范围宽，但噪声大、精度低、频率特性较差，一般用来制作高压、高阻的小型电阻器，主要用在要求不高的电路中。<br>玻璃釉膜电阻器耐潮湿、高温，噪声小，温度系数小，主要应用于厚膜电路 |
| 线绕电阻器 | 用高阻合金线绕在绝缘骨架上制成，外面涂有耐热的釉绝缘层或绝缘漆 | 通用线绕电阻器<br>精密线绕电阻器<br>大功率线绕电阻器<br>高频线绕电阻器 | 绕线电阻具有较低的温度系数，阻值精度高，稳定性好，耐热耐腐蚀，主要做精密大功率电阻使用，缺点是高频性能差，时间常数大 |
| 敏感电阻器 | 由具有相关特性的材料制成 | 压敏电阻器<br>热敏电阻器<br>光敏电阻器<br>力敏电阻器<br>气敏电阻器<br>湿敏电阻器<br>磁敏电阻器 | 各种敏感电阻器介绍见本章第 2.3 节内容 |

表 2-6 国产电阻器的型号命名方法

| 第一部分 | | 第二部分 | | 第三部分 | | 第四部分 |
|---|---|---|---|---|---|---|
| 用字母表示主称 | | 用字母表示材料 | | 用数字或字母表示分类 | | 用数字表示序号 |
| 符号 | 意义 | 符号 | 意义 | 符号 | 意义 | |
| R | 电阻器 | T | 碳膜 | 1 | 普通 | 主称、材料相同，仅性能指标、尺寸大小有差别，但基本不影响互换使用的元件，给予同一序号；若性能指标、尺寸大小明显影响互换使用时，则在序号后面用大写字母作为区别代号 |
| | | P | 硼碳膜 | 2 | 普通 | |
| | | U | 硅碳膜 | 3 | 超高频 | |
| | | H | 合成膜 | 4 | 高阻 | |
| | | I | 玻璃釉膜 | 5 | 高温 | |
| | | J | 金属膜（箔） | 7 | 精密 | |
| | | Y | 氧化膜 | 8 | 电阻：高压<br>电位器：特殊 | |
| W | 电位器 | S | 有机实心 | 9 | 特殊 | |
| | | N | 无机实心 | G | 高功率 | |
| | | X | 线绕 | T | 可调 | |
| | | C | 沉积膜 | X | 电阻：小型 | |
| | | G | 光敏 | L | 电阻：测量用 | |
| | | | | W | 电位器：微调 | |
| | | | | D | 电位器：多圈 | |

举例:

| RJ75 表示精密金属膜电阻器 | RT10 表示普通碳膜电阻器 |
|---|---|
| R——电阻器（第一部分） | R——电阻器（第一部分） |
| J——金属膜（第二部分） | T——碳膜（第二部分） |
| 7——精密（第三部分） | 1——普通型（第三部分） |
| 5——序号（第四部分） | 0——序号（第四部分） |

## 2.2　电位器

### 2.2.1　外形与符号

电位器是一种阻值可以通过调节而变化的电阻器，又称可变电阻器。常见电位器的实物外形及电位器的电路符号如图 2-13 所示。

(a) 实物外形　　　　　　　(b) 电路符号

图 2-13　电位器外形与符号

### 2.2.2　结构与工作原理

电位器种类很多，但基本结构与原理是相同的。电位器的结构如图 2-14 所示，电位器有 A、C、B 三个引出极，在 A、B 极之间连接着一段电阻体，该电阻体的阻值用 $R_{AB}$ 表示，对于一个电位器，$R_{AB}$ 的值是固定不变的，该值为电位器的标称阻值，C 极连接一个导体滑动片，该滑动片与电阻体接触，A 极与 C 极之间电阻体的阻值用 $R_{AC}$ 表示，B 极与 C 极之间电阻体的阻值用 $R_{BC}$ 表示，$R_{AC}+R_{BC}=R_{AB}$。

当转轴逆时针旋转时，滑动片往 B 极滑动，$R_{BC}$ 减小，$R_{AC}$ 增大；当转轴顺时针旋转时，滑动片往 A 极滑动，$R_{BC}$ 增大，$R_{AC}$ 减小，当滑动片移到 A 极时，$R_{AC}=0$，而 $R_{BC}=R_{AB}$。

### 2.2.3　应用电路

电位器与固定电阻器一样，都具有降压、限流和分流的功能，不过由于电位器具有阻值可调性，故它可随时调节阻值来改变降压、限流和分流的程度。电位器的典型应用电路如图 2-15 所示。

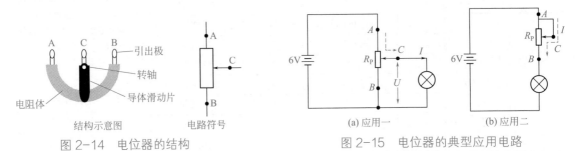

结构示意图　　　　　　电路符号　　　　　　　　　(a) 应用一　　　　　　　　(b) 应用二

图 2-14　电位器的结构　　　　　　　　　图 2-15　电位器的典型应用电路

（1）应用电路一

如图 2-15（a）所示电路，电位器 $R_P$ 的滑动端与灯泡连接，当滑动端向下移动时，灯泡会变暗。灯泡变暗的原因有：

① 当滑动端下移时，AC 段的阻体变长，$R_{AC}$ 增大，对电流阻碍大，流经 AC 段阻体的电流减小，从 C 端流向灯泡的电流也随之减少，同时由于 $R_{AC}$ 增大使 AC 段阻体降压增大，加到灯泡两端的电压 $U$ 降低；

② 当滑动端下移时，在 AC 段阻体变长的同时，BC 段阻体变短，$R_{BC}$ 减小，流经 AC 段的电流除了一路从 C 端流向灯泡时，还有一路经 BC 段阻体直接流回电源负极，由于 BC 段电阻变短，分流增大，使 C 端输出流向灯泡的电流减小。

电位器 AC 段的电阻起限流、降压作用，而 CB 段的电阻起分流作用。

（2）应用电路二

如图 2-15（b）所示电路，电位器 $R_P$ 的滑动端 C 与固定端 A 连接在一起，由于 AC 段阻体被 A、C 端直接连接的导线短路，电流不会流过 AC 段阻体，而是直接由 A 端经导线到 C 端，再经 CB 段阻体流向灯泡。当滑动端下移时，CB 段的阻体变短，$R_{BC}$ 阻值变小，对电流阻碍小，流过的电流增大，灯泡变亮。

电位器 $R_P$ 在该电路中起着降压、限流作用。

## 2.2.4 种类

电位器种类较多，通常可分为普通电位器、微调电位器、带开关电位器和多联电位器等。

（1）普通电位器

普通电位器一般是指带有调节手柄的电位器，常见有旋转式电位器和直滑式电位器，如图 2-16 所示。

（2）微调电位器

微调电位器又称微调电阻器，通常是指没有调节手柄的电位器，并且不经常调节，如图 2-17 所示。

图 2-16 普通电位器

图 2-17 微调电位器

（3）带开关电位器

带开关电位器是一种将开关和电位器结合在一起的电位器，收音机中调音量兼开关机的部件就是带开关电位器。

带开关电位器外形和符号如图 2-18 所示，带开关电位器由开关和电位器组合而成，其电路符号中的虚线表示电位器和开关同轴调节。从实物图可以看出，带开关电位器将开关和电位器连为一体，共同受转轴控制，当转轴顺时针旋到一定位置时，转轴凸起部分顶起开关，E、F 间就处于断开状态，当转轴逆时针旋转时，开关依靠弹力闭合，继续旋转转轴时，就开始调节 A、C 和 B、C 间的电阻。

**（4）多联电位器**

多联电位器是将多个电位器结合在一起同时调节的电位器。常见的多联电位器实物外形如图 2-19（a）所示，从左至右依次是双联电位器、三联电位器和四联电位器，图 2-19（b）为双联电位器的电路符号。

图 2-18　带开关电位器外形和符号

(a) 实物外形　　　　(b) 电路符号

图 2-19　多联电位器

## 2.2.5　主要参数

电位器的主要参数有标称阻值、额定功率和阻值变化特性。

**（1）标称阻值**

标称阻值是指电位器上标注的阻值，该值就是电位器两个固定端之间的阻值。与固定电阻器一样，电位器也有标称阻值系列，采用 E-12 和 E-6 系列。电位器有线绕和非线绕两种类型，对于线绕电位器，允许误差有 ±1%、±2%、±5% 和 ±10%；对于非线绕电位器，允许误差有 ±5%、±10% 和 ±20%。

**（2）额定功率**

额定功率是指在一定的条件下电位器长期使用允许承受的最大功率。电位器功率越大，允许流过的电流也越大。

电位器功率也要按国家标称系列进行标注，并且对非线绕和线绕电位器标注有所不同，非线绕电位器的标称系列有 0.25W、0.5W、1W、1.6W、2W、3W、5W、0.5W、1W、2W、30W 等；线绕电位器的标称系列有 0.025W、0.05W、0.1W、0.25W、2W、3W、5W、10W、16W、25W、40W、63W 和 100W 等。从标称系列可以看出，线绕电位器功率可以做得更大。

**（3）阻值变化特性**

阻值变化特性是指电位器阻值与转轴旋转角度（或触点滑动长度）的关系。根据阻值变化特性不同，电位器可分为直线式（X）、指数式（Z）和对数式（D），三种类型电位器的转角与阻值变化规律如图 2-20 所示。

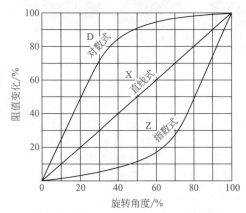

图 2-20　三种类型电位器的转角与阻值变化规律

直线式电位器的阻值与旋转角度呈直线关系，当旋转转轴时，电位器的阻值会匀速变化，即电位器的阻值变化与旋转角度大小呈正比关系。直线式电位器阻体上的导电物质分布均匀，所以具有这种特性。

指数式电位器的阻值与旋转角度呈指数关系，在刚开始转动转轴时，阻值变化很慢，随着转动角度增大，阻值变化很大。指数式电位器的这种性质是因为阻体上的导电物质分布不均匀。指数式电位器通常用在音量调节电路中。

对数式电位器的阻值与旋转角度呈对数关系，在刚开始转动转轴时，阻值变化很快，随着转动角度增大，阻值变化变慢。指数式电位器与对数式电位器性质正好相反，因此常用在与指数式电位器要求相反的电路中，如电视机的音调控制电路和对比度控制电路。

### 2.2.6 用指针万用表检测电位器

电位器检测使用万用表的欧姆挡。在检测时，先测量电位器两个固定端之间的阻值，正常测量值应与标称阻值一致，然后再测量一个固定端与滑动端之间的阻值，同时旋转转轴，正常测量值应在0到标称阻值范围内变化。若是带开关电位器，还要检测开关是否正常。电位器的检测如图2-21所示。

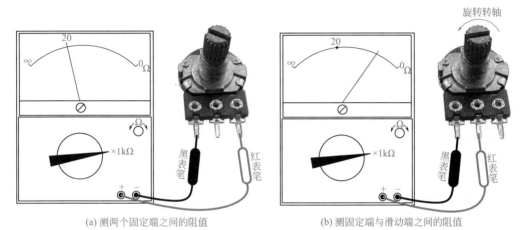

(a) 测两个固定端之间的阻值　　　　　　(b) 测固定端与滑动端之间的阻值

图 2-21　电位器的检测

电位器的检测步骤如下。

第一步：测量电位器两个固定端之间的阻值。将万用表拨至"R×1kΩ"挡（该电位器标称阻值为20kΩ），红、黑表笔分别与电位器两个固定端接触，如图2-21（a）所示。然后在刻度盘上读出阻值大小。

若电位器正常，测得的阻值应与电位器的标称阻值相同或相近（在误差范围内）。

若测得的阻值为∞，说明电位器两个固定端之间开路。

若测得的阻值为0，说明电位器两个固定端之间短路。

若测得的阻值大于或小于标称阻值，说明电位器两个固定端之间阻体变值。

第二步：测量电位器一个固定端与滑动端之间的阻值。万用表仍置于"R×1kΩ"挡，红、黑表笔分别接电位器任意一个固定端和滑动端接触，如图2-21（b）所示。然后旋转电位器转轴，同时观察刻度盘表针。

若电位器正常，表针会发生摆动，指示的阻值应在0～20kΩ范围内连续变化。

若测得的阻值始终为∞，说明电位器固定端与滑动端之间开路。

若测得的阻值为0，说明电位器固定端与滑动端之间短路。

若测得的阻值变化不连续、有跳变，说明电位器滑动端与阻体之间接触不良。

电位器检测分两步，只有每步测量均正常才能认为电位器正常。

对于带开关电位器，除了要检测电位器部分是否正常外，还要检测开关部分是否正常。开关电位器开关部分的检测如图2-22所示。

将万用表置于"R×1Ω"挡，把电位器旋至"关"位置，红、黑表笔分别接开关的两个端子，正常测量出来的阻值应用无穷大，然后把电位器旋至"开"位置，测出来的阻值应为0，若在开或关位置测得的阻值均为无穷大，说明开关无法闭合；若测得的阻值均为0，说明开关无法断开。

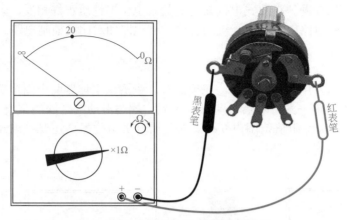

图 2-22　检测带开关电位器的开关

电位器的检测

### 2.2.7　用数字万用表检测电位器

用数字万用表检测电位器如图 2-23 所示。图 2-23（a）为测量电位器两个固定端之间的电阻，图 2-23（b）为测量滑动端与固定端之间的电阻。

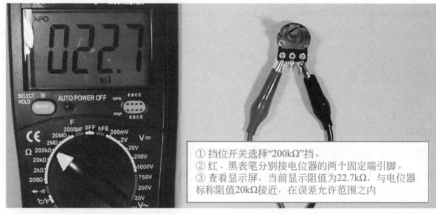

① 挡位开关选择"200kΩ"挡。
② 红、黑表笔分别接电位器的两个固定端引脚。
③ 查看显示屏，当前显示阻值为22.7kΩ，与电位器标称阻值20kΩ接近，在误差允许范围之内

(a) 测量两个固定端之间的电阻

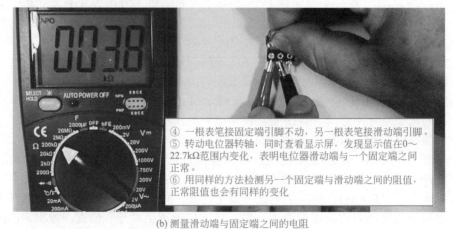

④ 一根表笔接固定端引脚不动，另一根表笔接滑动端引脚。
⑤ 转动电位器转轴，同时查看显示屏，发现显示值在0～22.7kΩ范围内变化，表明电位器滑动端与一个固定端之间正常。
⑥ 用同样的方法检测另一个固定端与滑动端之间的阻值，正常阻值也会有同样的变化

(b) 测量滑动端与固定端之间的电阻

图 2-23　用数字万用表检测电位器

### 2.2.8 选用

在选用电位器时，主要考虑标称阻值、额定功率和阻值变化特性应与电路要求一致，如果难以找到各方面符合要求的电位器，可按下面的原则用其它电位器替代：

① 标称阻值应尽量相同，若无标称阻值相同的电位器，可以用阻值相近的替代，但标称阻值不能超过要求阻值的 ±20%；

② 额定功率应尽量相同，若无功率相同的电位器，可以用功率大的电位器替代，一般不允许用小功率的电位器替代大功率电位器；

③ 阻值变化特性应相同，若无阻值变化特性相同的电位器，在要求不高的情况下，可用直线式电位器替代其它类型的电位器；

④ 在满足上面三点要求外，应尽量选择外型和体积相同的电位器。

## 2.3 敏感电阻器

敏感电阻器是指阻值随某些外界条件改变而变化的电阻器。敏感电阻器种类很多，常见的有热敏电阻器、光敏电阻器、湿敏电阻器、力敏电阻器和磁敏电阻器等。

### 2.3.1 热敏电阻器

热敏电阻器是一种对温度敏感的电阻器，它一般由半导体材料制作而成，当温度变化时其阻值也会随之变化。

（1）外形与符号

热敏电阻器实物外形和符号如图 2-24 所示。

（2）种类

热敏电阻器种类很多，通常可分为负温度系数热敏电阻器（NTC）和正温度系数热敏电阻器（PTC）两类。

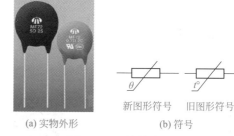

(a) 实物外形　　　　(b) 符号

图 2-24　热敏电阻器

① 负温度系数热敏电阻器（NTC）

负温度系数热敏电阻器简称 NTC，其阻值随温度升高而减小。NTC 是由氧化锰、氧化钴、氧化镍、氧化铜和氧化铝等金属氧化物为主要原料制作而成的。根据使用温度条件不同，负温度系数热敏电阻器可分为低温（−60～300℃）、中温（300～600℃）、高温（＞ 600℃）三种。

NTC 的温度每升高 1℃，阻值会减小 1%～6%，阻值减小程度视不同型号而定。NTC 广泛用于温度补偿和温度自动控制电路，如冰箱、空调、温室等温控系统常采用 NTC 作为测温元器件。

② 正温度系数热敏电阻（PTC）

正温度系数热敏电阻器简称 PTC，其阻值随温度升高而增大。PTC 是在钛酸钡（$BaTiO_3$）中掺入适量的稀土元素制作而成。

PTC 可分为缓慢型和开关型。缓慢型 PTC 的温度每升高 1℃，其阻值会增大 0.5%～8%。开关型 PTC 有一个转折温度（又称居里点温度，钛酸钡材料 PTC 的居里点温度一般为 120℃左右），当温度低于居里点温度时，阻值较小，并且温度变化时阻值基本不变（相当于一个闭合的开关），一旦温度超过居里点温度，其阻值会急剧增大（相关于开关断开）。

缓慢型 PTC 常用在温度补偿电路中，开关型 PTC 由于具有开关性质，常用在开机瞬间接通而后又马上断开的电路中，如彩电的消磁电路和冰箱的压缩机启动电路就用到开关型 PTC。

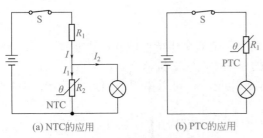

(a) NTC的应用　　　　(b) PTC的应用

图 2-25　热敏电阻器的应用电路

### （3）应用电路

热敏电阻器具有阻值随温度变化而变化的特点，一般用在与温度有关的电路中。热敏电阻器的应用电路如图 2-25 所示。

如图 2-25（a）所示，$R_2$（NTC）与灯泡相距很近，当开关 S 闭合后，流过 $R_1$ 的电流分作两路，一路流过灯泡，另一路流过 $R_2$，由于开始 $R_2$ 温度低，阻值大，经 $R_2$ 分掉的电流小，灯泡流过的电流大而很亮，因为 $R_2$ 与灯泡距离近，受灯泡的烘烤而温度上升，阻值变小，分掉的电流增大，流过灯泡的电流减小，灯泡变暗，回到正常亮度。

如图 2-25（b）所示，当合上开关 S 时，有电流流过 $R_1$（开关型 PTC）和灯泡，由于开始 $R_1$ 温度低，阻值小（相当于开关闭合），流过电流大，灯泡很亮，随着电流流过 $R_1$，$R_1$ 温度升高，当 $R_1$ 温度达到居里温度时，$R_1$ 的阻值急剧增大（相当于开关断开），流过的电流很小，灯泡无法被继续点亮而熄灭，在此之后，流过的小电流维持 $R_1$ 为高阻值，灯泡一直处于熄灭状态。如果要灯泡重新亮，可先断开 S，然后等待几分钟，让 $R_1$ 冷却下来，然后闭合 S，灯泡会亮一下又熄灭。

### （4）用指针万用表检测热敏电阻器

热敏电阻器检测分两步，只有两步测量均正常才能说明热敏电阻器正常，在这两步测量时还可以判断出电阻器的类型（NTC 或 PTC）。热敏电阻器的检测如图 2-26 所示。

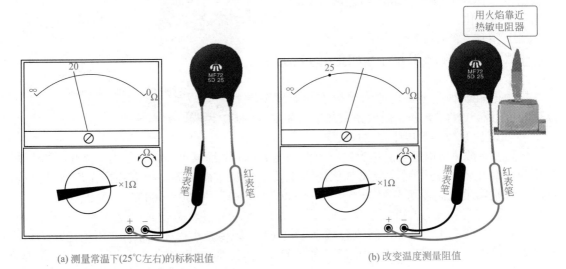

(a) 测量常温下(25℃左右)的标称阻值　　　　(b) 改变温度测量阻值

图 2-26　热敏电阻器的检测

热敏电阻器的检测步骤如下。

第一步：测量常温下（25℃左右）的标称阻值。根据标称阻值选择合适的欧姆挡，图中的热敏电阻器的标称阻值为 25Ω，故选择 "R×1Ω" 挡，将红、黑表笔分别接触热敏电阻器两个电极，如图 2-26（a）所示。然后在刻度盘上查看测得阻值的大小。

若阻值与标称阻值一致或接近，说明热敏电阻器正常。

若阻值为 0，说明热敏电阻器短路。

若阻值为无穷大，说明热敏电阻器开路。

若阻值与标称阻值偏差过大，说明热敏电阻器性能变差或损坏。

第二步：改变温度测量阻值。用火焰靠近热敏电阻器（不要让火焰接触电阻器，以免烧坏电阻器），如图 2-26（b）所示，让火焰的热量对热敏电阻器进行加热，然后将红、黑表笔分别接触热敏电阻器两个电极，再在刻度盘上查看测得阻值的大小。

若阻值与标称阻值比较有变化，说明热敏电阻器正常。

若阻值往大于标称阻值方向变化，说明热敏电阻器为 PTC。

若阻值往小于标称阻值方向变化，说明热敏电阻器为 NTC。

若阻值不变化，说明热敏电阻器损坏。

（5）数字万用表检测热敏电阻器

用数字万用表检测热敏电阻器如图 2-27 所示。图 2-27（a）为测量热敏电阻器常温时的阻值，图 2-27（b）为改变温度时测量阻值有无变化。

热敏电阻器的检测

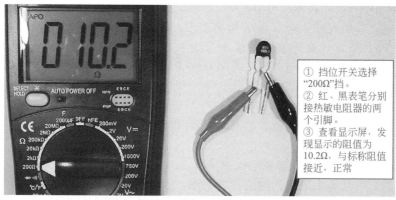

(a) 测量常温时的阻值

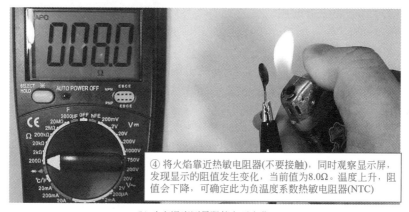

(b) 改变温度测量阻值有无变化

图 2-27　用数字万用表检测热敏电阻器

## 2.3.2　光敏电阻器

光敏电阻器是一种对光线敏感的电阻器，当照射的光线强弱变化时，阻值也会随之变化，通常光线越强阻值越小。根据光的敏感性不同，光敏电阻器可分为可见光光敏电阻器（硫化镉材料）、红外光光敏电阻器（砷化镓材料）和紫外光光敏电阻器（硫化锌材料）。其中硫化镉材料制成的可见光光敏电阻器应用最广泛。

（1）外形与符号

光敏电阻器外形与符号如图 2-28 所示。

（2）应用电路

光敏电阻器的功能与固定电阻器一样，不同在于它的阻值可以随光线强弱变化而变化。

光敏电阻器的应用电路如图 2-29 所示。

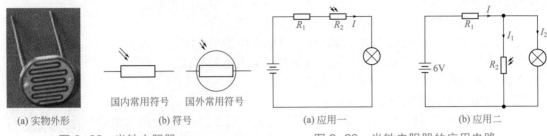

(a) 实物外形　　　　(b) 符号
国内常用符号　国外常用符号
图 2-28　光敏电阻器

(a) 应用一　　　　(b) 应用二
图 2-29　光敏电阻器的应用电路

如图 2-29（a）所示，若光敏电阻器 $R_2$ 无光线照射，$R_2$ 的阻值会很大，流过灯泡的电流很小，灯泡很暗。若用光线照射 $R_2$，$R_2$ 阻值变小，流过灯泡的电流增大，灯泡变亮。

如图 2-29（b）所示，若光敏电阻器 $R_2$ 无光线照射，$R_2$ 的阻值会很大，经 $R_2$ 分掉的电流少，流过灯泡的电流大，灯泡很亮。若用光线照射 $R_2$，$R_2$ 阻值变小，经 $R_2$ 分掉的电流多，流过灯泡的电流减少，灯泡变暗。

（3）主要参数

光敏电阻器的参数很多，主要参数有暗电流和暗阻、亮电流与亮阻、额定功率、最大工作电压及光谱响应等。

① 暗电流和暗阻　在两端加有电压的情况下，无光照射时流过光敏电阻器的电流称暗电流；在无光照射时光敏电阻器的阻值称为暗阻，暗阻通常在几百千欧姆以上。

② 亮电流和亮阻　在两端加有电压的情况下，有光照射时流过光敏电阻器的电流称亮电流；在有光照时光敏电阻器的阻值称为亮阻，亮阻一般在几十千欧姆以下。

③ 额定功率　额定功率是指光敏电阻器长期使用时允许的最大功率。光敏电阻器的额定功率有 5～300mW 多种规格选择。

④ 最大工作电压　最大工作电压是指光敏电阻器工作时两端允许的最高电压，一般为几十伏至上百伏。

⑤ 光谱响应　光谱响应又称光谱灵敏度，它是指光敏电阻器在不同颜色光线照射下的灵敏度。

光敏电阻器除了有上述参数外，还有光照特性（阻值随光照强度变化的特性）、温度系数（阻值随温度变化的特性）和伏安特性（两端电压与流过电流的关系）等。

（4）用指针万用表检测光敏电阻器

光敏电阻器检测分两步，只有两步测量均正常才能说明光敏电阻器正常。光敏电阻器的检测如图 2-30 所示。

光敏电阻器的检测步骤如下。

第一步：测量暗阻。万用表拨至 "R×10kΩ" 挡，用黑色的布或纸将光敏电阻器的受光面遮住，如图 2-30（a）所示，再将红、黑表笔分别接光敏电阻器两个电极，然后在刻度盘上查看测得暗阻的大小。

若暗阻大于 100kΩ，说明光敏电阻器正常。

若暗阻为 0，说明光敏电阻器短路损坏。

若暗阻小于 100kΩ，通常是光敏电阻器性能变差。

第二步：测量亮阻。万用表拨至 "R×1kΩ" 挡，让光线照射光敏电阻器的受光面，如图 2-30（b）所示，再将红、黑表笔分别接光敏电阻器两个电极，然后在刻度盘上查看测得亮阻的大小。

若亮阻小于 10kΩ，说明光敏电阻器正常。

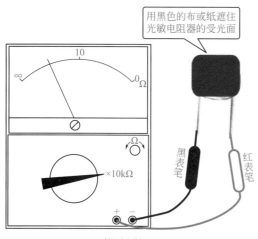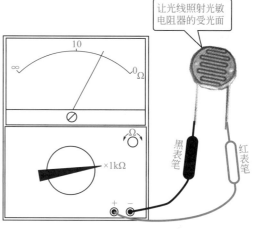

(a) 检测暗阻 (b) 检测亮阻

图 2-30 光敏电阻器的检测

若亮阻大于 10kΩ，通常是光敏电阻器性能变差。

若亮阻为无穷大，说明光敏电阻器开路损坏。

**（5）用数字万用表检测光敏电阻器**

用数字万用表检测光敏电阻器如图 2-31 所示。图 2-31（a）为测量光敏电阻器的亮阻，图 2-31（b）为测量暗阻。

光敏电阻器的检测

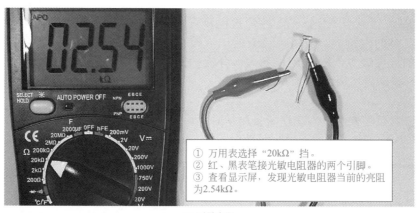

① 万用表选择 "20kΩ" 挡。
② 红、黑表笔接光敏电阻器的两个引脚。
③ 查看显示屏，发现光敏电阻器当前的亮阻为2.54kΩ。

(a) 测量亮阻

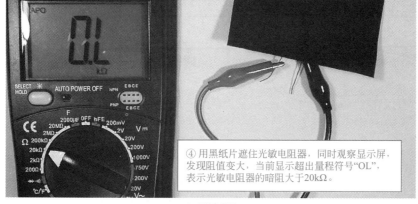

④ 用黑纸片遮住光敏电阻器，同时观察显示屏，发现阻值变大，当前显示超出量程符号"OL"，表示光敏电阻器的暗阻大于20kΩ。

(b) 测量暗阻

图 2-31 用数字万用表检测光敏电阻器

### 2.3.3　湿敏电阻器

湿敏电阻器是一种对湿度敏感的电阻器，当湿度变化时其阻值也会随之变化。湿敏电阻器可为正温度特性湿敏电阻器（阻值随湿度增大而增大）和负温度特性湿敏电阻器（阻值随湿度增大而减小）。

（1）外形与符号

湿敏电阻器外形与符号如图 2-32 所示。

（2）应用电路

湿敏电阻器具有湿度变化时阻值也会变化的特点，利用该特点可以用湿敏电阻器作传感器来检测环境湿度大小。湿敏电阻器的应用电路如图 2-33 所示。

| (a) 实物外形 | (b) 符号 | |
|---|---|---|
| | 新图形符号　旧图形符号 | |

图 2-32　湿敏电阻器　　　　　　　图 2-33　湿敏电阻器的典型应用电路

图 2-33 是一个用湿敏电阻器制作的简易湿度指示表。$R_2$ 是一个正温度系数湿敏电阻器，将它放置在需检测湿度的环境中（如放在厨房内），当闭合开关 S 后，流过 $R_1$ 的电流分作两路：一路经 $R_2$ 流到电源负极，另一路流过电流表回到电源负极。若厨房的湿度较低，$R_2$ 的阻值小，分流掉的电流大，流过电流表的电流较小，指示的电流值小，表示厨房内的湿度低；若厨房的湿度很大，$R_2$ 的阻值变大，分流掉的电流小，流过电流表的电流增大，指示的电流值大，表示厨房内的湿度大。

（3）检测

湿敏电阻器检测分两步，在这两步测量时还可以检测出其类型（正温度系数或负温度系数），只有两步测量均正常才能说明湿敏电阻器正常。湿敏电阻器的检测如图 2-34 所示。

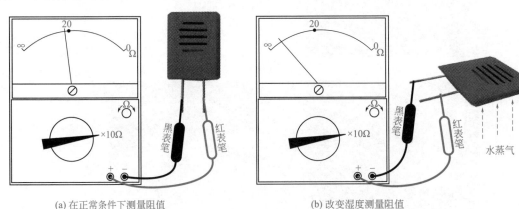

(a) 在正常条件下测量阻值　　　　　　　(b) 改变湿度测量阻值

图 2-34　湿敏电阻器的检测

湿敏电阻器的检测步骤如下。

第一步：在正常条件下测量阻值。根据标称阻值选择合适的欧姆挡，如图 2-34（a）所示，图中的湿敏电阻器标称阻值为 200Ω，故选择"R×10Ω"挡，将红、黑表笔分别接湿敏电阻器两个电极，然后在刻度盘上查看测得阻值的大小。

若湿敏电阻器正常，测得的阻值与标称阻值一致或接近。

若阻值为 0，说明湿敏电阻器短路。

若阻值为无穷大，说明湿敏电阻器开路。

若阻值与标称阻值偏差过大，说明湿敏电阻器性能变差或损坏。

第二步：改变湿度测量阻值。将红、黑表笔分别接湿敏电阻器两个电极，再把湿敏电阻器放在水蒸气上方（或者用嘴对湿敏电阻器哈气），如图 2-34（b）所示，然后再在刻度盘上查看测得阻值的大小。

若湿敏电阻器正常，测得的阻值与标称阻值比较应有变化。

若阻值往大于标称阻值方向变化，说明湿敏电阻器为正温度系数。

若阻值往小于标称阻值方向变化，说明湿敏电阻器为负温度系数。

若阻值不变化，说明湿敏电阻器损坏。

### 2.3.4　力敏电阻器

力敏电阻器是一种对压力敏感的电阻器，当施加给它的压力变化时，其阻值也会随之变化。

（1）外形与符号

力敏电阻器外形与符号如图 2-35 所示。

（2）结构原理

力敏电阻器的压敏特性是由内部封装的电阻应变片来实现的。电阻应变片有金属电阻应变片和半导体应变片两种，这里简单介绍金属电阻应变片。金属电阻应变片的结构如图 2-36 所示。

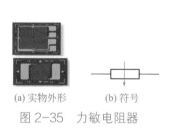

(a) 实物外形　　(b) 符号

图 2-35　力敏电阻器

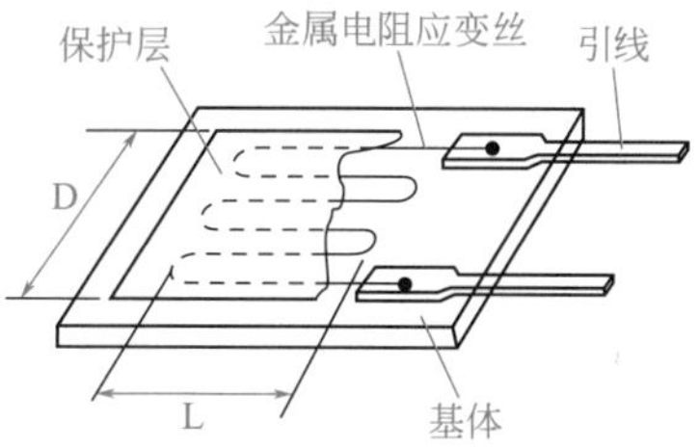

保护层　金属电阻应变丝　引线

D　　　L　　　基体

图 2-36　金属电阻应变片的结构

从图中可以看出，金属电阻应变片主要由金属电阻应变丝构成，当对金属电阻应变丝施加压力时，应变丝的长度和截面积（粗细）就会发生变化，施加的压力越大，应变丝越细越长，其阻值就越大。在使用应变片时，一般将电阻应变片粘贴在某物体上，当对该物体施加压力时，物体会变形，粘贴在物体上的电阻应变片也一起产生形变，应变片的阻值就会发生改变。

（3）应用电路

力敏电阻器具有阻值随施加的压力变化而变化的特点，利用该特点可以用力敏电阻器作传感器来检测压力的大小。力敏电阻器的典型应用电路如图 2-37 所示。

图 2-37 是一个用力敏电阻器制作的简易压力指示器。在制作压力指示器前，先将力敏电阻器 $R_2$（电阻应变片）紧紧粘贴在钢板上，然后按图 2-37 将力敏电阻器引脚与电路连接好，再对钢板施加压力让钢板变形，由于力敏电阻器与钢板紧贴在一

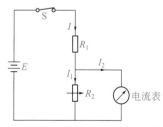

图 2-37　力敏电阻器的典型应用电路

起，所以力敏电阻器也随之变形。对钢板施加压力越大，钢板变形越严重，力敏电阻器 $R_2$ 变形也严重，$R_2$ 阻值增大，对电流分流少，流过电流表的电流增大，指示电流值越大，表

明施加给钢板的压力越大。

（4）检测

力敏电阻器的检测通常分两步。

第一步：在未施加压力的情况下测量其阻值。正常阻值应与标称阻值一致或接近，否则说明力敏电阻器损坏。

第二步：将力敏电阻器放在有弹性的物体上，然后用手轻轻压挤力敏电阻器（切不可用力过大，以免力敏电阻器过于变形而损坏），再测量其阻值。正常阻值应随施加的压力大小变化而变化，否则说明力敏电阻损坏。

### 2.3.5　敏感电阻器的型号命名方法

敏感电阻器的型号命名分为四部分：

第一部分用字母表示主称。用字母"M"表示主称为敏感电阻器。

第二部分用字母表示类别。

第三部分用数字或字母表示用途或特征。

第四部分用数字或字母、数字混合表示序号。

敏感电阻器的型号命名及含义说明见表2-7。

表2-7　敏感电阻器的型号命名及含义

| 第一部分：主称 | | 第二部分：类别 | | 第三部分：用途或特征 | | | | | | | | | | | | | | 第四部分：序号 |
| --- | --- | --- | --- | --- | --- | --- | --- | --- | --- | --- | --- | --- | --- | --- | --- | --- | --- | --- |
| | | | | 热敏电阻器 | | 压敏电阻器 | | 光敏电阻器 | | 湿敏电阻器 | | 气敏电阻器 | | 磁敏元器件 | | 力敏元器件 | | |
| 字母 | 含义 | 字母 | 含义 | 数字 | 用途或特征 | 字母 | 用途或特征 | 数字 | 用途或特征 | 字母 | 用途或特征 | 字母 | 用途或特征 | 字母 | 用途或特征 | 数字 | 用途或特征 | |
| M | 敏感元件 | Z | 正温度系数热敏电阻器 | 1 | 普通用 | W | 稳压用 | 1 | 紫外光 | | | Y | 烟敏 | | | 1 | 硅应变片 | 用数字或数字、字母混合表示 |
| | | F | 负温度系数热敏电阻器 | 2 | 稳压用 | G | 高压保护用 | 2 | 紫外光 | | | J | 酒精 | | | 2 | 硅应变梁 | |
| | | Y | 压敏电阻器 | 3 | 微波测量用 | P | 高频用 | 3 | 紫外光 | | | K | 可燃性 | | | | | |
| | | S | 湿敏电阻器 | 4 | 旁热式 | N | 高能用 | 4 | 可见光 | C | 测湿用 | | | Z | 电阻器 | | | |
| | | Q | 气敏电阻器 | 5 | 测温用 | K | 高可靠用 | 5 | 可见光 | | | N | N型 | | | | | |
| | | G | 光敏电阻器 | 6 | 控温用 | L | 防雷用 | 6 | 可见光 | | | | | | | 3 | 硅林 | |
| | | C | 磁敏电阻器 | 7 | 消磁用 | H | 灭弧用 | 7 | 红外光 | K | 控湿用 | P | P型 | W | 电位器 | | | |
| | | L | 力敏电阻器 | 8 | 线性用 | Z | 消噪用 | 8 | 红外光 | | | | | | | | | |
| | | | | 9 | 恒温用 | B | 补偿用 | 9 | 红外光 | | | | | | | | | |
| | | | | 0 | 特殊用 | C | 消磁用 | 0 | 特殊 | | | | | | | | | |

举例：

| RRC5<br>（温度测量与控制用热敏电阻器） | MG45-14<br>（可见光敏电阻器） | MS01-A<br>（通用型号湿敏电阻器） | MY31-270/3<br>（270V/3kA 普通压敏电阻器） |
|---|---|---|---|
| R——电阻器 | M——敏感电阻器 | M——敏感电阻器 | M——敏感电阻器 |
| R——热敏 | G——光敏电阻器 | S——湿敏电阻器 | Y——压敏电阻器 |
| C——温度测量与控制 | 4——可见光 | 01-A——序号 | 31——序号 |
| 5——序号 | 5-14——序号 | | 270——标称电压为270V |
| | | | 3——通流容量为 3kA |

# 2.4 排阻

排阻又称网络电阻，它是由多个电阻器按一定的方式制作并封装在一起而构成的。排阻具有安装密度高和安装方便等优点，广泛用在数字电路系统中。

## 2.4.1 实物外形

常见的排阻实物外形如图 2-38 所示，前面两种为直插封装式（SIP）排阻，后一种为表面贴装式（SMD）排阻。

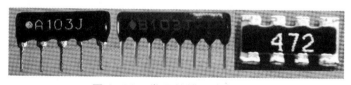

图 2-38 常见的排阻实物外形

## 2.4.2 命名方法

排阻命名一般由四部分组成：
第一部分为内部电路类型。
第二部分为引脚数（由于引脚数可直接看出，故该部分可省略）。
第三部分为阻值，第四部分为阻值误差。
排阻命名方法见表 2-8。

表 2-8 排阻命名方法

| 第一部分<br>电路类型 | 第二部分<br>引脚数 | 第三部分<br>阻值 | 第四部分<br>误差 |
|---|---|---|---|
| A：所有电阻共用一端，公共端从左端（第 1 引脚）引出<br>B：每个电阻有各自独立引脚，相互间无连接<br>C：各个电阻首尾相连，各连接端均有引出脚<br>D：所有电阻共用一端，公共端从中间引出<br>E、F、G、H、I：内部连接较为复杂，详见表 2-9 | 4~14 | 3 位数字<br>（第 1、2 位为有效数，第 3 位为有效数后面 0 的个数，如 102 表示 1000Ω） | F：±1%<br>G：±2%<br>J：±5% |

举例：排阻 A08472J——八个引脚 4700（1±5%）Ω 的 A 类排阻。

## 2.4.3 种类与结构

根据内部电路结构不同，排阻种类可分为 A、B、C、D、E、F、G、H。排阻虽然种类很多，但最常用的为 A、B 类。排阻的种类及结构见表 2-9。

表2-9 排阻的种类及结构

| 电路结构代码 | 等效电路 | 电路结构代码 | 等效电路 |
|---|---|---|---|
| A | $R_1=R_2=\cdots=R_n$ | E | $R_1=R_2$ 或 $R_1\neq R_2$ |
| B | $R_1=R_2=\cdots=R_n$ | F | $R_1=R_2$ 或 $R_1\neq R_2$ |
| C | $R_1=R_2=\cdots=R_n$ | G | $R_1=R_2$ 或 $R_1\neq R_2$ |
| D | $R_1=R_2=\cdots=R_n$ | H | $R_1=R_2$ 或 $R_1\neq R_2$ |

### 2.4.4 用指针万用表检测排阻

排阻的检测

**（1）好坏检测**

在检测排阻前，要先找到排阻的第 1 引脚，第 1 引脚旁一般有标记（如圆点），也可正对排阻字符，字符左下方第一个引脚即为第 1 引脚。

在检测时，根据排阻的标称阻值，将万用表置于合适的欧姆挡，如图 2-39 所示是测量一只 10kΩ 的 A 型排阻（A103J），万用表选择 "R×1kΩ" 挡，将黑表接排阻的 1 脚不动，红表笔依次接 2～8 脚，如果排阻正常，1 脚与其它各引脚的阻值均为 10kΩ，如果 1 脚与某引脚的阻值为无穷大，则该引脚与 1 脚之间的内部电阻开路。

**（2）类型判别**

在判别排阻的类型时，可以直接查看其表面标注的类型代码，然后对照表 2-9 就可以了解该排阻的内部电路结构。如果排阻表面的类型代码不清晰，可以用万用表检测来判断其类型。

在检测时，将万用表拨至 "R×10Ω" 挡，用黑表笔接 1 脚，红表笔接 2 脚，记下测量值，然后保持黑表笔不动，红表笔再接 3 脚，并记下测量值，再用同样的方法依次测量并记下其它引脚阻值，分析 1 脚与其它引脚的阻值规律，对照表 2-9 判断出所测排阻的类型，比如 1 脚与其它各引脚阻值均相等，所测排阻应为 A 型，如果 1 脚与 2 脚之后所有引脚的阻值均

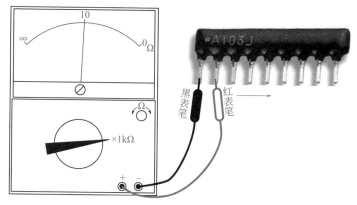

图 2-39 排阻的检测

为无穷大，则所测排阻为 B 型。

## 2.4.5 用数字万用表检测排阻

用数字万用表检测排阻如图 2-40 所示。图中的排阻标注 A103J 表示其标称阻值为 10kΩ，误差为 ±5%，图 2-40（a）是测量排阻 1、2 脚的电阻，图 2-40（b）是测量 1、3 脚的电阻。

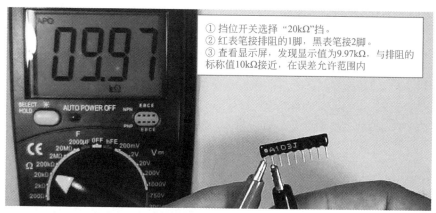

① 挡位开关选择 "20kΩ" 挡。
② 红表笔接排阻的1脚，黑表笔接2脚。
③ 查看显示屏，发现显示值为9.97kΩ，与排阻的标称值10kΩ接近，在误差允许范围内

(a) 测量1、2脚的电阻

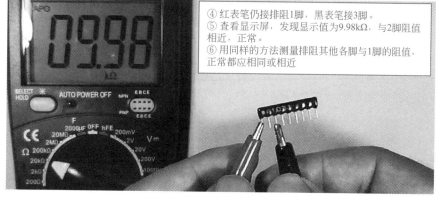

④ 红表笔仍接排阻1脚，黑表笔接3脚。
⑤ 查看显示屏，发现显示值为9.98kΩ，与2脚阻值相近，正常。
⑥ 用同样的方法测量排阻其他各脚与1脚的阻值，正常都应相同或相近

(b) 测量1、3脚的电阻

图 2-40 用数字万用表检测 A 型 10kΩ 的排阻

# 第**3**章

# 电容器

## 3.1 固定电容器

### 3.1.1 结构、外形与符号

电容器是一种可以储存电荷的元器件。相距很近且中间隔有绝缘介质（如空气、纸和陶瓷等）的两块导电极板就构成了电容器，电容器简称电容。固定电容器是指容量固定不变的电容器。固定电容器的结构，外形与电路符号如图 3-1 所示。

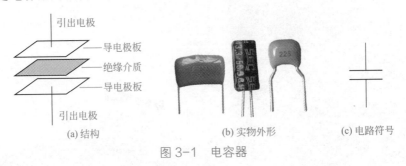

图 3-1　电容器

### 3.1.2 主要参数

电容器主要参数有标称容量、允许误差、额定电压和绝缘电阻等。

（1）标称容量与允许误差

电容器能储存电荷，其储存电荷的多少称为容量。这一点与蓄电池类似，不过蓄电池储存电荷的能力比电容器大得多。电容器的容量越大，储存的电荷越多。电容器的容量大小与下面的因素有关：

① 两导电极板相对面积。相对面积越大，容量越大；

② 两极板之间的距离。极板相距越近，容量越大；

③ 两极板中间的绝缘介质。在极板相对面积和距离相同的情况下，绝缘介质不同的电容器，其容量不同。

电容器的容量单位有法拉（F）、毫法（mF）、微法（μF）、纳法（nF）和皮法（pF），它们的关系是

$$1F=10^3mF=10^6\mu F=10^9nF=10^{12}pF$$

标注在电容器上的容量称为标称容量。允许误差是指电容器标称容量与实际容量之间允许的最大误差范围。

**（2）额定电压**

额定电压又称电容器的耐压值，它是指在正常条件下电容器长时间使用两端允许承受的最高电压。一旦加到电容器两端的电压超过额定电压，两极板之间的绝缘介质容易被击穿而失去绝缘能力，造成两极板短路。

**（3）绝缘电阻**

电容器两极板之间隔着绝缘介质，绝缘电阻用来表示绝缘介质的绝缘程度。绝缘电阻越大，表明绝缘介质绝缘性能越好，如果绝缘电阻比较小，绝缘介质绝缘性能下降，就会出现一个极板上的电流会通过绝缘介质流到另一个极板上，这种现象称为漏电。由于绝缘电阻小的电容器存在着漏电，故不能继续使用。

一般情况下，无极性电容器的绝缘电阻为无穷大，而有极性电容器（电解电容器）绝缘电阻很大，但一般达不到无穷大。

### 3.1.3 电容器"充电"和"放电"特点

"充电"和"放电"是电容器非常重要的性质。电容器的"充电"和"放电"说明如图3-2所示。

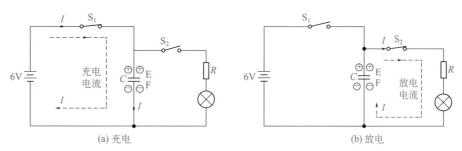

图3-2 电容器的"充电"和"放电"说明

如图3-2（a）所示电路中，当开关 $S_1$ 闭合后，从电源正极输出电流经开关 $S_1$ 流到电容器的金属极板 E 上，在极板 E 上聚集了大量的正电荷，由于金属极板 F 与极板 E 相距很近，又因为同性相斥，所以极板 F 上的正电荷受到很近的极板 E 上正电荷的排斥而流走，这些正电荷汇合形成电流到达电源的负极，极板 F 上就剩下很多负电荷，结果在电容器的上、下极板就储存了大量的上正下负的电荷。（说明：在常态时，金属极板 E、F 不呈电性，但上下极板上都有大量的正负电荷，只是正负电荷数相等呈中性）

电源输出电流流经电容器，在电容器上获得大量电荷的过程称为电容器的"充电"。

如图3-2（b）所示电路中，先闭合开关 $S_1$，让电源对电容器 C 充上正下负的电荷，然后

断开 $S_1$，再闭合开关 $S_2$，电容器上的电荷开始释放，电荷流经的途径是：电容器极板 E 上的正电荷流出，形成电流→开关 $S_2$→电阻 R→灯泡→极板 F，中和极板 F 上的负电荷。大量的电荷移动形成电流，该电流经灯泡，灯泡发光。随着极板 E 上的正电荷不断流走，正电荷的数量慢慢减少，流经灯泡的电流减少，灯泡慢慢变暗，当极板 E 上先前充得的正电荷全放完后，无电流流过灯泡，灯泡熄灭，此时极板 F 上的负电荷也完全被中和，电容器两极板上先前充得的电荷消失。

电容器一个极板上的正电荷经一定的途径流到另一个极板，中和该极板上负荷的过程称为电容器的"放电"。

电容器充电后两极板上储存了电荷，两极板之间也就有了电压，这就像杯子装水后有水位一样。电容器极板上的电荷数与两极板之间的电压有一定的关系，具体可这样概括：在容量不变情况下，电容器储存的电荷数与两端电压成正比，即：

$$Q=CU \tag{3-1}$$

式中，$Q$ 表示电荷数，单位为库仑；$C$ 表示容量，单位为法拉；$U$ 表示电容器两端的电压，单位为伏特。

式（3-1）可以从以下几个方面来理解：

① 在容量不变的情况下（$C$ 不变），电容器充得电荷越多（$Q$ 增大），两端电压越高（$U$ 增大）。这就像杯子大小不变时，杯子中装得水越多，杯子的水位越高一样；

② 若向容量一大一小的两只电容器充相同数量的电荷（$Q$ 不变），那么容量小的电容器两端的电压更高（$C$ 小 $U$ 大）。这就像往容量一大一小的两只杯子装入同样多的水时，小杯子中的水位更高一样。

### 3.1.4 电容器"隔直"和"通交"特性

电容器的"隔直"和"通交"是指直流不能通过电容器，而交流能通过电容器。电容器的"隔直"和"通交"说明如图 3-3 所示。

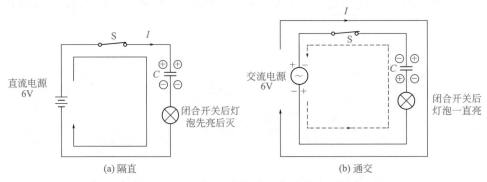

图 3-3 电容器的"隔直"和"通交"特性

如图 3-3（a）所示电路中，电容器与直流电源连接，当开关 S 闭合后，直流电源开始对电容器充电，充电途径是：电源正极→开关 S→电容器的上极板获得大量正电荷→通过电荷的排斥作用（电场作用），下极板上的大量正电荷被排斥流出形成电流→灯泡→电源的负极，有电流流过灯泡，灯泡亮。随着电源对电容器不断充电，电容器两端电荷越来越多，两端电压越来越高，当电容器两端电压与电源电压相等时，电源不能再对电容器充电，无电流流到电容器上极板，下极板也就无电流流出，无电流流过灯泡，灯泡熄灭。

以上过程说明：在刚开始时直流可以对电容器充电而通过电容器，该过程持续时间很短，充电结束后，直流就无法通过电容器，这就是电容器的"隔直"性质。

如图 3-3（b）所示电路中，电容器与交流电源连接，由于交流电的极性是经常变化的，一段时间极性是上正下负，下一段时间极性变为下正上负。开关 S 闭合后，当交流电源的极性是上正下负时，交流电源从上端输出电流，该电流对电容器充电，充电途径是：交流电源上端→开关 S→电容器→灯泡→交流电源下端，有电流流过灯泡，灯泡发光，同时交流电源对电容器充得上正下负的电荷；当交流电源的极性变为上负下正时，交流电源从下端输出电流，它经过灯泡对电容器反充电，电流途径是：交流电源下端→灯泡→电容器→开关 S→交流电源上端，有电流流过灯泡，灯泡发光，同时电流对电容器反充得上负下正的电荷，这次充得的电荷极性与先前充得电荷极性相反，它们相互中和抵消，电容器上的电荷消失。当交流电源极性重新变为上正下负时，又可以对电容器进行充电，以后不断重复上述过程。

从上面的分析可以看出，由于交流电源的极性不断变化，使得电容器充电和反充电（中和抵消）交替进行，从而始终有电流流过电容器，这就是电容器"通交"性质。

电容器虽然能通过交流，但对交流也有一定的阻碍，这种阻碍称之为容抗，用 $X_C$ 表示，容抗的单位是欧姆（Ω）。在图 3-4 所示的电路中，两个电路中的交流电源电压相等，灯泡也一样，但由于电容器的容抗对交流有阻碍作用，故图 3-4（b）中的灯泡要暗一些。

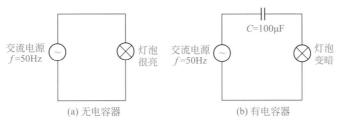

图 3-4　容抗说明图

电容器的容抗与交流信号频率、电容器的容量有关，交流信号频率越高，电容器对交流信号的容抗越小，电容器容量越大，它对交流信号的容抗越小。在图 3-4（b）电路中，若交流电频率不变，当电容器容量越大，灯泡越亮；或者电容器容量不变，交流电频率越高灯泡越亮。这种关系可用下列式子表示：

$$X_C = \frac{1}{2\pi f C} \tag{3-2}$$

式中，$X_C$ 表示容抗，单位为 Ω；$f$ 表示交流信号频率，单位为 Hz；$\pi$ 为常数 3.14。

在图 3-4（b）电路中，若交流电源的频率 $f=50\text{Hz}$，电容器的容量 $C=100\mu\text{F}$，那么该电容器对交流电的容抗为：

$$X_C = \frac{1}{2\pi f C} = \frac{1}{2\times 3.14 \times 50 \times 100 \times 10^{-6}}\,\Omega \approx 31.8\Omega \tag{3-3}$$

### 3.1.5　电容器"两端电压不能突变"特性

电容器两端的电压是由电容器充得的电荷建立起来的，电容器充得的电荷越多，两端电压越高，电容器上没有电荷，电容器两端就没有电压。由于电容器充电（电荷增多）和放电（电荷减少）都需要一定的时间，不能瞬间完成，所以电容器两端的电压不能突然增大很多，也不能突然减小到零，这就是电容器"两端电压不能突变"特性。下面用图 3-5 来说明电容器"两端电压不能突变"特性。

先将 $S_2$ 开关闭合，在闭合 $S_2$ 的瞬间，电容器 $C$ 还未来得及充电，故两端电压 $U_C$ 为 0V，随后电源 $E_2$ 开始对电容器 $C$ 充电，充电电流途径是 $E_2$ 正极→开关 $S_2$→$R_1$→$C$→$R_2$→$E_2$ 负极，随着充电的进行，电容器上充得的电荷慢慢增多，电容器两端的电压 $U_C$ 慢慢增大，

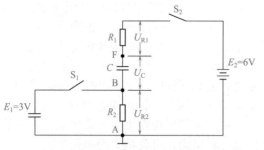

图 3-5 电容器"两端电压不能突变"特性

一段时间后，当 $U_C$ 增大到 6V 与 $E_2$ 电源电压相等时，充电过程结束，这时流过 $R_1$、$R_2$ 的电流为 0，故 $U_{R1}$、$U_{R2}$ 均为 0，A 点电压为 0（A 点接地固定为 0V），B 点电压 $U_B$ 为 0V（$U_B=U_{R2}$），F 点电压 $U_F$ 为 6V（$U_F=U_{R2}+U_C$）。

接着将开关 $S_1$ 闭合，$E_1$ 电源直接加到 B 点，B 点电压 $U_B$（等于 $U_{R2}$ 电压）马上由 0V 变为 3V，由于电容器还没来得及放电，其两端电压 $U_C$ 仍为 6V，那么 F 点电压（$U_F=U_{R2}+U_C=3V+6V$）变为 9V，也就是说，由于电容器两端电压不能突变，一端电压上升（$U_B$ 由 0V 突然上升到 3V），另一端电压也上升（$U_F$ 电压由 6V 上升到 9V）。因为 $U_F$ 电压为 9V，大于电源 $E_2$ 电压，电容器 C 开始放电，放电途径为 C 上正→$R_1$→$S_2$→电源 $E_2$ 内阻→$R_2$→C 下负，随着放电的进行，电容器 C 两端电压 $U_C$ 不断下降，当 $U_C=3V$ 时，F 点电压 $U_F=U_{R2}+U_C=3V+3V=6V$，与电源 E2 电压相同，放电结束。

然后将开关 $S_1$ 断开，B 点电压 $U_B$（与 $U_{R2}$ 电压相等）马上由 3V 变为 0V，由于电容器还没有来得及充电，其两端电压 $U_C$ 仍为 3V，那么 F 点电压（$U_F=U_{R2}+U_C=0V+3V$）变为 3V，即由于电容器两端电压不能突变，电容器一端电压下降（$U_B$ 由 3V 突然下降到 0V），另一端电压也下降（$U_F$ 电压由 6V 下降到 3V）。因为 $U_F$ 电压为 3V，小于电源 $E_2$ 电压，电容器 C 开始充电，充电途径为 $E_2$ 正极→$S_2$→$R_1$→电容器 C→$R_2$→电源 $E_2$ 负极，随着充电的进行，电容器 C 两端电压 $U_C$ 不断上升，当 $U_C=6V$ 时，F 点电压 $U_F=U_{R2}+U_C=0V+6V=6V$，与电源 $E_2$ 电压相同，充电结束。

综上所述，由于电容器充、放电都需要一定的时间（电容器容量越大，所需时间越长），电容器上的电荷数量不能突然变化，故电容器两端电压也不能突然变化，当电容器一端电压上升或下降时，另一端电压也随之上升或下降。

### 3.1.6 无极性电容器和有极性电容器

固定电容器可分为无极性电容器和有极性电容器。

（1）无极性电容器

无极性电容器的引脚无正、负极之分。无极性电容器的电路符号如图 3-6（a）所示，常见无极性电容器外形如图 3-6（b）所示。无极性电容器的容量小，但耐压高。

（2）有极性电容器

有极性电容器又称电解电容器，引脚有正、负之分。有极性电容器的电路符号如图 3-7（a）所示，常见有极性电容器外形如图 3-7（b）所示。有极性电容器的容量大，但耐压较低。

| (a) 符号 | (b) 实物外形 | 新符号　旧符号　国外符号 | (b) 实物外形 |

图 3-6 无极性电容器　　　　　图 3-7 有极性电容器

有极性电容器引脚有正负之分，在电路中不能乱接，若正负位置接错，轻则电容器不能正常工作，重则电容器炸裂。有极性电容器正确的连接方法是：电容器正极接电路中的高电位，负极接电路中的低电位。有极性电容器正确和错误的接法分别如图 3-8 所示。

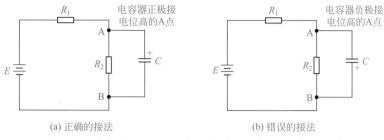

(a) 正确的接法      (b) 错误的接法

图3-8 有极性电容器在电路中的正确与错误连接方式

**（3）有极性电容器的引脚极性判别**

由于有极性电容器有正负之分，在电路中又不能乱接，所以在使用有极性电容器前需要判别出正、负极。有极性电容器的正、负极判别方法如下。

方法一：对于未使用过的新电容，可以根据引脚长短来判别。引脚长的为正极，引脚短的为负极，如图3-9所示。

方法二：根据电容器上标注的极性判别。电容器上标"+"为正极，标"−"为负极，如图3-10所示。

图3-9 根据引脚长短判别有极性电容器      图3-10 根据电容器上的标注判别极性
引脚的极性

方法三：用万用表判别。万用表拨至"R×10k"挡，测量电容器两极之间阻值，正反各测一次，每次测量时表针都会先向右摆动，然后慢慢往左返回，待表针稳定不移动后再观察阻值大小，两次测量会出现阻值一大一小，如图3-11所示，以阻值大的那次为准，如图3-11（b）所示，黑表笔接的为正极，红表笔接的为负极。

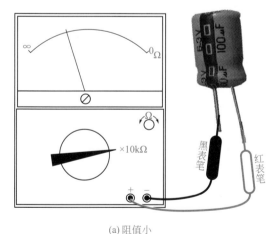

(a) 阻值小      (b) 阻值大

图3-11 用万用表判别有极性电容器引脚的极性

### 3.1.7 种类

固定电容器种类很多，按极性可分为无极性电容器和有极性电容器，按应用材料可分为纸介电容器（CZ）、高频瓷片电容（CC）、低频瓷片电容（CT）、云母电容（CY）、聚苯乙烯等薄膜电容（CB）、玻璃釉电容（CI）、漆膜电容（CQ）、玻璃膜电容（CO）、涤纶等薄膜电容（CL）、云母纸电容（CV）、金属化纸电容（CJ）、复合介质电容（CH）、铝电解电容（CD）、钽电解电容（CA）、铌电解电容（CN）、合金电解电容（CG）和其他材料电解电容（CE）等。不同材料的电容器有不同的结构与特点，表 3-1 列出了常见类型电容器的结构与特点

表 3-1　常见类型电容器的结构与特点

| 常见类型的电容器 | 结构与特点 |
| --- | --- |
| 纸介电容器 | 纸介电容器是以两片金属箔做电极，中间夹有极薄的电容纸，再卷成圆柱形或者扁柱形芯，然后密封在金属壳或者绝缘材料壳（如陶瓷、火漆、玻璃釉等）中制成。它的特点是体积较小，容量可以做得较大，但固有电感和损耗都比较大，用于低频比较合适。<br>金属化纸介电容和油浸纸介电容是两种较特殊的纸介电容。金属化纸介电容是在电容器纸上覆上一层金属膜来代替金属箔，其体积小、容量较大，一般用在低频电路中。油浸纸介电容是把纸介电容浸在经过特别处理的油里，以增强它的耐压，其特点是耐压高、容量大，但体积也较大 |
| 云母电容器 | 云母电容器是以金属箔或者在云母片上喷涂的银层做极板，极板和云母片一层一层叠合后，再压铸在胶木粉或封固在环氧树脂中制成。<br>云母电容器的特点是介质损耗小、绝缘电阻大、温度系数小，体积较大。云母电容器的容量一般为 10pF～0.1μF，额定电压为 100V～7kV，因其高稳定性和高可靠性特点，故常用于高频振荡等要求较高的电路中 |
| 陶瓷电容器 | 陶瓷电容器是以陶瓷做介质，在陶瓷基体两面喷涂银层，然后烧成银质薄膜做极板制成。<br>陶瓷电容器的特点是体积小、耐热性好、损耗小、绝缘电阻高，但容量较小，一般用在高频电路中。高频瓷介的容量通常为 1～6800pF，额定电压为 63～500V。<br>铁电陶瓷电容器是一种特殊的陶瓷电容器，其容量较大，但是损耗和温度系数较大，适宜用于低频电路。低频瓷介电容的容量为 10pF～4.7μF，额定电压为 50～100V |
| 薄膜电容器 | 薄膜电容器结构和纸介电容相同，但介质是涤纶或者聚苯乙烯。涤纶薄膜电容器的介电常数较高，稳定性较好，适宜做旁路电容。<br>薄膜电容器可分为聚酯（涤纶）电容器、聚苯乙烯薄膜电容器和聚丙烯电容器。聚酯（涤纶）电容的容量为 40pF～4μF，额定电压为 63～630V。<br>聚苯乙烯薄膜电容器的介质损耗小、绝缘电阻高，但温度系数较大，体积也较大，常用在高频电路中。聚苯乙烯薄膜电容器的容量为 10pF～1μF，额定电压为 100V～30kV<br>聚丙烯电容器性能与聚苯相似，但体积小，稳定性稍差，可代替大部分聚苯或云母电容，常用于要求较高的电路。聚丙烯电容器的容量为 1000pF～10μF，额定电压为 63～2000V |
| 玻璃釉电容器 | 玻璃釉电容器由一种浓度适于喷涂的特殊混合物喷涂成薄膜作为介质，再以银层电极经烧结而成。<br>玻璃釉电容器能耐受各种气候环境，一般可在 200℃ 或更高温度下工作，其特点是稳定性较好，损耗小。玻璃釉电容器的容量为 10pF～0.1μF，额定电压为 63～400V |
| 独石电容器 | 独石电容器又称多层瓷介电容，可分 I、II 两种类型，I 型性能较好，但容量一般小于 0.2μF，II 型容量大但性能一般。独石电容器具有正温系数，而聚丙烯电容器具有负温系数，两者用适当比例并联使用，可使温漂系数降到很小。<br>独石电容器具有容量大、体积小、可靠性高、容量稳定、耐湿性等特点，广泛用于电子精密仪器和各种小型电子设备作谐振、耦合、滤波、旁路。独石电容器容量范围为 0.5pF～1μF，耐压可为二倍额定电压 |

续表

| 常见类型的电容器 | 结构与特点 |
|---|---|
| 铝电解电容器 | 铝电解电容器是由两片铝带和两层绝缘膜相互层叠，卷好后浸泡在电解液（含酸性的合成溶液）中，出厂前需要经过直流电压处理，使正极片上形成一层氧化膜做介质。<br>　铝电解电容器的特点是体积小、容量大，损耗大，漏电较大和有正负极性，常应用在电路中作电源滤波、低频耦合、去耦合旁路。铝电解电容器的容量为 $0.47 \sim 10000\mu F$，额定电压为 $6.3 \sim 450V$ |
| 钽、铌电解电容器 | 钽、铌电解电容器是以金属钽或者铌做正极，用稀硫酸等配液做负极，再以钽或铌表面生成的氧化膜作介质制成。<br>　钽、铌电解电容器的特点是体积小、容量大、性能稳定、寿命长、绝缘电阻大、温度特性好，并且损耗、漏电小于铝电解电容，常用在要求高的电路中代替铝电解电容器。钽、铌电解电容器的容量为 $0.1 \sim 1000\mu F$，额定电压为 $6.3 \sim 125V$。 |

### 3.1.8　电容器的串联与并联

在使用电容器时，如果无法找到合适容量或耐压的电容器，可将多个电容器进行并联或串联来得到需要的电容器。

（1）电容器的并联

两个或两个以上电容器头头相连、尾尾相接称为电容器并联。电容器的并联如图 3-12 所示。

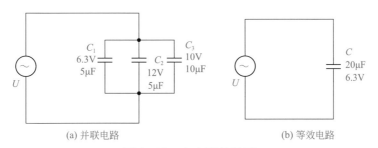

(a) 并联电路　　　　　　(b) 等效电路

图 3-12　电容器的并联

电容器并联后的总容量增大，总容量等于所有并联电容器的容量之和，以图 3-12（a）电路为例，并联后总容量：

$$C=C_1+C_2+C_3=（5+5+10）\mu F =20\mu F \tag{3-4}$$

电容器并联后的总耐压以耐压最小的电容器的耐压为准，仍以图 3-12（a）电路为例，$C_1$、$C_2$、$C_3$ 耐压不同，其中 $C_1$ 的耐压最小，故并联后电容器的总耐压以 $C_1$ 耐压 6.3V 为准，加在并联电容器两端的电压不能超过 6.3V。

根据上述原则，图 3-12（a）的电路可等效为图 3-12（b）所示电路。

（2）电容器的串联

两个或两个以上电容器在电路中头尾相连就是电容器的串联。电容器的串联如图 3-13 所示。

电容器串联后总容量减小，总容量比容量最小电容器的容量还小。电容器串联后总容量的计算规律是：总容量的倒数等于各电容器容量倒数之和，这与电阻器的并联计算相同，以如图 3-13（a）电路为例，电容器串联后的总容量计算公式是：

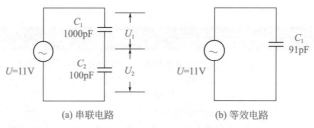

图 3-13　电容器的串联

$$\frac{1}{C}=\frac{1}{C_1}+\frac{1}{C_2} \Rightarrow C=\frac{C_1C_2}{C_1+C_2}=\frac{1000\times100}{1000+100}\text{ pF}=91\text{pF} \tag{3-5}$$

所以图 3-13（a）电路与图 3-13（b）电路是等效的。

在电路中，串联的各电容器两端的电压与容量成反比，即容量越大，电容器两端电压越低，这个关系可用式（3-6）表示：

$$\frac{C_1}{C_2}=\frac{U_2}{U_1} \tag{3-6}$$

以图 3-13（a）所示电路为例，$C_1$ 的容量是 $C_2$ 容量的 10 倍，用上述公式计算可知，$C_2$ 两端的电压 $U_2$ 应是 $C_1$ 两端电压 $U_1$ 的 10 倍，如果交流电压 $U$ 为 11V，则 $U_1$=1V，$U_2$=10V，若 $C_1$、$C_2$ 都是耐压为 6.3V 的电容器，就会出现 $C_2$ 先被击穿短路（因为它两端有 10V 电压），11V 电压马上全部加到 $C_1$ 两端，接着 $C_1$ 被击穿损坏。

当电容器串联时，容量小的电容器应尽量选用耐压大的，以接近或等于电源电压为佳，因为当电容器串联时，容量小的电容器两端电压较容量大的电容器两端电压大，容量越小，两端承受的电压越高。

### 3.1.9　容量与误差的标注方法

（1）容量的标注方法

电容器容量标注方法很多，下面介绍一些常用的容量标注方法。

① 直标法　直标法是指在电容器上直接标出容量值和容量单位。电解电容器常采用直标法，如图 3-14 所示左方的电容器的容量为 2200μF，耐压为 63V，误差为 ±20%，右方电容器的容量为 68nF，J 表示误差为 ±5%。

② 小数点标注法　容量较大的无极性电容器常采用小数点标注法。小数点标注法的容量单位是 μF。如图 3-15 所示的两个实物电容器的容量分别是 0.01μF 和 0.033μF。有的电容器用 μ、n、p 来表示小数点，同时指明容量单位，如图中的 p1、4n7、3μ 分别表示容量 0.1pF、4.7nF、3.3μF，如果用 R 表示小数点，单位则为 μF，如 R33 表示容量是 0.33μF。

图 3-14　采用直标法标注
容量和误差

③ 整数标注法　容量较小的无极性电容器常采用整数标注法，单位为 pF。若整数末位是 0，如标"330"则表示该电容器容量为 330pF；若整数末位不是 0，如标"103"，则表示容量为 $10\times10^3$pF。如图 3-16 所示的几个电容器的容量分别是 180pF、330pF 和 22000pF。如果整数末尾是 9，不是表示 $10^9$，而是表示 $10^{-1}$，如 339 表示 3.3pF。

（2）误差表示法

电容器误差表示方法主要有罗马数字表示法、字母表示法和直接表示法。

① 罗马数字表示法　罗马数字表示法是在电容器标注罗马数字来表示误差大小。这种方法用 0、Ⅰ、Ⅱ、Ⅲ 分别表示误差 ±2%、±5%、±10% 和 ±20%。

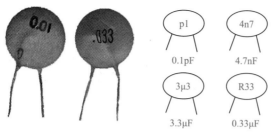

图 3-15 采用小数点法标注容量

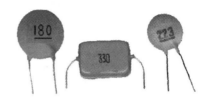

图 3-16 采用整数标注法标注容量

② 字母表示法　字母表示法是在电容器上标注字母来表示误差的大小。字母及其代表的误差数见表 3-2。例如某电容器上标注"K"，表示误差为 ±10%。

表 3-2　字母及其代表的误差数

| 字母 | 允许误差 | 字母 | 允许误差 |
|---|---|---|---|
| L | ±0.01% | B | ±0.1% |
| D | ±0.5% | V | ±0.25% |
| F | ±1% | K | ±10% |
| G | ±2% | M | ±20% |
| J | ±5% | N | ±30% |
| P | ±0.02% | 不标注 | ±20% |
| W | ±0.05% | | |

③ 直接表示法　直接表示法是指在电容器上直接标出误差数值。如标注"68pF±5pF"表示误差为 ±5pF，标注"±20%"表示误差为 ±20%，标注"0.033/5"表示误差为 ±5%（% 号被省掉）。

## 3.1.10　用指针万用表检测电容器

电容器常见的故障有开路、短路和漏电。

（1）无极性电容器的检测

检测无极性电容器时，万用表拨至"R×10k"或"R×1k"挡（对于容量小的电容器选"R×10k"挡），测量电容器两引脚之间的阻值。

如果电容器正常，表针先往右摆动，然后慢慢返回到无穷大处，容量越小向右摆动的幅度越小，该过程如图 3-17 所示。表针摆动过程实际上就是万用表内部电池通过表笔对被测电容器充电的过程，被测电容器容量越小充电越快，表针摆动幅度越小，充电完成后表针就停在无穷大处。

若检测时表针无摆动过程，而是始终停在无穷大处，说明电容器不能充电，该电容器开路。

若表针能往右摆动，也能返回，但回不到无穷大，说明电容器能充电，但绝缘电阻小，该电容器漏电。

若表针始终指在阻值小或 0 处不动，这说明电容器不能充电，并且绝缘电阻很小，该电容器短路。

注：对于容量小于 0.01μF 的正常电容器，在测量时表针可能不会摆动，故无法用万用表判断是否开路，但可以判别是否短路和漏电。如果怀疑容量小的电容器开路，万用表又无法检测时，可找相同容量的电容器代换，如果故障消失，就说明原电容器开路。

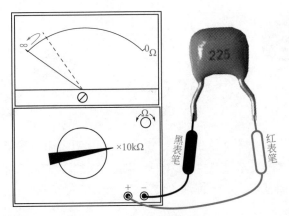

图 3-17　无极性电容器的检测

**（2）有极性电容器的检测**

在检测有极性电容器时，万用表拨至"R×1k"或"R×10k"挡（对于容量很大的电容器，可选择"R×100"挡），测量电容器正、反向电阻。

如果电容器正常，在测正向电阻（黑表笔接电容器正引脚，红表笔接负引脚）时，表针先向右作大幅度摆动，然后慢慢返回到无穷大处（用"R×10k"挡测量可能到不了无穷大处，但非常接近也是正常的），如图 3-18（a）所示；在测反向电阻时，表针也是先向右摆动，也能返回，但一般回不到无穷大处，如图 3-18（b）所示。也就是说，正常电解电容器的正向电阻大，反向电阻略小，它的检测过程与判别正负极是一样的。

若正、反向电阻均为无穷大，表明电容器开路。

若正、反向电阻都很小，说明电容器漏电。

若正、反向电阻均为 0，说明电容器短路。

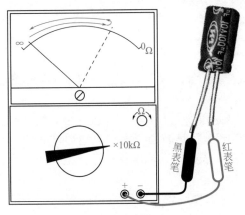

(a) 测正向电阻

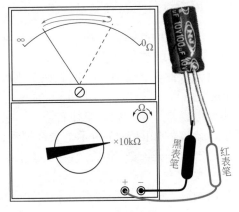

(b) 测反向电阻

图 3-18　有极性电容器的检测

### 3.1.11　用数字万用表检测电容器

**（1）无极性电容器的检测**

用数字万用表检测无极性电容器如图 3-19 所示。图 3-19（a）为测量电容量，图 3-19（b）、（c）为测量绝缘电阻。

固定电容器的检测

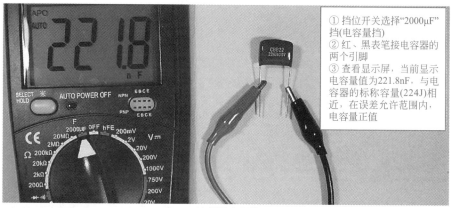

① 挡位开关选择"2000μF"
挡(电容量挡)
② 红、黑表笔接电容器的
两个引脚
③ 查看显示屏,当前显示
电容量值为221.8nF,与电
容器的标称容量(224J)相
近,在误差允许范围内,
电容量正值

(a) 测量电容量

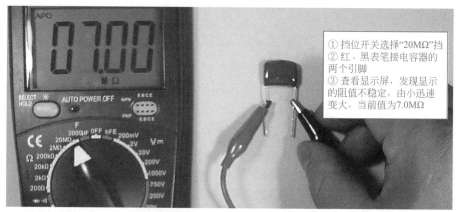

① 挡位开关选择"20MΩ"挡
② 红、黑表笔接电容器的
两个引脚
③ 查看显示屏,发现显示
的阻值不稳定,由小迅速
变大,当前值为7.0MΩ

(b) 测量绝缘电阻(开始阻值小且不断变大)

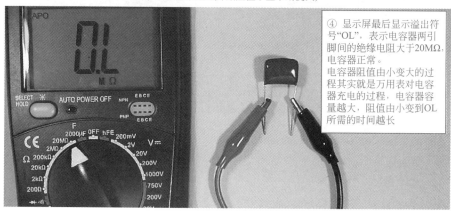

④ 显示屏最后显示溢出符
号"OL",表示电容器两引
脚间的绝缘电阻大于20MΩ,
电容器正常。
电容器阻值由小变大的过
程其实就是万用表对电容
器充电的过程,电容器容
量越大,阻值由小变到OL
所需的时间越长

(c) 测量绝缘电阻(最后显示溢出符号OL)

图 3-19 用数字万用表检测无极性电容器

（2）有极性电容器的检测

用数字万用表检测有极性电容器如图 3-20 所示。图 3-20（a）为测量电容量,图 3-20（b）、
（c）为测量绝缘电阻。

### 3.1.12 选用

电容器是一种较常用的电子元器件,在选用时可遵循以下原则:

① 标称容量要符合电路的需要 对于一些对容量大小有严格要求的电路（如定时电路、

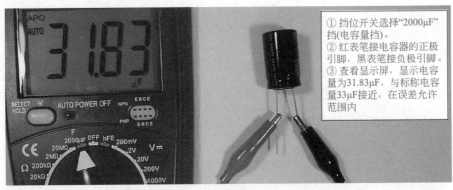

① 挡位开关选择"2000μF"挡(电容量挡)。
② 红表笔接电容器的正极引脚，黑表笔接负极引脚。
③ 查看显示屏，显示电容量为31.83μF，与标称电容量33μF接近，在误差允许范围内

(a) 测量电容量

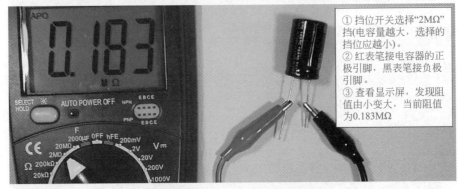

① 挡位开关选择"2MΩ"挡(电容量越大，选择的挡位应越小)。
② 红表笔接电容器的正极引脚，黑表笔接负极引脚。
③ 查看显示屏，发现阻值由小变大，当前阻值为0.183MΩ

(b) 测量绝缘电阻(开始阻值小且不断变大)

④ 显示屏最后显示溢出符号OL，表示电容器两引脚间的绝缘电阻大于2MΩ，绝缘电阻正常。显示屏显示的阻值由小变大的过程实际上是万用表对电容器充电的过程，电容量越大，该过程时间越长

(c) 测量绝缘电阻(最后显示溢出符号OL)

图 3-20　用数字万用表检测有极性电容器

延时电路和振荡电路等)，选用的电容器其容量应与要求相同，对于一些对容量要求不高的电路（如耦合电路、旁路电路、电源滤波和电源退耦等)，选用的电容器其容量与要求相近即可；

② 工作电压要符合电路的需要　为了保证电容器能在电路中长时间正常工作，选用的电容器其额定电压应略大于电路可能出现的最高电压，大于 10%～30%；

③ 电容器特性尽量符合电路需要　不同种类的电容器有不同的特性，为了让电路工作状态尽量最佳，可针对不同电路的特点来选择适合种类的电容器。

下面是一些电路选择电容器的规律：

① 对于电源滤波、退耦电路和低频耦合、旁路电路，一般选择电解电容器；

② 对于中频电路，一般可选择薄膜电容器和金属化纸介电容器；

③ 对于高频电路，应选用高频特性良好的电容器，如瓷介电容器和云母电容器；

④ 对于高压电路，应选用工作电压高的电容器，如高压瓷介电容器；

⑤ 对于频率稳定性要求高的电路（如振荡电路、选频电路和移相电路），应选用温度系数小的电容器。

### 3.1.13 电容器的型号命名方法

国产电容器型号命名由四部分组成：

第一部分用字母"C"表示主称为电容器。

第二部分用字母表示电容器的介质材料。

第三部分用数字或字母表示电容器的类别。

第四部分用数字表示序号。

电容器的型号命名及含义见表3-3。

表3-3 电容器的型号命名及含义

| 第一部分：主称 | | 第二部分：介质材料 | | 第三部分：类别 | | | | | 第四部分：序号 |
| --- | --- | --- | --- | --- | --- | --- | --- | --- | --- |
| 字母 | 含义 | 字母 | 含义 | 数字或字母 | 含义 | | | | |
| | | | | | 瓷介电容器 | 云母电容器 | 有机电容器 | 电解电容器 | |
| C | 电容器 | A | 钽电解 | 1 | 圆形 | 非密封 | 非密封 | 箔式 | 用数字表示序号，以区别电容器的外形尺寸及性能指标 |
| | | B | 聚苯乙烯等非极性有机薄膜（常在"B"后面再加一字母，以区分具体材料。例如"BB"为聚丙烯，"BF"为聚四氟乙烯） | 2 | 管形 | 非密封 | 非密封 | 箔式 | |
| | | | | 3 | 叠片 | 密封 | 密封 | 烧结粉，非固体 | |
| | | C | 高频陶瓷 | 4 | 独石 | 密封 | 密封 | 烧结粉，固体 | |
| | | D | 铝电解 | 5 | 穿心 | | 穿心 | | |
| | | E | 其它材料电解 | 6 | 支柱等 | | | | |
| | | G | 合金电解 | | | | | | |
| | | H | 纸膜复合 | 7 | | | | 无极性 | |
| | | I | 玻璃釉 | 8 | 高压 | 高压 | 高压 | | |
| | | J | 金属化纸介 | 9 | | | 特殊 | 特殊 | |
| | | L | 涤纶等极性有机薄膜（常在"L"后面再加一字母，以区分具体材料。例如："LS"为聚碳酸酯） | G | 高功率型 | | | | |
| | | | | T | 叠片式 | | | | |
| | | N | 铌电解 | W | 微调型 | | | | |
| | | O | 玻璃膜 | | | | | | |
| | | Q | 漆膜 | J | 金属化型 | | | | |
| | | T | 低频陶瓷 | | | | | | |
| | | V | 云母纸 | | | | | | |
| | | Y | 云母 | Y | 高压型 | | | | |
| | | Z | 纸介 | | | | | | |

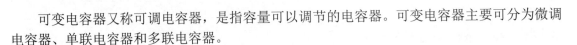

## 3.2　可变电容器

可变电容器又称可调电容器，是指容量可以调节的电容器。可变电容器主要可分为微调电容器、单联电容器和多联电容器。

### 3.2.1　微调电容器

**（1）外形与和符号**

微调电容器又称半可变电容器，其容量不经常调节。如图3-21（a）所示是两种常见微调电容器实物外形，微调电容器符号如图3-21（b）所示。

**（2）结构**

微调电容器是由一片动片和一片定片构成。微调电容器的典型结构如图3-22所示，动片与转轴连接在一起，当转动转轴时，动片也随之转动，动、定片的相对面积就会发生变化，电容器的容量就会变化。

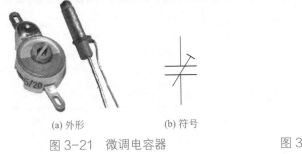

(a) 外形　　(b) 符号

图 3-21　微调电容器

图 3-22　微调电容器的结构示意图

**（3）种类**

微调电容器可分为云母微调电容器、瓷介微调电容器、薄膜微调电容器和拉线微调电容器等。

云母微调电容器一般是通过螺钉调节动、定片之间的距离来改变容量。

瓷介微调电容器、薄膜微调电容器一般是通过改变动、定片之间的相对面积来改变容量。

拉线微调电容器是以瓷管内壁镀银层作定片，外面缠绕的细金属丝为动片，减小金属丝的圈数，就可改变容量。这种电容器的容量只能从大调到小。

**（4）检测**

在检测微调电容器时，万用表拨至"R×10k"挡，测量微调电容器两引脚之间的电阻，如图3-23所示，正常测得的阻值应为无穷大。然后调节旋钮，同时观察阻值大小，正常阻值应始终为无穷大，若调节时出现阻值为0或阻值变小，说明电容器动、定片之间存在短路或漏电。

### 3.2.2　单联电容器

**（1）外形与符号**

单联电容器是由多个连接在一起的金

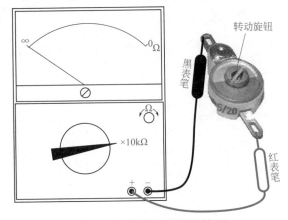

图 3-23　微调电容器的检测

属片作定片，以多个与金属转轴连接的金属片作动片构成。单联电容器的外形和符号如图3-24所示。

（2）结构

单联电容器的结构如图3-25所示，它是以多个有连接的金属片作定片，而将多个与金属转轴连接的金属片作动片，再将定片与动片的金属片交差且相互绝缘叠在一起，当转动转轴时，各个定片与动片之间的相对面积就会发生变化，整个电容器的容量就会变化。

图 3-24 单联电容器　　　图 3-25 单联电容器的结构示意图

### 3.2.3 多联电容器

（1）外形与符号

多联电容器是指将两个或两个以上的可变电容器结合在一起而构成的电容器，在调节时，这些电容器容量会同时变化。常见的多联电容器有双联电容器和四联电容器，多联电容器的外形和符号如图3-26所示。

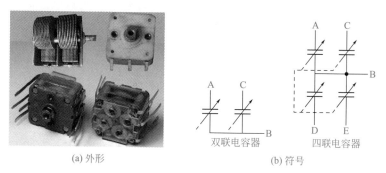

图 3-26 多联电容器

（2）结构

多联电容器虽然种类较多，但结构大同小异，下面以图3-27所示的双联电容器为例说明，双联电容器有两组动片和两组定片构成，两组动片都与金属转轴相连，而各组定片都是独立的，当转动转轴时，与转轴连动的两组动片都会移动，它们与各自对应定片的相对面积会同时变化，两个电容器的容量被同时调节。

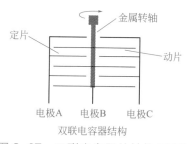

图 3-27 双联电容器的结构示意图

可变电容器的检测

### （3）用数字万用表检测双联可变电容器

用数字万用表检测双联可变电容器的容量如图 3-28 所示，双联可变电容器内部有两个可变电容器，图 3-28 是测量其中一个可变电容器，另一个可变电容器可用同样的方法测量。

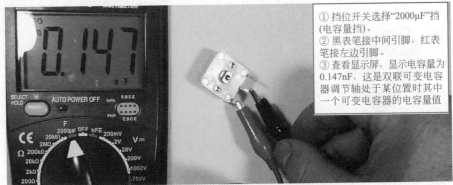

① 挡位开关选择"2000μF"挡（电容量挡）。
② 黑表笔接中间引脚，红表笔接左边引脚。
③ 查看显示屏，显示电容量为 0.147nF，这是双联可变电容器调节轴处于某位置时其中一个可变电容器的电容量值

(a)测量双联电容器其中一个可变电容器的容量

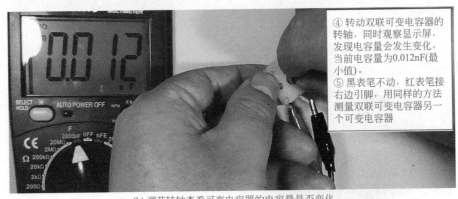

④ 转动双联可变电容器的转轴，同时观察显示屏，发现电容量会发生变化，当前电容量为0.012nF(最小值)。
⑤ 黑表笔不动，红表笔接右边引脚，用同样的方法测量双联可变电容器另一个可变电容器

(b) 调节转轴查看可变电容器的电容量是否变化

图 3-28　用数字万用表检测双联可变电容器的电容量

# 第 **4** 章 →

# 电感器与变压器

## 4.1 电感器

### 4.1.1 外形与符号

将导线在绝缘支架上绕制一定的匝数（圈数）就构成了电感器。常见的电感器的实物外形如图 4-1（a）所示，根据绕制的支架不同，电感器可分为空心电感器（无支架）、磁芯电感器（磁性材料支架）和铁芯电感器（硅钢片支架），电感器的电路符号如图 4-1（b）所示。

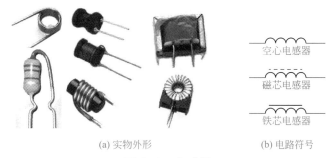

空心电感器

磁芯电感器

铁芯电感器

(a) 实物外形          (b) 电路符号

图 4-1　电感器

### 4.1.2　主要参数与标注方法

（1）主要参数

电感器的主要参数有电感量、误差、品质因数和额定电流等。

① 电感量

电感器由线圈组成，当电感器通过电流时就会产生磁场，电流越大，产生的磁场越强，穿过电感器的磁场（又称为磁通量$\phi$）就越大。实验证明，通过电感器的磁通量$\phi$和通入的电流$I$成正比关系。磁通量量$\phi$与电流$I$的比值称为自感系数，又称电感量$L$，用公式表示为

$$L=\frac{\phi}{I} \tag{4-1}$$

电感量的基本单位为亨利（简称亨），用字母"H"表示，此外还有毫亨（mH）和微亨（μH），它们之间的关系是：

$$1H=10^3mH=10^6\mu H \tag{4-2}$$

电感器的电感量大小主要与线圈的匝数（圈数）、绕制方式和磁芯材料等有关。线圈匝数越多、绕制的线圈越密集，电感量就越大；有磁芯的电感器比无磁芯的电感量大；电感器的磁芯磁导率越高，电感量也就越大。

② 误差

误差是指电感器上标称电感量与实际电感量的差距。对于精度要求高的电路，电感器的允许误差范围通常为 ±0.2%～±0.5%，一般的电路可采用误差为 ±10%～±15% 的电感器。

③ 品质因数（$Q$ 值）

品质因数也称 $Q$ 值，是衡量电感器质量的主要参数。品质因素是指当电感器两端加某一频率的交流电压时，其感抗 $X_L$（$X_L=2\pi fL$）与直流电阻 $R$ 的比值。用公式表示：

$$Q=\frac{X_L}{R} \tag{4-3}$$

从式（4-3）可以看出，感抗越大或直流电阻越小，品质因素就越大。电感器对交流信号的阻碍称为感抗，其单位为欧姆 Ω。电感器的感抗大小与电感量有关，电感量越大，感抗越大。

提高品质因素既可通过提高电感器的电感量来实现，也可通过减小电感器线圈的直流电阻来实现。例如粗线圈绕制而成的电感器，直流电阻较小，其 $Q$ 值高；有磁芯的电感器较空心电感器的电感量大，其 $Q$ 值也高。

④ 额定电流

额定电流是指电感器在正常工作时允许通过的最大电流值。电感器在使用时，流过的电流不能超过额定电流，否则电感器就会因发热而使性能参数发生改变，甚至会因过流而烧坏。

（2）参数标注方法

电感器的参数标注方法主要有直标法和色标法。

① 直标法

电感器采用直标法标注时，一般会在外壳上标注电感量、误差和额定电流值。如图 4-2 所示列出了几个采用直标法标注的电感器。在标注电感量时，通常会将电感量值及单位直接标出。在标注误差时，分别用 Ⅰ、Ⅱ、Ⅲ 表示 ±5%、±10%、±20%。在标注额定电流时，用 A、B、C、D、E 分别表示 50mA、150mA、300mA、0.7A 和 1.6A。

② 色标法

色标法是采用色点或色环标在电感器上来表示电感量和误差的方法。色码电感器采用色标法标注，其电感量和误差标注方法同色环电阻器，单位为 μH。色码电感器的各种颜色含义及代表的数值与色环电阻器相同。色码电感器颜色的排列顺序方法也与色环电阻器相同。色码电感器与色环电阻器识读不同仅在于单位不同，色码电感器单位为 μH。

色码电感器的识别图 4-3 所示，图中的色码电感器上标注"红棕黑银"表示电感量为 21μH，误差为 ±10%。

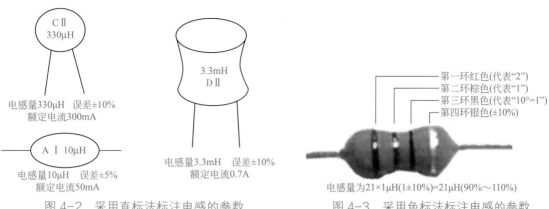

图 4-2 采用直标法标注电感的参数

图 4-3 采用色标法标注电感的参数

### 4.1.3 电感器 "通直阻交" 特性与感抗

电感器的具有 "通直阻交" 的性质。电感器的 "通直阻交" 是指电感器对通过的直流信号阻碍很小，直流信号可以很容易通过电感器，而交流信号通过时会受到较大的阻碍。

电感器对通过的交流信号有较大的阻碍，这种阻碍称为感抗，感抗用 $X_L$ 表示，感抗的单位是欧姆（Ω）。电感器的感抗大小与自身的电感量和交流信号的频率有关，感抗大小可以用以下公式计算

$$X_L=2\pi fL \tag{4-4}$$

式中，$X_L$ 表示感抗，单位为 Ω；$f$ 表示交流信号的频率，单位为 Hz；$L$ 表示电感器的电感量，单位为 H。

由式（4-4）可以看出：交流信号的频率越高，电感器对交流信号的感抗越大；电感器的电感量越大，对交流信号感抗也越大。

举例：如图 4-4 所示的电路中，交流信号的频率为 50Hz，电感器的电感量为 200mH，那么电感器对交流信号的感抗就为：

图 4-4 感抗计算例图

$$X_L=2\pi fL=2\times3.14\times50\times200\times10^{-3}\Omega=62.8\Omega \tag{4-5}$$

### 4.1.4 电感器 "阻碍变化的电流" 特性

电感器具有 "阻碍变化的电流" 性质，当变化的电流流过电感器时，电感器会产生自感电动势来阻碍变化的电流。电感器 "阻碍变化的电流" 性质说明如图 4-5 所示。

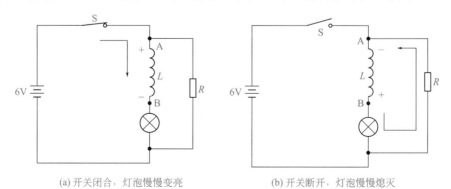

(a) 开关闭合，灯泡慢慢变亮

(b) 开关断开，灯泡慢慢熄灭

图 4-5 电感器 "阻碍变化的电流" 性质

如图4-5（a）所示，当开关S闭合时，会发现灯泡不是马上亮起来，而是慢慢亮起来。这是因为当开关闭合后，有电流流过电感器，这是一个增大的电流（从无到有），电感器马上产生自感电动势来阻碍电流增大，其极性是A正B负，该电动势使A点电位上升，电流从A点流入较困难，也就是说电感器产生的这种电动势对电流有阻碍作用。由于电感器产生A正B负自感电动势的阻碍，流过电感器的电流不能一下子增大，而是慢慢增大，所以灯泡慢慢变亮，当电流不再增大（即电流大小恒定）时，电感器上的电动势消失，灯泡亮度也就不变了。

如果将开关S断开，如图4-5（b）所示，会发现灯泡不是马上熄灭，而是慢慢暗下来。这是因为当开关断开后，流过电感器的电流突然变为0，也就是说流过电感器的电流突然变小（从有到无），电感器马上产生A负B正的自感电动势，由于电感器、灯泡和电阻器 R 连接成闭合回路，电感器的自感电动势会产生电流流过灯泡，电流方向是：电感器 B 正→灯泡→电阻器 R→电感器 A 负，开关断开后，该电流维持灯泡继续发光，随着电感器上的电动势逐渐降低，流过灯泡的电流慢慢减小，灯泡也就慢慢变暗。

从上面的电路分析可知，只要流过电感器的电流发生变化（不管是增大还是减小），电感器都会产生自感电动势，电动势的方向总是阻碍电流的变化。

电感器"阻碍变化的电流"性质非常重要，在以后的电路分析中经常要用到该性质。为了让大家能更透彻理解电感器这个性质，再来看图4-6中两个例子。

(a) 电流增大时      (b) 电流减小时

图 4-6 电感器性质解释图

如图4-6（a）所示，流过电感器的电流是逐渐增大的，电感器会产生A正B负的电动势阻碍电流增大（可理解为A点为正，A点电位升高，电流通过较困难）；如图4-6（b）所示，流过电感器的电流是逐渐减小的，电感器会产生A负B正的电动势阻碍电流减小（可理解为A点为负时，A点电位低，吸引电流流过来，阻碍它减小）。电感器产生的自感电动势大小与电感量及流过的电流变化有关，电流变化率（$\Delta I/\Delta t$）越大，产生的电动势越高，如果流过电感器的电流恒定不变，电感器就不会产生自感电动势，在电流变化率一定时，电感量越大，产生的电动势越高。

### 4.1.5 种类

电感器种类较多，下面主要介绍几种典型的电感器。

（1）可调电感器

可调电感器是指电感量可以调节的电感器。可调电感器的电路符号和实物外形如图4-7所示。

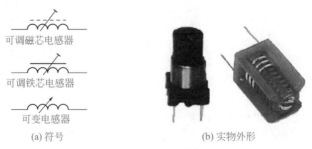

可调磁芯电感器

可调铁芯电感器

可变电感器

(a) 符号          (b) 实物外形

图 4-7 可调电感器

可调电感器是通过调节磁芯在线圈中的位置来改变电感量，磁芯进入线圈内部越多，电感器的电感量越大。如果电感器没有磁芯，可以通过减少或增多线圈的匝数来降低或提高电感器的电感量，另外，改变线圈之间的疏密程度也能调节电感量。

（2）高频扼流圈

高频扼流圈又称高频阻流圈，它是一种电感量很小的电感器，常用在高频电路中，其电路符号如图 4-8（a）所示。

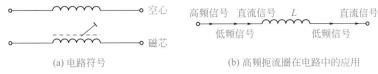

图 4-8　高频扼流圈

高频扼流圈又分为空心和磁芯，空心高频扼流圈多用较粗铜线或镀银铜线绕制而成，可以通过改变匝数或匝距来改变电感量；磁芯高频扼流圈用铜线在磁芯材料上绕制一定的匝数构成，其电感量可以通过调节磁芯在线圈中的位置来改变。

高频扼流圈在电路中的作用是"阻高频，通低频"。如图 4-8（b）所示，当高频扼流圈输入高、低频信号和直流信号时，高频信号不能通过，只有低频和直流信号能通过。

（3）低频扼流圈

低频扼流圈又称低频阻流圈，是一种电感量很大的电感器，常用在低频电路（如音频电路和电源滤波电路）中，其电路符号如图 4-9（a）所示。

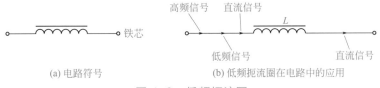

图 4-9　低频扼流圈

低频扼流圈是用较细的漆包线在铁芯（硅钢片）或铜芯上绕制很多匝数制成的。低频扼流圈在电路中的作用是"通直流，阻低频"。如图 4-9（b）所示，当低频扼流圈输入高、低频和直流时，高、低频信号均不能通过，只有直流信号才能通过。

（4）色码电感器

色码电感器是一种高频电感线圈，它是在磁芯上绕上一定匝数的漆包线，再用环氧树脂或塑料封装而制成的。色码电感器的工作频率范围一般在 10kHz～200MHz 之间，电感量在 0.1～3300μH 范围内。色码电感器是具有固定电感量的电感器，其电感量标注与识读方法与色环电阻器相同，但色码电感器的电感量单位为 μH。

### 4.1.6　电感器的串联与并联

（1）电感器的串联

电感器的串联如图 4-10 所示。

电感器串联时具有以下特点：

① 流过每个电感器的电流大小都相等；

② 总电感量等于每个电感器电感量之和，即 $L=L_1+L_2$；

③ 电感器两端电压大小与电感量成正比，即 $U_1/U_2=L_1/L_2$。

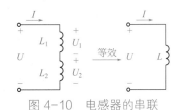

图 4-10　电感器的串联

（2）电感器的并联

电感器的并联如图 4-11 所示。

电感器并联时具有以下特点：

① 每个电感器两端电压都相等；

② 总电感量的倒数等于每个电感器电感量倒数之和，即 $1/L=1/L_1+1/L_2$；

③ 流过电感器的电流大小与电感量成反比，即 $I_1/I_2= L_2/L_1$。

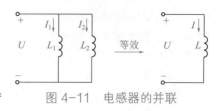

图 4-11　电感器的并联

### 4.1.7　用指针万用表检测电感器

电感器的电感量和 $Q$ 值一般用专门的电感测量仪和 $Q$ 表来测量，一些功能齐全的万用表也具有电感量测量功能。电感器常见的故障有开路和线圈匝间短路。

电感器实际上就是线圈，由于线圈的电阻一般比较小，测量时一般用万用表的"R×1Ω"挡，电感器的检测如图 4-12 所示。线径粗、匝数少的电感器电阻小，接近于 0Ω，线径细、匝数多的电感器阻值较大。在测量电感器时，万用表可以很容易检测出是否开路（开路时测出的电阻为无穷大），但很难判断它是否匝间短路，因为电感器匝间短路时电阻减小很少，解决方法是：当怀疑电感器匝间有短路，万用表又无法检测出来时，可更换新的同型号电感器，故障排除则说明原电感器已损坏。

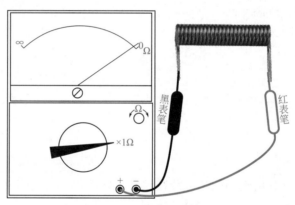

电感器的检测

图 4-12　电感器的检测

### 4.1.8　用数字万用表检测电感器的通断

用数字万用表检测电感器的通断如图 4-13 所示，图中测得电感器的电阻值为 0.4Ω，电感器正常，若测量显示溢出符号 OL，则电感器开路。

① 挡位开关选择"200Ω"挡。
② 红、黑表笔分别接电感器的两个引脚。
③ 查看显示屏，当前显示电感器的电阻值为0.4Ω。若显示溢出符号"OL"，则为电感器开路或电阻值大于当前量程200Ω，可换更高挡位测量

图 4-13　用数字万用表测量电感器的通断

### 4.1.9 用电感表测量电感器的电感量

测量电感器的电感量可使用电感表，也可以使用具有电感量测量功能的数字万用表。图 4-14 是用电感电容两用表测量电感器的电感量，测量时选择 2mH 挡，红、黑表笔接电感器的两个引脚，显示屏显示电感量为 0.343mH，也即 343μH。

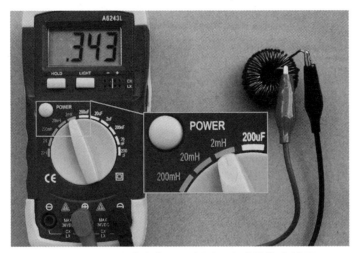

图 4-14 用电感电容两用表测量电感器的电感量

### 4.1.10 选用

在选用电感器时，要注意以下几点：

① 选用电感器的电感量必须与电路要求一致，额定电流选大一些不会影响电路。

② 选用电感器的工作频率要适合电路。低频电路一般选用硅钢片铁芯或铁氧体磁芯的电感器，而高频电路一般选用高频铁氧体磁芯或空心的电感器。

③ 对于不同的电路，应该选用相应性能的电感器，在检修电路时，如果遇到损坏的电感器，并且该电感器功能比较特殊，通常需要用同型号的电感器更换。

④ 在更换电感器时，不能随意改变电感器的线圈匝数、间距和形状等，以免电感器的电感量发生变化。

⑤ 对于可调电感器，为了让它在电路中达到较好的效果，可将电感器接在电路中进行调节。调节时可借助专门的仪器，也可以根据实际情况凭直觉调节，如调节电视机中与图像处理有关的电感器时，可一边调节电感器磁芯，一般观察画面质量，质量最佳时调节就最准确。

⑥ 对于色码电感器或小型固定电感器时，当电感量相同、额定电流相同时，一般可以代换。

⑦ 对于有屏蔽罩的电感器，在使用时需要将屏蔽罩与电路地连接，以提高电感器的抗干扰性。

### 4.1.11 电感器的型号命名方法

电感器的型号命名由三部分组成：

第一部分用字母表示主称为电感线圈。

第二部分用字母与数字混合或数字来表示电感量。

第三部分用字母表示误差范围。

电感器的型号命名及含义见表 4-1。

表 4-1 电感器的型号命名及含义

| 第一部分：主称 | | 第二部分：电感量 | | | 第三部分：误差范围 | |
| --- | --- | --- | --- | --- | --- | --- |
| 字母 | 含义 | 数字与字母 | 数字 | 含义 | 字母 | 含义 |
| L 或 PL | 电感线圈 | 2R2 | 2.2 | 2.2μH | J | ±5% |
| | | 100 | 10 | 10μH | K | ±10% |
| | | 101 | 100 | 100μH | | |
| | | 102 | 1000 | 1mH | M | ±20% |
| | | 103 | 10000 | 10mH | | |

## 4.2 变压器

### 4.2.1 外形与符号

变压器可以改变交流电压或交流电流的大小。常见变压器的实物外形及电路符号如图 4-15 所示。

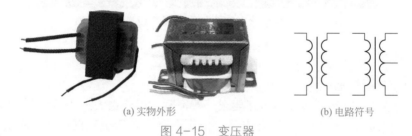

(a) 实物外形          (b) 电路符号

图 4-15 变压器

### 4.2.2 结构原理

（1）结构

两组相距很近、又相互绝缘的线圈就构成了变压器。变压器的结构如图 4-16 所示，从图中可以看出，变压器主要是由绕组和铁芯组成。绕组通常是由漆包线（在表面涂有绝缘层的导线）或纱包线绕制而成，与输入信号连接的绕组称为一次绕组（或称为初级线圈），输出信号的绕组称为二次绕组（或称为次级线圈）。

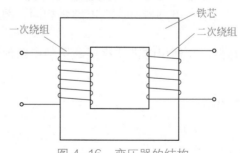

图 4-16 变压器的结构

（2）工作原理

变压器是利用电-磁和磁-电转换原理工作的。下面以图 4-17 所示电路来说明变压器的工作原理。

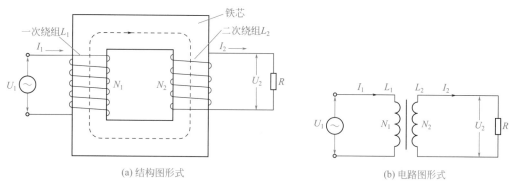

图 4-17　变压器工作原理说明图

当交流电压 $U_1$ 送到变压器的一次绕组 $L_1$ 两端时（$L_1$ 的匝数为 $N_1$），有交流电流 $I_1$ 流过 $L_1$，$L_1$ 马上产生磁场，磁场的磁感线沿着导磁良好的铁芯穿过二次绕组 $L_2$（其匝数为 $N_2$），有磁感线穿过 $L_2$，$L_2$ 上马上产生感应电动势，此时 $L_2$ 相当一个电源，由于 $L_2$ 与电阻 $R$ 连接成闭合电路，$L_2$ 就有交流电流 $I_2$ 输出并流过电阻 $R$，$R$ 两端的电压为 $U_2$。

变压器的一次绕组进行电－磁转换，而二次绕组进行磁－电转换。

### 4.2.3　变压器"变压"和"变流"功能

变压器可以改变交流电压大小，也可以改变交流电流大小。

（1）改变交流电压

变压器既可以升高交流电压，也能降低交流电压。在忽略电能损耗的情况下，变压器一次电压 $U_1$、二次电压 $U_2$ 与一次绕组匝数 $N_1$、二次绕组匝数 $N_2$ 的关系有：

$$\frac{U_1}{U_2} = \frac{N_1}{N_2} = n \tag{4-6}$$

$n$ 称为匝数比或电压比，由式（4-6）可知：

① 当二次绕组匝数 $N_2$ 多于一次绕组的匝数 $N_1$ 时，二次电压 $U_2$ 就会高于一次电压 $U_1$。即 $n = \dfrac{N_1}{N_2} < 1$ 时，变压器可以提升交流电压，故电压比 $n<1$ 的变压器称为升压变压器；

② 当二次绕组匝数 $N_2$ 少于一次绕组的匝数 $N_1$ 时，变压器能降低交流电压，故 $n>1$ 的变压器称为降压变压器；

③ 当二次绕组匝数 $N_2$ 与一次绕组的匝数 $N_1$ 相等时，变压器不会改变交流电压的大小，即一次电压 $U_1$ 与二次电压 $U_2$ 相等。这种变压器虽然不能改变电压大小，但能对一次、二次电路进行电气隔离，故 $n=1$ 变压器常用作隔离变压器。

（2）改变交流电流

变压器不但能改变交流电压的大小，还能改变交流电流的大小。由于变压器对电能损耗很少，可忽略不计，故变压器的输入功率 $P_1$ 与输出功率 $P_2$ 相等，即：

$$P_1 = P_2 \tag{4-7}$$

$$\frac{U_1}{U_2} = \frac{I_2}{I_1} \tag{4-8}$$

从式（4-8）可知，变压器的一次、二次电压与一、二次电流成反比，若提升了二次电压，就会使二次电流减小，降低二次电压，二次电流会增大。

综上所述，对于变压器来说，匝数越多的线圈两端电压越高，流过的电流越小。例如某个电源变压器上标注"输入电压 220V，输出电压 6V"，那么该变压器的一、二次绕组匝数

比 $n=220/6=110/3 \approx 37$，当将该变压器接在电路中时，二次绕组流出的电流是一次绕组流入电流的 37 倍。

### 4.2.4 变压器阻抗变换功能

**（1）阻抗变换原理**

根据最大功率传输定理可知：负载要从信号源获得最大功率的条件是负载的电阻（阻抗）与信号源的内阻相等。负载的电阻与信号源的内阻相等又称两者阻抗匹配。但很多电路的负载阻抗与信号源的内阻并不相等，这种情况下可采用变压器进行阻抗变换，同样可实现最大功率传输。下面以图 4-18 所示电路为例来说明变压器的阻抗变换原理。

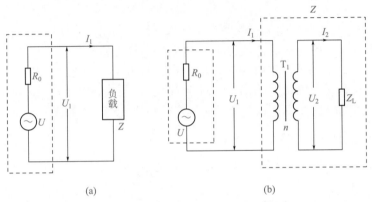

图 4-18　变压器的阻抗变换原理说明图

如图 4-18（a）所示，要负载从信号源中获得最大功率，需让负载的阻抗 $Z$ 与信号源内阻 $R_0$ 相等，即 $Z=R_0$，这里的负载可以是一个元件，也可以是一个电路，它的阻抗可以用 $Z=\dfrac{U_1}{I_1}$ 表示。现假设负载是如图 4-18（b）所示虚线框内由变压器和电阻组成的电路，该负载的阻抗 $Z=\dfrac{U_1}{I_1}$，变压器的匝数比为 $n$，电阻的阻抗为 $Z_L$，根据变压器改变电压的规律 $\left(\dfrac{U_1}{U_2}=\dfrac{I_2}{I_1}=n\right)$ 可得到下式，即

$$Z=\frac{U_1}{I_1}=\frac{nU_2}{\frac{1}{n}I_2}=n^2\frac{U_2}{I_2}=n^2 Z_L \tag{4-9}$$

从式（4-9）可以看出，变压器与电阻组成电路的总阻抗 $Z$ 是电阻阻抗 $Z_L$ 的 $n^2$ 倍，即 $Z=n^2 Z_L$。如果让总阻抗 $Z$ 等于信号源的内阻 $R_0$，变压器和电阻组成的电路就能从信号源获得最大功率，又因为变压器不消耗功率，所以功率全传送给真正负载（电阻），达到功率最大程度传送的目的。由此可以看出：通过变压器的阻抗变换作用，真正负载的阻抗不须与信号源内阻相等，同样能实现功率最大传输。

**（2）变压器阻抗变换的应用举例**

如图 4-19 所示，音频信号源内阻 $R_0=72\Omega$，而扬声器的阻抗 $Z_L=8\Omega$，如果将两者按图 4-19（a）的方法直接连接起来，扬声器将无法获得最大功率。这时可使用变压器进行阻抗变换来让扬声器获得最大功率，如图 4-19（b）所示，至于选择匝数比 $n$ 为多少的变压器，可用 $R_0=n^2 Z_L$ 计算，结果可得到 $n=3$。也就是说，只要在音频信号源和扬声器之间接一个匝数比 $n=3$ 的变压器，扬声器就可以从音频信号源获得最大功率的音频信号，从而发出最大的声音。

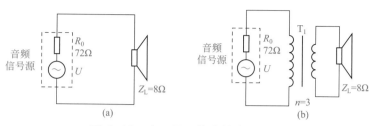

图 4-19 变压器阻抗变换应用举例

### 4.2.5 特殊绕组变压器

前面介绍的变压器一、二次绕组分别只有一组绕组，实际应用中经常会遇到其它一些形式绕组的变压器。

**（1）多绕组变压器**

多绕组变压器的一、二次绕组由多个绕组组成，如图 4-20（a）所示是一种典型的多个绕组的变压器，如果将 $L_1$ 作为一次绕组，那么 $L_2$、$L_3$、$L_4$ 都是二次绕组，$L_1$ 绕组上的电压与其它绕组的电压关系都满足 $\dfrac{U_1}{U_2}=\dfrac{N_1}{N_2}$。

例如 $N_1=1000$、$N_2=200$、$N_3=50$、$N_4=10$，当 $U_1=220\text{V}$ 时，$U_2$、$U_3$、$U_4$ 电压分别是 44V、11V 和 2.2V。

对于多绕组变压器，各绕组的电流不能按 $\dfrac{U_1}{U_2}=\dfrac{I_2}{I_1}$ 来计算，而遵循 $P_1=P_2+P_3+P_4$，即 $U_1I_1=U_2I_2+U_3I_3+U_4I_4$，当某个二次绕组接的负载电阻很小时，该绕组流出的电流会很大，其输出功率就增大，其它二次绕组输出电流就会减小，功率也相应减小。

**（2）多抽头变压器**

多抽头变压器的一、二次绕组由两个绕组构成，除了本身具有四个引出线外，还在绕组内部接出抽头，将一个绕组分成多个绕组。如图 4-20（b）所示是一种多抽头变压器。从图中可以看出，多抽头变压器由抽头分出的各绕组之间电气上是连通的，并且两个绕组之间共用一个引出线，而多绕组变压器各个绕组之间电气上是隔离的。如果将输入电压加到匝数为 $N_1$ 的绕组两端，该绕组称为一次绕组，其它绕组就都是二次绕组，各绕组之间的电压关系都满足 $\dfrac{U_1}{U_2}=\dfrac{N_1}{N_2}$。

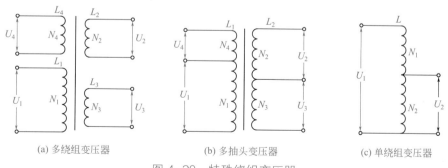

(a) 多绕组变压器　　　　(b) 多抽头变压器　　　　(c) 单绕组变压器

图 4-20 特殊绕组变压器

**（3）单绕组变压器**

单绕组变压器又称自耦变压器，它只有一个绕组，通过在绕组中引出抽头而产生一、二次绕组。单绕组变压器如图 4-20（c）所示。如果将输入电压 $U_1$ 加到整个绕组上，那么整个绕组就为一次绕组，其匝数为（$N_1+N_2$），匝数为 $N_2$ 的绕组为二次绕组，$U_1$、$U_2$ 电压关系满足 $\dfrac{U_1}{U_2}=\dfrac{N_1+N_2}{N_2}$。

### 4.2.6　种类

变压器种类较多，可以根据铁芯、用途及工作频率等进行分类。

（1）按铁芯种类分类

变压器按铁芯种类不同，可分为空心变压器、磁芯变压器和铁芯变压器，它们的电路符号如图 4-21 所示。

空心变压器　　　磁芯变压器　　　铁芯变压器

图 4-21　三种变压器的电路符号

空心变压器是指一、二次绕组没有绕制支架的变压器。磁芯变压器是指一、二次绕组绕在磁芯（如铁氧体材料）上构成的变压器。铁芯变压器是指一、二次绕组绕在铁芯（如硅钢片）构成的变压器。

（2）按用途分类

变压器按用途不同，可分为电源变压器、音频变压器、脉冲变压器、恒压变压器、自耦变压器和隔离变压器等。

（3）按工作频率分类

变压器按工作频率不同，可分为低频变压器、中频变压器和高频变压器。

① 低频变压器

低频变压器是指用在低频电路中的变压器。低频变压器铁芯一般采用硅钢片，常见的铁芯形状有 E 形、C 形和环形，如图 4-22 所示。

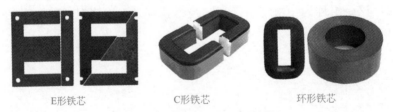

E形铁芯　　　　C形铁芯　　　　环形铁芯

图 4-22　常见的变压器铁芯

E 形铁芯优点是成本低，缺点是磁路中的气隙较大，效率较低，工作时电噪声较大。C 形铁芯是由两块形状相同的 C 形铁芯组合而成，与 E 形铁芯相比，其磁路中气隙较小，性能有所提高。环形铁芯由冷轧硅钢带卷绕而成，磁路中无气隙，漏磁极小，工作时电噪声较小。

常见的低频变压器有电源变压器和音频变压器，如图 4-23 所示。

电源变压器的功能是提升或降低电源电压。其中降低电压的降压变压器最为常见，一些手机充电器、小型录音机的外置电源内部都采用降压电源变压器，这种变压器一次绕组匝数多，接 220V 交流电压，而二次绕组匝数少，输出较低的交流电压。在一些优质的功放机中，常采用环形电源变压器。

音频变压器用在音频信号电路中起阻抗变换作用，可让前级电路的音频信号能最大程度

电源变压器　　　　　　　　　　　　　　　　　音频变压器

图 4-23　常见的低频变压器

传送到后级电路。

② 中频变压器

中频变压器是指用在中频电路中的变压器。无线电设备采用的中频变压器又称中周，中周是将一、二次绕组绕在尼龙支架（内部装有磁芯）上，并用金属屏蔽罩封装起来而构成的。中周的外形、结构与电路符号如图 4-24 所示。

中周常用在收音机和电视机等无线电设备中，主要用来选频（即从众多频率的信号中选出需要频率的信号），调节磁芯在绕组中的位置可以改变一、二次绕组的电感量，就能选取不同频率的信号。

③ 高频变压器

高频变压器是指用在高频电路中的变压器。高频变压器一般采用磁芯或空心，其中采用磁芯的更为多见，最常见的高频变压器就是收音机的磁性天线，其外形和电路符号如图 4-25 所示。

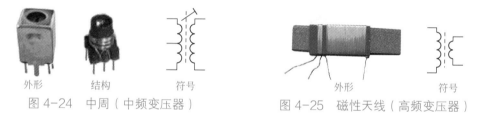

外形　　　　结构　　　　符号　　　　　　　　　　外形　　　　　　　符号

图 4-24　中周（中频变压器）　　　　　　　图 4-25　磁性天线（高频变压器）

磁性天线的一、二次绕组都绕在磁棒上，一次绕组匝数很多，二次绕组匝数很少。磁性天线的功能是从空间接收无线电波，当无线电波穿过磁棒时，一次绕组上会感应出无线电波信号电压，该电压再感应到二次绕组上，二次绕组上的信号电压送到电路进行处理。磁性天线的磁棒越长，截面积越大，接收下来的无线电波信号越强。

### 4.2.7　主要参数

变压器的主要参数有电压比、额定功率、频率特性和效率等。

（1）电压比

变压器的电压比是指一次绕组电压 $U_1$ 与二次绕组电压 $U_2$ 之比，它等于一次绕组匝数 $N_1$ 与二次绕组 $N_2$ 的匝数比，即 $n=\dfrac{U_1}{U_2}=\dfrac{N_1}{N_2}$。

降压变压器的电压比 $n>1$，升压变压器的电压比 $n<1$，隔离变压器的电压比 $n=1$。

（2）额定功率

额定功率是指在规定工作频率和电压下，变压器能长期正常工作时的输出功率。变压器的额定功率与铁芯截面积、漆包线的线径等有关，变压器的铁芯截面积越大、漆包线径越粗，其输出功率就越大。

一般只有电源变压器才有额定功率参数，其它变压器由于工作电压低、电流小，通常不考虑额定功率。

（3）频率特性

频率特性是指变压器有一定的工作频率范围。不同工作频率范围的变压器，一般不能互换使用，如不能用低频变压器代替高频变压器。当变压器在其频率范围外工作时，会出现温度升高或不能正常工作等现象。

（4）效率

效率是指在变压器接额定负载时，输出功率 $P_2$ 与输入功率 $P_1$ 的比值。变压器效率可用下面的公式计算：

$$\eta = \frac{P_2}{P_1} \times 100\% \tag{4-10}$$

$\eta$ 值越大，表明变压器损耗越小，效率越高，变压器的效率值一般在 60%～100% 之间。

### 4.2.8　用指针万用表检测变压器

在检测变压器时，通常要测量各绕组的电阻、绕组间的绝缘电阻、绕组与铁芯之间的绝缘电阻。下面以图 4-26 所示的电源变压器为例来说明变压器的检测方法。（说明：该变压器输入电压为 220V、输出电压为 3V-0V-3V、额定功率为 3VA）。

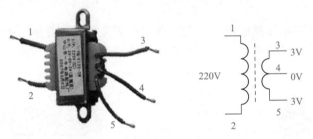

图 4-26　一种常见的电源变压器

变压器的检测步骤如下。

第一步：测量各绕组的电阻。

万用表拨至"R×100Ω"挡，红、黑表笔分别接变压器的 1、2 端，测量一次绕组的电阻，如图 4-27（a）所示，然后在刻度盘上读出阻值大小。图中显示的是一次绕组的正常阻值，为 1.7kΩ。

若测得的阻值为 ∞，说明一次绕组开路。

若测得的阻值为 0，说明一次绕组短路。

若测得的阻值偏小，则可能是一次绕组匝间出现短路。

然后万用表拨至"R×1Ω"挡，用同样的方法测量变压器的 3、4 端和 4、5 端的电阻，正常约几欧姆。

一般来说，变压器的额定功率越大，一次绕组的电阻越小，变压器的输出电压越高，其二次绕组电阻越大（因匝数多）。

第二步：测量绕组间绝缘电阻。

万用表拨至"R×10kΩ"挡，红、黑表笔分别接变压器一、二次绕组的一端，如图 4-27（b）所示，然后在刻度盘上读出阻值大小。图中显示的是阻值为无穷大，说明一、二次绕组间绝缘良好。

若测得的阻值小于无穷大，说明一、二次绕组间存在短路或漏电。

第三步：测量绕组与铁芯间的绝缘电阻。

万用表拨至"R×10kΩ"挡，红表笔接变压器铁芯或金属外壳、黑表笔接一次绕组的一端，如图 4-27（c）所示，然后在刻度盘上读出阻值大小。图中显示的是阻值为无穷大，说明绕组与铁芯间绝缘良好。

若测得的阻值小于无穷大，说明一次绕组与铁芯间存在短路或漏电。

再用同样的方法测量二次绕组与铁芯间的绝缘电阻。

对于电源变压器，一般还要按图4-27（d）所示方法测量其空载二次电压。先给变压器的一次绕组接 220V 交流电压，然后用万用表的"10V"交流挡测量二次绕组某两端的电压，测出的电压值应与变压器标称二次绕组电压相同或相近，允许有 5%～10% 的误差。若二次绕组所有接线端间的电压都偏高，则一次绕组局部有短路。若二次绕组某两端电压偏低，则该两端间的绕组有短路。

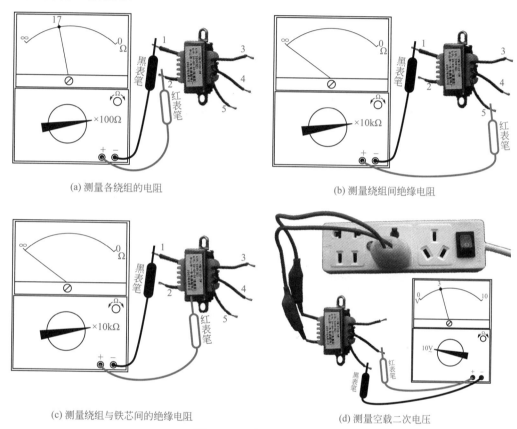

(a) 测量各绕组的电阻　　　　　　　　(b) 测量绕组间绝缘电阻

(c) 测量绕组与铁芯间的绝缘电阻　　　(d) 测量空载二次电压

图 4-27　变压器的检测

### 4.2.9　用数字万用表检测变压器

用数字万用表检测变压器如图 4-28 所示，测量内容有变压器一、二次绕组的电阻，一、二次绕组间的绝缘电阻，绕组与金属外壳间的绝缘电阻和二次绕组的输出电压。

变压器的检测

### 4.2.10　选用

（1）电源变压器的选用

选用电源变压器时，输入、输出电压要符合电路的需要，额定功率应大于电路所需的功率。如图 4-29 所示，该电路需要 6V 交流电压供电、最大输入电流为 0.4A，为了满足该电路的要求，可选用输入电压为 220V、输出电压为 6V、功率为 3VA（3VA>6V×0.4A）的电源变压器。

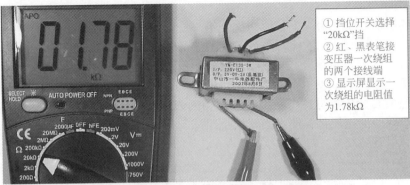

① 挡位开关选择"20kΩ"挡
② 红、黑表笔接变压器一次绕组的两个接线端
③ 显示屏显示一次绕组的电阻值为1.78kΩ

(a) 测量一次绕组的电阻

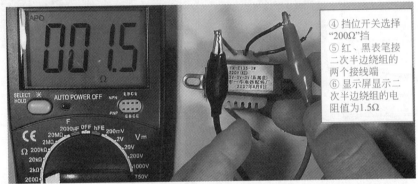

④ 挡位开关选择"200Ω"挡
⑤ 红、黑表笔接二次半边绕组的两个接线端
⑥ 显示屏显示二次半边绕组的电阻值为1.5Ω

(b) 测量二次半边绕组的电阻

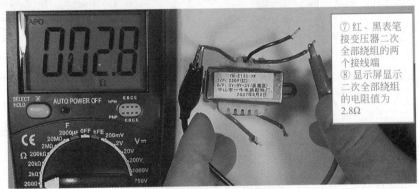

⑦ 红、黑表笔接变压器二次全部绕组的两个接线端
⑧ 显示屏显示二次全部绕组的电阻值为2.8Ω

(c) 测量二次全部绕组的电阻

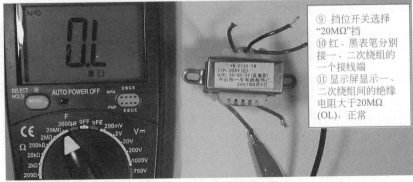

⑨ 挡位开关选择"20MΩ"挡
⑩ 红、黑表笔分别接一、二次绕组的一个接线端
⑪ 显示屏显示一、二次绕组间的绝缘电阻大于20MΩ(OL)，正常

(d) 测量一、二次绕组间的绝缘电阻

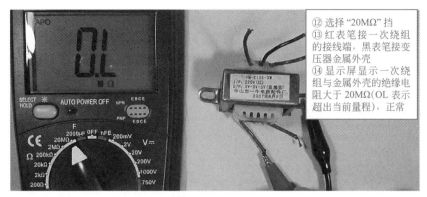

⑫ 选择"20MΩ"挡
⑬ 红表笔接一次绕组的接线端，黑表笔接变压器金属外壳
⑭ 显示屏显示一次绕组与金属外壳的绝缘电阻大于20MΩ(OL表示超出当前量程)，正常

(e) 测量一次绕组与金属外壳间的绝缘电阻

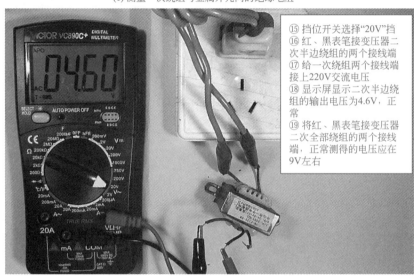

⑮ 挡位开关选择"20V"挡
⑯ 红、黑表笔接变压器二次半边绕组的两个接线端
⑰ 给一次绕组两个接线端接上220V交流电压
⑱ 显示屏显示二次半边绕组的输出电压为4.6V，正常
⑲ 将红、黑表笔接变压器二次全部绕组的两个接线端，正常测得的电压应在9V左右

(f) 测量二次半边绕组的输出电压

图 4-28 用数字万用表检测变压器

对于一般电源电路，可选用E形铁芯的电源变压器，若是高保真音频功率放大器的电源电路，则应选用C形或环形铁芯的变压器。对于输出电压、输出功率相同且都是铁芯材料的电源变压器，通常可以直接互换。

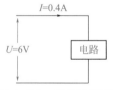

图 4-29 电源变压器选用例图

（2）其它类型的变压器

虽然变压器基本工作原理相同，但由于铁芯材料、绕组形式和引脚排列等不同，造成变压器种类繁多。在设计制作电路时，选用变压器时要根据电路的需要，从结构、电压比、频率特性、工作电压和额定功率等方面考虑。在检修电路中，最好用同型号的变压器代换已损坏的变压器，若无法找到同型号，尽量找到参数相似变压器进行代换。

### 4.2.11 变压器的型号命名方法

国产变压器型号命名由三部分组成。

第一部分：用字母表示变压器的主称。

第二部分：用数字表示变压器的额定功率。

第三部分：用数字表示序号。

变压器的型号命名及含义见表 4-2。

表 4-2 变压器的型号命名及含义

| 第一部分：主称 | | 第二部分：额定功率 | 第三部分：序号 |
| --- | --- | --- | --- |
| 字母 | 含义 | 用数字表示变压器的额定功率 | 用数字表示产品的序号 |
| CB | 音频输出变压器 | | |
| DB | 电源变压器 | | |
| GB | 高压变压器 | | |
| HB | 灯丝变压器 | | |
| RB 或 JB | 音频输入变压器 | | |
| SB 或 ZB | 扩音机用定阻式音频输送变压器（线间变压器） | | |
| SB 或 EB | 扩音机用定压或自耦式音频输送变压器 | | |
| KB | 开关变压器 | | |

例如：DB-60-2 表示 60VA 电源变压器。

# 二极管

第5章

## 5.1 半导体与二极管

### 5.1.1 半导体

导电性能介于导体与绝缘体之间的材料称为半导体，常见的半导体材料有硅、锗和硒等。利用半导体材料可以制作各种各样的半导体元器件，如二极管、三极管、场效应管和晶闸管等都是由半导体材料制作而成的。

（1）半导体的特性

半导体的主要特性有：

① 掺杂性　当往纯净的半导体中掺入少量某些物质时，半导体的导电性就会大大增强。二极管、三极管就是用掺入杂质的半导体制成的。

② 热敏性　当温度上升时，半导体的导电能力会增强，利用该特性可以将某些半导体制成热敏元器件。

③ 光敏性　当有光线照射半导体时，半导体的导电能力也会显著增强，利用该特性可以将某些半导体制成光敏元器件。

（2）半导体的类型

半导体主要有三种类型：本征半导体、N型半导体和P型半导体。

① 本征半导体　纯净的半导体称为本征半导体，它的导电能力是很弱的，在纯净的半导体中掺入杂质后，导电能力会大大增强。

②N型半导体　在纯净半导体中掺入五价杂质（原子核最外层有五个电子的物质，如

磷、砷和锑等）后，半导体中会有大量带负电荷的电子（因为半导体原子核最外层一般只有四个电子，所以可理解为当掺入五价元素后，半导体中的电子数偏多），这种电子偏多的半导体"N 型半导体"。

③ P 型半导体　在纯净半导体中掺入三价杂质（如硼、铝和镓）后，半导体中电子偏少，有大量的空穴（可以看作正电荷）产生，这种空穴偏多的半导体叫做"P 型半导体"。

### 5.1.2　二极管的结构和符号

**（1）构成**

当 P 型半导体（含有大量的正电荷）和 N 型半导体（含有大量的电子）结合在一起时，P 型半导体中的正电荷向 N 型半导体中扩散，N 型半导体中的电子向 P 型半导体中扩散，于是在 P 型半导体和 N 型半导体中间就形成一个特殊的薄层，这个薄层称之为 PN 结，该过程如图 5-1 所示。

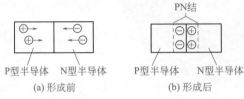

(a) 形成前　　　　　　(b) 形成后

图 5-1　PN 结的形成

从含有 PN 结的 P 型半导体和 N 型半导体两端各引出一个电极并封装起来就构成了二极管，与 P 型半导体连接的电极称为正极（或阳极），用"+"或"A"表示，与 N 型半导体连接的电极称为负极（或阴极），用"−"或"K"表示。

**（2）结构、符号和外形**

二极管内部结构、电路符号和实物外形如图 5-2 所示。

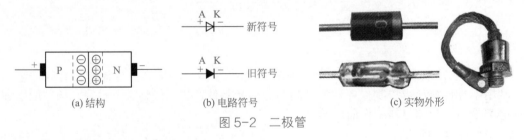

(a) 结构　　　　　　(b) 电路符号　　　　　　(c) 实物外形

图 5-2　二极管

### 5.1.3　二极管的单向导电性和伏安特性

**（1）单向导电性**

下面通过分析图 5-3 中的两个电路来说明二极管的性质。

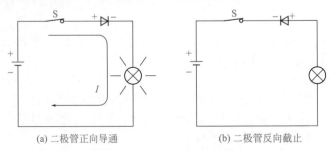

(a) 二极管正向导通　　　　　　　　(b) 二极管反向截止

图 5-3　二极管的性质说明图

如图 5-3（a）所示电路中，当闭合开关 S 后，灯泡会发光，表明有电流流过二极管，二极管导通；而在图 5-3（b）电路中，当开关 S 闭合后灯泡不亮，说明无电流流过二极管，二极管不导通。通过观察这两个电路中二极管的接法可以发现：在图 5-3（a）中，二极管的正极通过开关 S 与电源的正极连接，二极管的负极通过灯泡与电源负极相连，而在图 5-3（b）中，二极管的负极通过开关 S 与电源的正极连接，二极管的正极通过灯泡与电源负极相连。

由此可以得出这样的结论：当二极管正极与电源正极连接，负极与电源负极相连时，二极管能导通，反之二极管不能导通。二极管这种单方向导通的性质称二极管的单向导电性。

**（2）伏安特性曲线**

在电子工程技术中，常采用伏安特性曲线来说明元器件的性质。伏安特性曲线又称电压电流特性曲线，它用来说明元器件两端电压与通过电流的变化规律。二极管的伏安特性曲线用来说明加到二极管两端的电压 $U$ 与通过电流 $I$ 之间的关系。

二极管的伏安特性曲线如图 5-4（a）所示，如图 5-4（b）、（c）所示则是伏安特性曲线电路。

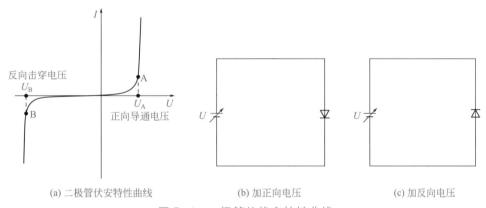

(a) 二极管伏安特性曲线　　　　(b) 加正向电压　　　　(c) 加反向电压

图 5-4　二极管的伏安特性曲线

在图 5-4（a）的坐标图中，第一象限内的曲线表示二极管的正向特性，第三象限内的曲线则是表示二极管的反向特性。下面从两方面来分析伏安特性曲线。

① 正向特性

正向特性是指给二极管加正向电压（二极管正极接高电位，负极接低电位）时的特性。如图 5-4（b）所示电路中，电源直接接到二极管两端，此电源电压对二极管来说是正向电压。将电源电压 $U$ 从 0V 开始慢慢调高，在刚开始时，但由于电压 $U$ 很低，流过二极管的电流极小，可认为二极管没有导通，只有当正向电压达到图 5-4（a）所示的 $U_A$ 电压时，流过二极管的电流急剧增大，二极管导通。这里的 $U_A$ 电压称为正向导通电压，又称门电压（或阈值电压），不同材料的二极管，其门电压是不同的，硅材料二极管的门电压约为 0.5～0.7V，锗材料二极管的门电压约为 0.2～0.3V。

从上面的分析可以看出，二极管的正向特性是：当二极管加正向电压时不一定能导通，只有正向电压达到门电压时，二极管才能导通。

② 反向特性

反向特性是指给二极管加反向电压（二极管正极接低电位，负极接高电位）时的特性。在图 5-4（c）电路中，电源直接接到二极管两端，此电源电压对二极管来说是反向电压。将电源电压 $U$ 从 0V 开始慢慢调高，在反向电压不高时，没有电流流过二极管，二极管不能导通。当反向电压达到图 5-4（a）所示 $U_B$ 电压时，流过二极管的电流急剧增大，二极管反向导通了，这里的 $U_B$ 电压称为反向击穿电压，反向击穿电压一般很高，远大于正向导通电压，不同型号的二极管反向击穿电压不同，低的十几伏，高的有几千伏。普通二极管反向击穿导通后通常是损坏性的，所以反向击穿导通的普通二极管一般不能再使用。

从上面的分析可以看出，二极管的反向特性是：当二极管加较低的反向电压时不能导通，但反向电压达到反向击穿电压时，二极管会反向击穿导通。

二极管的正、反向特性与生活中的开门类似：当你从室外推门（门是朝室内开的）时，如果力很小，门是推不开的，只有力气较大时门才能被推开，这与二极管加正向电压，只有达到门电压才能导通相似；当你从室内往外推门时，是很难推开的，但如果推门的力气非常大，门也会被推开，不过门被开的同时一般也就损坏了，这与二极管加反向电压时不能导通，但反向电压达到反向击穿电压（电压很高）时，二极管会击穿导通相似。

### 5.1.4　二极管的主要参数

① 最大整流电流 $I_F$　二极管长时间使用时允许流过的最大正向平均电流称为最大整流电流，或称作二极管的额定工作电流。当流过二极管的电流大于最大整流电流时，容易被烧坏。二极管的最大整流电流与 PN 结面积、散热条件有关。PN 结面积大的面接触型二极管的 $I_F$ 大，点接触型二极管的 $I_F$ 小；金属封装二极管的 $I_F$ 大，而塑封二极管的 $I_F$ 小。

② 最高反向工作电压 $U_R$　最高反向工作电压是指二极管正常工作时两端能承受的最高反向电压。最高反向工作电压一般为反向击穿电压的一半。在高压电路中需要采用 $U_R$ 大的二极管，否则二极管易被击穿损坏。

③ 最大反向电流 $I_R$　最大反向电流是指二极管两端加最高反向工作电压时流过的反向电流。该值越小，表明二极管的单向导电性越佳。

④ 最高工作频率 $f_M$　最高工作频率是指二极管在正常工作条件下的最高频率。如果加给二极管的信号频率高于该频率，二极管将不能正常工作，$f_M$ 的大小通常与二极管的 PN 结面积有关，PN 结面积越大，$f_M$ 越低，故点接触型二极管的 $f_M$ 较高，而面接触型二极管的 $f_M$ 较低。

### 5.1.5　二极管正负极性判别

二极管引脚有正、负之分，在电路中乱接，轻则不能正常工作，重则损坏。二极管极性判别可采用下面一些方法：

#### （1）根据标注或外形判断极性

为了让人们更好区分出二极管正、负极，有些二极管会在表面作一定的标志来指示正、负极，有些特殊的二极管，从外形也可找出正、负极。

如图5-5所示，左上方的二极管表面标有二极管符号，其中三角形端对应的电极为正极，另一端为负极；左下方的二极管标有白色圆环的一端为负极；右方的二极管金属螺栓为负极，另一端为正极。

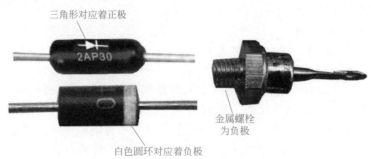

三角形对应着正极

2AP30

金属螺栓
为负极

白色圆环对应着负极

图 5-5　根据标注或外形判断二极管的极性

（2）用指针万用表判断极性

对于没有标注极性或无明显外形特征的二极管，可用指针万用表的欧姆挡来判断极性。万用表拨至"R×100"或"R×1k"挡，测量二极管两个引脚之间的阻值，正、反各测一次，会出现阻值一大一小，如图5-6所示。以阻值小的一次为准，见图5-6（a），黑表笔接的为二极管的正极，红表笔接的为二极管的负极。

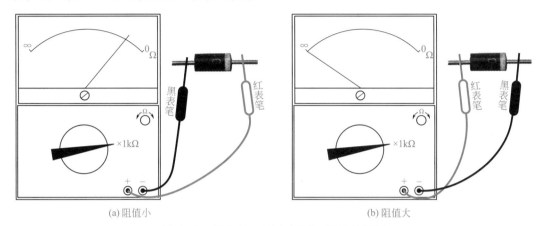

(a) 阻值小　　　　　　　　　　　　　(b) 阻值大

图 5-6　用指针万用表判断二极管的极性

（3）用数字万用表判断极性

数字万用表与指针万用表一样，也有欧姆挡，但由于两者测量原理不同，数字万用表欧姆挡无法判断二极管的正、负极（数字万用表测量正、反向电阻时阻值都显示无穷大符号"1"），不过数字万用表有一个二极管专用测量挡，可以用该档来判断二极管的极性。用数字万用表判断二极管极性过程如图5-7所示。

在检测判断时，数字万用表拨至"⊸▸⊢"挡（二极管测量专用挡），然后红、黑表笔分别接被测二极管的两极，正反各测一次，测量会出现一次显示"1"，如图5-7（a）所示，另一次显示100～800之间的数字，如图5-7（b）所示。以显示100～800之间数字的那次测量为准，红表笔接的为二极管的正极，黑表笔接的为二极管的负极。在图中，显示"1"表示二极管未导通，显示"585"表示二极管已导通，并且二极管当前的导通电压为585mV（即0.585V）。

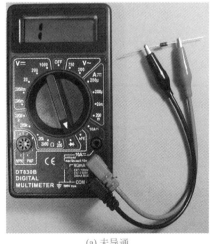 

(a) 未导通　　　　　　　　　　　　　(b) 导通

图 5-7　用数字万用表判断二极管的极性

### 5.1.6　二极管的常见故障及检测

二极管常见故障有开路、短路和性能不良。

在检测二极管时，万用表拨至"R×1k"挡，测量二极管正、反向电阻，测量方法与极性判断相同，可参见图5-6。正常锗材料二极管正向阻值在1kΩ左右，反向阻值在500kΩ以上；正常硅材料二极管正向电阻在1k～10kΩ，反向电阻为无穷大（注：不同型号万用表测量值略有差距）。也就是说，正常二极管的正向电阻小、反向电阻很大。

若测得二极管正、反电阻均为0，说明二极管短路。

若测得二极管正、反向电阻均为无穷大，说明二极管开路。

若测得正、反向电阻差距小（即正向电阻偏大，反向电阻偏小），说明二极管性能不良。

### 5.1.7　用数字万用表检测二极管

用数字万用表检测二极管如图5-8所示。测量时，挡位开关选择二极管测量挡，红表笔接二极管的负极，黑表笔接二极管的正极，正常显示屏显示"OL"符号，如图5-8（a）所示，显示其它数值表示二极管短路或反向漏电，然后将红表笔接二极管的正极，黑表笔接二极管的负极，正常二极管会正向导通，且显示0.100～0.800V范围内的数值，如图5-8（b）所示，该值是二极管正向导通电压，如果显示值为0.000，表示二极管短路，显示"OL"表示二极管开路。

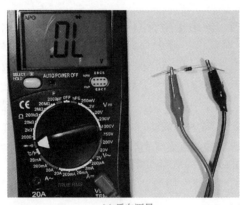

(a) 反向测量　　　　　　　　　　(b) 正向测量

图5-8　用数字万用表检测二极管

### 5.1.8　二极管型号命名方法

国产二极管的型号命名分为五个部分。

第一部分用数字"2"表示主称为二极管。

第二部分用字母表示二极管的材料与极性。

第三部分用字母表示二极管的类别。

第四部分用数字表示序号。

第五部分用字母表示二极管的规格号。

国产二极管的型号命名及含义见表5-1。

表 5-1 国产二极管的型号命名及含义

| 第一部分：主称 | | 第二部分：材料与极性 | | 第三部分：类别 | | 第四部分：序号 | 第五部分：规格号 |
|---|---|---|---|---|---|---|---|
| 数字 | 含义 | 字母 | 含义 | 字母 | 含义 | | |
| 2 | 二极管 | A | N 型锗材料 | P | 小信号管（普通管） | 用数字表示同一类别产品序号 | 用字母表示产品规格、档次 |
| | | | | W | 电压调整管和电压基准管（稳压管） | | |
| | | | | L | 整流堆 | | |
| | | B | P 型锗材料 | N | 阻尼管 | | |
| | | | | Z | 整流管 | | |
| | | | | U | 光电管 | | |
| | | C | N 型硅材料 | K | 开关管 | | |
| | | | | B 或 C | 变容管 | | |
| | | | | V | 混频检波管 | | |
| | | D | P 型硅材料 | JD | 激光管 | | |
| | | | | S | 隧道管 | | |
| | | | | CM | 磁敏管 | | |
| | | E | 化合物材料 | H | 恒流管 | | |
| | | | | Y | 体效应管 | | |
| | | | | EF | 发光二极管 | | |

举例：

| 2AP9（N 型锗材料普通二极管） | 2CW56（N 型硅材料稳压二极管） |
|---|---|
| 2——二极管 | 2——二极管 |
| A——N 型锗材料 | C——N 型硅材料 |
| P——普通型 | W——稳压管 |
| 9——序号 | 56——序号 |

## 5.2 整流二极管和开关二极管

### 5.2.1 整流二极管

整流二极管的功能是将交流电转换成直流电。整流二极管的功能说明如图 5-9 所示。

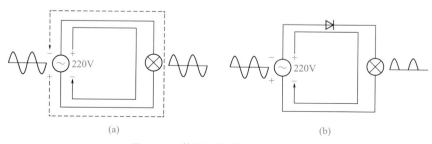

(a)    (b)

图 5-9 整流二极管的功能说明

　　如图 5-9（a）所示，将灯泡与 220V 交流电源直接连起来。当交流电为正半周时，其电压极性为上正下负，有正半周电流流过灯泡，电流径为交流电源上正→灯泡→交流电源下负，如实线箭头所示；当交流电为负半周时，其电压极性变为上负下正，有负半周电流流过灯泡，电流径为交流电源下正→灯泡→交流电源上负，如虚线箭头所示。由于正负半周电流均流过灯泡，灯泡发光，并且光线很亮。

　　如图 5-9（b）所示，在 220V 交流电源与灯泡之间串接一个二极管，会发现灯泡也亮，但亮度较暗，这是因为只有交流电源为正半周（极性为上正下负）时，二极管才导通，而交流电源为负半周（极性为下负下正）时，二极管不能导通，结果只有正半周交流电通过灯泡，故灯泡仍亮，但亮度较暗。图中的二极管允许交流电一个半周通过而阻止另一个半周通过，其功能称为整流，该二极管称为整流二极管。

　　用作整流功能的二极管要求最大整流电流和最高反向工作电压满足电路要求，如图 5-9（b）所示的整流二极管在交流电源负半周时截止，它两端要承受三百多伏电压，如果选用的二极管最高反向工作电压低于该值，二极管会被反向击穿。

　　表 5-2 列出了一些常用整流二极管的主要参数。

表 5-2　常用整流二极管的主要参数

| 电流规格系列 ＼ 最高反向工作电压 /V | 50 | 100 | 200 | 300 | 400 | 500 | 600 | 800 | 1000 |
|---|---|---|---|---|---|---|---|---|---|
| 1 A 系列 | 1N4001 | 1N4002 | 1N4003 | | 1N4004 | | 1N4005 | 1N4006 | 1N4007 |
| 1.5 A 系列 | 1N5391 | 1N5392 | 1N5393 | 1N5394 | 1N5395 | 1N5396 | 1N5397 | 1N5398 | 1N5399 |
| 2 A 系列 | PS200 | PS201 | PS202 | | PS204 | | PS206 | PS208 | PS2010 |
| 3 A 系列 | 1N5400 | 1N5401 | 1N5402 | 1N5403 | 1N5404 | 1N5405 | 1N5406 | 1N5407 | 1N5408 |
| 6 A 系列 | P600A | P600B | P600D | | P600G | | P600J | P600K | P600L |

### 5.2.2　整流桥堆

（1）外形与结构

　　桥式整流电路使用了四个二极管，为了方便起见，有些元器件厂家将四个二极管做在一起并封装成一个元器件，该元器件称为整流全桥，其外形与内部连接如图 5-10 所示。全桥有四个引脚，标有"～"两个引脚为交流电压输入端，标有"+"和"-"分别为直流电压"+"和"-"输出端。

(a) 外形　　　　　　　　　　　　　(b) 内部连接

图 5-10　整流全桥

（2）功能说明

　　整流桥堆是由 4 个整流二极管组成的桥式整流电路，其功能是将交流电压转换成直流电压。整流桥堆功能说明如图 5-11 所示。

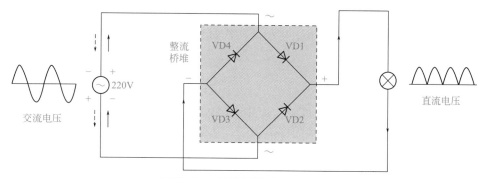

图 5-11　整流桥堆功能说明图

　　整流桥堆有四个引脚，两个～端（交流输入端）接交流电压，+、−端接负载。当交流电压为正半周时，电压的极性为上正下负，整流桥堆内的 VD1、VD3 导通，有电流流过负载（灯泡），电流途径是交流电压上正→VD1→灯锡→VD3→交流电压下负；当交流电压为负半周时，电压的极性为上负下正，整流桥堆内的 VD2、VD4 导通，有电流流过负载（灯泡），电流途径是交流电压下正→VD2→灯锡→VD4→交流电压上负。

　　从上述分析可以看出，由于交流电压正负极性反复变化，故流过整流桥堆～端的电流方向也反复变化（比如交流电压为正半周时电流从某个～端流入，那么负半周时电流则从该端流出），但整流桥堆 + 端始终流出电流、− 端始终流入电流，这种方向不变的电流即为直流电流，该电流流过负载时，负载上得到的电压即为直流电压。

（3）引脚极性判别

　　整流全桥有四个引脚，两个为交流电压输入引脚（两引脚不用区分），两个为直流电压输出引脚（分正引脚和负引脚），在使用时需要区分出各引脚，如果整流全桥上无引脚极性标注，可使用万用表欧姆挡来测量判别。

　　在判别引脚极性时，万用表选择"R×1kΩ"挡，黑表笔固定接某个引脚不动，红表笔分别测其它三个引脚，有以下几种情况：

　　① 如果测得三个阻值均为无穷大，黑表笔接的为"+"引脚，如图 5-12（a）所示，再将红表笔接已识别的"+"引脚不动，黑表笔分别接其它三个引脚，测得三个阻值会出现两小一大（略大），测得阻值稍大的那次时黑表笔接的为"−"引脚，测得阻值略小的两次时黑表笔接的均为"～"引脚；

　　② 如果测得三个阻值一小两大（无穷大），黑表笔接的为一个"～"引脚，在测得阻值小的那次时红表笔接的为"+"引脚，如图 5-12（b）所示，再将红表笔接已识别出的"～"引脚，黑表笔分别接另外两个引脚，测得阻值一小一大（无穷大），在测得阻值小的那次时黑表笔接的为"−"引脚，余下的那个引脚为另一个"～"引脚；

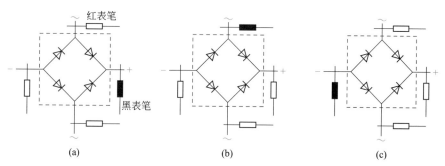

图 5-12　整流全桥引脚极性检测

③ 如果测得阻值两小一大（略大），黑表笔接的为"−"引脚，在测得阻值略大的那次时红表笔接的为"+"引脚，测得阻值略小的两次时黑表笔接的均为"～"引脚。如图5-12（c）所示。

（4）好坏检测

整流全桥内部由四个整流二极管组成，在检测整流全桥好坏时，应先判明各引脚的极性（如查看全桥上的引脚极性标记），然后用万用表"R×10kΩ"挡通过外部引脚测量四个二极管的正反向电阻，如果四个二极管均正向电阻小、反向电阻无穷大，则整流全桥正常。

（5）用数字万用表检测整流全桥

整流桥的检测

用数字万用表检测整流全桥如图5-13所示，测量时挡位开关选择二极管测量挡，显示"OL"符号表示测量时内部未导通，显示"0.924（或相近数字）"表示测量时内部有两个二极管串联且均正向导通，显示"0.492（或相近数字）"表示测量时内部有一个二极管且正向导通。

正反向测量～、～端，正反向均显示"OL"，表示测量时正反向均不导通

(a) 正反向测量～、～端

正反向测量+、−端，显示"0.924V"表示测量时内部有两个二极管串联且均正向导通

(b) 正反向测量+、−端

正反向测量+、～端，显示"0.492V"表示测量时内部有一个二极管且正向导通

(c) 正反向测量+、～端

正反向测量-、～端，显示"0.495V"表示当前测量时内部有一个二极管且正向导通

(d) 正反向测量-、～端

图 5-13 用数字万用表检测整流全桥

### 5.2.3 高压二极管和高压硅堆

（1）外形

高压二极管是一种耐压很高的二极管，在结构上相当于多个二极管串叠在一起构成的。高压硅堆是一种结构功能与高压二极管基本相同的元器件，高压硅堆一般体积较大。高压二极管和高压硅堆的最高反向工作电压多在千伏以上，在电路中用作高压整流、隔离和保护。高压二极管和高压硅堆的符号与普通二极管一样，高压二极管和高压硅堆外形如图 5-14 所示。

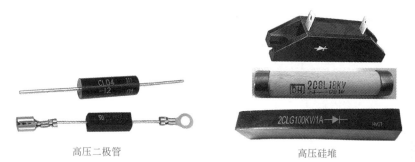

高压二极管　　　　　　　　　　　　高压硅堆

图 5-14 高压二极管和高压硅堆的外形

（2）应用电路

高压二极管的应用如图 5-15 所示，该电路为机械式微波炉电路，高压二极管 VD 用作高压整流。220V 交流电压经过一系列开关后加到高压变压器 T 的一次绕组 $L_1$，在 T 的二次绕组 $L_2$ 得到 3.3V 的交流低压，提供给磁控管灯丝，使之发热而易于发射电子，在 T 的二次绕组 $L_3$ 上得到 2000V 左右的交流高压，该电压经高压电容 C 和高压二极管 VD 构成的倍压整流电路后得到 4000V 左右的直流高压，送到磁控管的灯丝，使灯丝发射电子，激发磁控管产生 2450MHz 的微波，对食物进行加热。

$L_3$、C、VD 构成的倍压整流电路工作原理：当 220V 交流电压为正半周时，T 的 $L_1$ 线圈的电压极性为上正下负，$L_3$ 上感应电压极性也为上正下负，$L_3$ 的上正下负电压经高压二极管 VD 对高压电容 C 充电，充电途径是 $L_3$ 上正→C→VD→$L_3$ 下负，在高压电容 C 上充得左正右负约 2000V 的电压；当 220V 交流电压为负半周时，T 的 $L_1$ 线圈的电压极性为上负下正，$L_3$ 上感应电压极性为上负下正，$L_3$ 的上负下正约 2000V 的电压与高压电容 C 的左正右负 2000V 左右的电压叠加（可以看成两个电池叠加），得到约 4000V 的电压，送到磁控管的灯丝，该叠加电压对高压二极管 VD 是反向电压，故 VD 不会导通。在该电路中，高压二极管最高反向工作电压不能低于 4000V，否则会被击穿损坏。

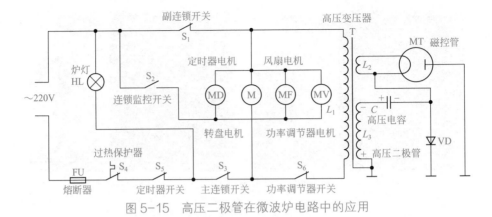

图 5-15　高压二极管在微波炉电路中的应用

（3）检测

高压二极管极性判别和好坏检测使用指针万用表的"R×10kΩ"挡（内部使用 9V 电池）。高压二极管的检测如图 5-16 所示，万用表选择"R×10kΩ"挡，红、黑表笔分别接高压二极管两个引脚，正、反各测一次，正常一次阻值大（无穷大），另一次阻值较小，以阻值小的那次测量为准，如图 5-16（a）所示，黑表笔接的为高压二极管正极，红表笔接的为高压二极管负极。如果高压二极管正、反向电阻均为无穷大，则高压二极管开路；若高压二极管正反向电阻均很小，则高压二极管短路。

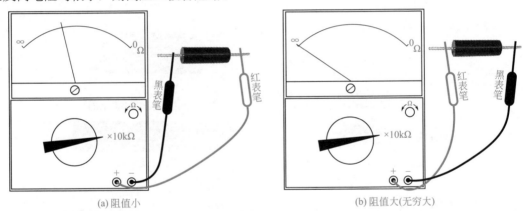

(a) 阻值小　　　　　　　　　　　　　　　　　(b) 阻值大(无穷大)

图 5-16　高压二极管的检测

> **注意：**
>
> 不能使用指针万用表"R×1Ω"挡到"R×1kΩ"挡测量高压二极管，这是因为高压二极管结构上相当于多个二极管串叠在一起（单个二极管导通电压为 0.5～0.7V），使用"R×1Ω"挡到"R×1kΩ"挡正反向测量高压二极管时，都无法使高压二极管导通，即检测出来的高压二极管正反向电阻都是无穷大，无法区分出正、负极和是否开路。高压硅堆的检测与高压二极管相同。

### 5.2.4　开关二极管

二极管具有导通和截止两种状态，它对应着开关的"开（接通）"和"关（断开）"两种状态，当二极管加正向偏压时，正极电压高于负极电压，二极管导通，相当于开关闭合，当二极管加反向偏压时，正极电压低于负极电压，二极管截止，相当于开关断开。

（1）特点

在开关进行开、关状态切换时，需要一定的切换时间，同样地，二极管由一种状态转换到另一种状态也需要一定的时间，二极管从导通状态转换到截止状态所需的时间称为反向恢复时间，二极管从截止状态转换到导通状态所需的时间称为开通时间，二极管的反向恢复时间要远大于开通时间。故二极管通常只给出反向恢复时间。

为了达到良好的开、关效果，要求开关二极管的导通、截止切换速度很快，即要求开关二极管的反向恢复时间要小。开关二极管具有开关速度快、体积小、寿命长、可靠性高等特点，广泛应用于电子设备的开关电路、检波电路、高频和脉冲整流电路及自动控制电路中。

（2）种类

开关二极管种类很多，如普通开关二极管、高速开关二极管、超高速开关二极管、低功耗开关二极管、高反压开关二极管和硅电压开关二极管等。

① 普通开关二极管　常用的国产普通开关二极管有 2AK 系列锗开关二极管（如 2AK1）。

② 高速开关二极管　高速开关二极管较普通开关二极管的反向恢复时间更短，开、关频率更快。常用的国产高速开关二极管有 2CK 系列（2CK13），进口高速开关二极管有 1N 系列（如 1N4148）、1S 系列（如 1S2471）、1SS 系列（有引线塑封）和 RLS 系列（表面安装）。

③ 超高速开关二极管　常用的超高速二极管有 1SS 系列（有引线塑封）和 RLS 系列（表面封装）。

④ 低功耗开关二极管　低功耗开关二极管的功耗较低，但其零偏压电容和反向恢复时间值均较高速开关二极管低。常用的低功耗开关二极管有 RLS 系列（表面封装）和 1SS 系列（有引线塑封）。

⑤ 高反压开关二极管　高反压开关二极管的反向击穿电压均在 220V 以上，但其零偏压电容和反向恢复时间值相对较大。常用的高反压开关二极管有 RLS 系列（表面封装）和 1SS 系列（有引线塑封）。

⑥ 硅电压开关二极管　硅电压开关二极管是一种新型半导体元器件，有单向电压开关二极管和双向电压开关二极管之分，主要应用于触发器、过压保护电路、脉冲发生器及高压输出、延时、电子开关等电路。单向电压开关二极管也称转折二极管，其正向为负阻开关特性（即当外加电压升高到正向转折电压值时，开关二极管由截止状态变为导通状态，即由高阻转为低阻），反向为稳定特性；双向电压开关二极管的正向和反向均具有相同的负阻开关特性。

最常用的开关二极管有 1N4148、1N4448，两者均采用透明玻壳封装，靠近黑色环的引脚为负极，它们可以代换国产大部分 2CK 系列型号的开关二极管。1N4148、1N4448 的参数见表 5-3。

表 5-3　1N4148、1N4448 的参数

| 参数 型号 | 最高反向工作电压 $U_{RM}$/V | 反向击穿电压 $U_{BR}$/V | 最大正向压降 $U_{FM}$/V | 最大正向电流 $I_{FM}$/mA | 平均整流电流 $I_d$/mA | 反向恢复时间 $t_{rr}$/ns | 最高结温 $T_{JM}$/℃ | 零偏结电容 $C_0$/pF | 最大功耗 $P_M$/mW |
|---|---|---|---|---|---|---|---|---|---|
| 1N4148 | 75 | 100 | ≤ 1 | 450 | 150 | 4 | 150 | 4 | 500 |
| 1N4448 | 75 | 100 | ≤ 1 | 450 | 150 | 4 | 150 | 5 | 500 |

（3）应用

开关二极管的应用举例如图 5-17 所示。从 A 点输入的 $U_i$ 信号要到达 B 点输出，必须经过二极管 VD，当控制电压为正电压时，二极管导通，$U_i$ 信号经 $C_1$、VD、$C_2$ 到达 B 点输出；当控制电压为负电压时，二极管截止，$U_i$ 信号无法通过 VD，不能到达 B 点。二极管 VD 在该电路相当于一个开关，其通断受电压控制，故又称为电子开关。

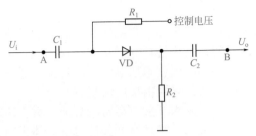

图 5-17　开关二极管的应用举例

## 5.3　稳压二极管

### 5.3.1　外形与符号

稳压二极管又称齐纳二极管或反向击穿二极管，它在电路中起稳压作用。稳压二极管的实物外形和电路符号如图 5-18 所示。

### 5.3.2　工作原理

在电路中，稳压二极管可以稳定电压。要让稳压二极管起稳压作用，须将它反接在电路中（即稳压二极管的负极接电路中的高电位，正极接低电位），稳压二极管在电路中正接时的性质与普通二极管相同。下面以图 5-19 所示的电路来说明稳压二极管的稳压原理。

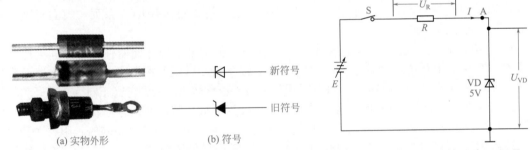

图 5-18　稳压二极管　　　　　图 5-19　稳压二极管的稳压原理

图 5-19 中的稳压二极管 VD 的稳压值为 5V，若电源电压低于 5V，当闭合开关 S 时，VD 反向不能导通，无电流流过限流电阻 $R$，$U_R=IR=0$，电源电压途经 $R$ 时，$R$ 上没有压降，故 A 点电压与电源电压相等，VD 两端的电压 $U_{VD}$ 与电源电压也相等，如 $E=4V$ 时，$U_{VD}$ 也为 4V，电源电压在 5V 范围内变化时，$U_{VD}$ 也随之变化。也就是说，当加到稳压二极管两端电压低于它的稳压值时，稳压二极管处于截止状态，无稳压功能。

若电源电压超过稳压二极管稳压值，如 $E=8V$，当闭合开关 S 时，8V 电压通过电阻 $R$ 送到 A 点，该电压超过稳压二极管的稳压值，VD 反向击穿导通，马上有电流流过电阻 $R$ 和稳压管 VD，电流在流过电阻 $R$ 时，$R$ 产生 3V 的压降（即 $U_R=3V$），稳压管 VD 两端的电压 $U_{VD}=5V$。

若调节电源 $E$ 使电压由 8V 上升到 10V 时，由于电压的升高，流过 $R$ 和 VD 的电流都会增大，因流过 $R$ 的电流增大，$R$ 上的电压 $U_R$ 也随之增大（由 3V 上升到 5V），而稳压二极管 VD 上的电压 $U_{VD}$ 维持 5V 不变。

稳压二极管的稳压原理可概括为：当外加电压低于稳压二极管稳压值时，稳压二极管不能导通，无稳压功能；当外加电压高于稳压二极管稳压值时，稳压二极管反向击穿，两端电压保持不变，其大小等于稳压值。（注：为了保护稳压二极管并使它有良好的稳压效果，需要给稳压二极管串接限流电阻）。

### 5.3.3 应用电路

稳压二极管在电路通常有两种应用连接方式，如图 5-20 所示。

如图 5-20（a）所示电路中，输出电压 $U_o$ 取自稳压二极管 VD 两端，故 $U_o=U_{VD}$，当电源电压上升时，由于稳压二极管的稳压作用，$U_{VD}$ 稳定不变，输出电压 $U_o$ 也不变。也就是说在电源电压变化的情况下，稳压二极管两端电压始终保持不变，该稳定不变的电压可供给其它电路，使电路能稳定正常工作。

如图 5-20（b）所示电路中，输出电压取自限流电阻 $R$ 两端，当电源电压上升时，稳压二极管两端电压 $U_{VD}$ 不变，限流电阻 $R$ 两端电压上升，故输出电压 $U_o$ 也上升。稳压二极管按这种接法是不能为电路提供稳定电压的。

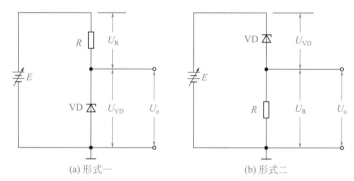

图 5-20 稳压二极管在电路中的两种应用连接形式

### 5.3.4 主要参数

稳压二极管的主要参数有稳定电压、最大稳定电流和最大耗散功率等。

① 稳定电压 稳定电压是指稳压二极管工作在反向击穿时两端的电压值。同一型号的稳压二极管，稳定电压可能为某一固定值，也可能在一定的数值范围内，例如 2CW15 的稳定电压是 7～8.8V，说明它的稳定电压可能是 7V，可能是 8V，还可能是 8.8V 等。

② 最大稳定电流 最大稳定电流是指稳压二极管正常工作时允许通过的最大电流。稳压管在工作时，实际工作电流要小于该电流，否则会因为长时间工作而损坏。

③ 最大耗散功率 最大耗散功率是指稳压二极管通过反向电流时允许消耗的最大功率，它等于稳定电压和最大稳定电流的乘积。在使用中，如果稳压二极管消耗的功率超过该功率就容易损坏。

### 5.3.5 用指针万用表检测稳压二极管

稳压二极管的检测包括极性判断、好坏检测和稳定电压检测。稳压二极管具有普通二极管的单向导电性，故极性检测与普通二极管相同，这里仅介绍稳压二极管的好坏检测和稳定电压检测。

（1）好坏检测

万用表拨至"R×100"或"R×1k"挡，测量稳压二极管正、反向电阻，如图 5-21 所示。正常的稳压二极管正向电阻小，反向电阻很大。

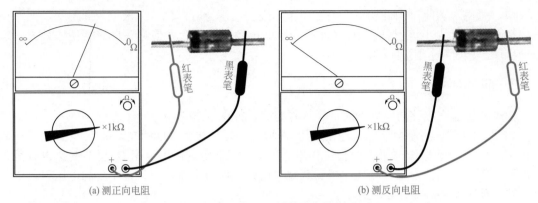

(a) 测正向电阻　　　　　　　　　(b) 测反向电阻

图 5-21　稳压二极管的好坏检测

若测得的正、反向电阻均为 0，说明稳压二极管短路。

若测得的正、反向电阻均为无穷大，说明稳压二极管开路。

若测得的正、反向电阻差距不大，说明稳压二极管性能不良。

说明：对于稳压值小于 9V 的稳压二极管，用万用表"R×10k"挡（此挡位万用表内接 9V 电池）测反向电阻时，稳压二极管会被反向击穿，此时测出的反向阻值较小，这属于正常。

（2）稳压值检测

检测稳压二极管稳压值可按下面两个步骤进行。

第一步：按图 5-22 所示的方法将稳压二极管与电容、电阻和耐压大于 300V 的二极管接好，再与 220V 市电连接。

第二步：将万用表拨至直流"50V"挡，红、黑表表笔分别接被测稳压二极管的负、正极，然后在表盘上读出测得的电压值，该值即为稳压二极管的稳定电压值。图中测得稳压二极管的稳压值为 15V。

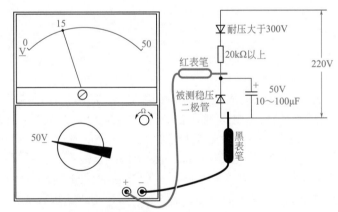

图 5-22　稳压二极管稳压值的检测

### 5.3.6　用数字万用表检测稳压二极管

用数字万用表检测稳压二极管正负极如图 5-23 所示。测量时挡位开关选择二极管测量挡，红、黑表笔分别接稳压二极管的一个引脚，当测量显示 0.300～0.800V 范围内的数字时，如图 5-23（a）所示，表示测量时稳压二极管已正向导通，显示的数字为正向导通电压，此时红表笔接的引脚为正极，

稳压二极管的检测

黑表笔接的为负极，红、黑表笔互换引脚测量时，稳压二极管不会导通，正常显示溢出符号"OL"，如图 5-23（b）所示。

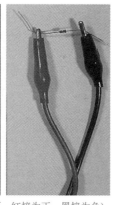

(a) 测量时导通(显示正向导通电压,红接为正,黑接为负)　　(b) 更换表笔测量时不导通(显示溢出符号OL)

图 5-23　用数字万用表检测稳压二极管

## 5.4　变容二极管

### 5.4.1　外形与符号

变容二极管在电路中可以相当于电容,并且容量可调。变容二极管的实物外形和电路符号如图 5-24 所示。

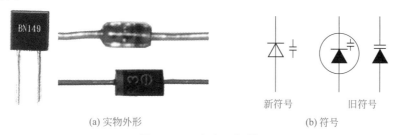

(a) 实物外形　　　　　　　　　　　　　　　　(b) 符号

图 5-24　变容二极管

### 5.4.2　性质

变容二极管与普通二极管一样,加正向电压时导通,加反向电压时截止。在变容二极管两端加反向电压时,除了截止外,还可以相当于电容。变容二极管的性质说明如图 5-25 所示。

（1）两端加正向电压

当变容二极管两端加正向电压时,内部的 PN 结变薄,如图 5-25（a）所示,当正向电压达到导通电压时,PN 结消失,对电流的阻碍消失,变容二极管像普通二极管一样正向导通。

（2）两端加反向电压

当变容二极管两端加反向电压时,内部的 PN 结变厚,如图 5-25（b）所示,PN 结阻止电流通过,故变容二极管处于截止状态,反向电压越高,PN 越厚。PN 结阻止电流通过,相当于绝缘介质,而 P 型半导体和 N 型半导体分别相当于两个极板,也就是说处于截止状态的变容二极管内部会形成电容的结构,这种电容称为结电容。普通二极管的 P 型半导体和 N 型半导体都比较小,形成的结电容很小,可以忽略,而变容二极管在制造时特意增大 P 型半导体和 N 型半导体的面积,从而增大结电容。

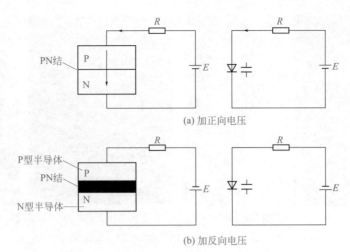

(a) 加正向电压

(b) 加反向电压

图 5-25　变容二极管的性质说明

　　也就是说，当变容二极管两端加反向电压时，处于截止状态，内部会形成电容器的结构，此状态下的变容二极管可以看成是电容器。

### 5.4.3　容量变化规律

　　变容二极管加反向电压时可以相当于电容器，当反向电压改变时，其容量就会发生变化。下面以图 5-26 所示的电路和曲线来说明变容二极管容量变化规律。

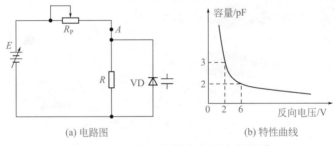

(a) 电路图　　　　　　　　(b) 特性曲线

图 5-26　变容二极管的容量变化规律

　　如图 5-26（a）所示电路中，变容二极管 VD 加有反向电压，电位器 $R_P$ 用来调节反向电压的大小。当 $R_P$ 滑动端右移时，加到变容二极管负端的电压升高，即反向电压增大，VD 内部的 PN 结变厚，内部的 P、N 型半导体距离变远，形成的电容容量变小；当 $R_P$ 滑动端左移时，变容二极管反向电压减小，VD 内部的 PN 结变薄，内部的 P、N 型半导体距离变近，形成的电容容量增大。

　　也就是说，当调节变容二极管反向电压大小时，其容量会发生变化，反向电压越高，容量越小，反向电压越低，容量越大。

　　如图 5-26（b）所示为变容二极管的特性曲线，它直观表示出变容二极管两端反向电压与容量变化规律，如当反向电压为 2V 时，容量为 3pF；当反向电压增大到 6V 时，容量减小到 2pF。

### 5.4.4　应用电路

　　变容二极管应用如图 5-27 所示，该电路为彩色电视机电调谐高频头的选频电路，其选频频率 $f$ 由电感 $L$、电容 $C$ 和变容二极管 VD 的容量 $C_{VD}$ 共同决定。调节电位器 $R_P$ 可以使变容二极管 VD 的反向电压在 0～30V 范围内变化，VD 的容量会随着反向电压变化而变化，当反向电压使 VD 容量 $C_{VD}$ 为某一值时，恰好使得选频电路的频率 $f$ 与某一频道电视节目频率相同，选频电路就能从天线接收下来的众多信号中只选出该频道的电视信号，再送往后级电路进行处理。

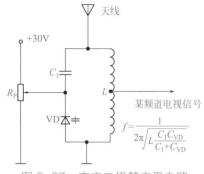

图 5-27 变容二极管应用电路

### 5.4.5 主要参数

变容二极管的主要参数有结电容、结电容变化范围和最高反向电压等。

① 结电容 结电容指两端加一定反向电压时变容二极管 PN 结的容量。

② 结电容变化范围 结电容变化范围是指变容二极管的反向电压从零开始变化到某一电压值时，其结电容的变化范围。

③ 最高反向电压 最高反向电压是指变容二极管正常工作时两端允许施加的最高反向电压值。使用时超过该值，变容二极管容易被击穿。

### 5.4.6 用指针万用表检测变容二极管

变容二极管检测方法与普通二极管基本相同。检测时万用表拨至"R×10k"挡，测量变容二极管正、反向电阻，正常的变容二极管反向电阻为无穷大，正向电阻一般在 200kΩ 左右（不同型号该值略有差距）。

变容二极管的检测

若测得正、反向电阻均很小或为 0，说明变容二极管漏电或短路。

若测得正、反向电阻均为无穷大，说明变容二极管开路。

### 5.4.7 用数字万用表检测变容二极管

用数字万用表检测变容二极管如图 5-28 所示。测量时挡位开关选择二极管测量挡，红、黑表笔分别接变容二极管的一个引脚，当测量显示 0.100～0.800V 范围内的数字时，如图 5-28（a）所示，表示测量时变容二极管已正向导通，显示的数字为正向导通电压，此时红表笔接的引脚为正极，黑表笔接的为负极，红、黑表笔互换引脚测量时，变容二极管不会导通，正常显示溢出符号"OL"，如图 5-28（b）所示。

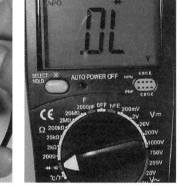

(a) 测量时导通(显示正向导通电压，红接为正，黑接为负)　　(b) 更换表笔测量时不导通(显示溢出符号OL)

图 5-28 用数字万用表检测变容二极管

## 5.5　双向触发二极管

### 5.5.1　外形与符号

双向触发二极管简称双向二极管，它在电路中可以双向导通。双向触发二极管的实物外形和电路符号如图 5-29 所示。

### 5.5.2　双向触发导通性质说明

普通二极管有单向导电性，而双向触发二极管具有双向导电性，但它的导通电压通常比较高。下面通过图 5-30 所示电路来说明双向触发二极管性质。

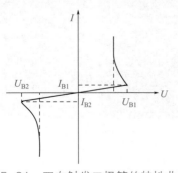

(a) 实物外形　　(b) 符号

图 5-29　双向触发二极管

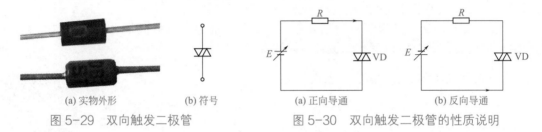

(a) 正向导通　　　　　(b) 反向导通

图 5-30　双向触发二极管的性质说明

**（1）两端加正向电压时**

如图 5-30（a）所示电路中，将双向触发二极管 VD 与可调电源 E 连接起来。当电源电压较低时，VD 并不能导通，随着电源电压的逐渐调高，当调到某一值时（如 30V），VD 马上导通，有从上往下的电流流过双向触发二极管。

**（2）两端加反向电压时**

如图 5-30（b）所示电路中，将电源的极性调换后再与双向触发二极管 VD 连接起来。当电源电压较低时，VD 不能导通，随着电源电压的逐渐调高，当调到某一值时（如 30V），VD 马上导通，有从下向上的电流流过双向触发二极管。

综上所述，不管加正向电压还是反向电压，只要电压达到一定值，双向触发二极管就能导通。

### 5.5.3　特性曲线说明

双向触发二极管的性质可用如图 5-31 所示的曲线来表示，坐标中的横轴表示双向触发二极管两端的电压，纵坐标表示流过双向触发二极管的电流。

从图 5-31 可以看出，当触发二极管两端加正向电压时，如果两端电压低于 $U_{B1}$ 电压，流过的电流很小，双向触发二极管不能导通，一旦两端的正向电压达到 $U_{B1}$（称为触发电压），马上导通，有很大的电流流过双向触发二极管，同时双向触发二极管两端的电压会下降（低于 $U_{B1}$）。

同样地，当触发二极管两端加反向电压时，在两端电压低于 $U_{B2}$ 电压时也不能导通，只有两端的正向电压达到 $U_{B2}$ 时才能导通，导通后的双向触发二极管两端的电压会下降（低于 $U_{B2}$）。

图 5-31　双向触发二极管的特性曲线

从图中还可以看出，双向触发二极管正、反向特性相同，具有对称性，故双向触发二极管极性没有正、负之分。

双向触发二极管的触发电压较高，30V 左右最为常见，双向触发二极管的触发电压一般有 20～60V、100～150V 和 200～250V 三个等级。

### 5.5.4 用指针万用表检测双向触发二极管

双向触发二极管的检测包括好坏检测和触发电压检测。

（1）好坏检测

万用表拨至"R×1k"挡，测量双向触发二极管正、反向电阻，如图 5-32 所示。

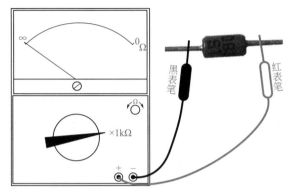

图 5-32 双向触发二极管的好坏检测

若双向触发二极管正常，正、反向电阻均为无穷大。

若测得的正、反向电阻很小或为 0，说明双向触发二极管漏电或短路，不能使用。

（2）触发电压检测

检测双向触发二极管的触发电压可按下面三个步骤进行。

第一步：按图 5-33 所示的方法将双向触发二极管与电容、电阻和耐压大于 300V 的二极管接好，再与 220V 市电连接。

第二步：将万用表拨至直流"50V"挡，红、黑表表笔分别接被测双向触发二极管的两极，然后观察表针位置，如果表针在表盘上摆动（时大时小），表针所指最大电压即为触发二极管的触发电压。图中表针指的最大值为 30V，则触发二极管的触发电压值约为 30V。

第三步：将双向触发二极管两极对调，再测两端电压，正常该电压值应与第二步测得的电压值相等或相近。两者差值越小，表明触发二极管对称性越好，即性能越好。

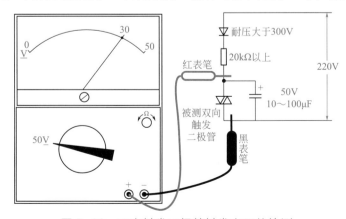

图 5-33 双向触发二极管触发电压的检测

### 5.5.5　用数字万用表检测双向触发二极管

双向触发二极管
的检测

用数字万用表检测双向触发二极管如图 5-34 所示，测量时挡位开关选择二极管测量挡，红、黑表笔分别接变容二极管的一个引脚，显示屏显示"OL"，如图 5-34（a）所示，表示当前测量双向触发二极管不导通，然后红、黑表笔互换引脚测量，显示屏仍显示"OL"，如图 5-34（b）所示，表示双向触发二极管仍不导通。也就是说，用数字万用表二极管测量挡正反向测量双向触发二极管时，正常均不导通。

(a) 当前测量不导通

(b) 互换表笔测量时仍不导通

图 5-34　用数字万用表检测双向触发二极管

## 5.6　双基极二极管（单结晶体管）

双基极二极管又称单结晶体管，内部只有一个 PN 结，它有三个引脚，分别为发射极 E、基极 $B_1$ 和基极 $B_2$。

### 5.6.1　外形、符号、结构和等效图

双基极二极管的外形、符号、结构和等效图如图 5-35 所示。

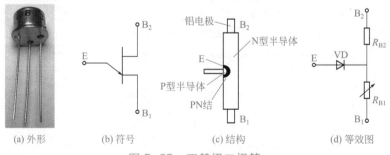

(a) 外形　　　　(b) 符号　　　　(c) 结构　　　　(d) 等效图

图 5-35　双基极二极管

双基极二极管的制作过程：在一块高阻率的 N 型半导体基片的两端各引出一个铝电极，如图 5-35（c）所示，分别称作第一基极 $B_1$ 和第二基极 $B_2$，然后在 N 型半导体基片一侧埋入 P 型半导体，在两种半导体的结合部位就形成了一个 PN 结，再在 P 型半导体端引出一个电极，称为发射极 E。

双基极二极管的等效图如图 5-35（d）所示。双基极二极管 $B_1$、$B_2$ 极之间为高阻率的

N 型半导体，故两极之间的电阻 $R_{BB}$ 较大（4～12kΩ），以 PN 结为中心，将 N 型半导体分作两部分，PN 结与 $B_1$ 极之间的电阻用 $R_{B1}$ 表示，PN 结与 $B_2$ 极之间的电阻用 $R_{B2}$ 表示，$R_{BB}=R_{B1}+R_{B2}$，E 极与 N 型半导体之间的 PN 结可等效为一个二极管，用 VD 表示。

### 5.6.2 工作原理

为了分析双基极二极管的工作原理，在发射极 E 和第一基极 $B_1$ 之间加 $U_E$ 电压，在第二基极 $B_2$ 和第一基极 $B_1$ 之间加 $U_{BB}$ 电压，具体如图 5-36（a）所示。下面分几种情况来分析双基极二极管的工作原理。

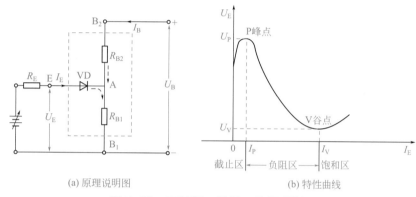

(a) 原理说明图            (b) 特性曲线

图 5-36 双基极二极管工作原理说明

① 当 $U_E=0$ 时，双基极二极管内部的 PN 结截止，由于 $B_2$、$B_1$ 之间加有 $U_{BB}$ 电压，有 $I_B$ 电流流过 $R_{B2}$ 和 $R_{B1}$，这两个等效电阻上都有电压，分别是 $U_{RB2}$ 和 $U_{RB1}$，从图中可以不难看出，$U_{RB1}$ 与 $U_{BB}$ 之比等于 $R_{B1}$ 与（$R_{B1}+R_{B2}$）之比，即

$$\frac{U_{RB1}}{U_{BB}}=\frac{R_{B1}}{R_{B1}+R_{B2}} \tag{5-1}$$

$$U_{RB1}=U_{BB}\frac{R_{B1}}{R_{B1}+R_{B2}} \tag{5-2}$$

式子中的 $\dfrac{R_{B1}}{R_{B1}+R_{B2}}$ 称为双基极二极管的分压系数（或称分压比），常用 $\eta$ 表示，不同的双基极二极管的 $\eta$ 有所不同，$\eta$ 通常在 0.3～0.9 之间。

② 当 $0<U_E<（U_{VD}+U_{RB1}）$ 时，由于 $U_E$ 电压小于 PN 结的导通电压 $U_{VD}$ 与 $R_{B1}$ 上的电压 $U_{RB1}$ 之和，所以仍无法使 PN 结导通。

③ 当 $U_E=（U_{VD}+U_{RB1}）=U_P$ 时，PN 结导通，有 $I_E$ 电流流过 $R_{B1}$，由于 $R_{B1}$ 呈负阻性，流过 $R_{B1}$ 的电流增大，其阻值减小，$R_{B1}$ 的阻值减小，$R_{B1}$ 上的电压 $U_{RB1}$ 也减小，根据 $U_E=（U_{VD}+U_{RB1}）$ 可知，$U_{RB1}$ 减小会使 $U_E$ 也减小（PN 结导通后，其 $U_{VD}$ 基本不变）。

$I_E$ 的增大使 $R_{B1}$ 阻值变小，而 $R_{B1}$ 阻值变小又会使 $I_E$ 进一步增大，这样就会形成正反馈，其过程如下：

$$I_E\uparrow \longrightarrow R_{B1}\downarrow$$

正反馈使 $I_E$ 越来越大，$R_{B1}$ 越来越小，$U_E$ 电压也越来越低，该过程如图 5-36（b）中的 P 点至 V 点曲线所示。当 $I_E$ 增大到一定值时，$R_{B1}$ 阻值开始增大，$R_{B1}$ 又呈正阻性，$U_E$ 电压开始缓慢回升，其变化如图 5-36（b）曲线中的 V 点右方曲线所示。若此时 $U_E<U_V$，双基极二极管又会进入截止状态。

综上所述，双基极二极管具有以下特点：

① 当发射极 $U_E$ 电压小于峰值电压 $U_P$（也即小于 $U_{VD}+U_{RB1}$）时，双基极二极管 E、$B_1$ 极之间不能导通；

② 当发射极 $U_E$ 电压等于峰值电压 $U_P$ 时，双基极二极管 E、$B_1$ 极之间导通，两极之间的电阻变得很小，$U_E$ 电压的大小马上由峰值电压 $U_P$ 下降至谷值电压 $U_V$；

③ 双基极二极管导通后，若 $U_E<U_V$，双基极二极管会由导通状态进入截止状态；

④ 双基极二极管内部等效电阻 $R_{B1}$ 的阻值随 $I_E$ 电流变化而变化的，而 $R_{B2}$ 阻值则与 $I_E$ 电流无关。

⑤ 不同的双基极二极管具有不同的 $U_P$、$U_V$ 值，对于同一个双基极二极管，其 $U_{BB}$ 电压变化，其 $U_P$、$U_V$ 值也会发生变化。

### 5.6.3　应用电路

图 5-37 是由双基极二极管（单结晶管）构成的振荡电路。该电路主要由双基极二极管、电容和一些电阻等元器件构成，当合上电源开关 S 后，电路会工作，在电容 $C$ 上会形成如图 5-37（b）所示的锯齿波电压 $U_E$，而在双基极二极管的第一基极 $B_1$ 会输出如图 5-37（b）所示的触发脉冲 $U_0$。

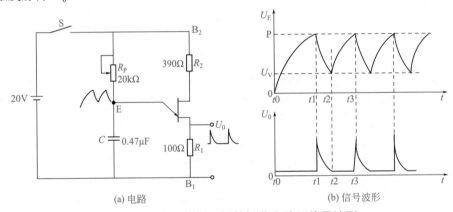

(a) 电路　　　　　　　　　　　(b) 信号波形

图 5-37　由双基极二极管振荡电路及信号波形

电路的工作过程说明如下。

① 在 t0～t1 期间。在 t0 时刻合上电源开关 S，20V 的电源通过电位器 $R_P$ 对电容 $C$ 充电，充电使电容上的电压逐渐上升，E 点电压也逐渐升高，在 t1 时刻，E 点电压上升到 $U_P$ 值，双基极二极管导通，有较大的电流从双基极二极管 E 极流入，$B_1$ 极流出，并流经 $R_1$，$R_1$ 上有很高的电压，$U_0$ 端输出脉冲的尖峰。

② 在 t1～t2 期间。t1 时刻双基极二极管导通后，电容 $C$ 开始通过双基极二极管的 E、$B_1$ 极、$R_1$ 放电，放电使电容 $C$ 上的电压慢慢减小，随着电容放电的进行，放电电流逐渐减小，流过 $R_1$ 的电流减小，$R_1$ 上的电压也不断减小，输出电压 $U_0$ 也不断下降。在 t2 时刻，电容上的电压下降到 $U_V$ 值，双基极二极管截止，$C$ 无法再放电，此时 $U_0$ 端电压很低。

③ 在 t2～t3 期间。t2 时刻双基极二极管截止后，20V 的电源又通过开关 S、电阻 R 对电容 $C$ 充电，充电使电容上的电压又开始上升，E 点电压也升高，在 t3 时刻，E 点电压又上升到 $U_P$，双基极二极管又开始导通，$U_0$ 端又输出脉冲的尖峰。

以后不断重复上述过程，从而在 E 点形成如图 5-37 所示的锯齿波电压，在 $U_0$ 端输出如图 5-37 所示的触发脉冲电压。

如图 5-37（a）所示，改变 $R_P$ 的阻值和 $C$ 的容量，可以改变触发脉冲的频率和相位，如

将 $R_P$ 的阻值增大，那么电源通过 $R_P$ 对电容 $C$ 充电电流小，$C$ 上的电压升到 $U_P$ 值所需的时间会延长，即 $t0\sim t1$ 时间会延长（$t2\sim t3$ 同样会延长），$t1\sim t2$ 时间基本不变（因为增大 $R$ 的值不会影响 $C$ 的放电），电容 $C$ 上得到的锯齿波电压的周期延长，其频率会降低，振荡电路输出触发脉冲会后移，同时频率也会降低。

### 5.6.4　用指针万用表检测双基极二极管

双基极二极管检测包括极性检测和好坏检测。

（1）极性检测

双基极二极管有 E、$B_1$、$B_2$ 三个电极，从图 5-35（c）所示的内部等效图可以看出，双基极二极管的 E、$B_1$ 极之间和 E、$B_2$ 极之间都相当于一个二极管与电阻串联，$B_2$、$B_1$ 极之间相当于两个电阻串联。

双基极二极管的极性检测过程如下。

① 检测出 E 极　万用表拨至"R×1kΩ"挡，红、黑表笔测量双基极二极管任意两极之间的阻值，每两极之间都正反各测一次。若测得某两极之间的正反向电阻相等或接近时（阻值一般在 2kΩ 以上），这两个电极就为 $B_1$、$B_2$ 极，余下的电极为 E 极；若测得某两极之间的正反向电阻时，出现一次阻值小，另一次无穷大，以阻值小的那次测量为准，黑表笔接的为 E 极，余下的两个电极就为 $B_1$、$B_2$ 极。

② 检测出 $B_1$、$B_2$ 极　万用表仍置于"R×1kΩ"挡，黑表笔接已判断出的 E 极，红表笔依次接另外两极，两次测得阻值会出现一大一小，以阻值小的那次为准，红表笔接的电极通常为 $B_1$ 极，余下的电极为 $B_2$ 极。由于不同型号双基极二极管的 $R_{B1}$、$R_{B2}$ 阻值会有所不同，因此这种检测 $B_1$、$B_2$ 极的方法并不适合所有的双基极二极管，如果在使用时发现双基极二极管工作不理想，可将 $B_1$、$B_2$ 极对换。

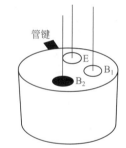

对于一些外形有规律的双基极二极管，其电极也可以根据外形判断，具体如图 5-38 所示。双基极二极管引脚朝上，最接近管子管键（凸出部分）的引脚为 E 极，按顺时针方向旋转依次为 $B_1$、$B_2$ 极。

图 5-38　从双基极二极管外形判别电极

（2）好坏检测

双基极二极管的好坏检测过程如下。

① 检测 E、$B_1$ 极和 E、$B_2$ 极之间的正反向电阻。万用表拨至"R×1kΩ"挡，黑表笔接双基极二极管的 E 极，红表笔依次接 $B_1$、$B_2$ 极，测量 E、$B_1$ 极和 E、$B_2$ 极之间的正向电阻，正常时正向电阻较小，然后红表笔接 E 极，黑表笔依次接 $B_1$、$B_2$ 极，测量 E、$B_1$ 极和 E、$B_2$ 极之间的反向电阻，正常反向电阻无穷大或接近无穷大。

② 检测 $B_1$、$B_2$ 极之间的正反向电阻。万用表拨至"R×1kΩ"挡，红、黑表笔分别接双基极二极管的 $B_1$、$B_2$ 极，正反各测一次，正常时 $B_1$、$B_2$ 极之间的正反向电阻通常在 $2\sim200$kΩ 之间。

若测量结果与上述不符，则为双基极二极管损坏或性能不良。

### 5.6.5　用数字万用表检测双基极二极管

用数字万用表检测双基极二极管如图 5-39 所示。测量时万用表选择二极管测量挡，红、黑表笔测量双基极二极管任意两极之间的阻值，每两极之间都正反向各测一次，若正反向测量某两极时显示的数字接近，如图 5-39（a）所示，这两个电极就为 $B_1$、$B_2$ 极，余下的电极为 E 极，再将红表笔接已判

双基极二极管（单结晶管）的检测

明的 E 极，黑表笔先后接另外两极，测量值会一小一大（稍大），如图 5-39（b）所示，以阻值小的那次测量为准，黑表笔接的为 $B_1$ 极，余下的 $B_2$ 极。若将黑表笔接已判明的 E 极，红表笔先后接另外两极，测量时均为显示溢出符号 OL，如图 5-39（c）所示。

当正反向测量某两极时出现测量值接近，此两极为 $B_1$、$B_2$ 极，余下的极为 E 极

(a) 正反向测量某两极时出现测量值接近

红表笔固定接 E 极，黑表笔先后接另外两极，以测量值稍小的测量为准，黑表笔接的为 $B_1$ 极，余下极为 $B_2$ 极

(b) 红表笔固定接 E 极，黑表笔先后接另外两极

黑表笔固定接 E 极，红表笔先后接另外两极，显示均为溢出符号 OL，即两次测量均不导通

(c) 黑表笔固定接 E 极，红表笔先后接另外两极

图 5-39　用数字万用表检测双基极二极管

## 5.7 肖特基二极管

### 5.7.1 外形与图形符号

肖特基二极管又称肖特基势垒二极管（SBD），其图形符号与普通二极管相同。常见的肖特基二极管实物外形如图 5-40（a）所示，三引脚的肖特基二极管内部有两个二极管组成，其连接有多种方式，如图 5-40（b）所示。

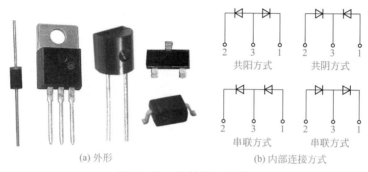

(a) 外形　　　　　　　　　　(b) 内部连接方式

图 5-40　肖特基二极管

### 5.7.2 特点、应用和检测

肖特基二极管是一种低功耗、大电流、超高速的半导体整流二极管，其工作电流可达几千安，而反向恢复时间可短至几纳秒。二极管的反向恢复时间越短，从截止转为导通的切换速度越快，普通整流二极管反向恢复时间长，无法在高速整流电路中正常工作。另外，肖特基二极管的正向导通电压较普通硅二极管低，约 0.4V 左右。

由于肖特基二极管导通、截止状态可高速切换，主要用在高频电路中。由于面接触型的肖特基二极管工作电流大，故变频器、电机驱动器、逆变器和开关电源等设备中整流二极管、续流二极管和保护二极管常采用面接触型的肖特基二极管；对于点接触型的肖特基二极管，其工作电流稍小，常在高频电路中用作检波或小电流整流。

肖特基二极管的缺点是反向耐压低，一般在 100V 以下，因此不能用在高电压电路中。肖特基二极管与普通二极管一样具有单向导电性，其极性与好坏检测方法与普通二极管相同。

### 5.7.3 常用肖特基二极管的主要参数

肖特基二极管的主要参数见表 5-4。

表 5-4　肖特基二极管的主要参数

| 参数<br>型号 | 额定整流电流<br>/A | 峰值电流<br>/A | 最大正向压降<br>/V | 反向峰值电压<br>/V | 反向恢复时间<br>/ns | 封装形式 | 内部结构 |
|---|---|---|---|---|---|---|---|
| D80-004 | 15 | 250 | 0.55 | 40 | < 10 | TO—3P | 单管 |
| D82-004 | 5 | 100 | 0.55 | 40 | < 10 | TO—220 | 共阴对管 |
| MBR1545 | 15 | 150 | 0.7 | 45 | < 10 | TO—220 | 共阴对管 |
| MBR2535 | 30 | 300 | 0.73 | 35 | < 10 | TO—220 | 共阴对管 |

### 5.7.4　用数字万用表检测肖特基二极管

肖特基二极管
的检测

用数字万用表检测肖特基二极管如图 5-41 所示，该肖特基二极管内部有两个二极管，由于有两极连接在一起接出一个引脚，所以只有三个引脚，测量时万用表选择二极管测量挡，肖特基二极管的正向导通电压较普通二极管要低。

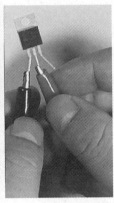

正反测量肖特基二极管任意两个引脚，当测量显示0.100～0.600范围内的数值(正向导通电压值)时，红表笔接的为正极，黑表笔接的为负极

(a) 正反向测量任意两个引脚

黑表笔不动，红表笔换接另一个引脚，如果测量显示0.100～0.600范围内的数值，表明红表笔接的引脚也是正极，肖特基二极管为双二极管共阴型，如果测量显示值为溢出符号OL，表明红表笔接引脚为负极，肖特基二极管为双二极管串联型

(b) 测量导通时红表笔接的为二极管的正极

图 5-41　用数字万用表检测双肖特基二极管

## 5.8　快恢复二极管

### 5.8.1　外形与图形符号

快恢复二极管（FRD）、超快恢复二极管（SRD）的图形符号与普通二极管相同。常见的快恢复二极管实物外形如图 5-42（a）所示。三引脚的快恢复二极管内部有两个二极管组成，其连接有共阳和共阴两种方式，如图 5-42（b）所示。

(a) 外形　　　　　　　　　　　　(b) 内部连接方式

图 5-42　快恢复二极管

### 5.8.2　特点、应用和检测

快恢复二极管是一种反向工作电压高、工作电流较大的高速半导体二极管，其反向击穿电压可达几千伏，反向恢复时间一般为几百纳秒（超快恢复二极管可达几十纳秒）。快恢复二极管广泛应用于开关电源、不间断电源、变频器和电机驱动器中，主要用作高频、高压和大电流整流或续流。

快恢复二极管的肖特基二极管区别主要有：

① 快恢复二极管的反向恢复时间为几百纳秒，肖特基二极管更快，可达几纳秒；

② 快恢复二极管的反向击穿电压高（可达几千伏），肖特基二极管的反向击穿电压低（一般在 100V 以下）；

③ 恢复二极管的功耗较大，而肖特基二极管功耗相对较小。

因此快恢复二极管主要用在高电压小电流的高频电路中，肖特基二极管主要用在低电压大电流的高频电路中。

快恢复二极管与普通二极管一样具有单向导电性，其极性与好坏检测方法与普通二极管相同。

### 5.8.3　用数字万用表检测快恢复二极管

用数字万用表检测快恢复二极管如图 5-43 所示，测量时万用表选择二极管测量挡，当某次测量显示 0.100～0.800 范围内的数值时，如图 5-43（b）所示，表明测量时快恢复二极管已导通，显示的数值为导通电压，红表笔接的为正极，黑表笔接的为负极。

快恢复二极管的
检测

(a) 测量时不导通　　　　　　　　　　(b) 测量时导通并显示导通电压(红接为正，黑接为负)

图 5-43　用数字万用表检测快恢复二极管

### 5.8.4　常用快恢复二极管的主要参数

快恢复二极管的主要参数见表 5-5。

表 5-5　快恢复二极管的主要参数

| 参数<br>型号 | 反向恢复时间<br>$t_{rr}$/ns | 额定电流 $I_d$/A | 最大整流电流<br>$I_{FSM}$/A | 最大反向电压<br>$V_{RM}$/V | 结构形式 |
|---|---|---|---|---|---|
| C20-04 | 400 | 5 | 70 | 400 | 单管 |
| C92-02 | 35 | 10 | 20 | 200 | 共阴 |
| MUR1680A | 35 | 16 | 100 | 800 | 共阳 |
| MUR3040PT | 35 | 30 | 300 | 400 | 共阴 |
| MUR30100 | 35 | 30 | 400 | 1000 | 共阳 |

### 5.8.5　肖特基二极管、快恢复二极管、高速整流二极管和开关二极管比较

典型肖特基二极管、快恢复二极管、高速整流二极管和开关二极管的参数见表 5-6。从表中的参数可以看出各元器件的一些特点，比如肖特基二极管平均整流电流（工作电流）最大，正向导通电压低，反向恢复时间短，反向峰值电压（反向最高工作电压）低，开关二极管反向恢复时间很短，但工作电流很小，故只适合小电流整流或用作开关。

表 5-6　典型肖特基二极管、快恢复二极管、高速整流二极管和开关二极管的参数比较

| 半导体器件名称 | 典型产品型号 | 平均整流<br>电流 $I_d$/A | 正向导通电压 | | 反向恢复时间<br>$t_{rr}$/ns | 反向峰值电压<br>$V_{RM}$/V |
|---|---|---|---|---|---|---|
| | | | 典型值<br>$V_F$/V | 最大值<br>$V_{FM}$/V | | |
| 肖特基二极管 | 161CMQ050 | 160 | 0.4 | 0.8 | <10 | 50 |
| 超快恢复二极管 | MUR30100A | 30 | 0.8 | 1.0 | 35 | 1000 |
| 快恢复二极管 | D25-02 | 15 | 0.6 | 1.0 | 400 | 200 |
| 硅高速整流管 | PR3006 | 8 | 0.6 | 1.2 | 400 | 800 |
| 硅高速开关二极管 | 1N4148 | 0.15 | 0.6 | 1.0 | 4 | 100 |

# 第6章

# 三极管

三极管是一种电子电路中应用最广泛的半导体元器件，它有放大、饱和和截止三种状态，因此不但可在电路中用来放大，还可当作电子开关使用。

## 6.1 三极管

### 6.1.1 外形与符号

三极管又称晶体三极管，是一种具有放大功能的半导体器件。图 6-1（a）是一些常见的三极管实物外形，三极管的电路符号如图 6-1（b）所示。

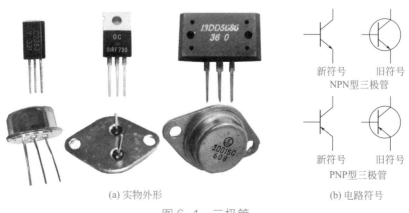

(a) 实物外形

(b) 电路符号

图 6-1 三极管

### 6.1.2 结构

三极管有 PNP 型和 NPN 型两种。PNP 型三极管的构成如图 6-2 所示。

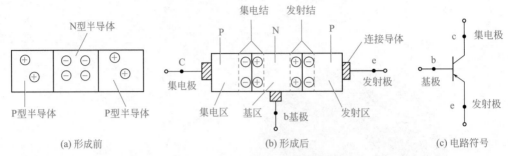

图 6-2 PNP 型三极管的构成

将两个 P 型半导体和一个 N 型半导体按图 6-2（a）所示的方式结合在一起，两个 P 型半导体中的正电荷会向中间的 N 型半导体中移动，N 型半导体中的负电荷会向两个 P 型半导体移动，结果在 P、N 型半导体的交界处形成 PN 结，如图 6-2（b）所示。

在两个 P 型半导体和一个 N 型半导体上通过连接导体各引出一个电极，然后封装起来就构成了三极管。三极管三个电极分别称为集电极（用 c 或 C 表示）、基极（用 b 或 B 表示）和发射极（用 e 或 E 表示）。PNP 型三极管的电路符号如图 6-2（c）所示。

三极管内部有两个 PN 结，其中基极和发射极之间的 PN 结称为发射结，基极与集电极之间的 PN 结称为集电结。两个 PN 结将三极管内部分作三个区，与发射极相连的区称为发射区，与基极相连的区称为基区，与集电极相连的区称为集电区。发射区的半导体掺入杂质多，故有大量的电荷，便于发射电荷；集电区掺入的杂质少且面积大，便于收集发射区送来的电荷；基区处于两者之间，发射区流向集电区的电荷要经过基区，故基区可控制发射区流向集电区电荷的数量，基区就像设在发射区与集电区之间的关卡。

NPN 型三极管的构成与 PNP 型三极管类似，它是由两个 N 型半导体和一个 P 型半导体构成的。具体如图 6-3 所示。

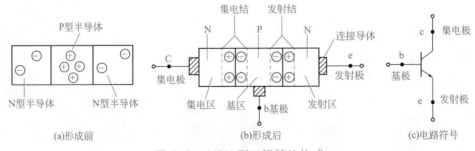

图 6-3 NPN 型三极管的构成

### 6.1.3 电流、电压规律

单独三极管是无法正常工作的，在电路中需要为三极管各极提供电压，让它内部有电流流过，这样的三极管才具有放大能力。为三极管各极提供电压的电路称为偏置电路。

（1）PNP 型三极管的电流、电压规律

如图 6-4（a）所示为 PNP 型三极管的偏置电路，从图 6-4（b）可以清楚地看出三极管内部电流情况。

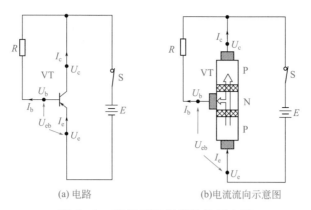

图 6-4　PNP 型三极管的偏置电路

① 电流关系

如图 6-4 所示电路中，当闭合电源开关 S 后，电源输出的电流马上流过三极管，三极管导通。流经发射极的电流称为 $I_e$ 电流，流经基极的电流称 $I_b$ 电流，流经集电极的电流称为 $I_c$ 电流。

$I_e$、$I_b$、$I_c$ 电流的途径分别如下。

a. $I_e$ 电流的途径：从电源的正极输出电流→电流流入三极管 VT 的发射极→电流在三极管内部分作两路：一路从 VT 的基极流出，此为 $I_b$ 电流；另一路从 VT 的集电极流出，此为 $I_c$ 电流。

b. $I_b$ 电流的途径：VT 基极流出电流→电流流经电阻 $R$→开关 S→流到电源的负极。

c. $I_c$ 电流的途径：VT 集电极流出的电流→经开关 S→流到电源的负极。

从图 6-4（b）可以看出，流入三极管的 $I_e$ 电流在内部分成 $I_b$ 和 $I_c$ 电流，即发射极流入的 $I_e$ 电流在内部分成 $I_b$ 和 $I_c$ 电流分别从基极和发射极流出。

不难看出，PNP 型三极管的 $I_e$、$I_b$、$I_c$ 电流的关系是：$I_b+I_c=I_e$，并且 $I_c$ 电流要远大于 $I_b$ 电流。

② 电压关系

如图 6-4 所示电路中，PNP 型三极管 VT 的发射极直接接电源正极，集电极直接接电源的负极，基极通过电阻 $R$ 接电源的负极。根据电路中电源正极电压最高、负极电压最低可判断出，三极管发射极电压 $U_e$ 最高，集电极电压 $U_c$ 最低，基极电压 $U_b$ 处于两者之间。

PNP 型三极管 $U_e$、$U_b$、$U_c$ 电压之间的关系是：

$$U_e>U_b>U_c \tag{6-1}$$

$U_e>U_b$ 使发射区的电压较基区的电压高，两区之间的发射结（PN 结）导通，这样发射区大量的电荷才能穿过发射结到达基区。三极管发射极与基极之间的电压（电位差）$U_{eb}$（$U_{eb}=U_e-U_b$）称为发射结正向电压。

$U_b>U_c$ 可以使集电区电压较基区电压低，这样才能使集电区有足够的吸引力（电压越低，对正电荷吸引力越大），将基区内大量电荷吸引穿过集电结而到达集电区。

（2）NPN 型三极管的电流、电压规律

如图 6-5 所示为 NPN 型三极管的偏置电路。从图中可以看出，NPN 型三极管的集电极接电源的正极，发射极接电源的负极，基极通过电阻接电源的正极，这与 PNP 型三极管连接正好相反。

① 电流关系

如图 6-5 所示电路中，当开关 S 闭合后，电源输出的电流马上流过三极管，三极管导通。流经发射极的电流称为 $I_e$ 电流，流经基极的电流称 $I_b$ 电流，流经集电极的电流称为 $I_c$ 电流。

$I_e$、$I_b$、$I_c$ 电流的途径分别如下。

a. $I_b$ 电流的途径：从电源的正极输出电流→开关 S→电阻 R→电流流入三极管 VT 的基极→基区。

b. $I_c$ 电流的途径：从电源的正极输出电流→电流流入三极管 VT 的集电极→集电区→基区。

c. $I_e$ 电流的途径：三极管集电极和基极流入的 $I_b$、$I_c$ 在基区汇合→发射区→电流从发射极输出→电源的负极。

不难看出，NPN 型三极管 $I_e$、$I_b$、$I_c$ 电流的关系是：$I_b+I_c=I_e$，并且 $I_c$ 电流要远大于 $I_b$ 电流。

② 电压关系

如图 6-5 所示电路中，NPN 型三极管的集电极接电源的正极，发射极接电源的负极，基极通过电阻接电源的正极。故 NPN 型三极管 $U_e$、$U_b$、$U_c$ 电压之间的关系是：

$$U_e<U_b<U_c \tag{6-2}$$

$U_c>U_b$ 可以使基区电压较集电区电压低，这样基区才能将集电区的电荷吸引穿过集电结而到达基区。

$U_b>U_e$ 可以使发射区的电压较基极的电压低，两区之间的发射结（PN 结）导通，基区的电荷才能穿过发射结到达发射区。

NPN 型三极管基极与发射极之间的电压 $U_{be}$（$U_{be}=U_b-U_e$）称为发射结正向电压。

### 6.1.4 放大原理

三极管在电路中主要起放大作用，下面以图 6-6 所示的电路来说明三极管的放大原理。

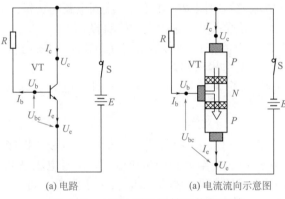

(a) 电路　　　　　(a) 电流流向示意图

图 6-5　NPN 型三极管的偏置电路

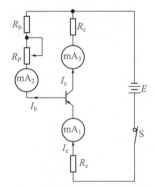

图 6-6　三极管的放大原理说明图

**（1）放大原理**

给三极管的三个极接上三个毫安表 $mA_1$、$mA_2$ 和 $mA_3$，分别用来测量 $I_e$、$I_b$、$I_c$ 电流的大小。$R_P$ 电位器用来调节 $I_b$ 的大小，如 $R_P$ 滑动端下移时阻值变小，$R_P$ 对三极管基极流出的 $I_b$ 电流阻碍减小，$I_b$ 增大。当调节 $R_P$ 改变 $I_b$ 大小时，$I_c$、$I_e$ 也会变化，表 6-1 列出了调节 $R_P$ 时毫安表测得的三组数据。

表 6-1　三组 $I_e$、$I_b$、$I_c$ 电流数据

| 项目 | 第一组 | 第二组 | 第三组 |
| --- | --- | --- | --- |
| 基极电流（$I_b$）/mA | 0.01 | 0.018 | 0.028 |
| 集电极电流（$I_c$）/mA | 0.49 | 0.982 | 1.972 |
| 发射极电流（$I_e$）/mA | 0.5 | 1 | 2 |

从表 6-1 可以看出：

① 不论哪组测量数据都遵循 $I_b + I_c = I_e$；

② 当 $I_b$ 电流变化时，$I_c$ 电流也会变化，并且 $I_b$ 有微小的变化，$I_c$ 会有很大的变化。如 $I_b$ 电流由 0.01mA 增大到 0.018mA，变化量为 0.008mA（0.018mA−0.01mA），$I_c$ 电流则由 0.49mA 变化到 0.982mA，变化量为 0.492mA（0.982mA−0.49mA），$I_c$ 电流变化量是 $I_b$ 电流变化量的 62 倍（0.492mA/0.008mA ≈ 62）。

也就是说，当三极管的基极电流 $I_b$ 有微小的变化时，集电极电流 $I_c$ 会有很大的变化，$I_c$ 电流的变化量是 $I_b$ 电流变化量的很多倍，这就是三极管的放大原理。

（2）放大倍数

不同的三极管，其放大能力是不同的，为了衡量三极管放大能力的大小，需要用到三极管一个重要参数——放大倍数。三极管的放大倍数可分为直流放大倍数和交流放大倍数。

三极管集电极电流 $I_c$ 与基极电流 $I_b$ 的比值称为三极管的直流放大倍数（用 $\bar{\beta}$ 或 hFE 表示），即

$$\bar{\beta} = \frac{I_c}{I_b} \tag{6-3}$$

式中，$I_c$ 为集电极电流；$I_b$ 为基极电流。

例如，在表 6-1 中，当 $I_b = 0.018$mA 时，$I_c = 0.982$mA，三极管直流放大倍数为

$$\bar{\beta} = \frac{0.982}{0.018} = 55 \tag{6-4}$$

万用表可测量三极管的放大倍数，它测得放大倍数 hFE 值实际上就是三极管直流放大倍数。

三极管集电极电流变化量 $\Delta I_c$ 与基极电流变化量 $\Delta I_b$ 的比值称为交流放大倍数（用 $\beta$ 或 hFE 表示），即

$$\beta = \frac{\Delta I_c}{\Delta I_b} \tag{6-5}$$

以表 6-1 的第一、二组数据为例：

$$\beta = \frac{\Delta I_c}{\Delta I_b} = \frac{0.982 - 0.49}{0.018 - 0.01} = \frac{0.492}{0.008} = 62 \tag{6-6}$$

测量三极管交流放大倍数至少需要知道两组数据，这样比较麻烦，而测量直流放大倍数比较简单（只要测一组数据即可），又因为直流放大倍数与交流放大倍数相近，所以通常只用万用表测量直流放大倍数来判断三极管放大能力的大小。

### 6.1.5 放大、截止和饱和状态说明

三极管的状态有三种：截止、放大和饱和。下面通过图 6-7 所示的电路来说明三极管的三种状态。

（1）三种状态下的电流特点

当开关 S 处于断开状态时，三极管 VT 的基极供电切断，无 $I_b$ 电流流入，三极管内部无法导通，$I_c$ 电流无法流入三极管，三极管发射极也就没有 $I_e$ 电流流出。

三极管无 $I_b$、$I_c$、$I_e$ 电流流过的状态（即 $I_b$、$I_c$、$I_e$ 都为 0）称为截止状态。

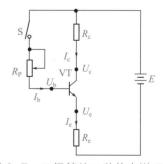

图 6-7　三极管的三种状态说明图

当开关 S 闭合后，三极管 VT 的基极有 $I_b$ 电流流入，三极管内部导通，$I_c$ 电流从集电极流入三极管，在内部 $I_b$、$I_c$ 电流汇合后形成 $I_e$ 电流从发射极流出。此时调节电位器 $R_P$，$I_b$ 电流变化，$I_c$ 电流也会随之变化，例如当 $R_P$ 滑动端下移时，其阻值减小，$I_b$ 电流增大，$I_c$ 也增大，两者满足 $I_c = \beta I_b$ 的关系。

三极管有 $I_b$、$I_c$、$I_e$ 电流流过且满足 $I_c=\beta I_b$ 的状态称为放大状态。

在开关 S 处于闭合状态时，如果将电位器 $R_P$ 的阻值不断调小，三极管 $VT$ 的基极电流 $I_b$ 就会不断增大，$I_c$ 电流也随之不断增大，当 $I_b$、$I_c$ 电流增大到一定程度时，$I_b$ 再增大，$I_c$ 不会随之再增大，而是保持不变，此时 $I_c<\beta I_b$。

三极管有很大的 $I_b$、$I_c$、$I_e$ 电流流过且满足 $I_c<\beta I_b$ 的状态称为饱和状态。

综上所述，当三极管处于截止状态时，无 $I_b$、$I_c$、$I_e$ 电流通过；当三极管处于放大状态时，有 $I_b$、$I_c$、$I_e$ 电流通过，并且 $I_b$ 变化时 $I_c$ 也会变化（即 $I_b$ 电流可以控制 $I_c$ 电流），三极管具有放大功能；当三极管处于饱和状态时，有很大的 $I_b$、$I_c$、$I_e$ 电流通过，$I_b$ 变化时 $I_c$ 不会变化（即 $I_b$ 电流无法控制 $I_c$ 电流）。

（2）三种状态下 PN 结的特点和各极电压关系

三极管内部有集电结和发射结，在不同状态下这两个 PN 结的特点是不同的。由于 PN 结的结构与二极管相同，在分析时为了方便，可将三极管的两个 PN 结画成二极管的符号。如图 6-8 所示为 NPN 型和 PNP 型三极管的 PN 结示意图。

当三极管处于不同状态时，集电结和发射结也有相对应的特点。不论 NPN 型或 PNP 型三极管，在三种状态下的发射结和集电结特点均如下：

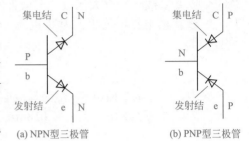

(a) NPN型三极管　　　(b) PNP型三极管

图 6-8　三极管的 PN 结示意图

① 处于放大状态时，发射结正偏导通，集电结反偏；

② 处于饱和状态时，发射结正偏导通，集电结也正偏；

③ 处于截止状态时，发射结反偏或正偏但不导通，集电结反偏。

正偏是指 PN 结的 P 端电压高于 N 端电压，正偏导通除了要满足 PN 结的 P 端电压大于 N 端电压外，还要求电压要大于门电压（0.2～0.3V 或 0.5～0.7V），这样才能让 PN 结导通。反偏是指 PN 结的 N 端电压高于 P 端电压。

不管哪种类型的三极管，只要记住三极管某种状态下两个 PN 结的特点，就可以很容易推断出三极管在该状态下的电压关系，反之，也可以根据三极管各极电压关系推断出该三极管处于什么状态。

例如，如图 6-9（a）所示电路中，NPN 型三极管 VT 的 $U_c=4V$、$U_b=2.5V$、$U_e=1.8V$，其中 $U_b-U_e=0.7V$ 使发射结正偏导通，$U_c>U_b$ 使集电结反偏，该三极管处于放大状态。

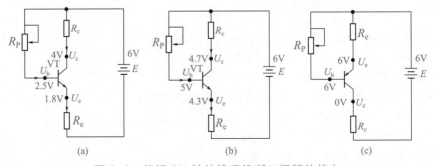

图 6-9　根据 PN 结的情况推断三极管的状态

如图 6-9（b）所示电路中，NPN 型三极管 VT 的 $U_c=4.7V$、$U_b=5V$、$U_e=4.3V$，$U_b-U_e=0.7V$ 使发射结正偏导通，$U_b>U_c$ 使集电结正偏，三极管处于饱和状态。

如图 6-9（c）所示电路中，PNP 型三极管 VT 的 $U_c=6V$、$U_b=6V$、$U_e=0V$，$U_e-U_b=0V$ 使发射结零偏不导通，$U_b>U_c$ 集电结反偏，三极管处于截止状态。从该电路的电流情况也可以判断出三极管是截止的，假设 VT 可以导通，从电源正极输出的 $I_e$ 电流经 $R_e$ 从发射极流入，在内部分成 $I_b$、$I_c$ 电流，$I_b$ 电流从基极流出后就无法继续流动（不能通过 $R_p$ 返回到电源的正极，因为电流只能从高电位往低电位流动），所以 VT 的 $I_b$ 电流实际上是不存在的，无 $I_b$ 电流，也就无 $I_c$ 电流，故 VT 处于截止状态。

三极管三种状态的各种特点见表 6-2。

表 6-2　三极管三种状态的特点

| 项目 | 放大 | 饱和 | 截止 |
| --- | --- | --- | --- |
| 电流关系 | $I_b$、$I_c$、$I_e$ 大小正常，且 $I_c=\beta I_b$ | $I_b$、$I_c$、$I_e$ 很大，且 $I_c<\beta I_b$ | $I_b$、$I_c$、$I_e$ 都为 0 |
| PN 结特点 | 发射结正偏导通，集电结反偏 | 发射结正偏导通，集电结正偏 | 发射结反偏或正偏不导通，集电结反偏 |
| 电压关系 | 对于 NPN 型三极管，$U_c>U_b>U_e$ 对于 PNP 型三极管，$U_e>U_b>U_c$ | 对于 NPN 型三极管 $U_b>U_c>U_e$，对于 PNP 型三极管，$U_e>U_c>U_b$ | 对于 NPN 型三极管，$U_c>U_b$，$U_b<U_e$ 或 $U_{be}$ 小于门电压 对于 PNP 型三极管，$U_c<U_b$，$U_b>U_e$ 或 $U_{eb}$ 小于门电压 |

**（3）状态的应用电路**

三极管可以工作在三种状态，处于不同状态时可以实现不同的功能。当三极管处于放大状态时，可以对信号进行放大，当三极管处于饱和与截止状态时，可以当成电子开关使用。

**① 放大状态的应用电路**

如图 6-10（a）所示电路中，电阻 $R_1$ 的阻值很大，流进三极管基极的电流 $I_b$ 较小，从集电极流入的 $I_c$ 电流也不是很大，$I_b$ 电流变化时 $I_c$ 也会随之变化，故三极管处于放大状态。

当闭合开关 S 后，有 $I_b$ 电流通过 $R_1$ 流入三极管 VT 的基极，马上有 $I_c$ 电流流入 VT 的集电极，从 VT 的发射极流出 $I_e$ 电流，三极管有正常大小的 $I_b$、$I_c$、$I_e$ 流过，处于放大状态。这时如果将一个微弱的交流信号经 $C_1$ 送到三极管的基极，三极管就会对它进行放大，然后从集电极输出幅度大的信号，该信号经 $C_2$ 送往后级电路。

要注意的是，当交流信号从基极输入，经三极管放大后从集电极输出时，三极管除了对信号放大外，还会对信号进行倒相再从集电极输出。若交流信号从基极输入、从发射极输出时，三极管对信号会进行放大但不会倒相，如图 6-10（b）所示。

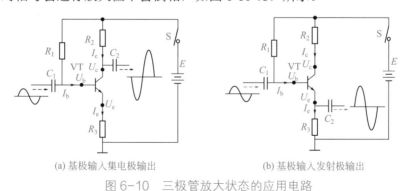

(a) 基极输入集电极输出　　　　　　(b) 基极输入发射极输出

图 6-10　三极管放大状态的应用电路

**② 饱和与截止状态的应用电路**

三极管饱和与截止状态的应用电路如图 6-11 所示。

如图 6-11（a）所示，当闭合开关 $S_1$ 后，有 $I_b$ 电流经 $S_1$，$R$ 流入三极管 VT 的基极，马上有 $I_c$ 电流流入 VT 的集电极，然后从发射极输出 $I_e$ 电流，由于 $R$ 的阻值很小，故 VT 基极电压很高，$I_b$ 电流很大，$I_c$ 电流也很大，并且 $I_c<\beta_{Ib}$，三极管处于饱和状态。三极管进入饱和状

态后，从集电极流入、发射极流出的电流很大，三极管集射极之间就相当于一个闭合的开关。

如图 6-11（b）所示，当开关 $S_1$ 断开后，三极管基极无电压，基极无 $I_b$ 电流流入，集电极无 $I_c$ 电流流入，发射极也就没有 $I_e$ 电流流出，三极管处于截止状态。三极管进入截止状态后，集电极电流无法流入、发射极无电流流出，三极管集射极之间就相当于一个断开的开关。

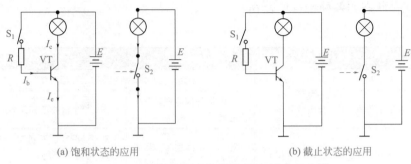

(a) 饱和状态的应用　　　　　　　　(b) 截止状态的应用

图 6-11　三极管饱和与截止状态的应用电路

三极管处于饱和与截止状态时，集射极之间分别相当于开关闭合与断开，由于三极管具有这种性质，故在电路中可以当作电子开关（依靠电压来控制通断），当三极管基极加较高的电压时，集射极之间通，当基极不加电压时，集射极之间断。

### 6.1.6　主要参数

三极管的主要参数有：

① 电流放大倍数　三极管的电流放大倍数参见 6.1.4。直流电流放大倍数 $\bar{\beta}$ 和交流电流放大倍数 $\beta$ 含义虽然不同，但两者近似相等，故在以后应用时一般不加区分。三极管的 $\beta$ 值过小，电流放大作用小，$\beta$ 值过大，三极管的稳定性会变差，在实际使用时，一般选用 $\beta$ 在 40～80 的管子较为合适。

② 穿透电流 $I_{CEO}$　穿透电流又称集电极-发射极反向电流，它是指在基极开路时，给集电极与发射极之间加一定的电压，由集电极流往发射极的电流。穿透电流的大小受温度的影响较大，三极管的穿透电流越小，热稳定性越好，通常锗管的穿透电流较硅管的大。

③ 集电极最大允许电流 $I_{CM}$　当三极管的集电极电流 $I_c$ 在一定的范围内变化时，其 $\beta$ 值基本保持不变，但当 $I_c$ 增大到某一值时，$\beta$ 值会下降。使电流放大倍数 $\beta$ 明显减小（约减小到 $2/3\beta$）的 $I_c$ 电流称为集电极最大允许电流。三极管用作放大时，$I_c$ 电流不能超过 $I_{CM}$。

④ 击穿电压 $U_{BR（CEO）}$　击穿电压 $U_{BR（CEO）}$ 是指基极开路时，允许加在集-射极之间的最高电压。在使用时，若三极管集-射极之间的电压 $U_{CE} > U_{BR（CEO）}$，集电极电流 $I_c$ 将急剧增大，这种现象称为击穿。击穿的三极管属于永久损坏，故选用三极管时要注意其反向击穿电压不能低于电路的电源电压，一般三极管的反向击穿电压应是电源电压的两倍。

⑤ 集电极最大允许功耗 $P_{CM}$　三极管在工作时，集电极电流流过集电结时会产生热量，从而使三极管温度升高。在规定的散热条件下，集电极电流 $I_c$ 在流过三极管集电极时允许消耗的最大功率称为集电极最大允许功耗 $P_{CM}$。当三极管的实际功耗超过 $P_{CM}$ 时，温度会上升很高而烧坏。三极管散热良好时的 $P_{CM}$ 较正常时要大。

集电极最大允许功耗 $P_{CM}$ 可用下面式子计算：

$$P_{CM} = I_c U_{CE} \tag{6-7}$$

三极管的 $I_c$ 电流过大或 $U_{CE}$ 电压过高，都会导致功耗过大而超出 $P_{CM}$。三极管手册上列出的 $P_{CM}$ 值是在常温下 25℃时测得的。硅管的集电结上限温度为 150℃左右，锗管为 70℃左右，使用时应注意不要超过此值，否则管子将损坏。

⑥ 特征频率 $f_T$ 在工作时，三极管的放大倍数 $\beta$ 会随着信号的频率升高而减小。使三极管的放大倍数 $\beta$ 下降到 1 的频率称为三极管的特征频率。当信号频率 $f$ 等于 $f_T$ 时，三极管对该信号将失去电流放大功能，信号频率大于 $f_T$ 时，三极管将不能正常工作。

### 6.1.7 用指针万用表检测三极管

三极管的检测包括类型检测、电极检测和好坏检测。

（1）类型检测

三极管类型有 NPN 型和 PNP 型，三极管的类型可用万用表欧姆挡进行检测。

① 检测规律

NPN 型和 PNP 型三极管的内部都有两个 PN 结，故三极管可视为两个二极管的组合，万用表在测量三极管任意两个引脚之间时有 6 种情况，如图 6-12 所示。

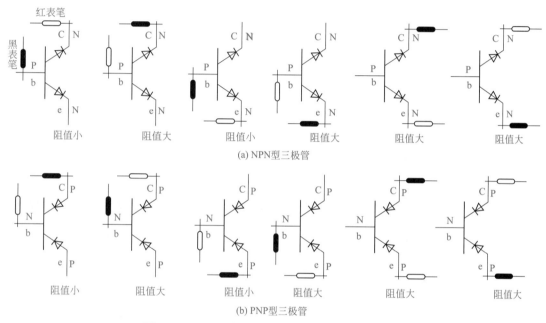

图 6-12　万用表测三极管任意两脚的 6 种情况

从图中不难得出这样的规律：当黑表笔接 P 端、红表笔接 N 端时，测得是 PN 结的正向电阻，该阻值小；当黑表笔接 N 端，红表笔接 P 端时，测得是 PN 结的反向电阻，该阻值很大（接近无穷大）；当黑、红表笔接得两极都为 P 端（或两极都为 N 端）时，测得阻值大（两个 PN 结不会导通）。

② 类型检测

三极管的类型检测如图 6-13 所示。在检测时，万用表拨至"R×100"或"R×1k"挡，测量三极管任意两脚之间的电阻，当测量出现一次阻值小时，黑表笔接的为 P 极，红表笔接的为 N 极，如图 6-13（a）所示；然后黑表笔不动（即让黑表笔仍接 P），将红表笔接到另外一个极，有两种可能：若测得阻值很大，红表笔接的极一定是 P 极，该三极管为 PNP 型，红表笔先前接的极为基极，如图 6-13（b）所示；若测得阻值小，则红表笔接的为 N 极，则该三极管为 NPN 型，黑表笔所接为基极。

（2）集电极与发射极极的检测

三极管有发射极、基极和集电极三个电极，在使用时不能混用，由于在检测类型时已经找出基极，下面介绍如何用万用表欧姆挡检测出发射极和集电极。

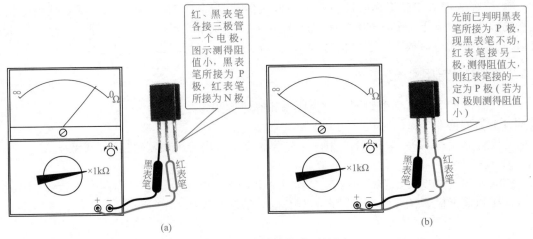

图 6-13　三极管的类型检测

① NPN 型三极管集电极和发射极的判别

NPN 型三极管集电极和发射极的判别如图 6-14 所示。在判别时，将万用表置于 "R×1k" 或 "R×100" 挡，黑表笔接基极以外任意一个极，再用手接触该极与基极（手相当于一个电阻，即在该极与基极之间接一个电阻），红表笔接另外一个极，测量并记下阻值的大小，该过程如图 6-14（a）所示；然后红、黑表笔互换，手再捏住基极与对换后黑表笔所接的极，测量并记下阻值大小，该过程如图 6-14（b）所示。两次测量会出现阻值一大一小，以阻值小的那次为准，如图 6-14（a）所示，黑表笔接的为集电极，红表笔接的为发射极。

**注意**

如果两次测量出来的阻值大小区别不明显，可先将手沾点水，让手的电阻减小，再用手接触两个电极进行测量。

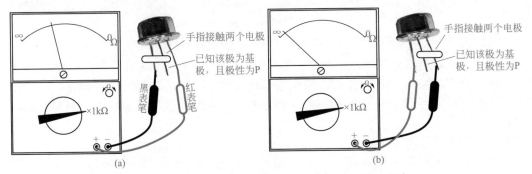

图 6-14　NPN 型三极管的集电极和发射极的判别

② PNP 型三极管集电极和发射极的判别

PNP 型三极管集电极和发射极的判别如图 6-15 所示。在判别时，将万用表置于 "R×1k" 或 "R×100" 挡，红表笔接基极以外任意一个极，再用手接触该极与基极，黑表笔接余下的一个极，测量并记下阻值的大小，该过程如图 6-15（a）所示；然后红、黑表笔互换，手再接触基极与对换后红表笔所接的极，测量并记下阻值大小，该过程如图 6-15（b）所示。两次测量会出现阻值一大一小，以阻值小的那次为准，如图 6-15（a）所示，红表笔接的为集电极，黑表笔接的为发射极。

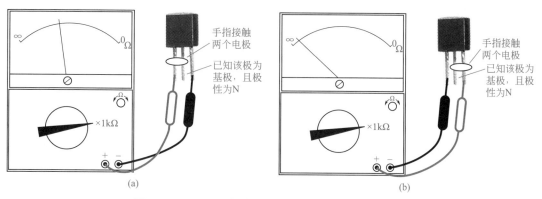

图 6-15 PNP 型三极管的集电极和发射极的判别

③ 利用 hFE 挡来判别发射极和集电极

如果万用表有 hFE 挡（三极管放大倍数测量挡），可利用该挡判别三极管的电极，使用这种方法应在已检测出三极管的类型和基极时使用。

利用万用表的三极管放大倍数挡来判别极性的测量过程如图 6-16 所示。在测量时，将万用表拨至 hFE 挡（三极管放大倍数测量挡），再根据三极管类型选择相应的插孔，并将基极插入基极插孔中，另外两个未知极分别插入另外两个插孔中，记下此时测得放大倍数值，如图 6-16（a）所示；然后让三极管的基极不动，将另外两个未知极互换插孔，观察这次测得放大倍数，如图 6-16（b）所示，两次测得的放大倍数会出现一大一小，以放大倍数大的那次为准，如图 6-16（b）所示，c 极插孔对应的电极是集电极，e 极插孔对应的电极为发射极。

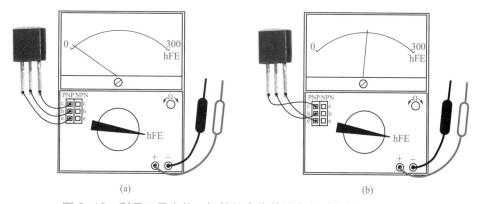

图 6-16 利用万用表的三极管放大倍数挡来判别发射极和集电极

（3）好坏检测

三极管好坏检测具体包括下面内容。

① 测量集电结和发射结的正、反向电阻 三极管内部有两个 PN 结，任意一个 PN 结损坏，三极管就不能使用，所以三极管检测先要测量两个 PN 结是否正常。检测时万用表拨至"R×100"或"R×1k"挡，测量 PNP 型或 NPN 型三极管集电极和基极之间的正、反向电阻（即测量集电结的正、反向电阻），然后再测量发射极与基极之间的正、反向电阻（即测量发射结的正、反向电阻）。正常时，集电结和发射结正向电阻都比较小，约几百欧至几千欧，反向电阻都很大，约几百千欧至无穷大。

② 测量集电极与发射极之间的正、反向电阻 对于 PNP 管，红表笔接集电极，黑表笔接发射极测得为正向电阻，正常约十几千欧至几百千欧（用"R×1k"挡测得），互换表笔测得为反向电阻，与正向电阻阻值相近；对于 NPN 型三极管，黑表笔接集电极，红表笔接

发射极，测得为正向电阻，互换表笔测得为反向电阻，正常时正、反向电阻阻值相近，约几百千欧至无穷大。

　　如果三极管任意一个 PN 结的正、反向电阻不正常，或发射极与集电极之间正、反向电阻不正常，说明三极管损坏。如发射结正、反向电阻阻值均为无穷大，说明发射结开路；集、射之间阻值为 0，说明集射极之间击穿短路。

　　综上所述，一个三极管的好坏检测需要进行六次测量：其中测发射结正、反向电阻各一次（两次），集电结正、反向电阻各一次（两次）和集射极之间的正、反向电阻各一次（两次）。只有这六次检测都正常才能说明三极管是正常的，只要有一次测量发现不正常，该三极管就不能使用。

### 6.1.8　用数字万用表检测三极管

**（1）检测三极管的类型并找出基极**

PNP 型三极管的检测

　　用数字万用表检测三极管的类型并找出基极如图 6-17 所示。测量时万用表选择二极管测量挡，正反向测量三极管任意两个引脚，当某次测量显示 0.100～0.800 范围内的数值时，如图 6-17（b）所示，红表笔接的为三极管的 P 极，黑表笔接的为 N 极；然后红表笔不动，黑表笔接另外一个引脚，若测量显示 0.100～0.800 范围内的数值，如图 6-17（c）所示，则黑表笔所接为 N 极，该三极管有两个 N 极和一个 P 极，类型为 NPN 型，红表笔接的为 P 极且为基极；若测量显示 OL 符号

(a) 测量某两个引脚时不导通

(b) 测量时导通(红表笔接的为P极，黑表笔接的为N极)

(c) 测量时导通(红表笔接的为P极，黑表笔接的为N极)

图 6-17　用数字万用表检测三极管的类型并找出基极

（表示测量时未导通），如图 6-17（a）所示，则黑表笔所接为 P 极，该三极管有两个 P 极和一个 N 极，类型为 PNP 型，黑表笔先前接的极为基极。

**（2）检测 PNP 型三极管的放大倍数并区分出集电极和发射极**

用数字万用表检测 PNP 型三极管的放大倍数并区分出集电极和发射极，如图 6-18 所示。测量时万用表选择 hFE 挡（三极管放大倍数挡），然后将 PNP 型三极管的基极插入 PNP 型三极管测量孔的 B 极插孔，另外两极分别插入 E、C 插孔，如果测量显示的放大倍数很小，如图 6-18（a）所示；可将三极管基极以外的两极互换插孔，正常会显示较大的放大倍数，如图 6-18（b）所示，此时 E 插孔插入的为三极管的 E 极（发射极），C 插孔插入的为 C 极（集电极），因为三极管各引脚的极性只有与三极管测量插孔极性完全对应，三极管的放大倍数才最大。

(a) 测得的放大倍数小

(b) 测得的放大倍数大

图 6-18　用数字万用表检测 PNP 型三极管的放大倍数并区分出集电极和发射极

**（3）检测 NPN 型三极管的放大倍数并区分出集电极和发射极**

用数字万用表检测 NPN 型三极管的放大倍数并区分出集电极和发射极，如图 6-19 所示。测量时万用表选择 hFE 挡（三极管放大倍数挡），然后将 NPN 型三极管的基极插入 NPN 型三极管测量孔的 B 极插孔，另外两极分别插入 E、C 插孔，如果显示的放大倍数很大，图 6-19 中显示的放大倍数为 220 倍，该值是三极管的正常放大倍数，此时 E 插孔插入的为三极管的 E 极（发射极），C 插孔插入的为 C 极（集电极）。

NPN 型三极管的检测

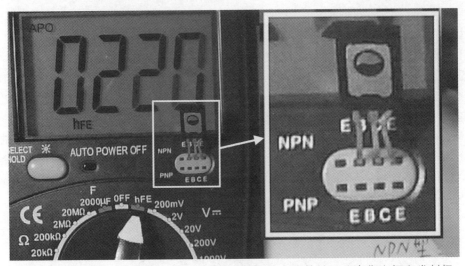

图 6-19　用数字万用表检测 NPN 型三极管的放大倍数并区分出集电极和发射极

### 6.1.9　三极管型号命名方法

国产三极管型号由五部分组成。
第一部分用数字"3"表示主称三极管。
第二部分用字母表示三极管的材料和极性。
第三部分用字母表示三极管的类别。
第四部分用数字表示同一类型产品的序号。
第五部分用字母表示规格号。
国产三极管型号命名及含义见表 6-3。

表 6-3　国产三极管型号命名及含义

| 第一部分：主称 | | 第二部分：<br>三极管的材料和特性 | | 第三部分：类别 | | 第四部分：序号 | 第五部分：规格号 |
|---|---|---|---|---|---|---|---|
| 数字 | 含义 | 字母 | 含义 | 字母 | 含义 | | |
| 3 | 三极管 | A | 锗材料、PNP 型 | G | 高频小功率管 | 用数字表示同一<br>类型产品的序号 | 用字母 A、B、C、<br>D 等表示同一型号的<br>元器件的档次等 |
| | | | | X | 低频小功率管 | | |
| | | B | 锗材料、NPN 型 | A | 高频大功率管 | | |
| | | | | D | 低频大功率管 | | |
| | | C | 硅材料、NPN 型 | T | 闸流管 | | |
| | | | | K | 开关管 | | |
| | | D | 硅材料、NPN 型 | V | 微波管 | | |
| | | | | B | 雪崩管 | | |
| | | E | 化合物材料 | J | 阶跃恢复管 | | |
| | | | | U | 光敏管（光电管） | | |
| | | | | J | 结型<br>场效应晶体管 | | |

## 6.2 特殊三极管

### 6.2.1 带阻三极管

**（1）外形与符号**

带阻三极管是指基极和发射极接有电阻并封装为一体的三极管。带阻三极管常用在电路中作为电子开关。带阻三极管外形和符号如图6-20所示。

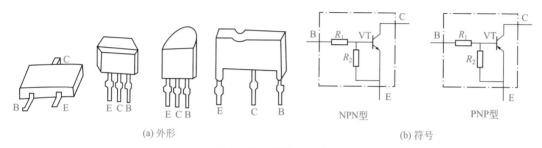

(a) 外形　　　　　　　　　　　　　　　(b) 符号

图6-20　带阻三极管

**（2）检测**

带阻三极管检测与普通三极管基本类似，但由于内部接有电阻，故检测出来的阻值大小稍有不同。以图6-20（b）中的 NPN 型带阻三极管为例，检测时万用表选择 "R×1kΩ" 挡，测量 B、E、C 极任意之间的正反电阻，若带阻三极管正常，则有下面的规律：

B、E 极之间正反向电阻都比较小（具体大小与 $R_1$、$R_2$ 值有关），但 B、E 极之间的正向电阻（黑表笔接 B 极、红表笔接 E 极测得）会略小一点，因为测正向电阻时发射结导通。

B、C 极之间正向电阻（黑表笔接 B 极，红表笔接 C 极）小，反向电阻接近无穷大。

C、E 极之间正反向电阻都接近无穷大。

检测时如果与上述结果不符，则为带阻三极管损坏。

### 6.2.2 带阻尼三极管

**（1）外形与符号**

带阻尼三极管是指在集电极和发射极之间接有二极管并封装为一体的三极管。带阻尼三极管功率很大，常用在彩电和电脑显示器的扫描输出电路中。带阻尼三极管外形和符号如图6-21所示。

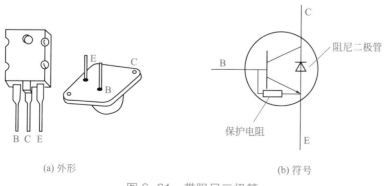

(a) 外形　　　　　　　　　　　　　　　(b) 符号

图6-21　带阻尼三极管

（2）检测

在检测带阻尼三极管时，万用表选择"R×1kΩ"挡，测量 B、E、C 极任意之间的正反电阻，若带阻尼三极管正常，则有下面的规律：

B、E 极之间正反向电阻都比较小，但 B、E 极之间的正向电阻（黑表笔接 B 极，红表笔接 E 极）会略小一点。

B、C 极之间正向电阻（黑表笔接 B 极，红表笔接 C 极）小，反向电阻接近无穷大。

C、E 极之间正向电阻（黑表笔接 C 极，红表笔接 E 极）接近无穷大，反向电阻很小（因为阻尼二极管会导通）。

检测时如果与上述结果不符，则为带阻尼三极管损坏。

### 6.2.3 达林顿三极管

（1）外形与符号

达林顿三极管又称复合三极管，它是由两只或两只以上三极管组成并封装为一体的三极管。达林顿三极管外形如图 6-22（a）所示，如图 6-22（b）所示是两种常见的达林顿三极管电路符号。

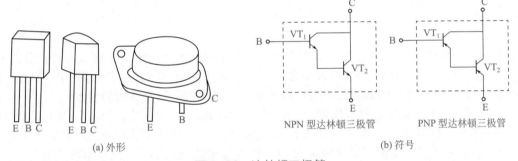

NPN 型达林顿三极管　　　PNP 型达林顿三极管

(a) 外形　　　　　　　　　　　(b) 符号

图 6-22　达林顿三极管

（2）工作原理

与普通三极管一样，达林顿三极管也需要给各极提供电压，让各极有电流流过，才能正常工作。达林顿三极管具有放大倍数高、热稳定性好和简化放大电路等优点。如图 6-23 所示是一种典型的达林顿三极管偏置电路。

接通电源后，达林顿三极管 C、B、E 极得到供电，内部的 $VT_1$、$VT_2$ 均导通，$VT_1$ 的 $I_{b1}$、$I_{c1}$、$I_{e1}$ 电流和 $VT_2$ 的 $I_{b2}$、$I_{c2}$、$I_{e2}$ 电流途径见图中箭头所示。达林顿三极管的放大倍数 $\beta$ 与 $VT_1$、$VT_2$ 的放大倍数 $\beta_1$、$\beta_2$ 有如下的关系：

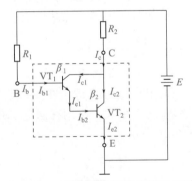

图 6-23　达林顿三极管的偏置电路

$$\beta=\frac{I_c}{I_b}=\frac{I_{c1}+I_{c2}}{I_{b1}}=\frac{\beta_1 I_{b1}+\beta_2 I_{b2}}{I_{b1}}=\frac{\beta_1 I_{b1}+\beta_2 I_{e1}}{I_{b1}}$$
$$=\frac{\beta_1 I_{b1}+\beta_2(I_{b1}+\beta_1 I_{b1})}{I_{b1}}=\frac{\beta_1 I_{b1}+\beta_2 I_{b1}+\beta_2\beta_1 I_{b1}}{I_{b1}}=\beta_1+\beta_2+\beta_2\beta_1\approx\beta_2\beta_1$$

(6-8)

即达林顿三极管的放大倍数为

$$\beta=\beta_1\beta_2\cdots\beta_n$$

(6-9)

（3）用指针万用表检测达林顿三极管

以检测如图 6-22（b）所示的 NPN 型达林顿三极管为例，在检测时，万用表选择"R×10kΩ"挡，测量 B、E、C 极任意之间的正反电阻，若达林顿三极管正常，则有下面的规律：

B、E 极之间正向电阻（黑表笔接 B 极，红表笔接 E 极）小，反向电阻接近无穷大。

B、C 极之间正向电阻（黑表笔接 B 极，红表笔接 C 极）小，反向电阻接近无穷大。

C、E 极之间正反向电阻都接近无穷大。

检测时如果与上述结果不符，则为达林顿三极管损坏。

（4）用数字万用表检测达林顿三极管

① 检测类型和各电极

达林顿（复合）
三极管的检测

用数字万用表检测达林顿三极管类型和各电极如图 6-24 所示。测量时万用表选择二极管测量挡，正反向测量任意两引脚，当某次测量时显示 0.800～1.400 范围内的数值，如图 6-24（a）所示，表明有两个 PN 结串联导通，红表笔接的为 P 极，黑表笔接的为 N 极；然后红表笔不动，黑表笔接另外一个引脚，如果测量显示 0.400～0.700 范围内的数值，如图 6-24（b）所示，则黑表笔接的为 N 极，该达林顿三极管为 NPN 型，红表笔接的为基极；如果测量显示溢出符号 OL，则黑表笔接的为 P 极，该达林顿三极管为 PNP 型，黑表笔先前接的为基极。

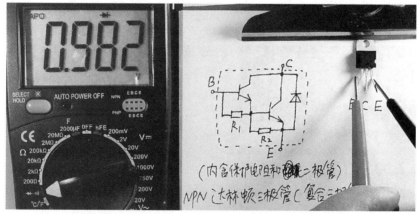

(a) 显示0.800～1.400范围内的数值表示有两个PN结串联导通

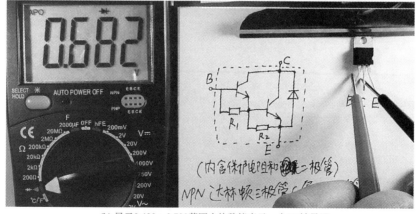

(b) 显示0.400～0.700范围内的数值表示一个PN结导通

图 6-24　用数字万用表检测达林顿三极管类型和各电极

② 检测 B、E 极之间有无电阻

有些达林顿三极管在 B、E 极之间接有电阻，可利用数字万用表的电阻挡来检测两极之间有无电阻，同时能检测出电阻阻值的大小，在用数字万用表的电阻挡测量 PN 结时，PN 结一般不会导通。

用数字万用表检测达林顿三极管 B、E 极之间有无电阻如图 6-25 所示。测量时万用表选择"20kΩ"挡，红表笔接达林顿三极管 B 极，黑表笔接 E 极，测量显示阻值为 8.18kΩ，如图 6-25（a）所示；再将红、黑表笔互换测量，测量显示阻值为 8.17kΩ，如图 6-25（b）所示，经上述两步测量可知，达林顿三极管 B、E 极之间有电阻，阻值为 8.17kΩ。

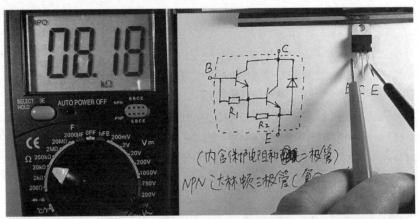

(a) 正向测量 B、E 极

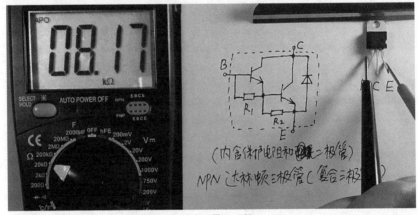

(b) 反向测量 B、E 极

图 6-25　用数字万用表检测达林顿三极管 B、E 极之间有无电阻

# 第7章

# 晶闸管

## 7.1 单向晶闸管

### 7.1.1 外形与符号

单向晶闸管又称单向可控硅（SCR），它有三个电极，分别是阳极（A）、阴极（K）和门极（G）。如图 7-1（a）所示为一些常见的单向晶闸管的实物外形，如图 7-1（b）所示为单向晶闸管的电路符号。

(a) 实物外形　　　　　　　　(b) 电路符号

图 7-1　单向晶闸管

### 7.1.2 结构原理

（1）结构

单向晶闸管的内部结构和等效图如图 7-2 所示。

单向晶闸管有三个极：A 极（阳极）、G 极（门极）和 K 极（阴极）。单向晶闸管内部结构如图 7-2（a）所示，它相当于 PNP 型三极管和 NPN 型三极管以如图 7-2（b）所示的方式连接而成。

（2）工作原理

下面以如图 7-3 所示的电路来说明单向晶闸管的工作原理。

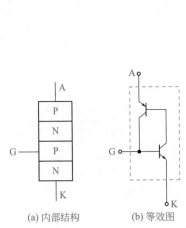

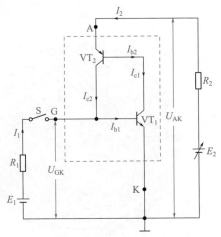

图 7-2  单向晶闸管的内部结构和等效图 　　　图 7-3  单向晶闸管的工作原理

(a) 内部结构　　　(b) 等效图

电源 $E_2$ 通过 $R_2$ 为晶闸管 A、K 极提供正向电压 $U_{AK}$，电源 $E_1$ 经电阻 $R_1$ 和开关 S 为晶闸管 G、K 极提供正向电压 $U_{GK}$，当开关 S 处于断开状态时，$VT_1$ 无 $I_{b1}$ 电流而无法导通，$VT_2$ 也无法导通，晶闸管处于截止状态，$I_2$ 电流为 0。

如果将开关 S 闭合，电源 $E_1$ 马上通过 $R_1$、S 为 $V_{T1}$ 提供 $I_{b1}$ 电流，$VT_1$ 导通，$VT_2$ 也导通（$VT_2$ 的 $I_{b2}$ 电流经过 $VT_1$ 的 c、e 极），$VT_2$ 导通后，它的 $I_{c2}$ 电流与 $E_1$ 提供的电流汇合形成更大的 $I_{b1}$ 电流流经 $VT_1$ 的发射结，$VT_1$ 导通更深，$I_{c1}$ 电流更大，$VT_2$ 的 $I_{b2}$ 也增大（$VT_2$ 的 $I_{b2}$ 与 $VT_1$ 的 $I_{c1}$ 相等），$I_{c2}$ 增大，这样会形成强烈的正反馈，正反馈过程是：

正反馈使 $VT_1$、$VT_2$ 都进入饱和状态，$I_{b2}$、$I_{c2}$ 都很大，$I_{b2}$、$I_{c2}$ 都由 $V_{T2}$ 的发射极流入，即由晶闸管 A 极流入，$I_{b2}$、$I_{c2}$ 电流在内部流经 $VT_1$、$VT_2$ 后从 K 极输出。很大的电流从晶闸管 A 极流入，然后从 K 极流出，相当于晶闸管导通。

晶闸管导通后，若断开开关 S，$I_{b2}$、$I_{c2}$ 电流继续存在，晶闸管继续导通。这时如果慢慢调低电源 $E_2$ 的电压，流入晶闸管 A 极的电流（即图 7-3 中的 $I_2$ 电流）也慢慢减小，当电源电压调到很低时（接近 0V），流入 A 极的电流接近 0，晶闸管进入截止状态。

综上所述，晶闸管有以下性质：

① 无论 A、K 极之间加什么电压，只要 G、K 极之间没有加正向电压，晶闸管就无法导通；

② 只有 A、K 极之间加正向电压，并且 G、K 极之间也加一定的正向电压，晶闸管才能导通；

③ 晶闸管导通后，撤掉 G、K 极之间的正向电压后晶闸管仍继续导通。要让导通的晶闸管截止，可采用两种方法：一是让流入晶闸管 A 极的电流减小到某一值 $I_H$（维持电流），晶闸管会截止；二是让 A、K 极之间的正向电压 $U_{AK}$ 减小到 0 或为反向电压，也可以使晶闸管由导通转为截止。

单向晶闸管导通和关断（截止）条件见表 7-1。

表7-1 单向晶闸管导通和关断条件

| 状态 | 条件 | 说明 |
|---|---|---|
| 从关断到导通 | 1.阳极电位高于阴极电位<br>2.控制极有足够的正向电压和电流 | 两者缺一不可 |
| 维持导通 | 1.阳极电位高于阴极电位<br>2.阳极电流大于维持电流 | 两者缺一不可 |
| 从导通到关断 | 1.阳极电位低于阴极电位<br>2.阳极电流小于维持电流 | 任一条件即可 |

### 7.1.3 应用电路

**（1）由单向晶闸管构成的可控整流电路**

如图 7-4 所示是由单向晶闸管构成的单相可控整流电路。

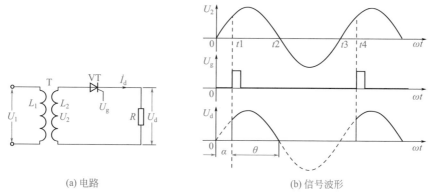

(a) 电路          (b) 信号波形

图 7-4 由单向晶闸管构成的单相可控整流电路

单相交流电压 $U_1$ 经变压器 T 降压后，在二次侧线圈 $L_2$ 上得到 $U_2$ 电压，该电压送到晶闸管 VT 的 A 极，在晶闸管的 G 极加有 $U_g$ 触发信号（由触发电路产生）。电路工作过程说明如下。

在 $0 \sim t1$ 期间，$U_2$ 电压的极性是上正下负，上正电压送到晶闸管的 A 极，由于无触发信号到晶闸管的 G 极，晶闸管不导通。

在 $t1 \sim t2$ 期间，$U_2$ 电压的极性仍是上正下负，$t1$ 时刻有一个正触发脉冲送到晶闸管的 G 极，晶闸管导通，有电流经晶闸管流过负载 $R$。

在 $t2$ 时刻，$U_2$ 电压为 0，晶闸管由导通转为截止（称作过零关断）。

在 $t2 \sim t3$ 期间，$U_2$ 电压的极性变为上负下正，晶闸管仍处于截止。

在 $t3 \sim t4$ 时刻，$U_2$ 电压的极性变为上正下负，因无触发信号送到晶闸管的 G 极，晶闸管不导通。

在 $t4$ 时刻，第二个正触发脉冲送到晶闸管的 G 极，晶闸管又导通。以后电路会重复 $0 \sim t4$ 期间的工作过程，从而在负载 $R$ 上得到如图 7-4（b）所示的直流电压 $U_L$。

从晶闸管单相半波整流电路工作过程可知，触发信号能控制晶闸管的导通，在 $\theta$ 角度范围内晶闸管是导通的，故 $\theta$ 称为导通角（$0° \leqslant \theta \leqslant 180°$ 或 $0 \leqslant \theta \leqslant \pi$），如图 7-4（b）所示。而在 $\alpha$ 角度范围内晶闸管是不导通的，$\alpha = \pi - \theta$，$\alpha$ 称为控制角。控制角 $\alpha$ 越大，导通角 $\theta$ 越小，晶闸管导通时间越短，在负载上得到的直流电压越低。控制角 $\alpha$ 的大小与触发信号出现时间有关。

单相半波可控整流电路输出电压的平均值 $U_L$ 可用下面公式计算：

$$U_L=0.45U_2\frac{(1+\cos\alpha)}{2} \tag{7-1}$$

（2）由单向晶闸管构成的交流开关

晶闸管不但有通断状态，而且还有可控性，这与开关性质相似，利用该性质可将晶闸管与一些元器件结合起来制成晶闸管开关。与普通开关相比，晶闸管开关具有动作迅速、无触点、寿命长、没有电弧和噪声等优点，近年来，晶闸管开关逐渐得到广泛应用。

如图 7-5 所示是由单向晶闸管构成的交流开关电路。图中虚线框内的电路相当于一个开关，3、4 端接交流电压和负载，交流开关的通断受 1、2 端的控制电压控制（该电压来自控制电路）。

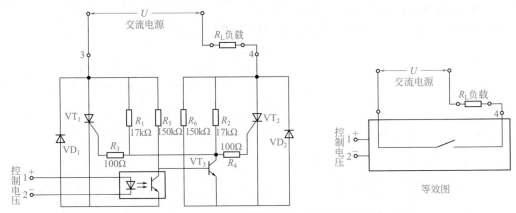

图 7-5　由单向晶闸管构成的交流开关的电路

当 1、2 端无控制电压时，光电耦合器内部的发光二极管不发光，内部的光敏管也不导通，三极管 $VT_3$ 因基极电压高而饱和导通，$VT_3$ 导通后集电极电压接近 0V，晶闸管 $VT_1$、$VT_2$ 的 G 极无触发电压均截止。这时 3、4 端处于开路状态，相当于开关断开。

当 1、2 端有控制电压时，光电耦合器内部的发光二极管发光，内部的光敏管导通，三极管 $VT_3$ 的基极电压被旁路，$VT_3$ 截止，集电极电压很高，该较高的触发电压送到晶闸管 $VT_1$、$VT_2$ 的 G 极。$VT_1$、$VT_2$ 导通分下面两种情况：

① 若交流电压 $U$ 的极性是左正右负，该电压对 $VT_1$ 来说是正向电压（$U+$ 对应 $VT_1$ 的 A 极），对 $VT_2$ 来说是反向电压（$U-$ 对应 $VT_2$ 的 A 极），虽然 $VT_1$、$VT_2$ 的 G 极都有触发电压，但只有 $VT_1$ 导通。$VT_1$ 导通后，有电流流过负载 $R_L$，电流途径是：$U$ 左正→$VT_1$→$VD_2$→$R_L$→$U$ 右负；

② 若交流电压 $U$ 的极性是左负右正，该电压对 $VT_1$ 来说是负向电压，对 $VT_2$ 来说是正向电压，在触发电压的作用下，只有 $VT_2$ 导通。$VT_2$ 导通后，有电流流过负载 $R_L$，电流途径是：$U$ 右正→$R_L$→$VT_2$→$VD_1$→$U$ 右负。

也就是说，当 1、2 端无控制电压时，3、4 端之间处于断开状态，电流无法通过；当 1、2 端加有控制电压时，3、4 端之间处于接通状态，电流可以通过 3、4 端。

（3）由单向晶闸管构成的交流调压电路

如图 7-6 所示是由单向晶闸管与单结晶管（双基极二极管）构成的交流调压电路。

电路工作过程说明如下。

在合上电源开关 S 后，交流电压 $U$ 通过 S、灯泡 EL 加到桥式整流电路输入端。当交流电压为正半周时，$U$ 电压的极性是上正下负，$VD_1$、$VD_4$ 导通，有较小的电流对电容 $C$ 充

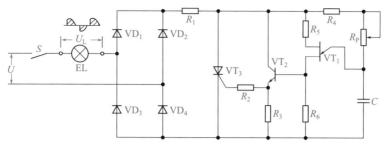

图 7-6 由单向晶闸管构成的交流调压电路

电，电流途径是：$U$ 上正→EL→$VD_1$→$R_1$→$R_4$→$R_P$→$C$→$VD_4$→$U$ 下负；当交流电压为负半周时，$U$ 电压的极性是上负下正，$VD_2$、$VD_3$ 导通，有较小的电流对电容 $C$ 充电，电流途径是：$U$ 下正→$VD_2$→$R_1$→$R_4$→$R_P$→$C$→$VD_3$→EL→$U$ 上负。交流电压 $U$ 经整流电路对 $C$ 充得上正下负电压，随着充电的进行，$C$ 上的电压逐渐上升，当电压达到单结晶管 $VT_1$ 的峰值电压时，$VT_1$ 的 E 极与 $B_1$ 极之间马上导通，$C$ 通过 $VT_1$ 的 $EB_1$ 极、$R_6$ 和 $VT_2$ 的发射结、$R_3$ 放电，放电电流使 $VT_2$ 的发射结导通，$VT_2$ 的集 - 射极之间也导通，$VT_2$ 发射极电压 $U_{e2}$ 升高，$U_{e2}$ 电压经 $R_2$ 加到晶闸管 $VT_3$ 的 G 极，$VT_3$ 导通。$VT_3$ 导通后，有大电流经整流电路和晶闸管 $VT_3$ 流过灯泡 EL，在交流电压 $U$ 过零时，流过 $VT_3$ 的电流为 0，$VT_3$ 自动关断。

从上面的分析可知，只有晶闸管导通时才有大电流流过负载，晶闸管导通时间越长，负载上的有效电压值 $U_L$ 越大，也就是说，只要改变晶闸管的导通时间，就可以调节负载上交流电压有效值的大小。调节电位器 $R_P$ 可以改变晶闸管的导通时间，例如，$R_P$ 滑动端上移，$R_P$ 阻值变大，对 $C$ 充电电流减小，$C$ 上电压升高到 $VT_1$ 的峰值电压所需时间延长，晶闸管 $VT_3$ 截止时间会维持较长的时间，即晶闸管截止时间长，导通时间相对会缩短，负载上交流电压有效值会减小。

如图 7-6 所示电路中的灯泡 EL 两端为交流可调电压，如果将 EL 与晶闸管 $VT_3$ 直接串接在一起（接在 $VT_3$ 的 A 极或 K 极），EL 两端得到的将会是直流可调电压。

### 7.1.4　主要参数

单向晶闸管的主要参数有：

① 正向断态重复峰值电压 $U_{DRM}$　正向断态重复峰值电压是指在 G 极开路和单向晶闸管阻断的条件下，允许重复加到 A、K 极之间的最大正向峰值电压。一般所说电压为多少伏的单向晶闸管指的就是该值。

② 反向重复峰值电压 $U_{RRM}$　反向重复峰值电压是指在 G 极开路，允许加到单向晶闸管 A、K 极之间的最大反向峰值电压。一般 $U_{RRM}$ 与 $U_{DRM}$ 接近或相等。

③ 控制极触发电压 $U_{GT}$　在室温条件下，A、K 极之间加 6V 电压时，使可控硅从截止转为导通所需的最小控制极（G 极）直流电压。

④ 控制极触发电流 $I_{GT}$　在室温条件下，A、K 极之间加 6V 电压时，使可控硅从截止变为导通所需的控制极最小直流电流。

⑤ 通态平均电流 $I_T$　通态平均电流又称额定态平均电流，是指在环境温度不大于 40℃和标准的散热条件下，可以连续通过 50Hz 正弦波电流的平均值。

⑥ 维持电流 $I_H$　维持电流是指在 G 极开路时，维持单向晶闸管继续导通的最小正向电流。

### 7.1.5　用指针万用表检测单向晶闸管

单向晶闸管的检测包括电极判别、好坏检测和触发能力的检测。

（1）电极判别

单向晶闸管有 A、G、K 三个电极，三者不能混用，在使用单向晶闸管前要先检测出各个电极。单向晶闸管的 G、K 极之间有一个 PN 结，它具有单向导电性（即正向电阻小、反向电阻大），而 A、K 极与 A、G 极之间的正反向电阻都是很大的。根据这个原则，可采用下面的方法来判别单向晶闸管的电极。

万用表拨至"R×100Ω"或"R×1kΩ"挡，测量任意两个电极之间的阻值，如图 7-7 所示。当测量出现阻值小时，以这次测量为准，黑表笔接的电极为 G 极，红表笔接的电极为 K 极，剩下的一个电极为 A 极。

（2）好坏检测

正常的单向晶闸管除了 G、K 极之间的正向电阻小、反向电阻大外，其它各极之间的正、反向电阻均接近无穷大。在检测单向晶闸管时，将万用表拨至"R×1kΩ"挡，测量单向晶闸管任意两极之间的正、反向电阻。

若出现两次或两次以上阻值小的情况，说明单向晶闸管内部有短路。

若 G、K 极之间的正、反向电阻均为无穷大，说明单向晶闸管 G、K 极之间开路。

若测量时只出现一次阻值小，并不能确定单向晶闸管一定正常（如 G、K 极之间正常，A、G 极之间出现开路），在这种情况下，需要进一步测量单向晶闸管的触发能力。

（3）触发能力检测

检测单向晶闸管的触发能力实际上就是检测 G 极控制 A、K 极之间导通的能力。单向晶闸管触发能力检测过程如图 7-8 所示，测量过程说明如下。

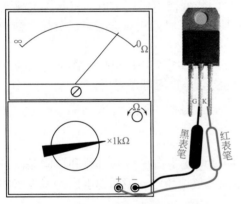
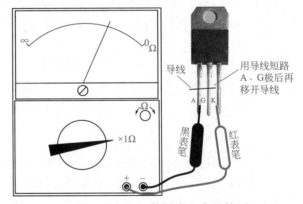

图 7-7　单向晶闸管的电极判别　　　　图 7-8　单向晶闸管触发能力的检测

将万用表拨至"R×1Ω"挡，测量单向晶闸管 A、K 极之间的正向电阻（黑表笔接 A 极，红表笔接 K 极），A、K 极之间的阻值正常应接近无穷大，然后用一根导线将 A、G 极短路，为 G 极提供触发电压，如果单向晶闸管良好，A、K 极之间应导通，A、K 极之间的阻值马上变小，再将导线移开，让 G 极失去触发电压，此时单向晶闸管还应处于导通状态，A、K 极之间阻值仍很小。

在上面的检测中，若导线将 A、G 极短路，A、K 极之间的阻值变化不大，说明 G 极失去触发能力，单向晶闸管损坏；若移开导线后，单向晶闸管 A、K 极之间阻值又变大，则为单向晶闸管开路（说明：即使单向晶闸管正常，如果使用万用表高阻挡测量，由于在高阻挡时万用表提供给单向晶闸管的维持电流比较小，有可能不足以维持单向晶闸管继续导通，也会出现移开导线后 A、K 极之间阻值变大，为了避免检测判断失误，应采用"R×1Ω"或"R×10Ω"挡测量）。

### 7.1.6 用数字万用表检测单向晶闸管

#### （1）电极判别

用数字万用表判别单向晶闸管的电极如图 7-9 所示。测量时万用表选择二极管测量挡，红、黑表笔测量单向晶闸管任意两引脚，当某次测量值在 0.400～0.800 范围内，该数值为 PN 结导通电压，如图 7-9（b）所示，红表笔接的为单向晶闸管的 G 极，黑表笔接的为 K 极，余下的电极为 A 极。

单向晶闸管的检测

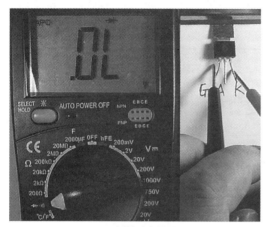

(a) 测量时未导通

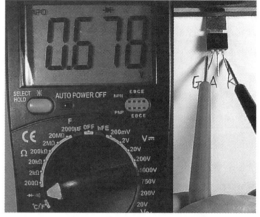

(b) 测量时PN结导通 (红接为G极，黑接为K极，余下为A极)

图 7-9　用数字万用表判别单向晶闸管的电极

#### （2）触发能力检测

用数字万用表检测单向晶闸管的触发能力如图 7-10 所示。测量时万用表选择 hFE 挡，将单向晶闸管的 A、K 极分别插入 NPN 型插孔的 C、E 极，如图 7-10（a）所示。此时单向晶闸管的 A、K 极之间不导通，显示屏显示值为 0000，然后用一只金属镊子将 A、G 极短接一下，将 A 极电压加到 G 极，显示屏数值马上变大（3354）且保持，如图 7-10（b）所示，表明单向晶闸管已触发导通，即 A、K 极之间导通且维持，单向晶闸管触发性能正常，如果镊子拿开后，显示的数值又变为 0000，则单向晶闸管性能不良。

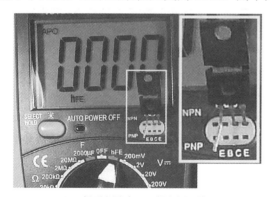

(a) G极无电压时A、K极之间不导通

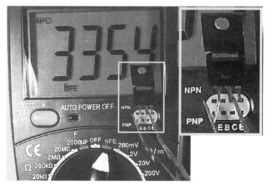

(b) 短接A、G极时A、K极之间导通

图 7-10　用数字万用表检测单向晶闸管的触发能力

### 7.1.7　种类

晶闸管种类很多，前面介绍为单向晶闸管，此外还有双向晶闸管、门极可关断晶闸管、逆导晶闸管和光控晶闸管等。常见的晶闸管的电路符号及特点见表 7-2。

表 7-2 常见晶闸管符号及特点

| 种类 | 符号 | 特点 |
|---|---|---|
| 双向晶闸管 | | 双向晶闸管三个电极分别称为主电极 $T_1$、主电极 $T_2$ 和门极 G。<br>当门极加适当的电压，双向晶闸管可以双向导通，即电流可以由 $T_2 \to T_1$，也可以 $T_1 \to T_2$ |
| 门极可关断晶闸管 | | 门极可关断晶闸管在导通的情况下，可通过在门极加负电压使 A、K 之间关断 |
| 逆导晶闸管 | <br>符号　　等效图 | 逆导晶闸管是在单向晶闸管的 A、K 极之间反向并联一只二极管构成。<br>在加正向电压时，若门极加适当的电压，A、K 极之间导通，在加反向电压时，A、K 极直接导通 |
| 光控晶闸管 | | 光控晶闸管又称光触发晶闸管，它是利用光线照射来控制通断的。小功率的光控晶闸管只有 A、K 两个电极和一个透明的受光窗口。<br>在无光线照射透明窗口时，A、K 极之间关断，若用一定的光线照射时，A、K 之间导通 |

### 7.1.8 晶闸管的型号命名方法

国产晶闸管的型号命名主要由下面四部分组成。

第一部分用字母"K"表示主称为晶闸管。

第二部分用字母表示晶闸管的类别。

第三部分用数字表示晶闸管的额定通态电流值。

第四部分用数字表示重复峰值电压级数。

国产晶闸管型号命名及含义见表 7-3。

表 7-3 国产晶闸管型号命名及含义

| 第一部分：主称 | | 第二部分：类别 | | 第三部分：额定通态电流 | | 第四部分：重复峰值电压级数 | |
|---|---|---|---|---|---|---|---|
| 字母 | 含义 | 字母 | 含义 | 数字 | 含义 | 数字 | 含义 |
| K | 晶闸管（可控硅） | P | 普通反向阻断型 | 1 | 1A | 1 | 100V |
| | | | | 5 | 5A | 2 | 200V |
| | | | | 10 | 10A | 3 | 300V |
| | | | | 20 | 20A | 4 | 400V |
| | | K | 快速反向阻断型 | 30 | 30A | 5 | 500V |
| | | | | 50 | 50A | 6 | 600V |
| | | | | 100 | 100A | 7 | 700V |
| | | | | 200 | 200A | 8 | 800V |
| | | S | 双向型 | 300 | 300A | 9 | 900V |
| | | | | 400 | 400A | 10 | 1000V |
| | | | | 500 | 500A | 12 | 1200V |
| | | | | | | 14 | 1400V |

例如：

| KP1-2（1A、200V 普通反向阻断型晶闸管） | KS5-4（5A、400V 双向晶闸管） |
| --- | --- |
| K——晶闸管 | K——晶闸管 |
| P——普通反向阻断型 | S——双向管 |
| 1——通态电流 1A | 5——通态电流 5A |
| 2——重复峰值电压 200V | 4——重复峰值电压 400V |

## 7.2 门极可关断晶闸管

门极可关断晶闸管是晶闸管的一种派生元器件，简称 GTO，它除了具有普通晶闸管触发导通功能外，还可以通过在 G、K 极之间加反向电压将晶闸管关断。

### 7.2.1 外形、结构与符号

门极可关断晶闸管（GTO）如图 7-11 所示，从图中可以看出，GTO 与普通的晶闸管（SCR）结构相似，但为了实现关断功能，GTO 的两个等效三极管的放大倍数较 SCR 的小，另外制造工艺上也有所改进。

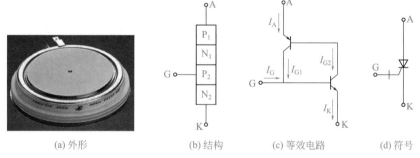

图 7-11 门极可关断晶闸管

### 7.2.2 工作原理

门极可关断晶闸管工作原理如图 7-12 所示。

电源 $E_3$ 通过 $R_3$ 为 GTO 的 A、K 极之间提供正向电压 $U_{AK}$，电源 $E_1$、$E_2$ 通过开关 S 为 GTO 的 G 极提供正压或负压。当开关 S 置于"1"时，电源 $E_1$ 为 GTO 的 G 极提供正压（$U_{GK}>0$），GTO 导通，有电流从 A 极流入，从 K 极流出；当开关 S 置于"2"时，电源 $E_2$ 为 GTO 的 G 极提供负压（$U_{GK}<0$），GTO 马上关断，电流无法从 A 极流入。

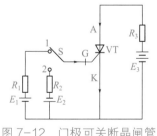

图 7-12 门极可关断晶闸管工作原理

普通晶闸管（SCR）和 GTO 共同点是给 G 极加正压后都会触发导通，撤去 G 极电压会继续处于导通；不同点在于 SCR 的 G 极加负压时仍会导通，而 GTO 的 G 极加负压时会关断。

### 7.2.3 应用电路

门极可关断晶闸管（GTO）主要用于高电压、大功率的直流交换电路（斩波电路）和逆变电路中。GTO 导通需要开通信号，截止需要关断信号，如图 7-13 所示是一种典型的门极

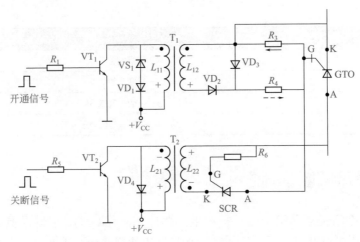

图 7-13　一种典型的门极可关断晶闸管（GTO）驱动电路

可关断晶闸管（GTO）驱动电路。

① 开通控制

要让 GTO 导通，可将开通信号送到三极管 $VT_1$ 的基极，$VT_1$ 导通，有电流流过变压器 $T_1$ 的一次绕组 $L_{11}$，$L_{11}$ 产生上负下正电动势，$T_1$ 二次绕组 $L_{12}$ 感应出上负下正的电动势（标小圆点的同名端电压极性相同），该电动势使二极管 $VD_2$ 导通，有电流流过电阻 $R_3$，电流途径是 $L_{12}$ 下正→$VD_2$→$R_4$→$R_3$→$L_{12}$ 上负，该电流从右往左流过 $R_3$，$R_3$ 上得到左负右正电压，该电压即为 GTO 的 $U_{GK}$ 电压，其对 G、K 极而言是一个正向电压，故 GTO 导通。

② 关断控制

要让 GTO 截止，可将关断信号送到三极管 $VT_2$ 的基极，$VT_2$ 导通，有电流流过变压器 $T_2$ 的一次绕组 $L_{21}$，$L_{21}$ 产生上负下正电动势，$T_2$ 二次绕组 $L_{22}$ 感应出上正下负的电动势（标小圆点的同名端电压极性相同），该电动势经 $R_6$ 加到单向晶闸管 SCR 的 G、K 极，为 SCR 提供一个正向 $U_{GK}$ 电压，SCR 触发导通，马上有电流流过 GTO、SCR，电流途径是 $L_{22}$ 上正→GTO 的 A、K 极→$VD_3$→$R_4$→SCR 的 A、K 极→$L_{22}$ 的下负，此电流从左往右流过 $R_4$，$R_4$ 上得到左正右负电压，该电压与 $VD_3$ 两端电压（电压极性是上正下负，约 0.7V）叠加后即为 GTO 的 $U_{GK}$ 电压，该电压对 G、K 极而言是一个反向电压，故 GTO 关断。

$VS_1$、$VD_1$ 为阻尼吸收电路，开通信号去除后，三极管 $VT_1$ 由导通转为截止，流过 $L_{11}$ 的电流突然减小（变为 0），$L_{11}$ 马上产生上正下负的反电动势（又称反峰电压），该电动势很高，容易击穿 $VT_1$，在 $L_{11}$ 两端并联 $VS_1$ 和 $VD_1$ 后，反电动势先击穿稳压二极管 $VS_1$（$VS_1$ 击穿导通后，电压下降又会恢复截止），同时 $VD_1$ 也导通，反电动势迅速被消耗而下降，不会击穿三极管 $VT_1$。$VD_4$ 的功能与 $VS_1$、$VD_1$ 相同，用于保护三极管 $VT_2$ 不被 $L_{21}$ 产生的反电动势击穿。

### 7.2.4　检测

（1）极性检测

由于 GTO 的结构与普通晶闸管相似，G、K 极之间都有一个 PN 结，因此两者的极性检测与普通晶闸管相同。检测时，万用表选择"R×100"挡，测量 GTO 各引脚之间的正、反向电阻，当出现一次阻值小时，以这次测量为准，黑表笔接的是门极 G，红表笔接的是阴极 K，剩下的一只引脚为阳极 A。

（2）好坏检测

GTO 的好坏检测可按下面的步骤进行。

第一步：检测各引脚间的阻值。用万用表"R×1kΩ"挡检测 GTO 各引脚之间的正反向电阻，正常只会出现一次阻值小。若出现两次或两次以上阻值小，可确定 GTO 一定损坏；若只出现一次阻值小，还不能确定 GTO 一定正常，需要进行触发能力和关断能力的检测。

第二步：检测触发能力和关断能力。将万用表拨至"R×1Ω"挡，黑表笔接 GTO 的 A 极，红表笔接 K 极，此时表针指示的阻值为无穷大，然后用导线瞬间将 A、G 极短接，让万用表的黑表笔为 G 极提供正向触发电压，如果表针指示的阻值马上由大变小，表明 GTO 被触发导通，GTO 触发能力正常。然后按如图 7-14 所示的方法将一节 1.5V 电池与 50Ω 的电阻串联，再反接在 GTO 的 G、K 极之间，给 GTO 的 G 极提供负压，如果表针指示的阻值马上由小变大（无穷大），表明 GTO 被关断，GTO 关断能力正常。

检测时，如果测量结果与上述不符，则为 GTO 损坏或性能不良。

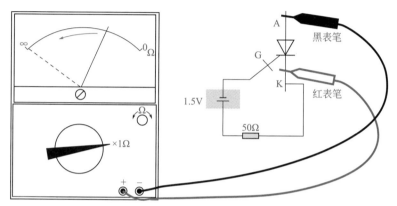

图 7-14　检测 GTO 的关断能力

## 7.3　双向晶闸管

### 7.3.1　符号与结构

双向晶闸管符号与结构如图 7-15 所示，双向晶闸管有三个电极：主电极 $T_1$、主电极 $T_2$ 和控制极 G。

### 7.3.2　工作原理

单向晶闸管只能单向导通，而双向晶闸管可以双向导通。下面以图 7-16（a）来说明说明双向晶闸管的工作原理。

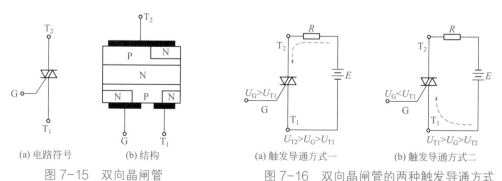

| (a) 电路符号 | (b) 结构 | (a) 触发导通方式一 | (b) 触发导通方式二 |

图 7-15　双向晶闸管　　　　　图 7-16　双向晶闸管的两种触发导通方式

① 当 $T_2$、$T_1$ 极之间加正向电压（即 $U_{T2} > U_{T1}$）时，如图 7-16（a）所示。

在这种情况下，若 G 极无电压，则 $T_2$、$T_1$ 极之间不导通；若在 G、$T_1$ 极之间加正向电压（即 $U_G > U_{T1}$），$T_2$、$T_1$ 极之间马上导通，电流由 $T_2$ 极流入，从 $T_1$ 极流出，此时撤去 G 极电压，$T_2$、$T_1$ 极之间仍处于导通状态。

也就是说，当 $U_{T2} > U_G > U_{T1}$ 时，双向晶闸管导通，电流由 $T_2$ 极流向 $T_1$ 极，撤去 G 极电压后，晶闸管继续处于导通。

② 当 $T_2$、$T_1$ 极之间加反向电压（即 $U_{T2} < U_{T1}$）时，如图 7-16（b）所示。

在这种情况下，若 G 极无电压，则 $T_2$、$T_1$ 极之间不导通；若在 G、$T_1$ 极之间加反向电压（即 $U_G < U_{T1}$），$T_2$、$T_1$ 极之间马上导通，电流由 $T_1$ 极流入，从 $T_2$ 极流出，此时撤去 G 极电压，$T_2$、$T_1$ 极之间仍处于导通状态。

也就是说，当 $U_{T1} > U_G > U_{T2}$ 时，双向晶闸管导通，电流由 $T_1$ 极流向 $T_2$ 极，撤去 G 极电压后，晶闸管继续处于导通。

双向晶闸管导通后，撤去 G 极电压，会继续处于导通状态，在这种情况下，要使双向晶闸管由导通进入截止，可采用以下任意一种方法：

① 让流过主电极 $T_1$、$T_2$ 的电流减小至维持电流以下；

② 让主电极 $T_1$、$T_2$ 之间电压为 0 或改变两极间电压的极性。

### 7.3.3 应用电路

如图 7-1 所示是一种由双向晶闸管和双向触发二极管构成的交流调压电路。

电路工作过程说明如下。

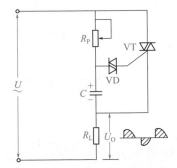

图 7-17 由双向触发二极管和双向晶闸管构成的交流调压电路

当交流电压 U 处于正半周期时，U 的极性是上正下负，该电压经负载 $R_L$、电位器 $R_P$ 对电容 C 充得上正下负的电压，随着充电的进行，当 C 的上正下负电压达到一定值时，该电压使双向二极管 VD 导通，电容 C 的正电压经 VD 送到 VT 的 G 极，VT 的 G 极电压较主极 $T_1$ 的电压高，VT 被正向触发，两主极 $T_2$、$T_1$ 之间随之导通，有电流流过负载 $R_L$。在交流电压 U 过零时，流过晶闸管 VT 的电流为 0，VT 由导通转入截止。

当交流电压 U 处于负半周期时，U 的极性是上负下正，该电压对电容 C 反向充电，先将上正下负的电压中和，然后再充得上负下正电压，随着充电的进行，当 C 的上负下正电压达到一定值时，该电压使双向二极管 VD 导通，上负电压经 VD 送到 VT 的 G 极，VT 的 G 极电压较主极 $T_1$ 电压低，VT 被反向触发，两主极 $T_1$、$T_2$ 之间随之导通，有电流流过负载 $R_L$。在交流电压 U 过零时，VT 由导通转入截止。

从上面的分析可知，只有在双向晶闸管导通期间，交流电压才能加到负载两端，双向晶闸管导通时间越短，负载两端得到的交流电压有效值越小，而调节电位器 $R_P$ 的值可以改变双向晶闸管导通时间，进而改变负载上的电压。例如，$R_P$ 滑动端下移，$R_P$ 阻值变小，交流电压 U 经 $R_P$ 对电容 C 充电电流大，C 上的电压很快上升到使双向二极管导通的电压值，晶闸管导通提前，导通时间长，负载上得到的交流电压有效值高。

### 7.3.4 用指针万用表检测双向晶闸管

双向晶闸管检测包括电极检测、好坏检测和触发能力检测。

（1）电极检测

双向晶闸管电极检测分两步。

第一步：找出 $T_2$ 极。从如图 7-15 所示的双向晶闸管内部结构可以看出，$T_1$、G 极之间为 P 型半导体，而 P 型半导体的电阻很小，几十欧姆，而 $T_2$ 极距离 G 极和 $T_1$ 极都较远，故它们之间的正反向阻值都接近无穷大。在检测时，万用表拨至"R×1Ω"挡，测量任意两个电极之间的正反向电阻，当测得某两个极之间的正反向电阻均很小（约几十欧姆），则这两个极为 $T_1$ 和 G 极，另一个电极为 $T_2$ 极。

第二步：判断 $T_1$ 极和 G 极。找出双向晶闸管的 $T_2$ 极后，才能判断 $T_1$ 极和 G 极。在测量时，万用表拨至"R×10Ω"挡，先假定一个电极为 $T_1$ 极，另一个电极为 G 极，将黑表笔接假定的 $T_1$ 极，红表笔接 $T_2$ 极，测量的阻值应为无穷大。接着用红表笔尖把 $T_2$ 与 G 短路，如图 7-18 所示，给 G 极加上负触发信号，阻值应为几十欧左右，说明管子已经导通，再将红表笔尖与 G 极脱开（但仍接 $T_2$），如果阻值变化不大，仍很小，表明管子在触发之后仍能维持导通状态，先前的假设正确，即黑表笔接的电极为 $T_1$ 极，红表笔接的为 $T_2$ 极（先前已判明），另一个电极为 G 极。如果红表笔尖与 G 极脱开后，阻值马上由小变为穷大，说明先前假设错误，即先前假定的 $T_1$ 极实为 G 极，假定的 G 极实为 $T_1$ 极。

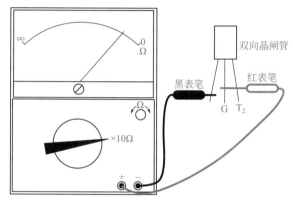

图 7-18　检测双向晶闸管的 $T_1$ 极和 G 极

（2）好坏检测

正常的双向晶闸管除了 $T_1$、G 极之间的正反向电阻较小外，$T_1$、$T_2$ 极和 $T_2$、G 极之间的正反向电阻均接近无穷大。双向晶闸管好坏检测分两步。

第一步：测量双向晶闸管 $T_1$、G 极之间的电阻。将万用表拨至"R×10Ω"挡，测量晶闸管 $T_1$、G 极之间的正反向电阻，正常时正反向电阻都很小，几十欧姆；若正反向电阻均为 0，则 $T_1$、G 极之间短路；若正反向电阻均为无穷大，则 $T_1$、G 极之间开路。

第二步：测量 $T_2$、G 极和 $T_2$、$T_1$ 极之间的正反向电阻。将万用表拨至"R×1kΩ"挡，测量晶闸管 $T_2$、G 极和 $T_2$、$T_1$ 极之间的正反向电阻，正常它们之间的电阻均接近无穷大，若某两极之间出现阻值小，表明它们之间有短路。

如果检测时发现 $T_1$、G 极之间的正反向电阻小，$T_1$、$T_2$ 极和 $T_2$、G 极之间的正反向电阻均接近无穷大，不能说明双向晶闸管一定正常，还应检测它的触发能力。

（3）触发能力检测

双向晶闸管触发能力检测分两步。

第一步：万用表拨至"R×10Ω"挡，红表笔接 $T_1$ 极，黑表笔接 $T_2$ 极，测量的阻值应为无穷大，再用导线将 $T_1$ 极与 G 极短路，如图 7-19（a）所示，给 G 极加上触发信号，若晶闸管触发能力正常，晶闸管马上导通，$T_1$、$T_2$ 极之间的阻值应为几十欧左右，移开导线后，晶闸管仍维持导通状态。

第二步：万用表拨至"R×10Ω"挡，黑表笔接 $T_1$ 极，红表笔接 $T_2$ 极，测量的阻值应为无穷大，再用导线将 $T_2$ 极与 G 极短路，如图 7-19（b）所示，给 G 极加上触发信号，若晶闸管触发能力正常，晶闸管马上导通，$T_1$、$T_2$ 极之间的阻值应为几十欧，移开导线后，晶闸管维持导通状态。

对双向晶闸管进行两步测量后，若测量结果都表现正常，说明晶闸管触发能力正常，否则晶闸管损坏或性能不良。

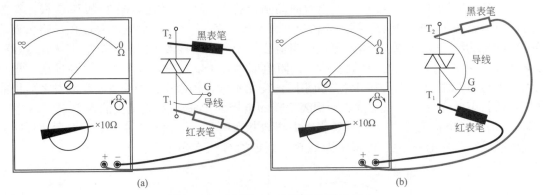

图 7-19　检测双向晶闸管的触发能力

### 7.3.5　用数字万用表检测双向晶闸管

双向晶闸管的检测

用数字万用表区分双向晶闸管的各电极时，先找出 $T_2$ 极，然后区分出 $T_1$ 极和 G 极。

**（1）找出 $T_2$ 极**

万用表选择"$2k\Omega$"挡，红、黑表笔测量双向晶闸管任意两个引脚，正反各测一次，当测得某两引脚正反向电阻相近时，如图 7-20 所示，该两引脚为 $T_1$、G 极，余下的引脚为 $T_2$ 极。

图 7-20　找出 $T_2$ 极

**（2）区分 $T_1$ 极和 G 极**

万用表选择"hFE"挡，将已找出的双向晶闸管 $T_2$ 极引脚插入 NPN 型 C 极插孔，将另外任意一个引脚插入 E 插孔，余下的引脚悬空，这时双向晶闸管是不导通的，显示屏会显示"0000"，接着用金属镊子短接一下 $T_2$ 极与悬空极，双向晶闸管会导通，显示屏会显示一个数值，如图 7-21（a）所示。然后将悬空引脚与 E 插孔的引脚互换（即将 E 插孔的引脚拔出悬空，原悬空的引脚插入 E 插孔），$T_2$ 极仍插在 C 插孔，此时双向晶闸管也不会导通（显示屏会显示"0000"），用金属镊子短接一下 $T_2$ 极与现在的悬空极，双向晶闸管会导通，显示屏会显示一个数值，如图 7-21（b）所示，两次测量显示的数值有一个稍大一些，以显示数值稍大的那次测量为准，如图 7-21（a）所示，插入 E 插孔的为 $T_1$ 电极，悬空的为 G 电极。

(a) 显示值大

(b) 显示值小

图 7-21 区分 $T_1$ 极和 G 极

# 7.4 光控晶闸管

## 7.4.1 外形与电路符号

光控晶闸管是一种由发光管和光控双向晶闸管组成的元器件，当发光管通电发光时，光控双向晶闸管受光后可以双向导通，导通方向由高电压引脚指向低电压引脚。光控晶闸管外形与电路符号如图 7-22 所示，为了防止外界干扰，在电路板上常用屏蔽罩将光控晶闸管罩起来。

(a) 外形

(b) 电路符号

图 7-22 光控晶闸管外形与电路符号

## 7.4.2 常用的光控晶闸管芯片

常用的光控晶闸管芯片有 TLP3616、TLP3526 等，其外形与内部电路结构如图 7-23 所示。两者的内部电路基本相同。以 TLP3616 为例，当 2、3 脚加正向电压时，有电流流过 2、3 脚之间的内部发光二极管，发光二极管发光，它使 6、8 脚之间的内部光控晶闸管导通，电流可以"8 脚入→光控晶闸管→6 脚出"，也可以"6 脚入→光控晶闸管→8 脚出"。

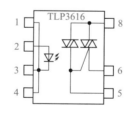

(a) 光控晶闸管芯片TLP3616

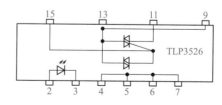

(b) 光控晶闸管芯片TLP3526

图 7-23 两种常见的光控晶闸管芯片

### 7.4.3　应用电路

光控晶闸管的典型应用电路如图 7-24（a）所示，电路的有关信号波形如图 7-24（b）所示，$U_b$ 为控制信号，$U_s$ 为交流电源，$U_L$ 负载电压。

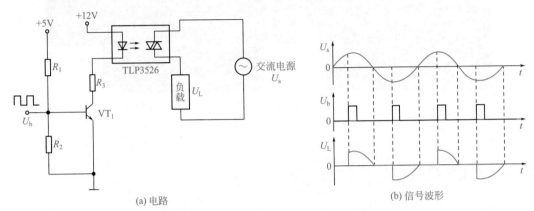

(a) 电路　　　　　　　　　　　　　　　　(b) 信号波形

图 7-24　光控晶闸管的典型应用电路

当控制信号 $U_b$ 第一个脉冲来时，三极管 $VT_1$ 导通，有电流流过光控晶闸管内部的发光管，发光管发光，内部的光控双向晶闸管导通。此时交流电源 $U_s$ 处于正半周，其极性为上正下负，有电流流过光控双向晶闸管，电流途径是 $U_s$ 上正→光控双向晶闸管→负载→$U_s$ 下负。$U_b$ 脉冲过后，发光管无电流通过而熄灭，但光控双向晶闸管继续导通，直到交流电源 $U_s$ 由正半周结束开始负半周（此时 $U_s$ 电压为 0）时，光控双向晶闸管自行关断，此称为过零关断。

当控制信号 $U_b$ 第二个脉冲来时，三极管 $VT_1$ 导通，发光管发光，内部的光控双向晶闸管导通。此时交流电源 $U_s$ 处于负半周，其极性为上负下正，有电流流过光控双向晶闸管，电流途径是 $U_s$ 下正→负载→光控双向晶闸管→$U_s$ 上负。$U_b$ 脉冲过后，发光管熄灭，但光控双向晶闸管继续导通，直到交流电源 $U_s$ 由负半周结束开始正半周（此时 $U_s$ 电压为 0）时，光控双向晶闸管自行关断。

光控晶闸管受光会导通，导通后关断需要晶闸管两端电压为 0（或电压变为反向）。光控晶闸管与光电耦合器都是光控元器件，光电耦合器主要用于直流电路，光控晶闸管主要用于交流电路。

### 7.4.4　检测

光控晶闸管内部主要有发光二极管和光控晶闸管，其检测可分两步进行（以 TLP3616 为例）。

① 测量发光二极管和光控晶闸管的正反向电阻　在用指针万用表欧姆挡测量发光二极管引脚时，若发光二极管正常，其正向电阻小、反向电阻无穷大，在测量光控晶闸管引脚时，若正常则其正、反向电阻均为无穷大。

② 检测光控能力　将 TLP3616 的 2、3 脚分别接一节 1.5V 电池的正、负极，同时万用表选择 "R×10kΩ" 挡，测量 8、6 脚的正反向电阻，若正反向电阻均很小，说明发光二极管通电后发光可使光控晶闸管导通，即表明 TLP3616 是正常的。

# 第8章

# 场效应管与 IGBT

　　场效应管与三极管一样具有放大能力，三极管是电流控制型元器件，而场效应管是电压控制型器件。场效应管主要有结型场效应管和绝缘栅型场应管，它们除了可参与构成放大电路外，还可当作电子开关使用。

### 8.1.1　外形与符号

　　结型场效应管外形与符号如图 8-1 所示。

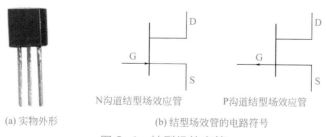

(a) 实物外形　　　　　　　　　(b) 结型场效管的电路符号

图 8-1　结型场效应管

### 8.1.2　结构与原理

　　（1）结构

　　与三极管一样，结型场效应管也是由 P 型半导体和 N 型半导体组成，三极管有 PNP 型和 NPN 型两种，场效应管则分 P 沟道和 N 沟道两种。两种沟道的结型场效应管的结构如图 8-2 所示。

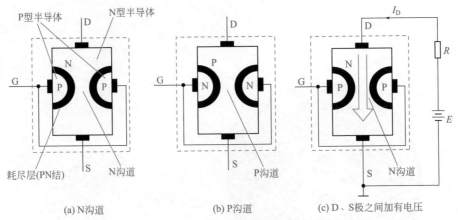

(a) N沟道　　　　　　(b) P沟道　　　　　　(c) D、S极之间加有电压

图 8-2　结型场效应管结构说明图

如图 8-2（a）所示为 N 沟道结型场效应管的结构图，从图中可以看出，场效应管内部有两块 P 型半导体，它们通过导线内部相连，再引出一个电极，该电极称栅极 G，两块 P 型半导体以外的部分均为 N 型半导体，在 P 型半导体与 N 型半导体交界处形成两个耗尽层（即 PN 结），耗尽层中间区域为沟道，由于沟道由 N 型半导体构成，所以称为 N 沟道，漏极 D 与源极 S 分别接在沟道两端。

如图 8-2（b）所示为 P 沟道结型场效应管的结构图，P 沟道场效应管内部有两块 N 型半导体，栅极 G 与它们连接，两块 N 型半导体与邻近的 P 型半导体在交界处形成两个耗尽层，耗尽层中间区域为 P 沟道。

如果在 N 沟道场效应管 D、S 极之间加电压，如图 8-2（c）所示，电源正极输出的电流就会由场效应管 D 极流入，在内部通过沟道从 S 极流出，回到电源的负极。场效应管流过电流的大小与沟道的宽窄有关，沟道越宽，能通过的电流越大。

（2）工作原理

结型场效应管在电路中主要用于放大信号电压。下面通过图 8-3 来说明结型场效应管的工作原理。

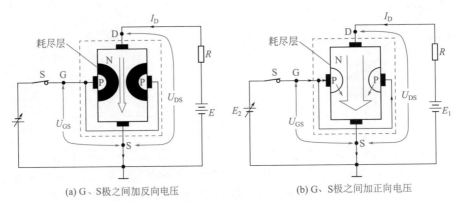

(a) G、S极之间加反向电压　　　　　　(b) G、S极之间加正向电压

图 8-3　结型场效应管的工作原理

如图 8-3 虚线框内所示为 N 沟道结型场效应管结构图。当在 D、S 极之间加上正向电压 $U_{DS}$，会有电流从 D 极流向 S 极，若再在 G、S 极之间加上反向电压 $U_{GS}$（P 型半导体接低电位，N 型半导体接高电位），场效应管内部的两个耗尽层变厚，沟道变窄，由 D 极流向 S 极

的电流 $I_D$ 就会变小，反向电压越高，沟道越窄，$I_D$ 电流越小。

由此可见，改变 G、S 极之间的电压 $U_{GS}$，就能改变从 D 极流向 S 极的电流 $I_D$ 的大小，并且 $I_D$ 电流变化较 $U_{GS}$ 电压变化大得多，这就是场效应管的放大原理。场效应管的放大能力大小用跨导 $g_m$ 表示，即

$$g_m = \frac{\Delta I_D}{\Delta U} \tag{8-1}$$

$g_m$ 反映了栅源电压 $U_{GS}$ 对漏极电流 $I_D$ 的控制能力，是表征场效应管放大能力的一个重要的参数（相当于三极管的 $\beta$），$g_m$ 的单位是西门子（S），也可以用 A/V 表示。

若给 N 沟道结型场效应管的 G、S 极之间加正向电压，如图 8-15（b）所示，场效应管内部两个耗尽层都会导通，耗尽层消失，不管如何增大 G、S 间的正向电压，沟道宽度都不变，$I_D$ 电流也不变化。也就是说，当给 N 沟道结型场效应管 G、S 极之间加正向电压时，无法控制 $I_D$ 电流变化。

在正常工作时，N 沟道结型场效应管 G、S 极之间应加反向电压，即 $U_G < U_S$，$U_{GS} = U_G - U_S$ 为负压；P 沟道结型场效应管 G、S 极之间应加正向电压，即 $U_G > U_S$，$U_{GS} = U_G - U_S$ 为正压。

### 8.1.3 应用电路

结型场效应管工作时不需要输入信号提供电流，具有很高的输入阻抗，通常用作对微弱信号进行放大（如对话筒信号进行放大）。如图 8-4 所示是两种常见的结型场效应管放大电路。

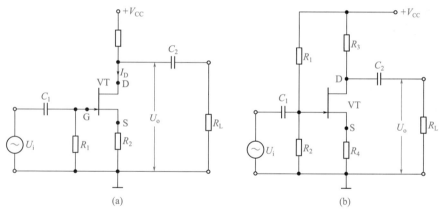

图 8-4 两种常见的结型场效应管放大电路

如图 8-4（a）所示电路中，结型场效应管 VT 的 G 极通过 $R_1$ 接地，G 极电压 $U_G = 0V$，而 VT 的 $I_D$ 电流不为 0（结型场效应管在 G 极不加电压时，内部就有沟道存在），$I_D$ 电流在流过电阻 $R_2$ 时，$R_2$ 上有电压 $U_{R2}$；VT 的 S 极电压 $U_S$ 不为 0，$U_S = U_{R2}$，场效应管的栅源电压 $U_{GS} = U_G - U_S$ 为负压，该电压满足场效应管工作需要。如果交流信号电压 $U_i$ 经 $C_1$ 送到 VT 的 G 极，G 极电压 $U_G$ 会发生变化，场效应管内部沟道宽度就会变化，$I_D$ 的大小就会变化，VT 的 D 极电压有很大的变化（如 $I_D$ 增大时，$U_D$ 会下降），该变化的电压就是放大的交流信号电压，它通过 $C_2$ 送到负载。

如图 8-4（b）所示电路中，电源通过 $R_1$ 为结型场效应管 VT 的 G 极提供 $U_G$ 电压，此电压较 VT 的 S 极电压 $U_S$ 低，这里的 $U_S$ 电压是 $I_D$ 电流流过 $R_4$，在 $R_4$ 上得到的电压，VT 的栅源电压 $U_{GS} = U_G - U_S$ 为负压，该电压能让场效应管正常工作。

### 8.1.4 主要参数

场效应管的主要参数有：

① 跨导 $g_m$　跨导是指当 $U_{DS}$ 为某一定值时，$I_D$ 电流的变化量与 $U_{GS}$ 电压变化量的比值，即

$$g_m = \frac{\Delta I_D}{\Delta U} \tag{8-2}$$

跨导反映了栅 - 源电压对漏极电流的控制能力。

② 夹断电压 $U_P$　夹断电压是指当 $U_{DS}$ 为某一定值，让 $I_D$ 电流减小到近似为 0 时的 $U_{GS}$ 电压值。

③ 饱和漏极电流 $I_{DSS}$　饱和漏极电流是指当 $U_{GS}=0$ 且 $U_{DS}>U_P$ 时的漏极电流。

④ 最大漏 - 源电压 $U_{DS}$　最大漏 - 源电压是指漏极与源极之间的最大反向击穿电压，即当 $I_D$ 急剧增大时的 $U_{DS}$ 值。

### 8.1.5　检测

结型场效应管的检测包括类型及极性检测、放大能力检测和好坏检测。

（1）类型与极性的检测

结型场效应管的源极和漏极在制造工艺上是对称的，故两极可互换使用，并不影响正常工作，所以一般不判别漏极和源极（漏源之间的正反向电阻相等，均为几十至几千欧姆左右），只判断栅极和沟道的类型。

在判断栅极和沟道的类型前，首先要了解几点：

① 与 D、S 极连接的半导体类型总是相同的（要么都是 P，或者都是 N），如图 8-2 所示，D、S 极之间的正反向电阻相等并且比较小；

② G 极连接的半导体类型与 D、S 极连接的半导体类型总是不同的，如 G 极连接的为 P 型时，D、S 极连接的肯定是 N 型；

③ G 极与 D、S 极之间有 PN 结，PN 结的正向电阻小、反向电阻大。

结型场效应管栅极与沟道的极性判别方法如下。

万用表拨至"R×100"挡，测量场效应管任意两极之间的电阻，正反各测一次，两次测量阻值有以下情况：

若两次测得阻值相同或相近，则这两极是 D、S 极，剩下的极为栅极，然后红表笔不动，黑表笔接已判断出的 G 极。如果阻值很大，此测得为 PN 结的反向电阻，黑表笔接的应为 N，红表笔接的为 P，由于前面测量已确定黑表笔接的是 G 极，而现测量又确定 G 极为 N，故沟道应为 P，所以该管子为 P 沟道场效应管；如果测得阻值小，则为 N 沟道场效应管。

若两次阻值一大一小，以阻值小的那次为准，红表笔不动，黑表笔接另一个极，如果阻值小，并且与黑表笔换极前测得的阻值相等或相近，则红表笔接的为栅极，该管子为 P 沟道场效应管；如果测得的阻值与黑表笔换极前测得的阻值有较大差距，则黑表笔换极前接的极为栅极，该管子为 N 沟道场效应管。

（2）放大能力的检测

万用表没有专门测量场效应管跨导的挡位，所以无法准确检测场效应管放大能力，但可用万用表大致估计放大能力大小。结型场效应管放大能力估测方法如图 8-5 所示。

万用表拨至"R×100Ω"挡，红表笔接源极 S，黑表笔接漏极 D，测量阻值时万用表内接 1.5V 电池，这样相当于给场效应管 D、S 极加上一个正向电压，然后用手接触栅极 G，将人体的感应电压作为输入信号加到栅极上。由于场效应管放大作用，因此表针会摆动（$I_D$ 电流变化引起），表针摆动幅度越大（不论向左或向右摆动均正常），表明场效应管放大能力越大，若表针不动说明已经损坏。

（3）好坏检测

结型场效应管的好坏检测包括漏源极之间的正反向电阻、栅漏极之间的正反电阻和栅源

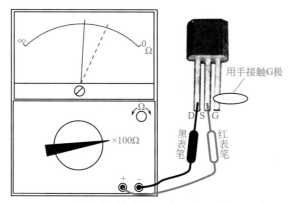

图 8-5　结型场效应管放大能力的估测方法

之间的正反向电阻。这些检测共有六步，只有每步检测都通过才能确定场效应管是正常的。

在检测漏源极之间的正、反向电阻时，万用表置于"R×10Ω"或"R×100Ω"挡，测量漏源极之间的正反向电阻，正常阻值应在几十至几千欧（不同型号有所不同）。若超出这个阻值范围，则可能是漏源极之间短路、开路或性能不良。

在检测栅漏极或栅源极之间的正反向电阻时，万用表置于"R×1kΩ"挡，测量栅漏极或栅源极之间的正反向电阻，正常时正向电阻小，反向电阻无穷大或接近无穷大。若不符合，则可能是栅漏极或栅源极之间短路、开路或性能不良。

### 8.1.6　场效应管型号命名方法

场效应管型号命名现行有两种方法：

第一种方法与三极管相同。第一位"3"表示电极数；第二位字母代表材料，"D"是P型硅N沟道，"C"是N型硅P沟道；第三位字母"J"代表结型场效应管，"O"代表绝缘栅场效应管。例如，3DJ6D是结型N沟道场效应三极管，3DO6C是绝缘栅型N沟道场效应三极管。

第二种命名方法是CS××#，CS代表场效应管，×× 以数字代表型号的序号，#用字母代表同一型号中的不同规格。例如，CS14A、CS45G 等。

## 8.2　绝缘栅型场效应管（MOS 管）

绝缘栅型场效应管（MOSFET）简称 MOS 管，绝缘栅型场效应管分为增强型和耗尽型，每种类型又分为 P 沟道和 N 沟道。

### 8.2.1　增强型 MOS 管

（1）外形与符号

增强型 MOS 管分为 N 沟道 MOS 管和 P 沟道 MOS 管，增强型 MOS 管外形与符号如图 8-6 所示。

（2）结构与原理

增强型 MOS 管有 N 沟道和 P 沟道之分，分别称作增强型 NMOS 管和增强型 PMOS 管，其结构与工作原理基本相似，在实际中增强型 NMOS 管更为常用。下面以增强型 NMOS 管为例来说明增强型 MOS 管的结构与工作原理。

(a) 外形　　　　　　　　　　(b) 电路符号

图 8-6　增强型 MOS 管

① 结构

增强型 NMOS 管的结构与等效电路符号如图 8-7 所示。

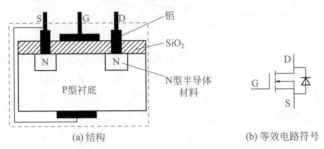

(a) 结构　　　　　　　　　　(b) 等效电路符号

图 8-7　N 沟道增强型绝缘栅场效应管

增强型 NMOS 管是以 P 型硅片作为基片（又称衬底），在基片上制作两个含很多杂质的 N 型材料，再在上面制作一层很薄的二氧化硅（$SiO_2$）绝缘层，在两个 N 型材料上引出两个铝电极，分别称为漏极（D）和源极（S），在两极中间的二氧化硅绝缘层上制作一层铝制导电层，从该导电层上引出电极称为 G 极。P 型衬底与 D 极连接的 N 型半导体会形成二极管结构（称之为寄生二极管），由于 P 型衬底通常与 S 极连接在一起，所以增强型 NMOS 管又可用如图 8-7（b）所示的符号表示。

② 工作原理

增强型 NMOS 场应管需要加合适的电压才能工作。加有电压的增强型 NMOS 场效应管如图 8-8 所示，图 8-8（a）为结构图形式，图 8-8（b）为电路图形式。

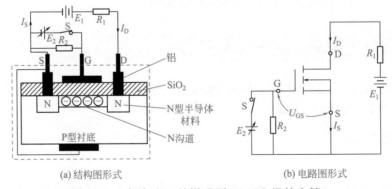

(a) 结构图形式　　　　　　　　　　(b) 电路图形式

图 8-8　加有电压的增强型 NMOS 场效应管

如图 8-8（a）所示，电源 $E_1$ 通过 $R_1$ 接场效应管 D、S 极，电源 $E_2$ 通过开关 S 接场效应管的 G、S 极。在开关 S 断开时，场效应管的 G 极无电压，D、S 极所接的两个 N 区之间没有导电沟道，所以两个 N 区之间不能导通，电流 $I_D$ 为 0；如果将开关 S 闭合，场效应管的 G 极获得正电压，与 G 极连接的铝电极有正电荷，它产生的电场穿过 $SiO_2$ 层，将 P 衬底很多电子吸引靠近 $SiO_2$ 层，从而在两个 N 区之间出现导电沟道，由于此时 D、S 极之间加上正向电压，就有 $I_D$ 电流从 D 极流入，再经导电沟道从 S 极流出。

如果改变 $E_2$ 电压的大小，也即是改变 G、S 极之间的电压 $U_{GS}$，与 G 极相通的铝层产生的电场大小就会变化，$SiO_2$ 下面的电子数量就会变化，两个 N 区之间沟道宽度就会变化，流过的电流 $I_D$ 大小就会变化。电压 $U_{GS}$ 越高，沟道就会越宽，电流 $I_D$ 就会越大。

由此可见，改变 G、S 极之间的电压 $U_{GS}$，D、S 极之间的内部沟道宽窄就会发生变化，从 D 极流向 S 极的电流 $I_D$ 大小也就发生变化，并且电流 $I_D$ 变化较电压 $U_{GS}$ 变化大得多，这就是场效应管的放大原理（即电压控制电流变化原理）。为了表示场效应管的放大能力，引入一个参数——跨导 $g_m$，$g_m$ 用下面公式计算：

$$g_m = \frac{\Delta I_D}{\Delta U_{GS}} \tag{8-3}$$

$g_m$ 反映了栅源电压 $U_{GS}$ 对漏极电流 $I_D$ 的控制能力，是表述场效应管放大能力的一个重要的参数（相当于三极管的 $\beta$），$g_m$ 的单位是西门子（S），也可以用 A/V 表示。

增强型绝缘栅场效应管具有特点是：在 G、S 极之间未加电压（即 $U_{GS}=0$）时，D、S 极之间没有沟道，$I_D=0$；当 G、S 极之间加上合适电压（大于开启电压 $U_T$）时，D、S 极之间有沟道形成，$U_{GS}$ 电压变化时，沟道宽窄会发生变化，$I_D$ 电流也会变化。

对于 N 沟道增强型绝缘栅场效应管，G、S 极之间应加正电压（即 $U_G>U_S$，$U_{GS}=U_G-U_S$ 为正压），D、S 极之间才会形成沟道；对于 P 沟道增强型绝缘栅场效应管，G、S 极之间须加负电压（即 $U_G<U_S$，$U_{GS}=U_G-U_S$ 为负压），D、S 极之间才有沟道形成。

（3）应用电路

如图 8-9 所示是 N 沟道增强型 MOS 管放大电路。在电路中，电源通过 $R_1$ 为 MOS 管 VT 的 G 极提供 $U_G$ 电压，此电压较 VT 的 S 极电压 $U_S$ 高，VT 的栅源电压 $U_{GS}=U_G-U_S$ 为正压，该电压能让场效应管正常工作。

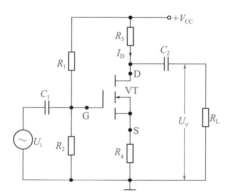

图 8-9  N 沟道增强型 MOS 管放大电路

如果交流信号通过 $C_1$ 加到 VT 的 G 极，$U_G$ 电压会发生变化，VT 内部沟道宽窄也会变化，$I_D$ 电流的大小会有很大的变化，电阻 $R_3$ 上的电压 $U_{R3}$（$U_{R3}=I_DR_3$）有很大的变化，VT 的 D 极电压 $U_D$ 也有很大的变化（$U_D=V_{CC}-U_{R3}$，$U_{R3}$ 变化，$U_D$ 就会变化），该变化很大的电压即为放大的信号电压，它通过 $C_2$ 送到负载。

（4）用指针万用表检测增强型 NMOS 管

① 区分电极

正常的增强型 NMOS 管的 G 极与 D、S 极之间均无法导通，它们之间的正反向电阻均为无穷大。在 G 极无电压时，增强型 NMOS 管 D、S 极之间无沟道形成，故 D、S 极之间也无法导通，但由于 D、S 极之间存在一个反向寄生二极管，如图 8-7 所示，所以 D、S 极反向电阻较小。

在检测增强型 NMOS 管的电极时，万用表选择"R×1kΩ"挡，测量 MOS 管各脚之间的正反向电阻，当出现一次阻值小时（测得为寄生二极管正向电阻），红表笔接的引脚为 D 极，黑表笔接的引脚为 S 极，余下的引脚为 G 极，测量如图 8-10 所示。

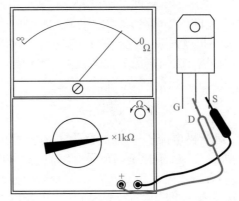

图 8-10　增强型 NMOS 管的电极区分

② 好坏检测

增强型 NMOS 管的好坏检测可按下面的步骤进行。

第一步：用万用表"R×1kΩ"挡检测 MOS 管各引脚之间的正反向电阻，正常只会出现一次阻值小。若出现两次或两次以上阻值小，可确定 MOS 管一定损坏；若只出现一次阻值小，还不能确定 MOS 管一定正常，需要进行第二步测量。

第二步：先用导线将 MOS 管的 G、S 极短接，释放 G 极上的电荷（G 极与其它两极间的绝缘电阻很大，感应或测量充得的电荷很难释放，故 G 极易积累较多的电荷而带有很高的电压），再将万用表拨至"R×10kΩ"挡（该挡内接 9V 电源），红表笔接 MOS 管的 S 极，黑表笔接 D 极，此时表针指示的阻值为无穷大或接近无穷大，然后用导线瞬间将 D、G 极短接，这样万用表内电池的正电压经黑表笔和导线加给 G 极，如果 MOS 管正常，在 G 极有正电压时会形成沟道，表针指示的阻值马上由大变小，如图 8-11（a）所示，再用导线将 G、S 极短路，释放 G 极上的电荷来消除 G 极电压，如果 MOS 管正常，内部沟道会消失，表针指示的阻值马上由小变为无穷大，如图 8-11（b）所示。

以上两步检测时，如果有一次测量不正常，则为 NMOS 管损坏或性能不良。

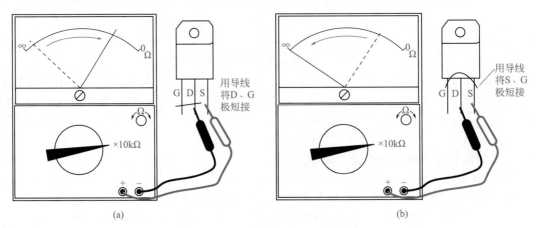

图 8-11　检测增强型 NMOS 管的好坏

（5）用数字万用表检测增强型NMOS管

① 区分电极

在区分增强型NMOS管各电极时，万用表选择二极管测量挡，红、黑表笔接任意两引脚，正反各测一次。当测量出现 OL 时，如图 8-12（a）所示，表明两引脚内部不导通；当某次测量显示值在 0.400～0.800 范围时，如图 8-12（b）所示，表明两引脚内部有一个二极管导通，该二极管反向并联在 MOS 管的 D、S 极之间，所以红表笔接的为NMOS管的D极，黑表笔接的为S极，余下的电极为G极。

N 沟道增强型
MOS 管的检测

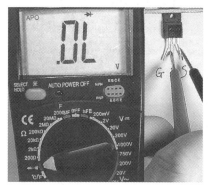

(a) 测量时两引脚内部不导通

(b) 测量时两引脚内部有一个二极管导通

图 8-12　用数字万用表区分增强型 NMOS 管的电极

② 工作性能测试

在测试增强型 NMOS 管工作性能时，万用表选择"2kΩ"挡，先将 MOS 管三个电极短接在一起，释放 G 极上可能存在的静电，然后将红表笔接 D 极、黑表笔接 S 极，正常 D、S 极之间不会导通，显示屏显示 OL 符号，如图 8-13（a）所示。再找一台指针万用表并选择"R×10kΩ"挡（此挡内部使用一只 9V 电池），将指针万用表的红、黑表笔分别接 NMOS 管的 S、G 极，为其提供 $U_{GS}$ 电压，正常 NMOS 管的 D、S 极之间马上导通，显示屏会显示很小的阻值，如图 8-13（b）所示。由于 MOS 管的 G、S 极之间存在寄生电容，在测量时指针万用表会对寄生电容充电，当指针万用表红、黑表笔移开后，G、S 极之间的寄生电容上的电压会使 NMOS 管继续导通，显示屏仍显示很小的阻值，这时可用金属镊子将 G、S 极短路，将 G、S 极之间的寄生电容上的电荷放掉，使 G、S 极之间无电压，NMOS 管马上截止（不导通），显示屏显示 OL 符号，如图 8-13（c）所示。

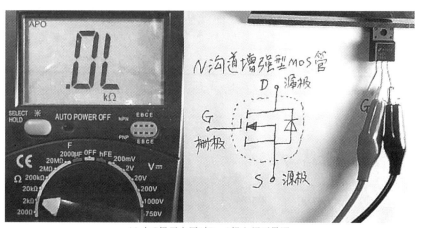

(a) 在G极无电压时D、S极之间不导通

图 8-13

(b) 用指针万用表提供$U_{GS}$电压时D、S极之间导通

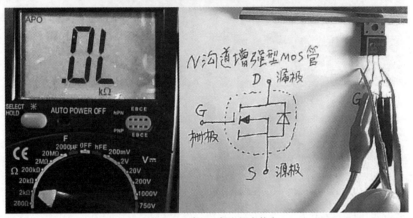

(c) 让$U_{GS}=0$时D、S极之间会截止

图 8-13　用数字万用表测试增强型 NMOS 管的工作性能

## 8.2.2　耗尽型 MOS 管

**（1）电路符号**

耗尽型 MOS 管也有 N 沟道和 P 沟道之分。耗尽型 MOS 管的外形与符号如图 8-14 所示。

**（2）结构与原理**

P 沟道和 N 沟道的耗尽型场效应管工作原理基本相同，下面以 N 沟道耗尽型 MOS 管（简称耗尽型 NMOS 管）为例来说明耗尽型 MOS 管的结构与原理。耗尽型 NMOS 管的结构与等效符号如图 8-15 所示。

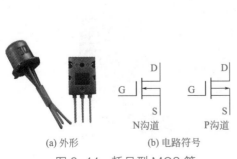

图 8-14　耗尽型 MOS 管

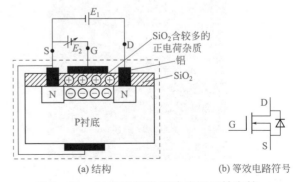

图 8-15　N 沟道耗尽型绝缘栅场效应管

N 沟道耗尽型绝缘栅场效应管是以 P 型硅片作为基片（又称衬底），在基片上再制作两个含很多杂质的 N 型材料，再在上面制作一层很薄的二氧化硅（$SiO_2$）绝缘层，在两个 N 型材料上引出两个铝电极，分别称为漏极（D）和源极（S），在两极中间的二氧化硅绝缘层上制作一层铝制导电层，从该导电层上引出电极称为 G 极。

与增强型绝缘栅场效应管不同的是，在耗尽型绝缘栅场效应管内的二氧化硅中掺入大量的杂质，其中含有大量的正电荷，它将衬底中大量的电子吸引靠近 $SiO_2$ 层，从而在两个 N 区之间出现导电沟道。

当场效应管 D、S 极之间加上电源 $E_1$ 时，由于 D、S 极所接的两个 N 区之间有导电沟道存在，所以有电流 $I_D$ 流过沟道；如果再在 G、S 极之间加上电源 $E_2$，$E_2$ 的正极除了接 S 极外，还与下面的 P 衬底相连，$E_2$ 的负极则与 G 极的铝层相通，铝层负电荷电场穿过 $SiO_2$ 层，排斥 $SiO_2$ 层下方的电子，从而使导电沟道变窄，流过导电沟道的 $I_D$ 电流减小。

如果改变电压 $E_2$ 的大小，与 G 极相通的铝层产生的电场大小就会变化，$SiO_2$ 下面的电子数量就会变化，两个 N 区之间沟道宽度就会变化，流过的电流 $I_D$ 大小就会变化。例如 E2 电压增大，G 极负电压更低，沟道就会变窄，电流 $I_D$ 就会减小。

耗尽型绝缘栅场效应管具有特点是：在 G、S 极之间未加电压（即 $U_{GS}=0$）时，D、S 极之间就有沟道存在，$I_D$ 不为 0；当 G、S 极之间加上负电压 $U_{GS}$ 时，如果电压 $U_{GS}$ 变化，沟道宽窄会发生变化，电流 $I_D$ 就会变化。

在工作时，N 沟道耗尽型绝缘栅场效应管 G、S 极之间应加负电压，即 $U_G < U_S$，$U_{GS}=U_G-U_S$ 为负压；P 沟道耗尽型绝缘栅场效应管 G、S 极之间应加正电压，即 $U_G > U_S$，$U_{GS}=U_G-U_S$ 为正压。

（3）应用电路

如图 8-16 所示是 N 沟道耗尽型绝缘栅场效应管放大电路。在电路中，电源通过 $R_1$、$R_2$ 为场效应管 VT 的 G 极提供 $U_G$ 电压，VT 的 $I_D$ 电流在流过电阻 $R_5$ 时，在 $R_5$ 上得到电压 $U_{R5}$，$U_{R5}$ 与 S 极电压 $U_S$ 相等，这里让 $U_S > U_G$，VT 的栅源电压 $U_{GS}=U_G-U_S$ 为负压，该电压能让场效应管正常工作。

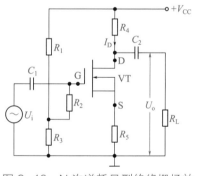

图 8-16　N 沟道耗尽型绝缘栅场效应管放大电路

如果交流信号通过 $C_1$ 加到 VT 的 G 极，$U_G$ 电压会发生变化，VT 的导通沟道宽窄也会变化，$I_D$ 电流的会有很大的变化，电阻 $R_4$ 上的电压 $U_{R4}$（$U_{R4}=I_D R_4$）也有很大的变化，VT 的 D 极电压 $U_D$ 会有很大变化，该变化的 $U_D$ 电压即为放大的交流信号电压，它经 $C_2$ 送给负载 $R_L$。

## 8.3　绝缘栅双极型晶体管（IGBT）

绝缘栅双极型晶体管是一种由场效应管和三极管组合成的复合元器件，简称为 IGBT 或 IGT，它综合了三极管和 MOS 管的优点，故有很好的特性，因此广泛应用在各种中小功率的电力电子设备中。

### 8.3.1　外形、结构与符号

IGBT 的外形、结构及等效图和符号如图 8-17 所示。从等效图可以看出，IGBT 相当于一个 PNP 型三极管和增强型 NMOS 管以如图 8-17（c）所示的方式组合而成。IGBT 有三个极：

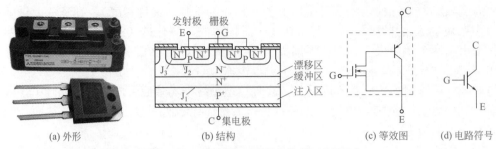

(a) 外形　　　　　　　　(b) 结构　　　　　　(c) 等效图　　(d) 电路符号

图 8-17　绝缘栅双极型晶体管（IGBT）

C 极（集电极）、G 极（栅极）和 E 极（发射极）。

### 8.3.2　工作原理

如图 8-17 所示的 IGBT 是由 PNP 型三极管和 N 沟道 MOS 管组合而成，这种 IGBT 称作 N-IGBT，用如图 8-17（d）所示符号表示，相应的还有 P 沟道 IGBT，称作 P-IGBT，将图 8-17（d）符号中的箭头改为由 E 极指向 G 极即为 P-IGBT 的电路符号。

由于电力电子设备中主要采用 N-IGBT，下面以图 8-18 所示电路来说明 N-IGBT 工作原理。

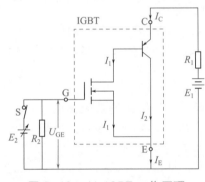

图 8-18　N-IGBT 工作原理

电源 $E_2$ 通过开关 S 为 IGBT 提供电压 $U_{GE}$，电源 $E_1$ 经 $R_1$ 为 IGBT 提供电压 $U_{CE}$。当开关 S 闭合时，IGBT 的 G、E 极之间获得电压 $U_{GE}$，只要电压 $U_{GE}$ 大于开启电压（2~6V），IGBT 内部的 NMOS 管就有导电沟道形成，MOS 管 D、S 极之间导通，为三极管电流 $I_b$ 提供通路，三极管导通，有电流 $I_C$ 从 IGBT 的 C 极流入，经三极管发射极后分成 $I_1$ 和 $I_2$ 两路电流，电流 $I_1$ 流经 MOS 管的 D、S 极，电流 $I_2$ 从三极管的集电极流出，$I_1$、$I_2$ 电流汇合成电流 $I_E$ 从 IGBT 的 E 极流出，即 IGBT 处于导通状态。当开关 S 断开后，电压 $U_{GE}$ 为 0，MOS 管导电沟道夹断（消失），$I_1$、$I_2$ 都为 0，$I_C$、$I_E$ 电流也为 0，即 IGBT 处于截止状态。

调节电源 $E_2$ 可以改变电压 $U_{GE}$ 的大小，IGBT 内部的 MOS 管的导电沟道宽度会随之变化，电流 $I_1$ 大小会发生变化，由于电流 $I_1$ 实际上是三极管的电流 $I_b$，$I_1$ 细小的变化会引起电流 $I_2$（$I_2$ 为三极管的电流 $I_c$）的急剧变化。例如当 $U_{GE}$ 增大时，MOS 管的导通沟道变宽，电流 $I_1$ 增大，电流 $I_2$ 也增大，即 IGBT 的 C 极流入、E 极流出的电流增大。

### 8.3.3　应用电路

IGBT 在电路中多工作在开关状态（导通截止状态），工作时需要脉冲信号驱动。如图 8-19 所示是一种典型的 IGBT 驱动电路。

开关电源工作时，在开关变压器 T1 的一次绕组 $L_1$ 上有电动势产生，该电动势感应到二

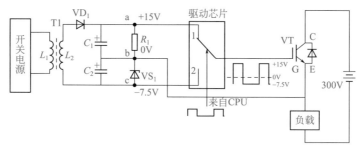

图 8-19 一种典型的 IGBT 驱动电路

次绕组 $L_2$，当 $L_2$ 电动势为上正下负时，会经 VD$_1$ 对 $C_1$、$C_2$ 充电，在 $C_1$、$C_2$ 两端充得总电压约为 22.5V，稳压二极管 VS$_1$ 的稳压值为 7.5V，VS$_1$ 两端电压维持 7.5V 不变（超过该值 VS$_1$ 会反向击穿导通），电阻 R 两端电压则为 15V，a、b、c 点电压关系为 $U_a > U_b > U_c$，如果将 b 点电位当作 0V，那么 a 点电压为 +15V，c 点电压为 −7.5V。

在电路工作时，CPU 产生的驱动脉冲送到驱动芯片内部，当脉冲高电平来时，驱动芯片内部等效开关接"1"，a 点电压经开关送到 IGBT 的 G 极，IGBT 的 E 极固定接 b 点，IGBT 的 G、E 之间电压 $U_{GE}$=+15V，正电压 $U_{GE}$ 使 IGBT 导通，当脉冲低电平来时，驱动芯片内部等效开关接"2"，c 点电压经开关送到 IGBT 的 G 极，IGBT 的 E 极固定接 b 点，故 IGBT 的 G、E 之间的 $U_{GE}$=−7.5V，负电压 $U_{GE}$ 可以有效地使 IGBT 截止。

从理论上讲，IGBT 的 $U_{GE}$=0V 时就能截止，但实际上 IGBT 的 G、E 极之间存在结电容，当正驱动脉冲加到 IGBT 的 G 极时，正的 $U_{GE}$ 电压会对结电容充得一定电压，正驱动脉冲过后，结电容上的电压使 G 极仍高于 E 极，IGBT 会继续导通，这时如果送负驱动脉冲到 IGBT 的 G 极，可以迅速中和结电容上的电荷而让 IGBT 由导通转为截止。

### 8.3.4 用指针万用表检测 IGBT

IGBT 检测包括极性检测和好坏检测，检测方法增强型 NMOS 管相似。

（1）极性检测

正常的 IGBT 的 G 极与 C、E 极之间不能导通，正反向电阻均为无穷大。在 G 极无电压时，IGBT 的 C、E 极之间不能正向导通，但由于 C、E 极之间存在一个反向寄生二极管，所以 C、E 极正向电阻无穷大，反向电阻较小。

在检测 IGBT 时，万用表选择"R×1kΩ"挡，测量 IGBT 各脚之间的正反向电阻，当出现一次阻值小时，红表笔接的引脚为 C 极，黑表笔接的引脚为 E 极，余下的引脚为 G 极。

（2）好坏检测

IGBT 的好坏检测可按下面的步骤进行。

第一步：用万用表"R×1kΩ"挡检测 IGBT 各引脚之间的正反向电阻，正常只会出现一次阻值小。若出现两次或两次以上阻值小，可确定 IGBT 一定损坏；若只出现一次阻值小，还不能确定 IGBT 一定正常，需要进行第二步测量。

第二步：用导线将 IGBT 的 G、S 极短接，释放 G 极上的电荷，再将万用表拨至"R×10kΩ"挡，红表笔接 IGBT 的 E 极，黑表笔接 C 极，此时表针指示的阻值为无穷大或接近无穷大，然后用导线瞬间将 C、G 极短接，让万用表内部电池经黑表笔和导线给 G 极充电，让 G 极获得电压，如果 IGBT 正常，内部会形成沟道，表针指示的阻值马上由大变小，再用导线将 G、E 极短路，释放 G 极上的电荷来消除 G 极电压，如果 IGBT 正常，内部沟道会消失，表针指示的阻值马上由小变为无穷大。

以上两步检测时，如果有一次测量不正常，则为 IGBT 损坏或性能不良。

### 8.3.5 用数字万用表检测 IGBT

**IGBT 的检测**

#### （1）区分电极

在区分 IGBT 各电极时，万用表选择二极管测量挡，红、黑表笔接任意两引脚，正反各测一次。当测量显示 OL 时，如图 8-20（a）所示，表明两引脚内部不导通；当某次测量出现显示值在 0.400～0.800 范围的数值时，如图 8-20（b）所示，表明两引脚内部有一个二极管导通，该二极管反向并联在 IGBT 管的 C、E 极之间，此时红表笔接的为 IGBT 的 E 极，黑表笔接的为 C 极，余下的电极为 G 极。

(a) 测量时两引脚内部不导通        (b) 测量时两引脚内部有一个二极管导通

图 8-20 用数字万用表区分 IGBT 的电极

#### （2）工作性能测试

在测试 IGBT 工作性能时，万用表选择"2kΩ"挡，先将 IGBT 三个电极短接在一起，释放 G 极上可能存在的静电，然后将红表笔接 C 极、黑表笔接 E 极，正常 C、E 极之间不会导通，显示屏显示 OL 符号，如图 8-21（a）所示。再找一台指针万用表并选择"R×10kΩ"挡（此挡内部使用一只 9V 电池），将指针万用表的红、黑表笔分别接 IGBT 的 E、G 极，为其提供 $U_{GE}$ 电压，正常 IGBT 的 C、E 极之间马上导通，显示屏会显示较小的阻值，如图 8-21（b）所示。由于 IGBT 的 G、E 极之间存在寄生电容，在测量时指针万用表会对寄生电容充电，当指针万用表红、黑表笔移开后，G、E 极之间的寄生电容上的电压会使 IGBT 继续导通，显示屏仍显示较小的阻值，这时可用金属镊子将 G、E 极短路，将 G、E 极之间的寄生电容上的电荷放掉，使 G、E 极之间无电压，IGBT 马上截止（不导通），显示屏显示 OL 符号，如图 8-21（c）所示。

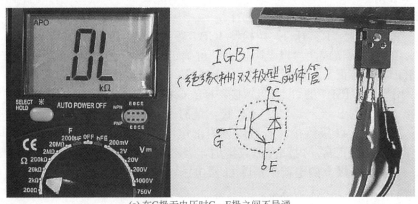

(a) 在 G 极无电压时 C、E 极之间不导通

(b) 用指针万用表提供$U_{GE}$电压时C、E极之间导通

(c) 让$U_{GE}=0$时C、E极之间会截止

图 8-21 用数字万用表测试 IGBT 的工作性能

# 第 **9** 章

# 继电器与干簧管

　　继电器可分电磁继电器和固态继电器，电磁继电器是一种利用线圈通电产生磁场来吸合衔铁而带动触点开关通、断的元器件。固态继电器简称 SSR，它是由半导体晶体管为主要元器件的电子电路组成，通过给控制端施加电压来控制内部电子开关通断，从而接通或关断输出端的外接电路。

　　干簧管是一种利用磁场直接磁化触点而让触点开关产生接通或断开动作的元器件。干簧继电器由干簧管和线圈组成，当线圈通电时会产生磁场来磁化触点开关，使之接通或断开。

## 9.1　电磁继电器

　　电磁继电器是一种利用线圈通电产生磁场来吸合衔铁而驱动带动触点开关通、断的元器件。

### 9.1.1　外形与图形符号

电磁继电器实物外形和图形符号如图 9-1 所示。

(a) 实物外形　　　　　　　　　　　　　(b) 图形符号

图 9-1　电磁继电器

### 9.1.2 结构

电磁继电器是利用线圈通过电流产生磁场，来吸合衔铁而使触点断开或接通的。电磁继电器内部结构如图9-2所示，从图中可以看出，电磁继电器主要由线圈、铁芯、衔铁、弹簧、动触点、常闭触点（动断触点）、常开触点（动合触点）和一些接线端等组成。

当线圈接线端1、2脚未通电时，依靠弹簧的拉力将动触点与常闭触点接触，4、5脚接通。当线圈接线端1、2脚通电时，有电流流过线圈，线圈产生磁场吸合衔铁，衔铁移动，将动触点与常开触点接触，3、4脚接通。

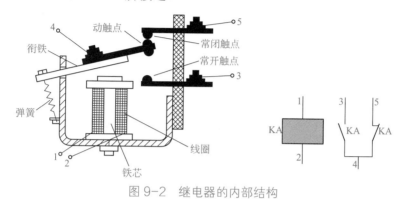

图 9-2　继电器的内部结构

### 9.1.3 应用电路

电磁继电器典型应用电路如图9-3所示。

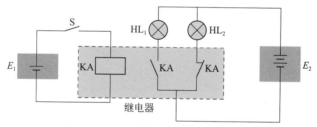

图 9-3　电磁继电器典型应用电路

当开关S断开时，继电器线圈无电流流过，线圈没有磁场产生，继电器的常开触点断开，常闭触点闭合，灯泡 $HL_1$ 不亮，灯泡 $HL_2$ 亮。

当开关S闭合时，继电器的线圈有电流流过，线圈产生磁场吸合内部衔铁，使常开触点闭合、常闭触点断开，结果灯泡 $HL_1$ 亮，灯泡 $HL_2$ 熄灭。

### 9.1.4 主要参数

电磁继电器的主要参数有以下几个。

① 额定工作电压　额定工作电压是指继电器正常工作时线圈所需的电压。根据继电器的型号不同，可以是交流电压，也可以是直流电压。继电器线圈所加的工作电压，一般不要超过额定工作电压的1.5倍。

② 吸合电流　吸合电流是指继电器能够产生吸合动作的最小电流。在正常使用时，通过线圈的电流必须略大于吸合电流，这样继电器才能稳定地工作。

③ 直流电阻　直流电阻是指继电器中线圈的直流电阻。直流电阻的大小可以用万用表来测量。

④ 释放电流 释放电流是指继电器产生释放动作的最大电流。当继电器线圈的电流减小到释放电流值时，继电器就会恢复到释放状态。释放电流远小于吸合电流。

⑤ 触点电压和电流 触点电压和电流又称触点负荷，是指继电器触点允许承受的电压和电流。在使用时，不能超过此值，否则继电器的触点容易损坏。

### 9.1.5 用指针万用表检测电磁继电器

电磁继电器的检测包括触点、线圈检测和吸合能力检测。

（1）触点、线圈检测

电磁继电器内部主要有触点和线圈，在判断电磁继电器好坏时需要检测这两部分。

在检测电磁继电器的触点时，万用表选择"R×1Ω"挡，测量常闭触点的电阻，正常应为 0Ω，如图 9-4（a）所示；若常闭触点阻值大于 0Ω 或为 ∞，说明常闭触点已氧化或开路。再测量常开触点间的电阻，正常应 ∞，如图 9-4（b）所示；若常开触点阻值为 0Ω，说明常开触点短路。

在检测电磁继电器的线圈时，万用表选择"R×10Ω"或"R×100Ω"挡，测量线圈两引脚之间的电阻，正常阻值应为 25Ω～2kΩ，如图 9-4（c）所示。一般电磁继电器线圈额定电压越高，线圈电阻越大。若线圈电阻为 ∞，则线圈开路；若线圈电阻小于正常值或为 0Ω，则线圈存在短路故障。

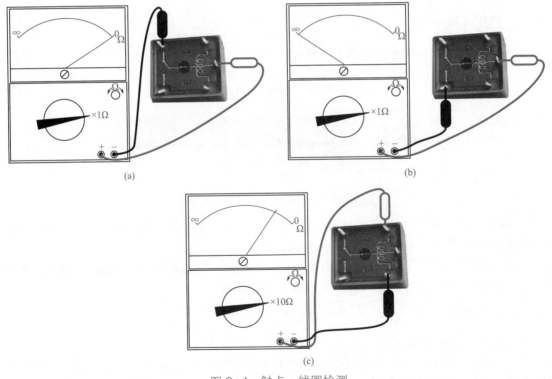

(a)　　　　　　　　(b)

(c)

图 9-4　触点、线圈检测

（2）吸合能力检测

在检测电磁继电器时，如果测量触点和线圈的电阻基本正常，还不能完全确定电磁继电器就能正常工作，还需要通电检测线圈控制触点的吸合能力。

在检测电磁继电器吸合能力时，给电磁继电器线圈端加额定工作电压，如图 9-5 所示，将万用表置于"R×1Ω"挡，测量常闭触点的阻值，正常应为 ∞（线圈通电后常闭触点应

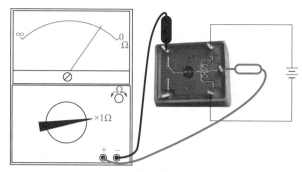

图 9-5　电磁继电器吸合能力检测

断开），再测量常开触点的阻值，正常应为 0Ω（线圈通电后常开触点应闭合）。

若测得常闭触点阻值为 0Ω，常开触点阻值为∞，则可能是线圈因局部短路而导致产生的吸合力不够，或者电磁继电器内部触点切换部件损坏。

### 9.1.6　用数字万用表检测电磁继电器

（1）触点与线圈检测

用数字万用表检测电磁继电器的触点如图 9-6 所示。测量时万用表选择"200Ω"挡，红、黑表笔接电磁继电器常闭触点的两个引脚，正常显示屏会显示很小的电阻值，如图 9-6（a）所示；然后将红、黑表笔接电磁继电器常开触点的两个引脚，正常显示屏会显示溢出符号 OL，如图 9-6（b）所示。

电磁继电器的检测

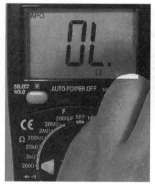

(a) 测量常闭触点　　　　　　　　　　　(b) 测量常开触点

图 9-6　用数字万用表检测电磁继电器的触点

用数字万用表检测电磁继电器的线圈如图 9-7 所示，测量时万用表选择"2kΩ"挡，红、黑表笔接电磁继电器线圈的两个引脚，显示屏会显示线圈的电阻值，图中显示线圈的电阻值为 71Ω。一般来说，电磁继电器线圈的额定电压越高，其电阻值越大。

（2）通电检测吸合能力

在检测电磁继电器吸合能力时，数字万用表选择"200Ω"挡，红、黑表笔分别接常开触点的两个引脚，正常显示屏会显示 OL 符号，然后给线圈的两个引脚加上额定电压（图 9-8 中的电磁继电器线圈额定电压为 5V，可使用手机充电器为线圈供电），正常线

图 9-7　用数字万用表检测电磁继电器的线圈

圈通电时常开触点会闭合，显示屏显示很小的电阻值，如图9-8（a）所示；再用同样的方法检测常闭触点，正常线圈通电时常闭触点会断开，显示屏会显示溢出符号OL，如图9-8（b）所示。

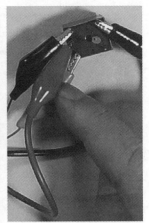

(a) 通电测量常开触点

(b) 通电测量常闭触点

图 9-8　通电检测电磁继电器的触点

## 9.2　固态继电器

### 9.2.1　固态继电器的主要特点

固态继电器简称 SSR，它是由半导体晶体管为主要器件的电子电路组成。固态继电器与一般的电磁继电器相比，主要有以下特点：

① 寿命长　电磁继电器的触点存在机械磨损，它的寿命一般为 $10^5 \sim 10^6$ 次，而固态继电器的寿命可高达 $10^8 \sim 10^{12}$ 次；

② 工作频率高　电磁继电器开合频率很低，一般不超过 20 次 / 秒，而固态继电器不用机械触点，故可达很高的开合频率；

③ 可靠性高　电磁继电器的触点由于受火花和表面氧化膜层的影响，容易出现接触不良，固态继电器没有机械触点，不易出现接触不良；

④ 使用安全 电磁继电器在工作时会产生火花，如果应用在一些特殊的环境下（如矿山、化工行业），可能会点燃一些易燃气体而导致事故的发生，固态继电器由于没有触点，不会产生火花，使用比较安全。

由于固态继电器有很多优点，所以在国外已经得到广泛应用，我国也逐渐开始应用。固态继电器种类很多，一般可分为直流固态继电器和交流继电器。

### 9.2.2 直流固态继电器的外形与符号

直流固态继电器（DC-SSR）的输入端 INPUT（相当于线圈端）接直流控制电压，输出端 OUTPUT 或 LOAD（相当于触点开关端）接直流负载。直流固态继电器外形与符号如图9-9所示。

(a) 外形　　　　　　　　　　　　　　(b) 图形符号

图 9-9　直流固态继电器

### 9.2.3 直流固态继电器的内部电路与工作原理

如图9-10所示是一种典型的五引脚直流固态继电器的内部电路结构及等效图。

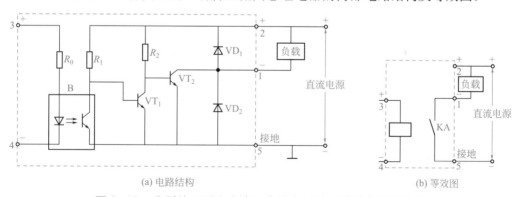

(a) 电路结构　　　　　　　　　　　　(b) 等效图

图 9-10　典型的五引脚直流固态继电器的电路结构及等效图

如图9-10（a）所示，当3、4端未加控制电压时，光电耦合器中的光敏管截止，$VT_1$ 基极电压很高而饱和导通，$VT_1$ 集电极电压被旁路，$VT_2$ 因基极电压低而截止，1、5端处于开路状态，相当于触点开关断开。当3、4端加控制电压时，光电耦合器中的光敏管导通，$VT_1$ 基极电压被旁路而截止，$VT_1$ 集电极电压很高，该电压加到 $VT_2$ 基极，使 $VT_2$ 饱和导通，1、5端处于短路状态，相当于触点开关闭合。

$VD_1$、$VD_2$ 为保护二极管，若负载是感性负载，在 $VT_2$ 由导通转为截止时，负载会产生很高的反峰电压，该电压极性是下正上负，$VD_1$ 导通，迅速降低负载上的反峰电压，防止其击穿 $VT_2$，如果 $VD_1$ 出现开路损坏，不能降低反峰电压，该电压会先击穿 $VD_2$（$VD_2$ 耐压较 $VT_2$ 低），也可避免 $VT_2$ 被击穿。

如图9-11所示是一种典型的四引脚直流固态继电器的内部电路结构及等效图。

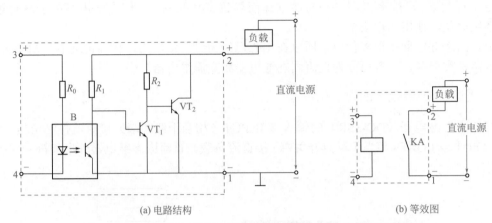

(a) 电路结构　　　　　　　　　(b) 等效图

图9-11　典型的四引脚直流固态继电器的电路结构及等效图

### 9.2.4　交流固态继电器的外形与符号

交流固态继电器（AC-SSR）的输入端接直流控制电压，输出端接交流负载。交流固态继电器外形与图形符号如图9-12所示。

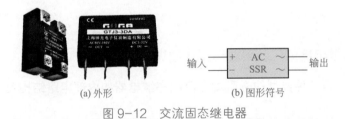

(a) 外形　　　　　　　　(b) 图形符号

图9-12　交流固态继电器

### 9.2.5　交流固态继电器的内部电路与工作原理

如图9-13所示是一种典型的交流固态继电器的内部电路结构及等效图。

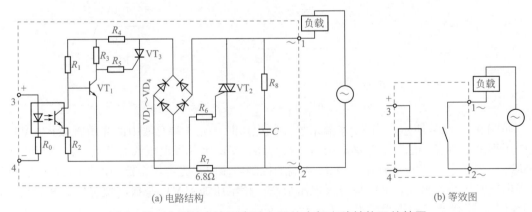

(a) 电路结构　　　　　　　　　(b) 等效图

图9-13　典型的交流固态继电器的内部电路结构及等效图

如图9-13（a）所示，当3、4端未加控制电压时，光电耦合器内的光敏管截止，$VT_1$基极电压高而饱和导通，$VT_1$集电极电压低，晶闸管$VT_3$门极电压低，$VT_3$不能导通，桥式整流电路中的$VD_1 \sim VD_4$都无法导通，双向晶闸管$VT_2$的门极无触发信号，处于截止状态，1、

2 端处于开路状态，相当于开关断开。

当 3、4 端加控制电压后，光电耦合器内的光敏管导通，$VT_1$ 基极电压被光敏管旁路，进入截止状态，$VT_1$ 集电极电压很高，该电压送到晶闸管 $VT_3$ 的门极，$VT_3$ 被触发而导通。在交流电压正半周时，1 端为正，2 端为负，$VD_1$、$VD_3$ 导通，有电流流过 $VD_1$、$VT_3$、$VD_3$ 和 $R_7$，电流在流经 $R_7$ 时会在两端产生压降，$R_7$ 左端电压较右端电压高，该电压使 $VT_2$ 的门极电压较主电极电压高，$VT_2$ 被正向触发而导通；在交流电压负半周时，1 端为负，2 端为正，$VD_2$、$VD_4$ 导通，有电流流过 $R_7$、$VD_2$、$VT_3$ 和 $VD_4$，电流在流经 $R_7$ 时会在两端产生压降，$R_7$ 左端电压较右端电压低，该电压使 $VT_2$ 的门极电压较主电极电压低，$VT_2$ 被反向触发而导通。也就是说，当 3、4 控制端加控制电压时，不管交流电压是正半周还是负半周，1、2 端都处于通路状态，相当于继电器加控制电压时，常开开关闭合。

若 1、2 端处于通路状态，如果撤去 3、4 端控制电压，晶闸管 $VT_3$ 的门极电压会被 $VT_1$ 旁路，在 1、2 端交流电压过零时，流过 $VT_3$ 的电流为 0，$VT_3$ 被关断，$R_7$ 上的压降为 0，双向晶闸管 $VT_2$ 会因门、主极电压相等而关断。

### 9.2.6 固态继电器的识别与检测

#### （1）类型及引脚识别

固态继电器的类型及引脚可通过外表标注的字符来识别。交、直流固态继电器输入端标注基本相同，一般都含有"INPUT"（或"IN"）"DC""+""−"字样，两者的区别在于输出端标注不同，交流固态继电器输出端通常标有"AC""～""～"字样，直流固态继电器输出端通常标有"DC""+""−"字样。

#### （2）好坏检测

交、直流固态继电器的常态（未通电时的状态）好坏检测方法相同。在检测输入端时，万用表拨至"R×10kΩ"挡，测量输入端两引脚之间的阻值，若固态继电器正常，黑表笔接"+"端、红表笔接"−"端时测得阻值较小，反之阻值无穷大或接近无穷大，这是因为固态继电器输入端通常为电阻与发光二极管的串联电路；在检测输出端时，万用表仍拨至"R×10kΩ"挡，测量输出端两引脚之间的阻值，正反各测一次，正常时正反向电阻均为无穷大，有的 DC-SSR 输出端的晶体管反接有一只二极管，反向测量（红表笔接"+"端、黑表笔接"−"端）时阻值小。

固态继电器的常态检测正常，还无法确定它一定是好的，比如输出端开路时正反向阻值也会无穷大，这时需要通电检查。下面以如图 9-14 所示的交流固态继电器 GTJ3-3DA 为例说明通电检查的方法。先给交流固态继电器输入端接 5V 直流电源，然后在输出端接上 220V 交流电源和一只 60W 的灯泡，如果继电器正常，输出端两引脚之间内部应该相通，灯泡发光，否则继电器损坏。在连接输入输出端电源时，电源电压应在规定的范围之间，否则会损坏固态继电器。

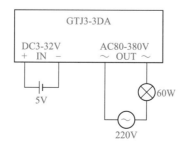

图 9-14 交流固态继电器的通电检测

## 9.3 干簧管与干簧继电器

### 9.3.1 干簧管的外形与符号

干簧管是一种利用磁场直接磁化触点而让触点开关产生接通或断开动作的元器件。如图 9-15（a）所示是一些常见干簧管的实物外形，如图 9-15（b）所示为干簧管的图形符号。

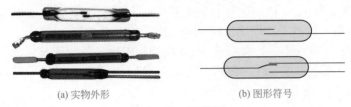

(a) 实物外形　　　　　　　　(b) 图形符号

图 9-15　干簧管

### 9.3.2 干簧管的工作原理

干簧管的工作原理如图 9-16 所示。当干簧管未加磁场时，内部两个簧片不带磁性，处于断开状态。若将磁铁靠近干簧管，内部两个簧片被磁化而带上磁性，一个簧片磁性为 N，另一个簧片磁性为 S，两个簧片磁性相异产生吸引，从而使两簧片的触点接触。

图 9-16　干簧管的工作原理

### 9.3.3 用指针万用表检测干簧管

干簧管的检测如图 9-17 所示。干簧管的检测包括常态检测和施加磁场检测。

常态检测是指未施加磁场时对干簧管进行检测。在常态检测时，万用表选择"R×1Ω"挡，测量干簧管两引脚之间的电阻，如图 9-17（a）所示，对于常开触点正常阻值应为∞，若阻值为 0Ω，说明干簧管簧片触点短路。

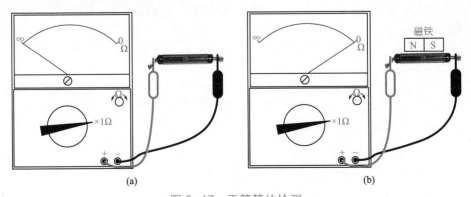

(a)　　　　　　　　　　　　(b)

图 9-17　干簧管的检测

在施加磁场检测时，万用表选择"R×1Ω"挡，测量干簧管两引脚之间的电阻，同时用一块磁铁靠近干簧管，如图 9-17（b）所示，正常阻值应由∞变为0Ω，若阻值始终为∞，说明干簧管触点无法闭合。

### 9.3.4　用数字万用表检测干簧管

干簧管的检测

在检测干簧管时，数字万用表选择"200Ω"挡，红、黑表笔接干簧管的两个引脚，显示屏显示 OL 符号，表示干簧管处于断开状态，如图 9-18（a）所示；然后将一块磁铁靠近干簧管，显示屏显示很小的电阻值，表示干簧管处于闭合状态，如图 9-18（b）所示。

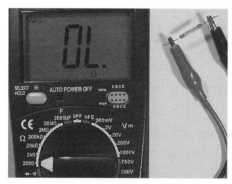
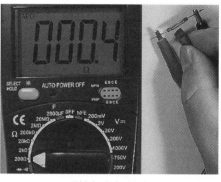

(a) 干簧管处于断开状态　　　　　　(b) 磁铁靠近时干簧管闭合

图 9-18　用数字万用表检测干簧管

### 9.3.5　干簧继电器的外形与符号

干簧继电器由干簧管和线圈组成。如图 9-19（a）所示列出一些常见的干簧继电器的实物外形，如图 9-19（b）所示为干簧继电器的图形符号。

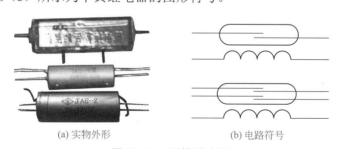

(a) 实物外形　　　　　　　　　(b) 电路符号

图 9-19　干簧继电器

### 9.3.6　干簧继电器的工作原理

干簧继电器的工作原理如图 9-20 所示。

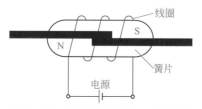

图 9-20　干簧继电器的工作原理

当干簧继电器线圈未加电压时，内部两个簧片不带磁性，处于断开状态，给线圈加电压后，线圈产生磁场，线圈的磁场将内部两个簧片磁化而带上磁性，一个簧片磁性为 N，另一个簧片磁性为 S，两个簧片磁性相异产生吸引，从而使两簧片的触点接触。

### 9.3.7　干簧继电器的应用电路

如图 9-21 所示是一个光控开门控制电路，它可根据有无光线来启动电动机工作，让电动机驱动大门打开。图中的光控开门控制电路主要是由干簧继电器 GHG、继电器 $K_1$ 和安装在大门口的光敏电阻 $R_G$ 及电动机组成的。

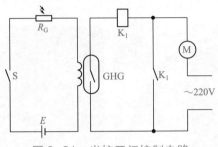

图 9-21　光控开门控制电路

在白天，将开关 S 断开，自动光控开门电路不工作。在晚上，将 S 闭合，在没有光线照射大门时，光敏电阻 $R_G$ 阻值很大，流过干簧继电器线圈的电流很小，干簧继电器不工作，若有光线照射大门（如汽车灯）时，光敏电阻阻值变小，流过干簧继电器线圈的电流很大，线圈产生磁场将管内的两块簧片磁化，两块簧片吸引而使触点接触，有电流流过继电器 $K_1$ 线圈，线圈产生磁场吸合常开触点 $K_1$，$K_1$ 闭合，有电流流过电动机，电动机运转，通过传动机构将大门打开。

### 9.3.8　干簧继电器的检测

对于干簧继电器，在常态检测时，除了要检测触点引脚间的电阻外，还要检测线圈引脚间的电阻，正常触点间的电阻为 ∞，线圈引脚间的电阻应为十几欧至几十千欧。

干簧继电器常态检测正常后，还需要给线圈通电进行检测。干簧继电器通电检测如图 9-22 所示，将万用表拨至"R×1Ω"挡，测量干簧继电器触点引脚之间的电阻，然后给线圈引脚通额定工作电压，正常触点引脚间的阻值应由 ∞ 变为 0Ω，若阻值始终为 ∞，说明干簧管触点无法闭合。

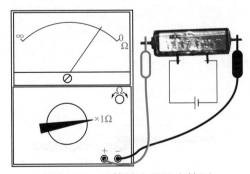

图 9-22　干簧继电器通电检测

# 第10章

# 过流、过压保护元器件

## 10.1 过流保护元器件

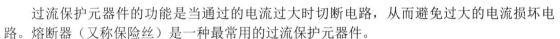

过流保护元器件的功能是当通过的电流过大时切断电路，从而避免过大的电流损坏电路。熔断器（又称保险丝）是一种最常用的过流保护元器件。

熔断器可分为两类：一类是不可恢复型熔断器，这种熔断器的熔丝被大电流烧断后不会恢复，损坏后需要重新更换，电子电器中最常用的玻壳熔断器就属于该类型的熔断器；另一类是可恢复型熔断器，这种熔断器在通过大电流时温度升高，阻值急剧变大，呈开路状态，断电后温度降低，其阻值会自动恢复变小，自恢复熔断器就属于该类型的熔断器。熔断器常用符号如图 10-1 所示。

### 10.1.1 玻壳熔断器

（1）外形

玻壳熔断器是一种不可恢复型熔断器，其外形如图 10-2 所示。

图 10-1 熔断器常用符号

图 10-2 玻壳熔断器外形

**（2）种类**

玻壳熔断器有普通型和延时型两种，普通熔断器通过的电流超过额定电流时会马上烧断，而延时熔断器允许短时电流超过其额定电流而不会损坏。普通熔断器和延时熔断器可从外观识别出来，如图 10-3 所示，左方的熔断器内部有一根直线熔丝，它为普通熔断器，右方的熔断器内部有一根螺旋状的熔丝，它为延时熔断器。延时熔断器主要用一些开机电流很大、正常工作时电流小的电路中，彩色电视机的电源电路就使用延时熔断器，其它电器大部分使用普通熔断器。

图 10-3　普通熔断器和延时熔断器

**（3）选用**

玻壳熔断器一般会标注额定电压值或额定电流值，例如某熔断器标注"250V/2A"，表示该熔断器应用在 250V 电压以下、电流不超过 2A 的电路中。在选用时，要先了解电路的电压和电流情况，再根据合适的熔断器，选择时要求所选熔断器的额定电压应高于电路可能有的最高电压、额定电流应略大于电路可能有的最大电流。

**（4）好坏检测**

在判别玻壳熔断器的好坏时，可先查看玻壳内部的熔断器是否断开，若断开则熔断器开路。如果要准确判断熔断器是否损坏，应使用万用表来检测，检测时万用表拨至"R×1Ω"挡，红、黑表笔分别接熔断器两端的金属帽，正常熔断器的阻值应为 0Ω，若阻值无穷大则为内部熔丝开路。

## 10.1.2　自恢复熔断器

**（1）外形**

自恢复熔断器是一种可恢复型熔断器，它采用高分子有机聚合物在高压、高温、硫化反应的条件下，掺入导电粒子材料后，经过特殊的工艺加工而成。自恢复熔断器的外形如图 10-4 所示。

图 10-4　自恢复熔断器的外形

**（2）工作原理**

自恢复熔断器是在经特殊处理的高分子聚合树脂中掺入导电粒子材料后制成的。在正常情况下，聚合树脂与导电粒子紧密结合在一起，此时的自恢复熔断器呈低阻状态，如果流过的电流在允许范围内，其产生的热量较小，不会改变导电树脂结构。当电路发生短路或过载时，流经自恢复熔断器的电流很大，其产生的热量使聚合树脂融化，体积迅速增大，自恢复熔断器呈高阻状态，工作电流迅速减小，从而对电路进行过流保护。当故障排除，聚合树脂重新冷却缩小，导电粒子重新紧密接触而形成导电通路，自恢复熔断器重新恢复为低阻状态，从而完成对电路的保护，由于具有自恢复功能，不需要人工更换。

自恢复熔断器是否动作与本身热量有关，如果电流使本身产生的热量大于其向外界散发的热量，其温度会不断升高，内部聚合树脂体积增大而使熔断器阻值变大，流过的电流减小，该电流用于维持聚合树脂的温度，让熔断器保持高阻状态。当故障排除后或切断电源后，通过自恢复熔断器的电流减小到维持电流以下，其内部聚合物温度下降而恢复为低阻状态。一般来说，体积大、散热条件好的自恢复熔断器动作电流更大些。

（3）主要参数

自恢复熔断器的主要参数如下。

① $I_h$——最大工作电流（额定电流、维持电流）。元器件在 25℃ 环境温度下保持不动作的最大工作电流。

② $I_t$——最小动作电流。元器件在 25℃ 环境温度下启动保护的最小电流。$I_t$ 为 $I_h$ 的 1.7～3 倍，一般为 2。

③ $I_{max}$——最大过载电流。元器件能承受的最大电流。

④ $P_{dmax}$——最大允许功耗。元器件在工作状态下的允许消耗最大功率。

⑤ $U_{max}$——最大工作电压（耐压、额定电压）。元器件的最大工作电压。

⑥ $U_{max}$——最大过载电压。元器件在阻断状态下所承受的最大电压。

⑦ $R_{min}$——最小阻值。元器件在工作前的初始最小阻值。

⑧ $R_{max}$——最大阻值。元器件在工作前的初始最大阻值，自恢复熔断器的初始阻值应在 $R_{min}$～$R_{max}$ 之间。

表 10-1 列出了 RXE 系列自恢复熔断器的主要参数。

表 10-1　RXE 系列自恢复熔断器的主要参数（20℃）

| 参数名称<br>型号 | 保持电流 /A | 触发断开的最大时间<br>（5倍保持电流）/s | 原始阻抗 | |
|---|---|---|---|---|
| | | | 最低电阻 /Ω | 最高电阻 /Ω |
| RXE010 | 0.10 | 4.0 | 2.50 | 4.50 |
| RXE017 | 0.17 | 3.0 | 3.30 | 5.21 |
| RXE020 | 0.20 | 2.2 | 1.83 | 2.84 |
| RXE025 | 0.25 | 2.5 | 1.25 | 1.95 |
| RXE030 | 0.30 | 3.0 | 0.88 | 1.36 |
| RXE040 | 0.40 | 3.8 | 0.55 | 0.86 |
| RXE050 | 0.50 | 4.0 | 0.50 | 0.77 |
| RXE065 | 0.65 | 5.3 | 0.31 | 0.48 |
| RXE075 | 0.75 | 6.3 | 0.25 | 0.40 |
| RXE090 | 0.90 | 7.2 | 0.20 | 0.31 |
| RXE110 | 1.10 | 8.2 | 0.15 | 0.25 |
| RXE135 | 1.35 | 9.6 | 0.12 | 0.19 |
| RXE160 | 1.60 | 11.4 | 0.09 | 0.14 |
| RXE185 | 1.85 | 12.6 | 0.08 | 0.12 |
| RXE250 | 2.50 | 15.6 | 0.05 | 0.08 |
| RXE300 | 3.00 | 19.8 | 0.04 | 0.06 |
| RXE375 | 3.75 | 24.0 | 0.03 | 0.05 |

（4）型号含义

自恢复熔断器无统一的命名方法，较常用的 RF/WH 系列自恢复熔断器的型号含义如下：

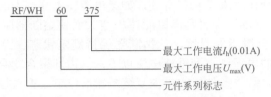

RF/WH 60 375 表示该元器件为 RF/WH 系列自恢复熔断器，其最大工作电压为 60V，最大工作电流为 3.75A。

（5）选用

① 选用说明

选用熔断器的要点如下：

a. 根据电路的需要，选择合适类型的熔断器（如自恢复型、贴片安装方式熔断器）；

b. 在确定熔断器的额定电压时，要求熔断器额定电压应大于熔断器安装电路处可能有的最高电压；

c. 在确定熔断器的额定电流 $I$ 时，可按以下公式来求：

$$I=I_t/(f_0 f_1) \tag{10-1}$$

式中　$I_t$——保护电流（动作电流）；

$f_0$——不同规范熔断器的折减率，对于 ICE 规范的熔断器，折减率 $f_0=1$，对于 UL 规范的熔断器，折减率 $f_0=0.75$；

$f_1$——不同温度下的折减率。

环境温度（熔断器周围的温度）越高，熔断器工作时越容易发热，寿命就越短，

熔断器在不同温度下的折减率 $f_1$ 值如图 10-5 所示，曲线 A 为玻壳熔断器（满熔断丝，低分辨力）的温度折减率，曲线 B 为陶瓷管熔断器（快熔断熔断器和螺旋式绕制熔断器，高分辨力）的温度折减率，曲线 C 为自恢复熔断器的温度折减率，在室温 25℃时，三种类型的熔断器的温度折减率 $f_1$ 均为 1。

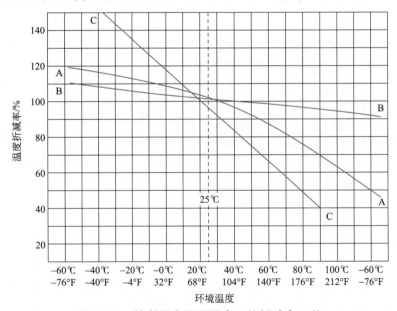

图 10-5　熔断器在不同温度下的折减率 $f_1$ 值

② 选用举例

某电路额定电压为 12V，正常工作电流为 2A，熔断器长期工作在 90℃，如果选用 UL 规范的自恢复熔断器，则熔断器的温度折减率 $f_1$ 为 40%、规范折减率 $f_0$=0.75，那么熔断器的额定电流 $I=I_t/(f_0 f_1)=2/(0.75×0.4)=6.6A$，故可选用 RF/WH16-700 型自恢复熔断器。

如果选用 ICE 规范的自恢复熔断器，熔断器长期工作在 25℃，则要求熔断器的额定电流 $I=I_t/(f_0 f_1)=2/(1×1)=2A$，那么可选用 RF/WH16-200 型自恢复熔断器。

（6）检测

自恢复熔断器的阻值很小，大多数在 10Ω 以下，通常额定电压（耐压）越高的阻值越大，额定电流（维持电流）越大的阻值越小。

由于自恢复熔断器的阻值很小，在检测时，使用万用表"R×1Ω"挡测量其阻值，正常阻值一般在几十欧姆以下，如果阻值无穷大，则熔断器开路。

如果要检测自恢复熔断器的动作电流，可按如图 10-6 所示方式将熔断器与电源、开关连接起来，在测量时，将可调电压调到最低，万用表拨至大电流挡，让开关处于断开状态，红、黑表笔接开关两端，然后将电源电压慢慢调高，同时观察万用表指示电流值，当出现电流突然减小时，则减小前的最大电流值即为自恢复熔断器的动作电流值。可调电源也可以用多节干电池（最好为新的优质电池，以便能输出大电流）来代替，以电池逐个叠加来慢慢增高电压。

### 10.1.3 熔断电阻器

熔断电阻器又称保险电阻器，是一种具有熔断器和电阻器双重作用的元器件，其阻值较小，阻值范围一般在 0.22～5.1kΩ 之间，多数低于 100Ω。熔断电阻器常用字母"RF"或"R"表示，在电路中用作过流保护，广泛用于电视机、音响和计算机显示器等设备中。

（1）外形与符号

熔断电阻器外形如图 10-7（a）所示，熔断电阻器没有统一的电路符号，如图 10-7（b）所示是一些常用的表示符号。

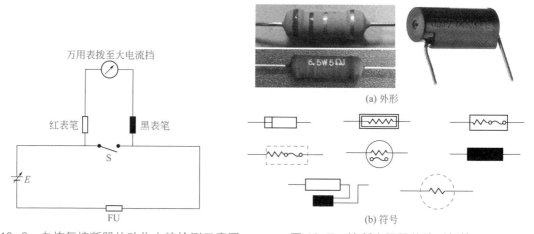

(a) 外形

(b) 符号

图 10-6　自恢复熔断器的动作电流检测示意图　　图 10-7　熔断电阻器的外形与符号

（2）种类

熔断电阻器可分为可恢复型熔断电阻器和不可恢复型熔断电阻器。

① 可恢复型熔断电阻器　可恢复型熔断电阻器是将普通电阻器或电阻丝用低熔点焊料与弹性金属片以串联方式焊接在一起，再密封起来。在额定电流内，可恢复型熔断电阻器相当于固定电阻器，当电路出现过大电流时，可恢复熔断电阻器的焊点首先熔化，使弹性金属

片与电阻器断开。在排除电路故障后，按要求将电阻器与金属片焊好，即可恢复正常使用。

② 不可恢复型熔断电阻器　不可恢复型熔断电阻器在电路正常工作时起固定电阻器作用，当其工作电流超过额定电流时，熔断电阻器将会像熔断器一样熔断，对电路进行保护，不可恢复型熔断电阻器熔断后，无法实行修复，只能更换新的熔断电阻器。

不可恢复型熔断电阻器根据电阻体使用材料不同，可分为线绕式熔断电阻器和膜式熔断电阻器。

a. 线绕式熔断电阻器　线绕式熔断电阻器属于功率型涂釉电阻器，其阻值较小，通常用于工作电流较大的电路中。

b. 膜式熔断电阻器　膜式熔断电阻器是使用最多的熔断电阻器，又分为碳膜熔断电阻器、金属膜熔断电阻器和金属氧化膜熔断电阻器等多种。膜式熔断电阻器的外壳有陶瓷、有机硅树脂、阻燃漆等材料、封装外形有长方形、圆柱形、腰鼓形等多种形式。常用的国产金属膜熔断电阻器有 RJ90-A、FJ90-B 系列和 RF10、RF11 系列。

（3）损坏后的应急处理方法

如果熔断电阻器损坏，应先查明损坏，绝不允许盲目更换，更不能用普通电阻器代换。如果无相同规格的熔断电阻器，可采用以下应急方法处理。

① 用电阻器和保险丝串联代用　将一个电阻器和一根保险丝（或保险管）串联起来代用。在代用时，电阻器的阻值、功率与熔断电阻器的规格相同，保险丝的电流 $I$ 可按 $I^2R=0.5P$ 来计算，$R$、$P$ 分别为电阻器的阻值和功率。例如原熔断电阻器的规格为 $10\Omega/2W$，则代用的电阻器规格可选 $10\Omega/2W$，保险丝的额定电流按 $I^2 \times 10=0.5 \times 2$ 计算，结果可求得 $I$ 约为 $0.3A$，即代用的保险丝规格为 $0.3A$。

② 一些阻值较小的熔断电阻器可直接用保险丝代用　这种方法适合于 $1\Omega$ 以下的熔断电阻器，保险丝的熔断电流值可用 $I^2R=0.5P$ 来计算。

（4）应用电路

熔断电阻器的应用电路如图 10-8 所示，该电路是电视机的行输出电路的供电电路。行输出电路是电视机中耗电很大的电路，为保护行输出电路和电源电路，在两者之间串接一个熔断电阻器，当行输出电路出现故障导致电流过大时，熔断电阻器熔断开路，切断行输出电路的供电，这样不但可防止行输出电路因大电流损坏更多元器件，还可以防止电源电路长时间输出大电流导致自身一些元器件过热而损坏。

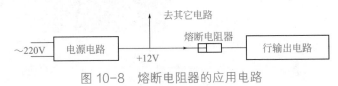

图 10-8　熔断电阻器的应用电路

## 10.2　过压保护元器件

过压保护元器件的功能是当电路中的电压过高时，元器件马上由高阻状态转变成低阻状态，将高压泄放掉，从而避免过高的电压损坏电路。过压保护元器件种类较多，常用的有压敏电阻器和瞬态电压抑制二极管。

### 10.2.1　压敏电阻器

压敏电阻器是一种对电压敏感的特殊电阻器，当两端电压低于标称电压时，其阻值接近无穷大，当两端电压超过压敏电压值时，阻值急剧变小，如果两端电压回落至压敏电压值以下时，其阻值又恢复到接近无穷大。压敏电阻器种类较多，以氧化锌（ZnO）为材料制作而成的压敏电阻器应有最为广泛。

（1）外形与符号

压敏电阻器外形与符号如图 10-9 所示。

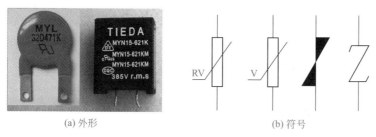

(a) 外形　　　　　　　　　　　　(b) 符号

图 10-9　压敏电阻器

（2）应用电路

压敏电阻器具有过压时阻值变小的性质，利用该性质可以将压敏电阻器应用在保护电路中。压敏电阻器的典型应用电路如图 10-10 所示。

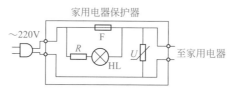

图 10-10　压敏电阻器的典型应用电路

如图 10-10 所示是一个家用电器保护器，在使用时将它接在 220V 市电和家用电器之间。在正常工作时，220V 市电通过保护器中的熔断器 F 和导线送给家用电器。当某些因素（如雷电窜入电网）造成市电电压上升时，上升的电压通过插头、导线和熔断器加到压敏电阻器两端，压敏电阻器马上击穿而阻值变小，流过熔断器和压敏电阻器的电流急剧增大，熔断器瞬间熔断，高电压无法到达家用电器，从而保护了家用电器不被高压损坏。在熔断器熔断后，有较小的电流流过高阻值的电阻 R 和灯泡，灯泡亮，指示熔断器损坏。由于压敏电阻器具有自我恢复功能，在电压下降后阻值又变为无穷大，当更换熔断器后，保护器可重新使用。

（3）主要参数与型号含义

① 主要参数

压敏电阻器参数很多，主要参数有压敏电压、最大连续工作电压和最大限制电压。

压敏电压又称击穿电压或阈值电压，当加到压敏电阻器两端电压超过压敏电压时，阻值会急剧减小。最大连续工作电压是指压敏电阻器长期使用时两端允许的最高交流或直流电压，最大限制电压是指压敏电阻器两端不允许超过的电压。对于压敏电阻器，若最大连续工作交流电压为 $U$，则最大连续工作直流电压为 $1.3U$ 左右，压敏电压为 $1.6U$ 左右，最大限制电压为 $2.6U$ 左右。压敏电阻器的压敏电压可在 $10\sim9000V$ 范围选择。

② 型号含义

MY 表示压敏电阻器。

压敏电压用三位数字表示：前两位数字为有效数字，第三位数字表示 0 的个数。如 470 表示 47V，471 表示 470V。

电压误差用字母表示：J 表示 ±5%、K 表示 ±10%、L 表示 ±15%、M 表示 ±20%。

瓷片直径用数字表示：有 φ5、φ7、φ10、φ14、φ20 等，单位为 mm。

型号分类用字母表示：D——通用型、H——灭弧型、L——防雷型、T——特殊型、G——

浪涌抑制型、Z——组合型、S——元器件保护用。

细分类用数字表示：表示型号分类中更细的分类号。例如：MYDO7K680 表示标称电压 68V，电压误差为 ±10%，瓷片直径 7mm 的通用型压敏电阻；MYG20G05K151 表示压敏电压（标称电压）为 150V，电压误差为 ±10%，瓷片直径为 5mm，为浪涌抑制型压敏电阻器。

如图 10-11 所示，压敏电阻器标注"621K"，其中"621"表示压敏电压为 $62 \times 10^1 = 620V$，"K"表示误差为 ±10%。若标注为"620"则表示压敏电压为 $62 \times 10^0 = 62V$。

压敏电压为620V(1±10%)

最大连续工作电压(交流)为385V

图 10-11　压敏电阻器的参数识别

**（4）用指针万用表检测压敏电阻器**

由于压敏电阻器两端电压低于压敏电压时不会导通，故可以用万用表欧姆挡检测其好坏。万用表置于"R×10kΩ"挡，如图 10-12 所示，将红、黑表笔分别接压敏电阻器两个引脚，然后在刻度盘上查看测得阻值的大小。

若压敏电阻器正常，阻值应无穷大或接近无穷大。

若阻值为 0，说明压敏电阻器短路。

若阻值偏小，说明压敏电阻器漏电，不能使用。

**（5）用数字万用表检测压敏电阻器**

用数字万用表检测压敏电阻器如图 10-13 所示，挡位开关选择"20MΩ"挡，红、黑表笔接压敏电阻器的两个引脚，显示屏显示溢出符号 OL，表示压敏电阻器的两引脚间的电阻超过 20MΩ，压敏电阻器正常。

压敏电阻器的检测

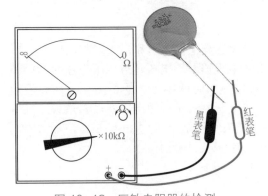

黑表笔　红表笔

图 10-12　压敏电阻器的检测

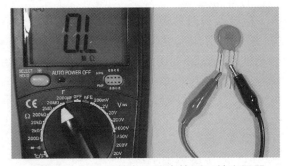

图 10-13　用数字万用表检测压敏电阻器

### 10.2.2　瞬态电压抑制二极管

**（1）外形与图形符号**

瞬态电压抑制二极管又称瞬态抑制二极管，简称 TVS，是一种二极管形式的高效能保护元器件，当它两极间的电压超过一定值时，能以极快的速度导通，吸收高达几百到几千瓦的浪涌功率，将两极间的电压固定在一个预定值上，从而有效地保护电子线路中的精密元器件。常见的瞬态电压抑制二极管外形如图 10-14（a）所示。瞬态电压抑制二极管有单向型和双向型之分，其图形符号如图 10-14（b）所示。

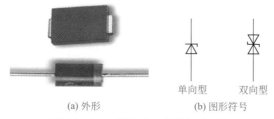

<table>
<tr><td>单向型</td><td>双向型</td></tr>
<tr><td>(a) 外形</td><td>(b) 图形符号</td></tr>
</table>

图 10-14　瞬态电压抑制二极管

**（2）单向和双向瞬态电压抑制二极管的应用电路**

单向瞬态电压抑制二极管用来抑制单向瞬间高压，如图 10-15（a）所示，当大幅度正脉冲的尖峰来时，单向 TVS 反向导通，正脉冲被箝在固定值上，在大幅度负脉冲来时，若 B 点电压低于 $-0.7$V，单向 TVS 正向导通，B 点电压被箝在 $-0.7$V。

双向瞬态电压抑制二极管可抑制双向瞬间高压，如图 10-15（b）所示，当大幅度正脉冲的尖峰来时，双向 TVS 导通，正脉冲被箝在固定值上，当大幅度负脉冲的尖峰来时，双向 TVS 导通，负脉冲被箝在固定值上。在实际电路中，双向瞬态电压抑制二极管更为常用，如无特别说明，瞬态电压抑制二极管均是指双向。

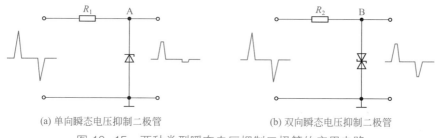

(a) 单向瞬态电压抑制二极管　　(b) 双向瞬态电压抑制二极管

图 10-15　两种类型瞬态电压抑制二极管的应用电路

**（3）选用**

在选用瞬态电压抑制二极管时，主要考虑极性、反向击穿电压和峰值功率，在峰值功率一定的情况下，反向击穿电压越高，允许的峰值电流越小。

从型号了解瞬态电压抑制二极管的主要参数举例：

① 型号 P6SMB6.8A：P6——峰值功率为 600W，6.8——反向击穿电压为 6.8V，A——单向；

② 型号 P6SMB18CA：P6——峰值功率为 600W，18——反向击穿电压为 18V，CA——双向；

③ 型号 1.5KE10A：1.5K——峰值功率为 1.5kW，10——反向击穿电压为 10V，A——单向；

④ 型号 P6KE33CA：P6——峰值功率为 600W，33——反向击穿电压为 33V，CA——双向。

**（4）用指针万用表检测瞬态电压抑制二极管**

单向瞬态电压抑制二极管具有单向导电性，极性与好坏检测方法与稳压二极管相同。

双向瞬态电压抑制二极管两引脚无极性之分，用万用表"R×10kΩ"挡检测时正反向阻

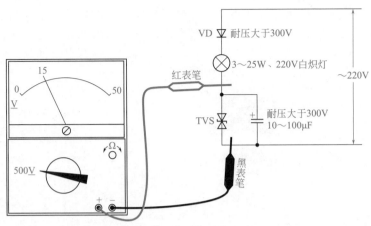

图 10-16　双向瞬态电压抑制二极管的检测

值应均为无穷大。双向瞬态电压抑制二极管的击穿电压的检测如图 10-16 所示，二极管 VD 为整流二极管，白炽灯用作降压限流，在 220V 电压正半周时 VD 导通，对电容充得上正下负的电压，当电容两端电压上升到 TVS 的击穿电压时，TVS 击穿导通，两端电压不再升高，万用表测得电压近似为 TVS 的击穿电压。该方法适用于检测击穿电压小于 300V 的瞬态电压抑制二极管，因为 220V 电压对电容充电最高达 300 多伏。

瞬态电压抑制
二极管的检测

（5）用数字万用表检测瞬态电压抑制二极管

用数字万用表检测单向瞬态电压抑制二极管如图 10-17 所示，挡位开关选择二极管测量挡，红、黑表笔接单向瞬态电压抑制二极管，正反各测一次，正常会出现一次显示 OL 符号（不导通），一次显示 0.400～0.800 范围内的数值，以这次测量为准，红表笔接的为单向瞬态电压抑制二极管的正极，黑表笔接的为负极。

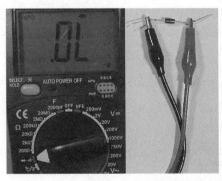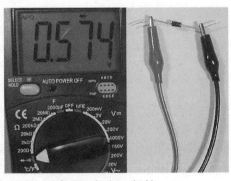

图 10-17　用数字万用表检测单向瞬态电压抑制二极管

# 第11章

## 光电器件

## 11.1 发光二极管（LED）

### 11.1.1 普通发光二极管

（1）外形与符号

发光二极管是一种电－光转换器件，能将电信号转换成光。如图 11-1（a）所示是一些常见的发光二极管的实物外形，如图 11-1（b）所示为发光二极管的电路符号。

（2）应用电路

发光二极管在电路中需要正接才能工作。下面以如图 11-2 所示的电路来说明发光二极管的性质。

(a) 实物外形　　　　　(b) 电路符号

图 11-1　发光二极管

图 11-2　发光二极管的应用电路

在图 11-2 中，可调电源 $E$ 通过电阻 $R$ 将电压加到发光二极管 VD 两端，电源正极对应 VD 的正极，负极对应 VD 的负极。将电源 $E$ 的电压由 0 开始慢慢调高，发光二极管两端电压 $U_{VD}$ 也随之升高，在电压较低时发光二极管并不导通，只有 $U_{VD}$ 达到一定值时，VD 才导通，此时的 $U_{VD}$ 电压称为发光二极管的导通电压。发光二极管导通后有电流流过，就开始发光，流过的电流越大，发出光线越强。

不同颜色的发光二极管，其导通电压有所不同，红外线发光二极管最低，略高于 1V，红光二极管 1.5～2V，黄光二极管 2V 左右，绿光二极管 2.5～2.9V，高亮度蓝光、白光二极管导通电压一般达到 3V 以上。

发光二极管正常工作时的电流较小，小功率的发光二极管工作电流一般在 3～20mA，若流过发光二极管的电流过大，容易被烧坏。发光二极管的反向耐压也较低，一般在 10V 以下。在焊接发光二极管时，应选用功率在 25W 以下的电烙铁，焊接点应离管帽 4mm 以上。焊接时间不要超过 4s。最好用镊子夹住管脚散热。

**（3）限流电阻的阻值计算**

由于发光二极管的工作电流小、耐压低，故使用时需要连接限流电阻，如图 11-3 所示是发光二极管的两种常用驱动电路，在采用图 11-3（b）所示的晶体管驱动时，晶体管相当于一个开关（电子开关），当基极为高电平时三极管会导通，相当于开关闭合，发光二极管有电流通过而发光。

发光二极管的限流电阻的阻值可按 $R=(U-U_F)/I_F$ 计算，$U$ 为加到发光二极管和限流电阻两端的电压，$U_F$ 为发光二极管的正向导通电压（1.5～3.5V，可用数字万用表二极管测量获得），$I_F$ 为发光二极管的正向工作电流（3～20mA，一般取 10mA）。

**（4）引脚极性判别**

① 从外观判别极性　对于未使用过的发光二极管，引脚长的为正极，引脚短的为负极，也可以通过观察发光二极管内电极来判别引脚极性，内电极大的引脚为负极，如图 11-4 所示。

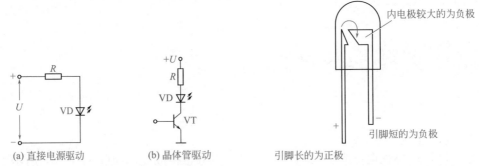

图 11-3　发光二极管的两种常用驱动电路　　图 11-4　从外观判别引脚极性

② 用指针万用表检测极性　发光二极管与普通二极管一样具有单向导电性，即正向电阻小，反向电阻大。根据这一点可以用万用表检测发光二极管的极性。

由于发光二极管的导通电压在 1.5V 以上，而万用表选择"R×1Ω"至"R×1kΩ"挡时，内部使用 1.5V 电池，它所提供的电压无法使发光二极管正向导通，故检测发光二极管极性时，万用表选择"R×10kΩ"挡（内部使用 9V 电池），红、黑表笔分别接发光二极管的两个电极，正、反各测一次，两次测量的阻值会出现一大一小，以阻值小的那次为准，黑表笔接的为正极，红表笔接的为负极。

③ 用数字万用表检测极性　用数字万用表检测发光二极管的极性如图 11-5 所示。测量时万用表选择二极管测量挡，红、黑表笔分别接发光二极管的一个引脚，正反各测一次，当某次测量显示 1.000～3.500 范围内的数值（同时发光二极管可能会发光）时，如图 11-5（b）所示，表明发光二极管已导通，显示值为其导通电压值，此时红表笔接的为发光二极管的正极，黑表笔接的为负极。

发光二极管的检测

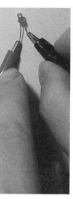

(a) 测量时发光二极管未导通　　　　　　　(b) 测量时发光二极管导通

图 11-5　用数字万用表检测发光二极管引脚的极性

**（5）好坏检测**

在检测发光二极管好坏时，万用表选择"R×10kΩ"挡，测量两引脚之间的正、反向电阻。若发光二极管正常，正向电阻小，反向电阻大（接近∞）。

若正、反向电阻均为∞，则发光二极管开路。

若正、反向电阻均为0Ω，则发光二极管短路。

若反向电阻偏小，则发光二极管反向漏电。

## 11.1.2　LED 灯及交直流供电电路

LED 又称发光二极管，通电后会发光，其工作时电流小，电－光转换效率高，主要用于指示和照明。用作照明一般使用高亮 LED，其导通电压通常在 2.0～3.5V，工作电流一般不能超过 20mA，由于单个 LED 发光亮度不高，故常将多个 LED 串并联起来并与电源电路一起构成 LED 灯。如图 11-6 所示列出了几种常见的 LED 灯。

图 11-6　几种常见的 LED 灯

**（1）采用 220V 交流电源供电的 4 种 LED 灯电路**

**① 直接电阻降压式 LED 灯电路**

如图 11-7 所示是两种简单的电阻降压式 LED 灯电路。对于图 11-7（a）电路，当 220V 电源极性为上正下负时，有电流流过 R 和 LED，当 220V 电源极性为上负下正时，有电流流过 R 和二极管 VD，在 LED 支路两端反向并联一只二极管，目的是防止在 220V 电源极性为上负下正时 LED 被反向击穿，由于 LED 只在交流电源半个周期内工作，故这种电路效率低。图 11-7（b）电路克服了图 11-7（a）电路的缺点，两个支路的 LED 交替工作。

在图 11-7 电路中，支路串接的 LED 数量应不超过 70 只，并联支路的条数应结合 R 的功率来考虑。以图 11-7（b）为例，设两支路串接的 LED 数量都是 60 只，R 的阻值应为：（220−60×3）/0.02=2000Ω，R 的功率应为：（220−60×3）×0.02=0.8W，支路串联的 LED 数量越多，要求 R 的阻值越小、功率越高。对于图 11-7（a）电路，由于电源负半周时 R 两端有

220V 电压，若其阻值小则要求功率大，比如支路串接 60 只 LED，$R$ 的阻值应选择 2000Ω，$R$ 的功率应为（220×220）/2000=24.2W，由于大功率的电阻难找且成本高，故对图 11-17（a）电路支路不要串接太多的 LED。

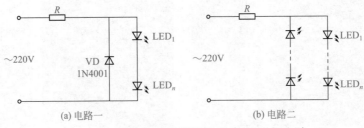

图 11-7　两种简单的电阻降压式 LED 灯电路

② 直接整流式 LED 灯电路

直接整流式 LED 灯电路如图 11-8 所示。220V 电压经 VD$_1$～VD$_4$ 构成的桥式整流电路对电容 C 充电，在 C 上得到 300 左右的电压，该电压经电阻 $R$ 降压限流后提供给 LED，由于 LED 的导通电压为 3V，故该电路最多只能串接 100 只 LED，如果串接 LED 数量少于 90 只，应适合调整 $R$ 的阻值和功率，以串接 70 只 LED 为例，$R$ 的阻值应为：（300−70×3）/0.02=4500Ω，$R$ 的功率应为：（300−70×3）×0.02=1.8W。

对于图 11-8 所示的电路，也可以增加 LED 支路的数量，每条支路电流不能超过 20mA，在增加 LED 支路数量时，应减少 $R$ 的阻值，同时让 $R$ 的功率也符合要求（按计算功率的 1.5 或 2 倍选择），另外要增大电容 C 的容量，以确保 C 两端的电压稳定（C 容量越大，两端电压越稳定）。

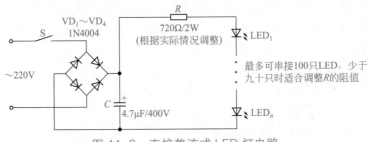

图 11-8　直接整流式 LED 灯电路

③ 电容降压整流式 LED 灯电路

电容降压整流式 LED 灯电路如图 11-9 所示。220V 交流电源经 $C_1$ 降压和 VD$_1$～VD$_4$ 整流后，对 $C_2$ 得到上正下负电压，该电压再经 $R_3$ 降压限流后提供给 LED。$C_2$ 上的电压大小与 $C_1$ 容量有关，$C_1$ 容量越小，$C_2$ 上的电压越低，提供给 LED 的电流越小，$C_1$ 容量为 0.33μF 时，电路适合串接 20 只以内的 LED，提供给 LED 的电流不超过 20mA（LED 数量越多，电

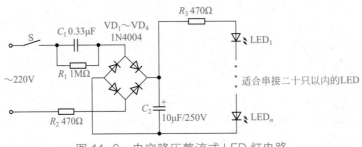

图 11-9　电容降压整流式 LED 灯电路

流越小），如果要串接 30 只以上的 LED，$C_1$ 的容量应换成 0.47μF，$R_2$、$R_3$ 功率应选择 1W 以上。

在 $R_3$ 或 LED 开路的情况下，闭合开关 S 后，$C_2$ 两端会有 300V 左右的电压，如果这时接上 LED。LED 易被高压损坏，所以应在接好 LED 时再闭合开关 S。

④ 整流及恒流供电的 LED 灯电路

整流及恒流供电的 LED 灯电路如图 11-10 所示。220V 交流电源经 $VD_1 \sim VD_4$ 构成的桥式整流电路对电容 $C$ 充电，在 $C$ 上得到 300V 左右的电压，该电压经 $R$ 降压后为三极管 VT 提供基极电压，VT 导通，有电流流过 LED，LED 发光。VT 集电极串接的 LED 至少十几只，最多可九十多只，当串接的 LED 数量较少时，VT 集电极电压很高，其功耗（$P=UI$）大，因此 VT 应选功率大的三极管（如 MJE13003、MJE13005 等），并且安装散热片。$VD_5$ 为 6.2V 的稳压二极管，可以将 VT 的基极电压稳定在 6.2V，在未调节 $R_P$ 时，VT 的 $I_b$ 电流保持不变，$I_c$ 电流也不变，即流过 LED 的电流为恒流，如果要改变 LED 的电流，可以调节 $R_P$，当 $R_P$ 滑动端上移时，VT 的发射极电压下降，$I_b$ 增大，$I_c$ 增大，流过 LED 的电流增大。

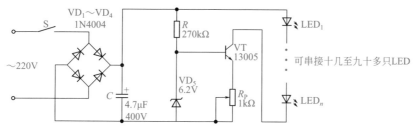

图 11-10　整流及恒流供电的 LED 灯电路

（2）采用直流电源供电的 3 种 LED 灯电路

① 采用 1.5V 电池供电的 LED 灯电路

采用 1.5V 电池供电的 LED 灯电路如图 11-11 所示，该电路实际上是一个简单的振荡电路，在振荡期间将电池的 1.5V 与电感 $L$ 产生的左负右正电动势叠加，得到 3V 电压提供给 LED（可 8 只并联）。

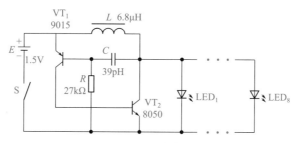

图 11-11　采用 1.5V 电池供电的 LED 灯电路

电路分析如下：

开关 S 闭合后，三极管 $VT_1$ 有 $I_{b1}$ 电流流过而导通，$I_{b1}$ 电流的途径是：电源 $E+\to VT_1$ 的 e、b 极 $\to R \to$ 开关 S $\to E-$，$VT_1$ 导通后的 $I_{c1}$ 电流流过 $VT_2$ 的发射结，$VT_2$ 导通，$VT_2$ 的 $U_{c2}$ 下降，由于电容两端电压不能突变（电容充放电都需要一定的时间），当电容一端电压下降时，另一端也随之下降，故 $VT_1$ 的 $U_{b1}$ 也下降，$I_{b1}$ 增大，$VT_1$ 的 $U_{c1}$ 上升（三极管基极与集电极是反相关系），$VT_2$ 的 $U_{b2}$ 上升，$I_{b2}$ 增大，$U_{c2}$ 下降，这样会形成正反馈，正反馈结果使 $VT_1$、$VT_2$ 都进入饱和状态。

在 $VT_1$、$VT_2$ 饱和期间，有电流流过电感 $L$（电流途径是：$E+\to L \to VT_2$ 的 c、e 极 $\to$ S $\to$ $E-$），$L$ 产生左正右负电动势阻碍电流，同时储存能量，另外，$VT_1$ 的 $I_{b1}$ 电流对电容 $C$ 充

（电流途径是：$E+\to VT_1$ 的 e、b 极 $\to C\to VT_2$ 的 c、e 极 $\to S\to E-$），在 $C$ 上充得左正右负电压，随着充电的进行，$C$ 的左正电压越来越高，$I_{b1}$ 电流越来越小，$VT_1$ 退出饱和进入放大，$I_{b1}$ 减小，$I_{c1}$ 也减小，$U_{c1}$ 下降，$U_{b2}$ 下降，$VT_2$ 退出饱和进入放大，$I_{b2}$ 减小，$I_{c2}$ 也减小，$U_{c2}$ 上升，$U_{b1}$ 上升，这样又会形成正反馈，正反馈结果使 $VT_1$、$VT_2$ 都进入截止状态。

在 $VT_1$、$VT_2$ 截止期间，$VT_2$ 的截止使 $L$ 产生左负右正电动势，该电动势（可近为一个左负右正的电池）与 1.5V 电源叠加，得到 3V 电压提供给 LED，LED 发光，另外，$L$ 的左负右正电动势还会对 $C$ 充电（充电途径：$L$ 右正 $\to C\to R\to S\to E\to L$ 左负），该充电将 $C$ 的原左正右负电压抵消，$C$ 上的电压抵消后，$VT_1$ 的 $U_{b1}$ 电压下降，又有 $I_{b1}$ 电流流过 $VT_1$，$VT_1$ 导通，开始下一次振荡。

② 采用 4.2～12V 直流电源供电的 LED 灯电路

采用 4.2～12V 直流电源（如蓄电池和充电器等）供电的 LED 灯电路如图 11-12 所示，每条支路可串接 1～3 只 LED，由于 LED 的导通电压为 3V，串接 LED 的导通总电压不能高于电源电压，电路并联支路的条数与电源输出电流大小有关，输出电流越大，可并联更多的支路。

支路的降压限流电阻大小与电源电压值及支路 LED 的只数有关。若电源 $E=5V$，支路可串接一只 LED，串接的降压限流电阻 $R=(5-3)/0.02=100\Omega$；若电源 $E=12V$，支路可串接 3 只 LED，串接的降压限流电阻 $R=(12-3\times 3)/0.02=150\Omega$。

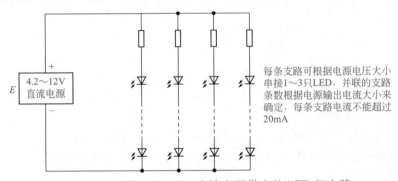

每条支路可根据电源电压大小串接1～3只LED，并联的支路条数根据电源输出电流大小来确定，每条支路电流不能超过20mA

图 11-12　采用 4.2～12V 直流电源供电的 LED 灯电路

③ 采用 36V/48V 蓄电池供电的 LED 灯电路

电动自行车一般采用 36V 或 48V 蓄电池作为电源，若将车灯改为 LED 灯，可以延长电池使用时间。如图 11-13 所示是一种采用 36V/48V 蓄电池恒流供电的 LED 灯电路，它有 5 条支路，每条支路串接 10 只 LED，为避免某个 LED 开路使整条支路 LED 不亮，还将各 LED 并联起来构成串并阵列。$R_1$、$R_2$、VD 和 VT 构成恒流电路，调节 $R_2$ 值让 VT 的 $I_c$ 电流为 90mA，则每只 LED 流过的电流为 90/5=18mA。

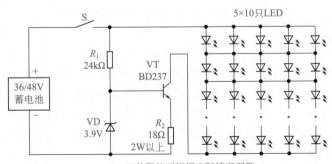

$R_1$、$R_2$ 的阻值可根据实际情况调整

图 11-13　一种采用 36V/48V 蓄电池恒流供电的 LED 灯电路

### 11.1.3 LED 灯带

LED 灯带简称灯带，它是一种将 LED（发光二极管）组装在带状 FPC（柔性线路板）或 PCB 硬板上而构成的形似带子一样的光源。LED 灯带具有节能环保、使用寿命长（可达 8 万～10 万小时）等优点。

**（1）外形与配件**

LED 灯带外形如图 11-14（a）所示，安装灯带需要用到电源转换器、插针、中接头、固定夹和尾塞，如图 11-14（b）所示。电源转换器的功能是将 220V 交流电转换成低压直流电（通常为 +12V），为灯带供电；插针用于连接电源转换器与灯带；中接头用于将两段灯带连接起来；尾塞用于封闭和保护灯带的尾端；固定夹配合钉子可用来固定灯带。

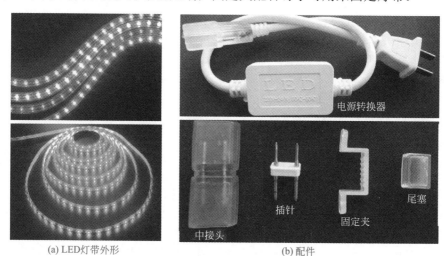

(a) LED灯带外形　　　　　(b) 配件

图 11-14　灯带与配件

**（2）电路结构**

灯带内部的 LED 通常是以串并联电路结构连接的。LED 灯带的典型电路结构如图 11-15 所示。

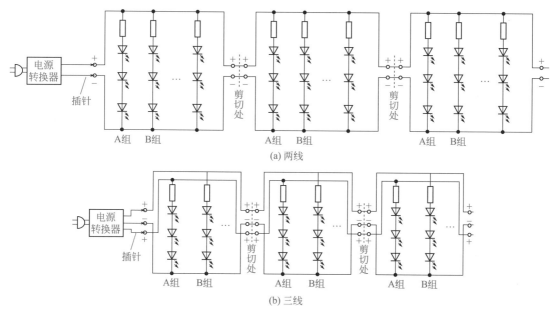

图 11-15　LED 灯带的典型电路结构

如图 11-15（a）所示为两线灯带电路，它以 3 个同色或异色发光二极管和 1 个限流电阻构成一个发光组，多个发光组并联组成一个单元，一个灯带由一个或多个单元组成，每个单元的电路结构相同，其长度一般在 1m 或 1m 以下。如果不需要很长的灯带，可以对灯带进行剪切，在剪切时，需在两单元之间的剪切处剪切，这样才能保证剪断后两条灯带上都有与电源转换器插针连接的接触点。

如图 11-15（b）所示为三线灯带电路，这种灯带用 3 根电源线输入两组电源（单独正极、负极共用），两组电源提供到不同类型的发光组，如 A 组为红光 LED、B 组为绿光 LED，如果电源转换器同时输出两组电源，则灯带的红光 LED 和绿光 LED 同时亮，如果电源转换器交替输出两组电源，则灯带的红光 LED 与绿光 LED 交替发光。此外，还有四线、五线灯带，线数越多的灯带，其光线色彩变化越多样，配套的电源转换器的电路越复杂。

在工作时，LED 灯带的每个 LED 都会消耗一定的功率（0.05W 左右），而电源转换器输出功率有限，故一个电源转换器只能接一定长度的灯带，如果连接的灯带过长，灯带亮度会明显下降，因此可剪断灯带，增配电源转换器。

（3）安装

灯带的安装如图 11-16 所示。

灯带安装的具体过程如下。

① 用剪刀从灯带的剪切处剪断灯带，如图 11-16（a）所示。

② 准备好插针。将插针对准灯带内的导线插入，让插针与灯带内的导线良好接触，如图 11-16（b）、（c）所示。

③ 将插针的另一端插入电源转换器的专用插头，如图 11-16（d）所示。

④ 给电源转换器接通 220V 交流电源，灯带变亮，如图 11-16（e）所示，如果灯带不亮，可能是提供给灯带的电源极性不对，可将插针与专用插头两极调换。

在安装灯带时，一般将灯带放在灯槽里摆直就可以了，也可以用细绳或细铁丝固定。如果外装或竖装，需要用固定夹固定，并在灯带尾端安装尾塞，若是安装在户外，最好在尾塞和插头处打上防水玻璃胶，以提高防水性能。

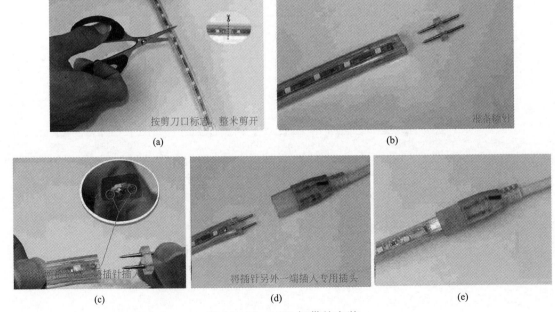

图 11-16　LED 灯带的安装

### 11.1.4 双色发光二极管

（1）外形与符号

双色发光二极管可以发出多种颜色的光线。双色发光二极管有两引脚和三引脚之分，常见的双色发光二极管实物外形如图11-17（a）所示，图11-17（b）为双色发光二极管的电路符号。

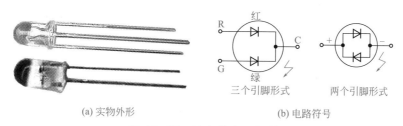

(a) 实物外形　　　　　　　　　(b) 电路符号

图 11-17　双色发光二极管

（2）应用电路

双色发光二极管是将两种颜色的发光二极管制作封装在一起构成的，常见的有红绿双色发光二极管。双色发光二极管内部两个二极管的连接方式有两种：一是共阳或共阴形式（即正极或负极连接成公共端）；二是正负连接形式（即一只二极管正极与另一只二极管负极连接）。共阳或共阴式双色二极管有三个引脚，正负连接式双色二极管有两个引脚。

下面以如图11-18所示的电路来说明双色发光二极管工作原理。

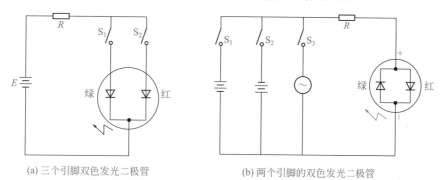

(a) 三个引脚双色发光二极管　　　　　　　　　(b) 两个引脚的双色发光二极管

图 11-18　双色发光二极管的应用电路

如图11-18（a）所示为三个引脚的双色发光二极管应用电路。当闭合开关 $S_1$ 时，有电流流过双色发光二极管内部的绿管，双色发光二极管发出绿色光；当闭合开关 $S_2$ 时，电流通过内部红管，双色发光二极管发出红光；若两个开关都闭合，红、绿管都亮，双色二极管发出的混合色光——黄光。

如图11-18（b）所示为两个引脚的双色发光二极管应用电路。当闭合开关 $S_1$ 时，有电流流过红管，双色发光二极管发出红色光；当闭合开关 $S_2$ 时，电流通过内部绿管，双色发光二极管发出绿光；当闭合开关 $S_3$ 时，由于交流电源极性周期性变化，它产生的电流交替流过红、绿管，红、绿管都亮，双色二极管发出的光线呈红、绿混合色——黄色。

### 11.1.5 三基色与全彩发光二极管

（1）三基色与混色方法

实践证明，自然界几乎所有的颜色都可以由红、绿、蓝三种颜色按不同的比例混合而成，反之，自然界绝大多数颜色都可以分解成红、绿、蓝三种颜色，因此将红（R）、绿

（G）、蓝（B）三种的颜色称为三基色。

　　用三基色几乎可以混出自然界几乎所有的颜色。常见的混色方法如下。

　　① 直接相加混色法　直接相加混色法是指将两种或三种基色按一定的比例混合而得到另一种颜色的方法。如图 11-19 所示为三基色混色环，三个大圆环分别表示红、绿、蓝三种基色，圆环重叠表示颜色混合，例如将红色和绿色等量直接混合在一起可以得到黄色，将红色和蓝色等量直接混合在一起可以得到紫色，将红、绿、蓝三种颜色等量直接混合在一起可得到白色。三种基色在混合时，若混合比例不同，得到的颜色将会不同，由此可混出各种各样的颜色。

　　② 空间相加混色法　当三种基色相距很近，而观察距离又较远时，就会产生混色效果。空间相加混色如图 11-20 所示。图 11-20（a）为三个点状发光体，分别可发出 R（红）、G（绿）、B（蓝）三种光，当它们同时发出三种颜色光时，如果观察距离较远，无法区分出三个点，会觉得是一个大点，那么感觉该点为白色，如果 R、G 发光体同时发光时，会觉得该点为黄色；图 11-20（b）为三个条状发光体，当它们同时发出三种颜色光时，如果观察距离较远，会觉得是一个粗条，那么该粗条为白色，如果 R、G 发光体同时发光时，会觉得粗条为黄色。彩色电视机、液晶显示器等就是利用空间相加混色法来显示彩色图像的。

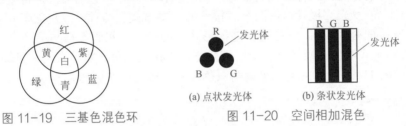

图 11-19　三基色混色环　　　　　图 11-20　空间相加混色

　　③ 时间相加混色法　如果将三种基色光按先后顺序照射到同一表面上，只要基色光切换速度足够快，由于人眼的视觉暂留特性（物体在人眼前消失后，人眼会觉得该物体还在眼前，这种印象约能保留 0.04s 时间），人眼就会获得三种基色直接混合而形成的混色感觉。如图 11-21 所示，先将一束红光照射到一个圆上，让它呈红色，然后迅速移开红光，再将绿光照射到该圆上，只要两者切换速度足够快（不超过 0.04s），绿光与人眼印象中保留的红色相混合，会觉得该圆为黄色。

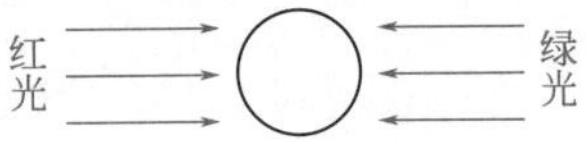

图 11-21　时间相加混色

**（2）全彩发光二极管的外形与图形符号**

　　全彩发光二极管又称全彩发光二极管，其外形和图形符号如图 11-22 所示。

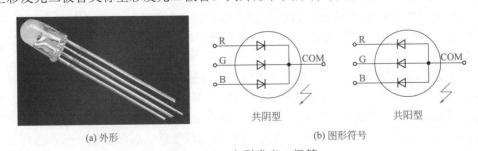

(a) 外形　　　　　　　　　　(b) 图形符号

图 11-22　全彩发光二极管

**（3）全彩发光二极管的应用电路**

　　全彩发光二极管是将红、绿、蓝三种颜色的发光二极管制作并封装在一起构成的，在内部将三个发光二极管的负极（共阴型）或正极（共阳型）连接在一起，再接一个公共引脚。下面以如图 11-23 所示的电路来说明共阴极全彩发光二极管的工作原理。

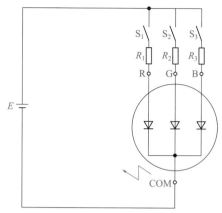

图 11-23  全彩发光二极管的应用电路

当闭合开关 $S_1$ 时，有电流流过内部的 R 发光二极管，全彩发光二极管发出红光；当闭合开关 $S_2$ 时，有电流流过内部的 G 发光二极管，全彩发光二极管发出绿光；若 $S_1$、$S_3$ 两个开关都闭合，R、B 发光二极管都亮，三基色二极管发出混合色光——紫光。

（4）全彩发光二极管的检测

① 类型及公共引脚的检测  全彩发光二极管有共阴、共阳之分，使用时要区分开来。在检测时，万用表拨至"R×10kΩ"挡，测量任意两引脚之间的阻值，当出现阻值小时，红表笔不动，黑表笔接剩下两个引脚中的任意一个。若测得阻值小，则红表笔接的为公共引脚且该脚内接发光二极管的负极，该管子为共阴型管；若测得阻值无穷大或接近无穷大，则该管为共阳型管。

② 引脚极性检测  全彩发光二极管除了公共引脚外，还有 R、G、B 三个引脚，在区分这些引脚时，万用表拨至"R×10kΩ"挡，对于共阴型管子，红表笔接公共引脚，黑表笔接某个引脚，管子有微弱的光线发出，观察光线的颜色。若为红色，则黑表笔接的为 R 引脚；若为绿色，则黑表笔接的为 G 引脚；若为蓝色，则黑表笔接的为 G 引脚。

由于万用表的"R×10kΩ"挡提供的电流很小，因此测量时有可能无法让全彩发光二极管内部的发光二极管正常发光，虽然万用表使用"R×1Ω"至"R×1kΩ"挡时提供的电流大，但内部使用 1.5V 电池，无法使发光二极管导通发光，解决这个问题的方法是将万用表拨至"R×10Ω"或"R×1Ω"挡，如图 11-24 所示，给红表笔串接 1.5V 或 3V 电池，电池的负极接全彩发光二极管的公共引脚，黑表笔接其它引脚，根据管子发出的光线判别引脚的极性。

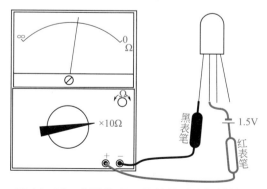

图 11-24  全彩发光二极管的引脚极性检测

③ 好坏检测  从全彩发光二极管内部三只发光二极管的连接方式可以看出，R、G、B 引脚与 COM 引脚之间的正向电阻小，反向电阻大（无穷大），R、G、B 任意两引脚之间的正

反向电阻均为无穷大。在检测时，万用表拨至"R×10kΩ"挡，测量任意两引脚之间的阻值，正反向各测一次。若两次测量阻值均很小或为 0，则管子损坏；若两次阻值均为无穷大，无法确定管子好坏，应一只表笔不动，另一只表笔接其它引脚，再进行正反向电阻测量。也可以先检测出公共引脚和类型，然后测 R、G、B 引脚与 COM 引脚之间的正反向阻值，正常应正向电阻小、反向电阻无穷大，R、G、B 任意两引脚之间的正反向电阻也均为无穷大，否则管子损坏。

### 11.1.6 闪烁发光二极管

（1）外形与结构

闪烁发光二极管在通电后会时亮时暗闪烁发光。如图 11-25（a）所示为常见的闪烁发光二极管实物外形，如图 11-25（b）所示为闪烁发光二极管的结构。

（2）应用电路

闪烁发光二极管是将集成电路（IC）和发光二极管制作并封装在一起。下面以如图 11-26 所示的电路来说明闪烁发光二极管的工作原理。

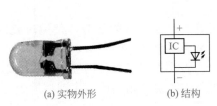

(a) 实物外形　　(b) 结构

图 11-25　闪烁发光二极管

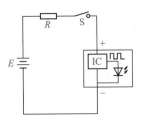

图 11-26　闪烁发光二极管应用电路

当闭合开关 S 后，电源电压通过电阻 R 和开关 S 加到闪烁发光二极管两端，该电压提供给内部的 IC 作为电源，IC 马上开始工作，工作后输出时高时低的电压（即脉冲信号），发光二极管时亮时暗，闪烁发光。常见的闪烁发光二极管有红、绿、橙、黄四种颜色，它们的正常工作电压为 3～5.5V。

（3）用指针万用表检测闪烁发光二极管

闪烁发光二极管电极有正、负之分，在电路中不能接错。闪烁发光二极管的电极判别可借助万用表检测。

在检测闪烁发光二极管时，万用表拨至"R×1kΩ"挡，红、黑表笔分别接两个电极，正、反各测一次，其中一次测量表针会往右摆动到一定的位置，然后在该位置轻微的摆动（内部的 IC 在万用表提供的 1.5V 电压下开始微弱地工作），如图 11-27 所示，以这次测量为准，黑表笔接的为正极，红表接的为负极。

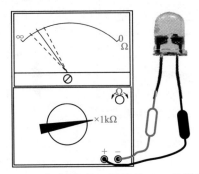

图 11-27　闪烁发光二极管的正、负极检测

（4）用数字万用表检测闪烁发光二极管

用数字万用表检测闪烁发光二极管如图 11-28 所示。测量时万用表选择二极管测量挡，红、黑表笔分别接闪烁发光二极管一个引脚，正反各测一次，当测量出现 1.000～3.500 范围内的数值，同时闪烁发光二极管有微弱的闪烁光发出，如图 11-28（a）所示，表明闪烁发光二极管已工作，此时红表笔接的为闪烁发光二极管正极，黑表笔接的为负极，互换表笔测量时显示屏出现如图 11-28（b）所示的数值，表明闪烁发光二极管反向并联一只二极管，数值为该二极管的导通电压值。

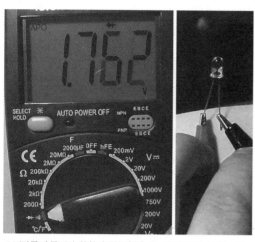

(a) 测量时显示当前值表明闪烁发光二极管正向导通工作  (b) 测量时显示当前值表明发光二极管反向并联了一个二极管

图 11-28　用数字万用表检测闪烁发光二极管

### 11.1.7　红外发光二极管

（1）外形与图形符号

红外发光二极管通电后会发出人眼无法看见的红外光，家用电器的遥控器采用红外发光二极管发射遥控信号。红外发光二极管的外形与图形符号如图 11-29 所示。

（2）检测

① 用指针万用表检测红外发光二极管

红外发光二极管具有单向导电性，其正向导通电压略高于 1V。在检测时，万用表拨至 "R×1kΩ" 挡，红、黑表笔分别接两个电极，正、反各测一次，以阻值小的一次测量为准，红表笔接的为负极，黑表笔接的为正极。对于未使用过的红外发光二极管，引脚长的为正极，引脚短的为负极。

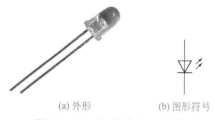

(a) 外形　　　　(b) 图形符号

图 11-29　红外发光二极管

在检测红外发光二极管好坏时，使用万用表的 "R×1kΩ" 挡测正反向电阻，正常时正向电阻在 20～40kΩ 之间，反向电阻应有 500kΩ 以上。若正向电阻偏大或反向电阻偏小，表明管子性能不良；若正反向电阻均为 0 或无穷大，表明管子短路或开路。

② 用数字万用表检测红外发光二极管

用数字万用表检测红外发光二极管如图 11-30 所示。测量时万用表选择二极管测量挡，红、黑表笔分别接红外发光二极管一个引脚，正反各测一次，当测量出现 0.800~2.000 范围内的数值时，如图 11-30（a）所示，表明红外发光二极管已导通（红外发光二极管的导通电压较普通发光二极管低），红表笔接的为红外发光二极管正极，黑表笔接的为负极。互换表笔测量时显示屏会显示 0L 符号，如图 11-30（b）所示，表明红外发光二极管未导通。

（a）测量时已导通                          （b）测量时未导通

图 11-30 用数字万用表检测红外发光二极管

③ 区分红外发光二极管与普通发光二极管

红外发光二极管的起始导通电压为 1~1.3V，普通发光二极管为 1.6~2V，万用表选择"R×1Ω"到"R×1kΩ"挡时，内部使用 1.5V 电池。根据这些规律可使用万用表"R×100Ω"挡来测管子的正反向电阻。若正反向电阻均为无穷大或接近无穷大，所测管子为普通发光二极管；若正向电阻小反向电阻大，所测管子为红外发光二极管。由于红外线为不可见光，故也可使用"R×10kΩ"挡正反向测量管子，同时观察管子是否有光发出，有光发出者为普通二极管，无光发出者为红外发光二极管。

**（3）用手机摄像头判断遥控器的红外发光二极管是否发光**

如果遥控器正常，按压按键时遥控器会发出红外光信号。虽然人眼无法看见红外光，但可借助手机的摄像头或数码相机来观察遥控器能否发出红外光。启动手机的摄像头功能，将遥控器有红外线发光二极管的一端朝向摄像头，再按压遥控器上的按键，若遥控器正常，可以在手机屏幕上看到遥控器发光二极管发出的红外光，如图 11-31 所示。如果遥控器有红外光发出，一般可认为遥控器是正常的。

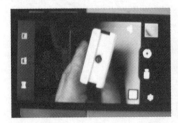

图 11-31 用手机摄像头判断遥控器发光二极管是否发出红外光

## 11.1.8 激光与激光二极管

**（1）激光**

激光是继核能、半导体、计算机之后人类的又一重大发明，激光被称为"最快的刀""最准的尺""最亮的光"。激光主要有以下特性。

① 单色性好　普通的光单色性差，白光是由很多种颜色的光组成，普通单色光也或多或少含有其它颜色的光，而激光颜色极纯。

② 定向性好　普通的光在传播时容易发散，一个小小手电筒射出的光线照射到不远的距离会发散成一个很大的光束；激光光束照射出来后发散极小。

③ 亮度极高、能量密度极大　由于激光的发散极小，大量光子集中在一个极小的空间范围内射出，所以亮度极高。

④ 能量密度大　因为激光定向性好，可以将能量集中在一个很小的点上，故能量密度极大，很容易使照射处发热、熔化。

能发射激光的装置称为激光器，常见的激光器有红宝石激光器和半导体激光器。激光应用很广泛，主要有激光打标、激光焊接、激光切割、光纤通信、激光光谱、激光测距、激光雷达、激光武器、激光影碟机、激光指示器、激光矫视、激光美容、激光扫描、激光灭蚊器等。

（2）小型半导体激光器

小型半导体激光器如图11-32所示。它由激光二极管、限流电阻、聚光透镜、铜材料外壳和引线等组成。激光是由内部的激光二极管发出的，当激光器的红、蓝引线接3～5V直流电源时，经限流电阻后流过内部的激光二极管，使之发出激光，经聚光透镜后射出。小型半导体激光器的主要参数见表11-1。

图 11-32　小型半导体激光器

表 11-1　小型半导体激光器的主要参数

| 发射功率 | 150mW | 供电电压 | 3～5V DC |
|---|---|---|---|
| 标准尺寸 | $\phi6mm \times 10.5mm$ | 工作电流 | <25mA |
| 工作寿命 | 1000h 以上 | 工作温度 | -36～65℃ |
| 光斑模式 | 点状光斑，连续输出 | 贮存温度 | -36～65℃ |
| 激光波长 | 650nm（红色） | 光点大小 | 15米处光点为$\phi10～\phi15mm$ |
| 出光功率 | <5mW | | |

小型半导体激光器应用广泛，不但可以用于激光类玩具，还可用作以下用途。

① 电子教鞭笔　老师讲课时，用激光投射点提请学生观察思考。

② 电子水平尺　让电机带动光头转动或者扭动，投射成直线在墙壁上，供装修或者张贴画像时做水平参考。

③ 微型液晶投影　拆除聚光镜，让激光透过可控制的液晶屏，可以在墙壁产生清晰的投影。

④ 远距激光监听器　让激光照射在被偷听的房间玻璃上，然后接收玻璃反射回的激光束，检测出玻璃的振动还原出房间内的声音。

⑤ 远距光控防盗报警器　在需要保护的鱼塘或者西瓜田的一角安装激光发射管和光敏电阻，在另外三个角装上反面镜，就形成了防护区。

⑥ 远距激光无线通信　用一对激光收发装置分别在两间较远的房顶互相对应，运用单片机的串行通信协议就可以收发文件，甚至联网。

（3）激光二极管

在 VCD、DVD 影碟机和计算机光驱中都有一个激光头，其功能是发射激光照射光盘上的信息轨迹，再将信息轨迹反射回来的激光转换成电信号，从而实现从光盘上读取信息。影碟机中的激光头如图11-33所示，在工作时，可以看见激光头的聚光透镜处有一个细小的激光点（不要用眼睛直视，以免激光伤害人眼）。

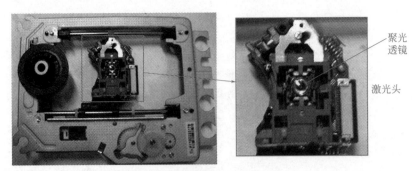

图 11-33　影碟机中的激光头

① 外形与内部电路结构类型

影碟机的激光头是依靠内部的激光二极管发出激光，为了防止激光二极管发光过强而损坏，有的激光二极管内部除了有激光二极管（LD）外，还有一个用于检测激光强弱的光电二极管（PD）。常见的激光二极管外形及内部电路结构如图 11-34 所示。A、B、C 型激光二极管内部只有一个激光二极管，而 D、E、F 型激光二极管内部除了有一个激光二极管外，还有一个用作检测激光强弱的光电二极管。在使用时，应给激光二极管加限流电阻或使用供电电路，如果直接将高电压电源接到激光二极管两端，激光二极管会因电流过大而烧坏。

② 应用电路

激光二极管的应用电路如图 11-35 所示。该激光二极管内部含有监控光电二极管。+5V 电源经供电电路降压限流后提供给激光二极管 LD，LD 发出激光，激光一部分射向内部的光电二极管 PD，激光越强，PD 反向导通越深，PD 通过 APC（自动功率控制）电路，控制 LD 的供电电路，使之将提供给 LD 的电流减小，让 LD 发出的激光变弱，从而避免激光二极管因电流过大而烧坏。

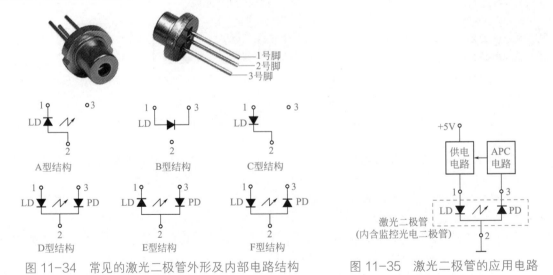

图 11-34　常见的激光二极管外形及内部电路结构　　　　图 11-35　激光二极管的应用电路

③ 检测

激光二极管与普通二极管一样，具有单向导电性。在检测激光二极管时，万用表选择"R×1kΩ"挡，测量各引脚与其它引脚的正反向电阻（3 个引脚测量 6 次）。若只出现一次阻值小（其它测量均为无穷大），则该激光二极管内部只有一个激光二极管，没有光电二极管；若测量时出现两次阻值小（此为激光二极管和光电二极管的正向电阻），则表明该激光二极管内部既有激光二极管，也有光电二极管。激光二极管正向电阻较光电二极管的正向电阻大，根据这一点，可以在测量时区分出激光二极管和光电二极管的引脚。

### 11.1.9 发光二极管的型号命名方法

国产发光二极管的型号命名分为六个部分。

第一部分用字母 FG 表示发光二极管。

第二部分用数字表示发光二极管材料。

第三部分用数字表示发光二极管的发光颜色。

第四部分用数字表示发光二极管的封装形式。

第五部分用数字表示发光二极管的外形。

第六部分用数字表示产品序号。

国产发光二极管的型号命名及含义见表 11-2。

表 11-2 国产发光二极管的型号命名及含义

| 第一部分：主称 | | 第二部分：材料 | | 第三部分：发光颜色 | | 第四部分：封装形式 | | 第五部分：外形 | | 第六部分：产品序号 |
|---|---|---|---|---|---|---|---|---|---|---|
| 字母 | 含义 | 数字 | 含义 | 数字 | 含义 | 数字 | 含义 | 数字 | 含义 | |
| FG | 发光二极管 | | | 0 | 红外 | | | 0 | 圆形 | 用数字表示产品序号 |
| | | 1 | 磷化镓（GaP） | 1 | 红色 | 1 | 无色透明 | 1 | 方形 | |
| | | 2 | 磷砷化镓（GaAsP） | 2 | 橙色 | 2 | 无色散射 | 2 | 符号形 | |
| | | 3 | 砷铝化镓（GaAlAs） | 3 | 黄色 | 3 | 有色透明 | 3 | 三角形 | |
| | | | | 4 | 绿色 | 4 | 有色散射透明 | 4 | 长方形 | |
| | | | | 5 | 蓝色 | | | 5 | 组合形 | |
| | | | | 6 | 变色 | | | 6 | 特殊形 | |
| | | | | 7 | 紫蓝色 | | | | | |
| | | | | 8 | 紫色 | | | | | |
| | | | | 9 | 紫外或白色 | | | | | |

例如：

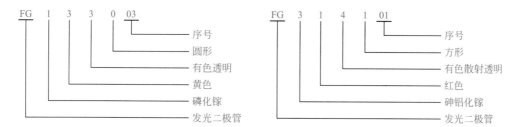

## 11.2 光敏二极管

### 11.2.1 普通光敏二极管

（1）外形与符号

光敏二极管又称光电二极管，它是一种光 - 电转换器件，能将光转换成电信号。如图 11-36
（a）所示是一些常见的光敏二极管的实物外形，如图 11-36（b）所示为光敏二极管的电路符号。

（2）应用电路

光敏二极管在电路中需要反向连接才能正常工作。下面以图11-37所示的电路来说明光敏二极管的性质。

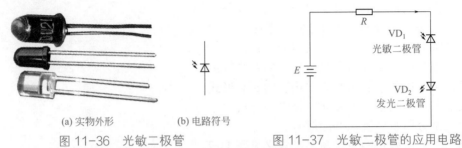

(a) 实物外形　　　　(b) 电路符号

图 11-36　光敏二极管　　　　　　图 11-37　光敏二极管的应用电路

如图11-37所示，当无光线照射时，光敏二极管 $VD_1$ 不导通，无电流流过发光二极管 $VD_2$，$VD_2$ 不亮。如果用光线照射 $VD_1$，$VD_1$ 导通，电源输出的电流通过 $VD_1$ 流经发光二极管 $VD_2$，$VD_2$ 亮，照射光敏二极管的光线越强，光敏二极管导通程度越深，自身的电阻变得越小，经它流到发光二极管的电流越大，发光二极管发出的光线越亮。

（3）主要参数

光敏二极管的主要参数有最高工作电压、光电流、暗电流、响应时间和光灵敏度等。

① 最高工作电压　最高工作电压是指无光线照射，光敏二极管反向电流不超过 $1\mu A$ 时所加的最高反向电压值。

② 光电流　光电流是指光敏二极管在受到一定的光线照射并加有一定的反向电压时的反向电流。对于光敏二极管来说，该值越大越好。

③ 暗电流　暗电流是指光敏二极管无光线照射并加有一定的反向电压时的反向电流。该值越小越好。

④ 响应时间　响应时间是指光敏二极管将光转换成电信号所需的时间。

⑤ 光灵敏度　光灵敏度是指光敏二极管对光线的敏感程度。它是指在接收到 $1\mu W$ 光线照射时产生的电流大小，光灵敏度的单位是 $\mu A/W$。

（4）检测

光敏二极管的检测包括极性检测和好坏检测。

① 极性检测

与普通二极管一样，光敏二极管也有正、负极。对于未使用过的光敏二极管，引脚长的为正极，引脚短的为负极。在无光线照射时，光敏二极管也具有正向电阻小、反向电阻大的特点。根据这一点可以用万用表检测光敏二极管的极性。

在检测光敏二极管极性时，万用表选择 "R×1kΩ" 挡，用黑色物体遮住光敏二极管，然后红、黑表笔分别接光敏二极管两个电极，正、反各测一次，两次测量阻值会出现一大一小，如图11-38所示。以阻值小的那次为准，黑表笔接的为正极，红表笔接的为负极。

② 好坏检测

光敏二极管的好坏检测包括遮光检测和受光检测。

在进行遮光检测时，用黑纸或黑布遮住光敏二极管，然后检测两电极之间的正、反向电阻。正常应正向电阻小，反向电阻大，具体检测可参见图11-38。

在进行受光检测时，万用表仍选择 "R×1kΩ" 挡，用光源照射光敏二极管的受光面，如图11-39所示，再测量两电极之间的正、反向电阻。若光敏二极管正常，光照射时测得的反向电阻明显变小，而正向电阻变化不大；若正、反向电阻均为无穷大，则光敏二极管开路；若正、反向电阻均为0，则光敏二极管短路；若遮光和受光测量时的反向电阻大小无变

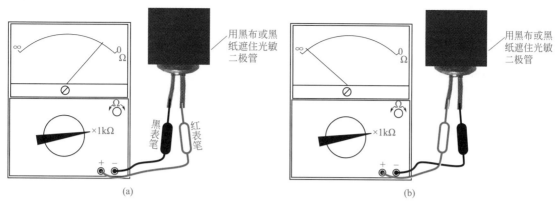

图 11-38　光敏二极管的极性检测

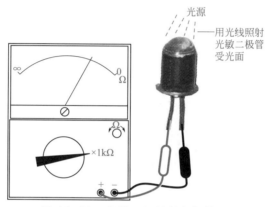

图 11-39　光敏二极管的好坏检测

化，则光敏二极管失效。

## 11.2.2　红外接收二极管

（1）外形与图形符号

红外接收二极管又称红外线光敏二极管，简称红外线接收管，能将红外光转换成电信号，为了减少可见光的干扰，常采用黑色树脂材料封装。红外接收二极管的外形与图形符号如图 11-40 所示。

（a）外形　　　（b）图形符号

图 11-40　红外接收二极管

（2）检测

① 极性与好坏检测

红外接收二极管具有单向导电性，在检测时，万用表拨至"R×1kΩ"挡，红、黑表笔分别接两个电极，正、反各测一次，以阻值小的一次测量为准，红表笔接的为负极，黑表笔接的为正极。对于未使用过的红外接收二极管，引脚长的为正极，引脚短的为负极。

在检测红外接收二极管好坏时，使用万用表的"R×1kΩ"挡测正反向电阻。正常时正向电阻在 3～4kΩ 之间，反向电阻应达 500kΩ 以上。若正向电阻偏大或反向电阻偏小，表明二极管性能不良；若正反向电阻均为 0 或无穷大，表明二极管短路或开路。

② 受光能力检测

将万用表拨至"50μA"或"0.1mA"挡，让红表笔接红外接收二极管的正极，黑表笔接负极，然后让阳光照射被测管。此时万用表表针应向右摆动，摆动幅度越大，表明二极管光－电转换能力越强，性能越好；若表针不摆动，说明管子性能不良，不可使用。

### 11.2.3　红外线接收组件

（1）外形

红外线接收组件又称红外线接收头，广泛用在各种具有红外线遥控接收功能的电子产品中。如图 11-41 所示为三种常见的红外线接收组件。

（2）内部电路结构及原理

红外线接收组件内部由红外接收二极管和接收集成电路组成，接收集成电路内部主要由放大、选频及解调电路组成。红外线接收组件内部电路结构如图 11-42 所示。

接收头内的红外接收二极管将遥控器发射来的红外光转换成电信号，送入接收集成电路进行放大，然后经选频电路选出特定频率的信号（频率多数为 38kHz），再由解调电路从该信号中取出遥控指令信号，从 OUT 端输出去单片机。

VS838　　　　1838　　　　LF0038M

图 11-41　三种常见的红外线接收组件

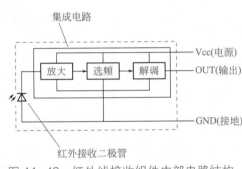

图 11-42　红外线接收组件内部电路结构

（3）应用电路

如图 11-43 所示是空调器的按键输入和遥控接收电路。$R_1$、$R_2$、$VD_1 \sim VD_3$、$SW_1 \sim SW_6$ 构成按键输入电路。单片机通电工作后，会从⑨、⑩脚输出图示的扫描脉冲信号，当按下 $SW_2$ 接键时，⑨脚输出的脉冲信号通过 $SW_2$、$VD_1$ 进入⑪脚，单片机根据⑪脚有脉冲输入判断出按下了 $SW_2$ 按键，由于单片机内部程序已对 $SW_2$ 按键功能进行了定义，故单片机识别 $SW_2$ 按下后会作出与该键对应的控制，当按下 $SW_1$ 时，虽然⑪脚也有脉冲信号输入，

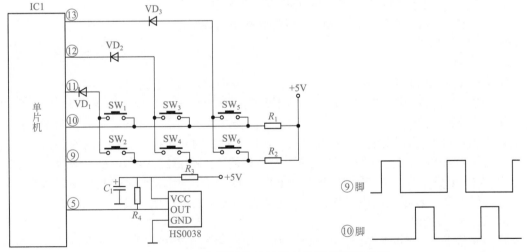

图 11-43　空调器的按键输入和遥控接收电路

但由于脉冲信号来自⑩脚，与⑨脚脉冲出现的时间不同，单片机可以区分出是 $SW_1$ 被按下而不是 $SW_2$ 被按下。

HS0038 是红外线接收组件，内部含有红外线接收二极管和接收电路，封装后引出三个引脚。在按压遥控器上的按键时，按键信号转换成红外线后由遥控器的红外发光二极管发出，红外线被 HS0038 内的红外接收二极管接收并转换成电信号，经内部电路处理后送入单片机，单片机根据输入信号可识别出用户操作了何键，马上作出相应的控制。

（4）引脚极性识别

红外线接收组件有 Vcc（电源，通常为 5V）、OUT（输出）和 GND（接地）三个引脚，在安装和更换时，这三个引脚不能弄错。红外线接收组件三个引脚排列没有统一规范，可以使用万用表来判别三个引脚的极性。

在检测红外线接收组件引脚极性时，万用表置于"R×10Ω"挡，测量各引脚之间的正反向电阻（共测量 6 次），以阻值最小的那次测量为准，黑表笔接的为 GND 端，红表笔接的为 Vcc 端，余下的为 OUT 端。

如果要在电路板上判别红外线接收组件的引脚极性，可找到接收组件旁边的有极性电容器，因为接收组件的 Vcc 端一般会接有极性电容器进行电源滤波，故接收组件的 Vcc 端与有极性电容器正引脚直接连接（或通过一个 100 多欧姆的电阻连接），GND 端与电容器的负引脚直接连接，余下的引脚为 OUT 端，如图 11-44 所示。

图 11-44　在电路板上判别红外线接收组件三个引脚的极性

（5）好坏判别与更换

在判别红外线接收组件好坏时，在红外线接收组件的 Vcc 和 GND 端之间接上 5V 电源，然后将万用表置于直流"10V"挡，测量 OUT 端电压（红、黑表笔分别接 OUT、GND 端），在未接收遥控信号时，OUT 端电压约为 5V，再将遥控器对准接收组件，按压按键让遥控器发射红外线信号，若接收组件正常，OUT 端电压会发生变化（下降），说明输出脚有信号输出，否则可能接收组件损坏。

红外线接收组件损坏后，若找不到同型号组件更换，也可用其它型号的组件更换。一般来说，相同接收频率的红外线接收组件都能互换，38 系列（1838、838、0038 等）红外线接收组件频率相同，可以互换，由于它们引脚排列可能不一样，更换时要先识别出各引脚，再将新组件引脚对号入座安装。

## 11.3　光敏三极管

### 11.3.1　外形与符号

光敏三极管是一种对光线敏感且具有放大能力的三极管。光敏三极管大多只有两个引脚，少数有三个引脚。如图 11-45（a）所示是一些常见的光敏三极管的实物外形，如图 11-45（b）所示为光敏三极管的电路符号。

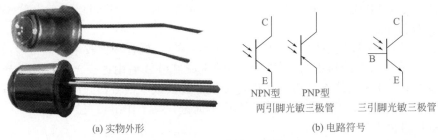

(a) 实物外形 (b) 电路符号

图 11-45 光敏三极管

### 11.3.2 应用电路

光敏三极管与光敏二极管区别在于，光敏三极管除了具有光敏性外，还具有放大能力。两引脚的光敏三极管的基极是一个受光面，没有引脚，三引脚的光敏三极管基极既作受光面，又引出电极。下面通过如图 11-46 所示的电路来说明光敏三极管的性质。

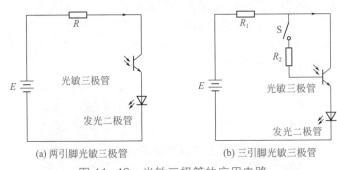

(a) 两引脚光敏三极管 (b) 三引脚光敏三极管

图 11-46 光敏三极管的应用电路

在图 11-46（a）中，两引脚光敏三极管与发光二极管串接在一起。在无光照射时，光敏三极管不导通，发光二极管不亮。当光线照射光敏三极管受光面（基极）时，受光面将入射光转换成 $I_b$ 电流，该电流控制光敏三极管 c、e 极之间导通，有 $I_c$ 电流流过，光线越强，$I_b$ 电流越大，$I_c$ 越大，发光二极管越亮。

在图 11-46（b）中，三引脚光敏三极管与发光二极管串接在一起。光敏三极管 c、e 间导通可由三种方式控制：一是用光线照射受光面；二是给基极直接通入 $I_b$ 电流；三是既通 $I_b$ 电流又用光线照射。

由于光敏三极管具有放大能力，比较适合用在光线微弱的环境中，它能将微弱光线产生的小电流进行放大，控制光敏三极管导通效果比较明显，而光敏二极管对光线的敏感度较差，常用在光线较强的环境中。

### 11.3.3 检测

（1）光敏二极管和光敏三极管的判别

① 用指针万用表判别光敏二极管和光敏三极管

光敏二极管与两引脚光敏三极管的外形基本相同，其判定方法是：遮住受光窗口，万用表选择 "R×1kΩ" 挡，测量两管引脚间正、反向电阻，均为无穷大的为光敏三极管，正、反向阻值一大一小的为光敏二极管。

② 用数字万用表判别光敏二极管和光敏三极管

用数字万用表判别光敏二极管和光敏三极管如图 11-47 所示。测量时万用表选择二极管测量挡，将光敏管置于弱光环境下或用黑纸片将其遮住，然

红外光敏三极管
的检测

后红、黑表笔分别接光敏管一个引脚，正反各测一次，两次测量均显示溢出符号 OL，如图 11-47 所示，表明光敏管正反向测量均不导通，该光敏管为光敏三极管；如果两者测量有一次出现 1.000～2.500 范围的数值，则光敏管为光敏二极管，红表笔接的为正极，黑表笔接的为负极。

(a) 测量时光敏管不导通　　　　　　　　　(b) 互换表笔测量时光敏管仍不导通

图 11-47　用数字万用表判别光敏二极管和光敏三极管

**（2）电极判别**

① 用指针万用表判别光敏三极管的 C、E 极

光敏三极管有 C 极和 E 极，可根据外形判断电极，引脚长的为 E 极、引脚短的为 C 极。对于有标志（如色点）管子，靠近标志处的引脚为 E 极，另一引脚为 C 极。

光敏三极管的 C 极和 E 极也可用万用表检测。以 NPN 型光敏三极管为例，万用表选择"R×1kΩ"挡，将光敏三极管对着自然光或灯光，红、黑表笔测量光敏三极管的两引脚之间的正、反向电阻，两次测量中阻值会出现一大一小，以阻值小的那次为准，黑表笔接的为 C 极，红表笔接的为 E 极。

② 用数字万用表判别光敏三极管的 C、E 极

用数字万用表判别光敏三极管的 C、E 极如图 11-48 所示。测量时万用表选择二极管测量挡，用光照射光敏三极管，同时红、黑表笔分别接光敏管一个引脚，正反各测一次，测量结果如图 11-48 所示。图 11-48（a）测量中的数值为 2.799V，表明光敏三极管已导通，此时红表笔接的为光敏三极管的 C 极，黑表笔接的为 E 极；图 11-48（b）测量显示溢出符号 OL，表明光敏三极管未导通。

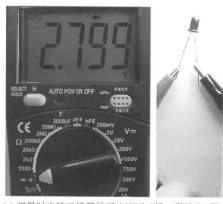

(a) 测量时光敏三极管导通(红接为C极、黑接为E极)　　　　(b) 互换表笔测量时光敏三极管不导通

图 11-48　用数字万用表判别光敏三极管的 C、E 极

**（3）好坏检测**

光敏三极管好坏检测包括无光检测和受光检测。

在进行无光检测时，用黑布或黑纸遮住光敏三极管受光面，万用表选择"R×1kΩ"挡，测量两管引脚间正、反向电阻，正常应均为无穷大。

在进行受光检测时，万用表仍选择"R×1kΩ"挡，黑表笔接 C 极，红表笔接 E 极，让光线照射光敏三极管受光面，正常光敏三极管阻值应变小。在无光和受光检测时阻值变化越大，表明光敏三极管灵敏度越高。

若无光检测和受光检测的结果与上述不符，则为光敏三极管损坏或性能变差。

## 11.4 光电耦合器

### 11.4.1 外形与符号

光电耦合器是将发光二极管和光敏管组合在一起并封装起来构成的。图 11-49（a）是一些常见的光电耦合器的实物外形，图 11-49（b）为光电耦合器的电路符号。

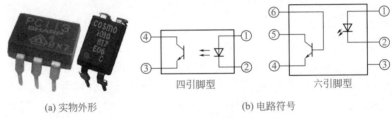

(a) 实物外形　　　　　　　　(b) 电路符号

图 11-49　光电耦合器

### 11.4.2　应用电路

光电耦合器内部集成了发光二极管和光敏管。下面以图 11-50 所示的电路来说明光电耦合器的工作原理。

如图 11-50 所示，当闭合开关 S 时，电源 $E_1$ 经开关 S 和电位器 $R_P$ 为光电耦合器内部的发光管提供电压，有电流流过发光管，发光管发出光线，光线照射到内部的光敏管，光敏管导通，电源 $E_2$ 输出的电流经电阻 $R$、发光二极管 VD 流入光电耦合器的 C 极，然后从 E 极流出回到 $E_2$ 的负极，有电流流过发光二极管 VD，VD 发光。

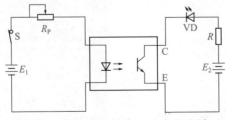

图 11-50　光电耦合器的应用电路

调节电位器 $R_P$ 可以改变发光二极管 VD 的光线亮度。当 $R_P$ 滑动端右移时，其阻值变小，流入光电耦合器内发光管的电流大，发光管光线强，光敏管导通程度深，光敏管 C、E 极之间电阻变小，电源 $E_2$ 的回路总电阻变小，流经发光二极管 VD 的电流大，VD 变得更亮。

若断开开关 S，无电流流过光电耦合器内的发光管，发光管不亮，光敏管无光照射不能导通，电源 $E_2$ 回路切断，发光二极管 VD 无电流通过而熄灭。

### 11.4.3　用指针万用表检测光电耦合器

光电耦合器的检测包括引脚判别和好坏检测。

（1）引脚判别

光电耦合器内部有发光二极管和光敏管，根据引出脚数量不同，可分为四引脚型和六引脚型。光电耦合器引脚识别如图 11-51 所示，光电耦合器上小圆点处对应第①脚，按逆时针方向依次为第②、③脚……。对于四引脚光电耦合器，通常①、②脚接内部发光二极管，③、④脚接内部光敏管，如图 11-49（b）所示；对于六引脚型光电耦合器，通常①、②脚接内部发光二极管，③脚为空脚，④、⑤、⑥脚接内部光敏三极管。

光电耦合器的引脚也可以用万用表判别。下面以检测四引脚型光电耦合器为例来说明。

在检测光电耦合器时，先检测出发光二极管引脚。万用表选择"R×1kΩ"挡，测量光电耦合器任意两脚之间的电阻，当出现阻值小时，如图 11-52 所示，黑表笔接的为发光二极管的正极，红表笔接的为负极，剩余两极为光敏管的引脚。

图 11-51　光电耦合器引脚识别

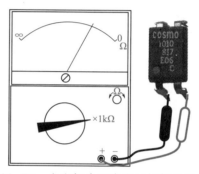

图 11-52　光电耦合器发光二极管的检测

找出光电耦合器的发光二极管引脚后，再判别光敏管的 C、E 极引脚。在判别光敏管 C、E 引脚时，可采用两只万用表，如图 11-53 所示，其中一只万用表拨至"R×100Ω"挡，黑表笔接发光二极管的正极，红表笔接负极，这样做是利用万用表内部电池为发光二极管供电，使之发光；另一只万用表拨至"R×1kΩ"挡，红、黑表笔接光电耦合器光敏管引脚，正、反各测一次，测量会出现阻值一大一小，以阻值小的测量为准，黑表笔接的为光敏管的 C 极，红表笔接的为光敏管和 E 极。

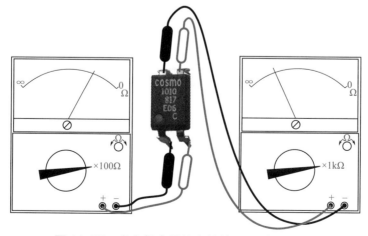

图 11-53　光电耦合器的光敏管 C、E 极的判别

　　如果只有一只万用表，可用一节 1.5V 电池串联一个 100Ω 的电阻，来代替万用表为光电耦合器的发光二极管供电。

　　（2）好坏检测

　　在检测光电耦合器好坏时，要进行三项检测：检测发光二极管好坏；检测光敏管好坏；检测发光二极管与光敏管之间的绝缘电阻。

　　在检测发光二极管好坏时，万用表选择"R×1kΩ"挡，测量发光二极管两引脚之间的正、反向电阻。若发光二极管正常，正向电阻小、反向电阻无穷大，否则发光二极管损坏。

　　在检测光敏管好坏时，万用表仍选择"R×1kΩ"挡，测量光敏管两引脚之间的正、反向电阻。若光敏管正常，正、反向电阻均为无穷大，否则光敏管损坏。

　　在检测发光二极管与光敏管绝缘电阻时，万用表选择"R×10kΩ"挡，一只表笔接发光二极管任意一个引脚，另一只表笔接光敏管任意一个引脚，测量两者之间的电阻，正、反各测一次。若光电耦合器正常，两次测得发光二极管与光敏管之间的绝缘电阻应均为无穷大。

　　检测光电耦合器时，只有上面三项测量都正常，才能说明光电耦合器正常，任意一项测量不正常，光电耦合器都不能使用。

光电耦合器的检测

### 11.4.4　用数字万用表检测光电耦合器

　　检测光电耦合器分为两步：一是找出光电耦合器的发光管的两个引脚，并区分出正、负极；二是区分光电耦合器的光敏管的 C、E 极。

　　**（1）找出光电耦合器的发光管的两个引脚并区分出正、负极**

　　万用表选择二极管测量挡，红、黑表笔接光电耦合器任意两个引脚，正反各测一次，当测量出现显示值为 0.800～2.500 范围内的数字时，如图 11-54 所示，表明当前测量的为光电耦合器的发光管，显示值为发光管的导通电压，此时红表笔接的为光电耦合器的发光管的正极，黑表笔接的为负极，余下的两极为 C、E 极（内部接光敏管）。

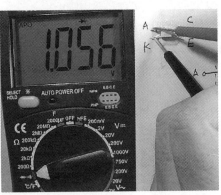

图 11-54　找出光电耦合器的发光管的两个引脚并区分出正、负极

　　**（2）区分光电耦合器的光敏管的 C、E 极**

　　检测时需要用到指针万用表和数字万用表，指针万用表选择"R×10Ω"挡，红表笔接光电耦合器的发光管的负极引脚，黑表笔接发光管的正极引脚，其目的是利用指针万用表内部的电池为光电耦合器的发光管提供正向电压，使之导通发光，然后数字万用表选择"2kΩ"挡，红、黑表笔接光电耦合器的另外两个引脚，如果测量显示 OL 符号，如图 11-55（a）所示，表示光电耦合器内部的光敏管未导通，这时将红、黑表笔调换进行测量，显示屏显示 0.723kΩ，如图 11-55（b）所示，表明光敏管已导通，红表笔接的为光电耦合器的光敏管的 C 极，黑表笔接的为 E 极。

(a) 测量时显示OL符号表示光电耦合器的光敏管未导通    (b) 调换表示测量时显示0.723kΩ表示光敏管已导通

图 11-55　区分光电耦合器的光敏管的 C、E 极

## 11.5　光遮断器

光遮断器又称光断续器、穿透型光电感应器，它与光电耦合器一样，都是由发光管和光敏管组成，但光电遮断器的发光管和光敏管并没有封装成一体，而是相互独立。

### 11.5.1　外形与符号

光遮断器外形与符号如图 11-56 所示。

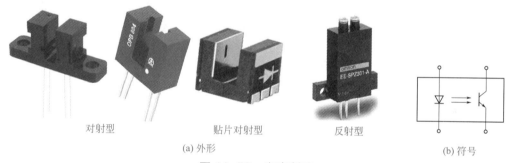

对射型　　　　　　　贴片对射型　　　　反射型

(a) 外形　　　　　　　　　　　　　　　　　(b) 符号

图 11-56　光遮断器

### 11.5.2　应用电路

光遮断器可分为对射型和反射型，下面以图 11-57 电路为例来说明这两种光遮断器的工作原理。

如图 11-57（a）所示为对射型光遮断器的结构及应用电路。当电源通过 $R_1$ 为发光电二极管供电时，发光二极管发光，其光线通过小孔照射到光敏管，光敏管受光导通，输出电压 $U_o$ 为低电平，如果用一个遮光体放在发光管和光敏管之间，发光管的光线无法照射到光敏管，光敏管截止，输出电压 $U_o$ 为高电平。

如图 11-57（b）所示为反射型光遮断器的结构及应用电路。当电源通过 $R_1$ 为发光电二极管供电时，发光二极管发光，其光线先照射到反光体上，再反射到光敏管，光敏管受光导通，输出电压 $U_o$ 为高电平，如果无反光体存在，发光管的光线无法反射到光敏管，光敏管截止，输出电压 $U_o$ 为低电平。

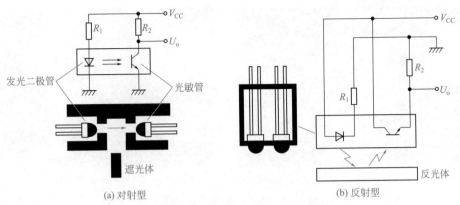

图 11-57　光遮断器工作原理说明图

### 11.5.3　检测

光遮断器的结构与光电耦合器类似，因此检测方法也大同小异。

（1）引脚判别

在检测光遮断器时，先检测出的发光二极管引脚。万用表选择 "R×1kΩ" 挡，测量光电耦合器任意两脚之间的电阻，当出现阻值小时，黑表笔接的为发光二极管的正极，红表笔接的为负极，剩余两极为光敏管的引脚。

找出光遮断器的发光二极管引脚后，再判别光敏管的 C、E 极引脚。在判别光敏管 C、E 引脚时，可采用两只万用表，其中一只万用表拨至 "R×100Ω" 挡，黑表笔接发光二极管的正极，红表笔接负极，这样做是利用万用表内部电池为发光二极管供电，使之发光；另一只万用表拨至 "R×1kΩ" 挡，红、黑表笔接光遮断器光敏管引脚，正、反各测一次，测量会出现阻值一大一小，以阻值小的测量为准，黑表笔接的为光敏管的 C 极，红表笔接的为光敏管和 E 极。

（2）好坏检测

在检测光遮断器好坏时，要进行三项检测：检测发光二极管好坏；检测光敏管好坏；检测遮光效果。

在检测发光二极管好坏时，万用表选择 "R×1kΩ" 挡，测量发光二极管两引脚之间的正、反向电阻。若发光二极管正常，正向电阻小、反向电阻无穷大，否则发光二极管损坏。

在检测光敏管好坏时，万用表仍选择 "R×1kΩ" 挡，测量光敏管两引脚之间的正、反向电阻。若光敏管正常，正、反向电阻均为无穷大，否则光敏管损坏。

在检测光遮断器遮光效果时，可采用两只万用表，其中一只万用表拨至 "R×100Ω" 挡，黑表笔接发光二极管的正极，红表笔接负极，利用万用表内部电池为发光二极管供电，使之发光；另一只万用表拨至 "R×1kΩ" 挡，红、黑表笔分别接光遮断器光敏管的 C、E 极，对于对射型光遮断器，光敏管会导通，故正常阻值应较小，对于反射型光遮断器，光敏管处于截止，故正常阻值应无穷大，然后用遮光体或反光体遮挡或反射光线，光敏管的阻值应发生变化，否则光遮断器损坏。

检测光遮断器时，只有上面三项测量都正常，才能说明光遮断器正常，任意一项测量不正常，光遮断器都不能使用。

# 第12章

# 电声器件

### 12.1.1 外形与符号

扬声器又称喇叭，是一种最常用的电－声转换器件，其功能将电信号转换成声音。扬声器实物外形和电路符号如图 12-1 所示。

(a) 实物外形　　　　　(b) 电路符号

图 12-1　扬声器

### 12.1.2 种类与工作原理

（1）种类

扬声器可按以下方式进行分类：

按换能方式可分为动圈式（即电动式）、电容式（即静电式）、电磁式（即舌簧式）和压电式（即晶体式）等；

按频率范围可分为低音扬声器、中音扬声器、高音扬声器；

按扬声器形状可分为纸盆式、号筒式和球顶式等。

（2）结构与工作原理

扬声器的种类很多，工作原理大同小异，这里介绍应用最为广泛的动圈式扬声器工作原理。动圈式扬声器的结构如图 12-2 所示。

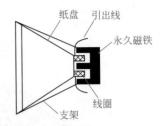

图 12-2　动圈式扬声器的结构

从图 12-2 可以看出，动圈式扬声器主要由永久磁铁、线圈（或称为音圈）和与线圈做在一起的纸盒等构成。当电信号通过引出线流进线圈时，线圈产生磁场，由于流进线圈的电流是变化的，故线圈产生的磁场也是变化的，线圈变化的磁场与磁铁的磁场相互作用，线圈和磁铁不断排斥和吸引，重量轻的线圈产生运动（时而远离磁铁，时而靠近磁铁），线圈的运动带动与它相连的纸盆振动，纸盆就发出声音，从而实现了电－声转换。

### 12.1.3　应用电路

如图 12-3 所示是一个小功率集成立体声功放电路。该电路使用双声道功放集成电路对插孔输入的 L、R 声道音频信号进行放大，驱动左、右两个扬声器。

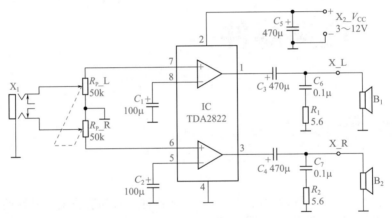

图 12-3　小功率集成立体声功放电路

（1）信号处理过程

L、R 声道音频信号（即立体声信号）通过插座 $X_1$ 的双触点分别送到双联音量电位器 $R_P\_L$ 和 $R_P\_R$ 的滑动端，经调节后分别送到集成功放电路 TDA2822 的⑦、⑥脚，在内部放大后再分别从①、③脚送出，经 $C_3$、$C_4$ 分别送入扬声器 $B_1$、$B_2$，推动扬声器发声。

（2）直流工作情况

电源电压通过接插件 $X_2$ 送入电路，并经 $C_5$ 滤波后送到 TDA2822 的②脚。电源电压可在 3～12V 范围内调节，电压越高，集成功放器的输出功率越大，扬声器发声越大。TDA2822 的④脚接地（电源的负极）。

（3）元器件说明

$X_1$ 为 3.5mm 的立体声插座。$R_P$ 为音量电位器，它是一个 50kΩ 双联电位器，调节音量时，双声道的音量会同时改变。TDA2822 是一个双声道集成功放 IC，内部采用两组对称的集成功放电路。$C_1$、$C_2$ 为交流旁路电容，可提高内部放大电路的增益。扬声器是一个感性元器件（内部有线圈），在两端并联 $R_1$、$C_6$ 可以改善扬声器高频性能。

### 12.1.4 主要参数

扬声器的主要参数如下。

① 额定功率 额定功率又称标称功率，是指扬声器在无明显失真的情况下，能长时间正常工作时的输入电功率。扬声器实际能承受的最大功率要大于额定功率（1～3倍），为了获得较好的音质，应让扬声器实际输入功率小于额定功率。

② 额定阻抗 额定阻抗又称标称阻抗，是指扬声器工作在额定功率下所呈现的交流阻抗值。扬声器的额定阻抗有 4Ω、8Ω、16Ω 和 32Ω 等，当扬声器与功放电路连接时，扬声器的阻抗只有与功放电路的输出阻抗相等，才能工作在最佳状态。

③ 频率特性 频率特性是指扬声器输出的声音大小随输入音频信号频率变化而变化的特性。不同频率特性的扬声器适合用在不同的电路，例如低频特性好的扬声器在还原低音时声音大、效果好。

根据频率特性不同，扬声器可分为高音扬声器（几千到二十千赫兹）、中音扬声器（一千到三千赫兹）和低音扬声器（几百到几十赫兹）。扬声器的频率特性与结构有关，一般体积小的扬声器高频特性较好。

④ 灵敏度 灵敏度是指给扬声器输入规定大小和频率的电信号时，在一定距离处扬声器产生的声压（即声音大小）。在输入相同频率和大小的信号时，灵敏度越高的扬声器发出的声音越大。

⑤ 指向性 指向性是指扬声器发声时在不同空间位置辐射的声压分布特性。扬声器的指向性越强，就意味着发出的声音越集中。扬声器的指向性与纸盆有关，纸盆越大，指向性越强；另外还与频率有关，频率越高，指向性越强。

### 12.1.5 用指针万用表检测扬声器

扬声器的检测包括好坏检测和极性识别。

（1）好坏检测

在检测扬声器时，万用表选择"R×1Ω"挡，红、黑表笔分别接扬声器的两个接线端，测量扬声器内部线圈的电阻，如图 12-4 所示。

如果扬声器正常，测得的阻值应与标称阻抗相同或相近，同时扬声器会发出轻微的"嚓嚓"声，图中扬声器上标注阻抗为 8Ω，万用表测出的阻值也应在 8Ω 左右。若测得阻值无穷大，则为扬声器线圈开路或接线端脱焊；若测得阻值为 0，则为扬声器线圈短路。

（2）极性识别

单个扬声器接在电路中，可以不用考虑两个接线端的极性，但如果将多个扬声器并联或串联起来使用，就需要考虑接线端的极性。这是因为相同的音频信号从不同极性的接线端流入扬声器时，扬声器纸盆振动方向会相反，这样扬声器发出的声音会抵消一部分，扬声器间相距越近，抵消越明显。

在检测扬声器极性时，万用表选择"0.05mA"挡，红、黑表笔分别接扬声器的两个接线端，如图 12-5 所示，然后手轻压纸盆，会发现表针摆动一下又返回到 0 处。若表针向右摆动，则红表笔接的接线端为"+"，黑表笔接的接线端为"−"；若表针向左摆动，则红表笔接的接线端为"−"，黑表笔接的接线端为"+"。

用上述方法检测扬声器理论根据是：当手轻压纸盆时，纸盆带动线圈运动，线圈切割磁铁的磁力线而产生电流，电流从扬声器的"+"接线端流出。当红表笔接"+"端时，表针往右摆动；当红表笔接"−"端时，表针往左摆动。

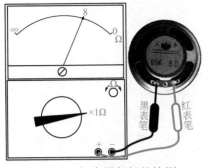

图 12-4 扬声器好坏的检测

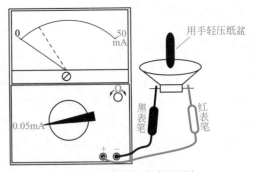

图 12-5 扬声器的极性识别

当多个扬声器并联使用时，要将各个扬声器的"+"端与"+"端连接在一起，"−"端与"−"端连接在一起，如图 12-6 所示。当多个扬声器串联使用时，要将下一个扬声器的"+"端与上一个扬声器的"−"端连接在一起。

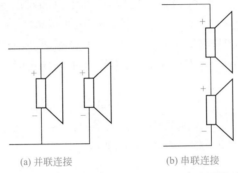

(a) 并联连接　　　　　　　(b) 串联连接

图 12-6　多个扬声器并、串联时正确的连接方法

### 12.1.6　用数字万用表检测扬声器

扬声器的检测

用数字万用表检测扬声器如图 12-7 所示，万用表选择"200Ω"挡，红、黑表笔接扬声器的两个接线端，显示屏显示扬声器线圈的电阻值为 7.6Ω，与扬声器的标称阻抗 8Ω 相近，扬声器正常。

图 12-7　用数字万用表检测扬声器

### 12.1.7　扬声器的型号命名方法

新型国产扬声器的型号命名由四部分组成：
第一部分用字母"Y"表示产品名称为扬声器。

第二部分用字母表示产品类型，"D"为电动式，"DG"为电动式高音，"HG"为号筒式高音。

第三部分用字母表示扬声器的重放频带，用数字表示扬声器口径（单位为 mm）。

第四部分用数字或数字与字母混合表示扬声器的生产序号。

新型国产扬声器的型号命名及含义见表 12-1。

表 12-1　新型国产扬声器的型号命名及含义

| 第一部分：主称 | | 第二部分：类型 | | 第三部分：重放频带或口径 | | 第四部分：序号 |
|---|---|---|---|---|---|---|
| 字母 | 含义 | 字母 | 含义 | 数字或字母 | 含义 | |
| Y | 扬声器 | D | 电动式 | D | 低音 | 用数字或数字与字母混合表示扬声器的生产序号 |
| | | | | Z | 中音 | |
| | | | | G | 高音 | |
| | | | | QZ | 球顶中音 | |
| | | | | QG | 球顶高音 | |
| | | | | HG | 号筒高音 | |
| | | | | 130 | 130mm | |
| | | | | 140 | 140mm | |
| | | | | 166 | 166mm | |
| | | | | 176 | 176mm | |
| | | | | 200 | 200mm | |
| | | | | 206 | 206mm | |

例如：

| YD 200-1A（200mm 电动式扬声器） | YD QG 1-6（电动式球顶高音扬声器） |
|---|---|
| Y——扬声器 | Y——扬声器 |
| D——电动式 | D——电动式 |
| 200——口径为 200mm | QG——球顶高音 |
| 1A——序号 | 1-6——序号 |

## 12.2　耳机

### 12.2.1　外形与图形符号

耳机与扬声器一样，是一种电－声转换器件，其功能是将电信号转换成声音。耳机的实物外形和图形符号如图 12-8 所示。

(a) 外形　　　　　　　(b) 图形符号

图 12-8　耳机

### 12.2.2　种类与工作原理

耳机的种类很多，可分为动圈式、动铁式、压电式、静电式、气动式、等磁式和驻极体式七类。动圈式、动铁式和压电式耳机较为常见，其中动圈式耳机使用最为广泛。

动圈式耳机：是一种最常用的耳机，其工作原理与动圈式扬声器相同，可以看作是微型动圈式扬声器，其结构与工作原理可参见动圈式扬声器。动圈式耳机的优点是制作相对容易，且线性好、失真小、频响宽。

动铁式耳机：又称电磁式耳机，其结构如图12-9所示，一个铁片振动膜被永久磁铁吸引，在永久磁铁上绕有线圈，当线圈通入音频电流时会产生变化的磁场，它会增强或削弱永久磁铁的磁场，磁铁变化的磁场使铁片振动膜发生振动而发声。动铁式耳机优点是使用寿命长、效率高，缺点是失真大，频响窄，在早期较为常用。

压电式耳机：它是利用压电陶瓷的压电效应发声，压电陶瓷的结构如图12-10所示，在铜片和涂银层之间夹有压电陶瓷片，当给铜片和涂银层之间施加变化的电压时，压电陶瓷片会发生振动而发声。压电式耳机效率高、频率高，其缺点是失真大、驱动电压高、低频响应差，抗冲击力差。这种耳机使用远不及动圈式耳机广泛。

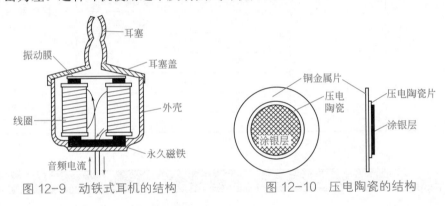

图 12-9　动铁式耳机的结构　　　　图 12-10　压电陶瓷的结构

### 12.2.3　双声道耳机的内部接线及检测

（1）内部接线

图12-11是双声道耳机的接线示意图，从图中可以看出，耳机插头有L、R、公共三个导电节，由两个绝缘环隔开，三个导电节内部接出三根导线，一根导线引出后一分为二,三根导线变为四根后两两与左、右声道耳机线圈连接。

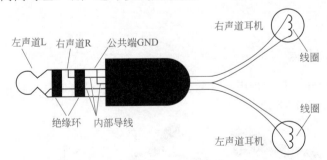

图 12-11　双声道耳机的接线示意图

（2）用指针万用表检测双声道耳机

在检测耳机时，万用表选择"R×1Ω"或"R×10Ω"挡，先将黑表笔接耳机插头的公共导电节，红表笔间断接触L导电节，听左声道耳机有无声音，正常耳机有"嚓嚓"声发出，红黑表笔接触两导环不动时，测得左声道耳机线圈阻值应为几到几百欧姆，如图12-12所示。如果阻值为0或无穷大，表明左声道耳机线圈短路或开路。然后黑表笔不动，红表笔间断接触 R 导电节，检测右声道耳机是否正常。

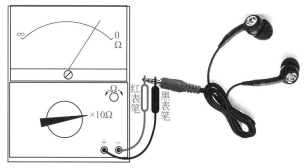

图 12-12　用指针万用表检测双声道耳机

（3）用数字万用表检测双声道耳机

用数字万用表检测双声道耳机如图12-13所示，万用表选择"2kΩ"挡，图12-13（a）是测量左声道耳机线圈的电阻，显示电阻值为51Ω（0.051kΩ）；图12-13（b）是测量右声道耳机线圈的电阻，显示电阻值为53Ω；图12-13（c）是测量左、右两声道耳机线圈的串联电阻，显示电阻值为103Ω。

耳机的检测

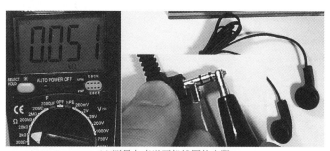

(a) 测量左声道耳机线圈的电阻

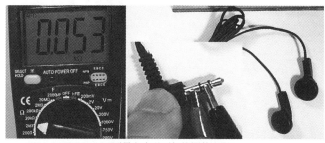

(b) 测量右声道耳机线圈的电阻

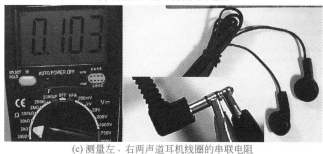

(c) 测量左、右两声道耳机线圈的串联电阻

图 12-13　用数字万用表检测双声道耳机

### 12.2.4 手机线控耳麦的内部电路及接线

线控耳麦由耳机、话筒和控制按键组成。如图 12-14 所示是一种常见的手机线控耳麦。该耳麦由左右声道耳机、话筒、控制按键和四节插头组成，如图 12-14（a）所示；其内部电路及接线如图 12-14（b）所示。当按下话筒键时，话筒被短接，耳麦插头的话筒端与公共端（接地端）之间短路，通过手机耳麦插孔给手机接入一个零电阻，控制手机接听电话或挂通电话；当按下音量＋键时，话筒端与公共端之间接入一个 200Ω 左右的电阻（不同的耳麦电阻大小略有不同），该电阻通过耳麦插头接入手机，控制手机增大音量；当按下音量－键时，话筒端与公共端之间接入一个 300～400Ω 的电阻，该电阻通过耳麦插头接入手机，控制手机减小音量。

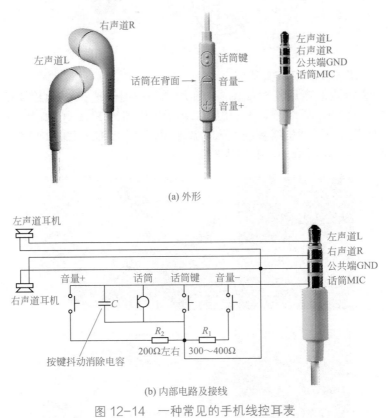

(a) 外形

(b) 内部电路及接线

图 12-14  一种常见的手机线控耳麦

## 12.3  蜂鸣器

蜂鸣器是一种一体化结构的电子讯响器，广泛应用于空调器、计算机、打印机、复印机、报警器、电子玩具、汽车电子设备、电话机、定时器等电子产品中作发声器件。

### 12.3.1  外形与符号

蜂鸣器实物外形和符号如图 12-15 所示，蜂鸣器在电路中用字母"H"或"HA"表示。

### 12.3.2  种类及结构原理

蜂鸣器种类很多，根据发声材料不同，可分为压电式蜂鸣器和电磁式蜂鸣器；根据是否

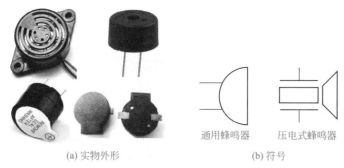

(a) 实物外形　　　　　　　　　　　(b) 符号

图 12-15　蜂鸣器

含有音源电路，可分为无源蜂鸣器和有源蜂鸣器。

（1）压电式蜂鸣器

有源压电式蜂鸣器主要由音源电路（多谐振荡器）、压电蜂鸣片、阻抗匹配器、共鸣腔、外壳等组成。有的压电式蜂鸣器外壳上还装有发光二极管。多谐振荡器由晶体管或集成电路构成，只要提供直流电源（1.5～15V），音源电路会产生 1.5～2.5kHz 的音频信号，经阻抗匹配器推动压电蜂鸣片发声。压电蜂鸣片由锆钛酸铅或铌镁酸铅压电陶瓷材料制成，在陶瓷片的两面镀上银电极，经极化和老化处理后，再与黄铜片或不锈钢片粘在一起。无源压电蜂鸣器内部不含音源电路，需要外部提供音频信号才能使之发声。

（2）电磁式蜂鸣器

有源电磁式蜂鸣器由音源电路、电磁线圈、磁铁、振动膜片及外壳等组成。接通电源后，音源电路产生的音频信号电流通过电磁线圈，使电磁线圈产生磁场。振动膜片在电磁线圈和磁铁的相互作用下，周期性地振动发声。无源电磁式蜂鸣器的内部无音源电路，需要外部提供音频信号才能使之发声。

### 12.3.3　类型判别

蜂鸣器类型可从以下几个方面进行判别：

① 从外观上看，有源蜂鸣器引脚有正、负极性之分（引脚旁会标注极性或用不同颜色引线），无源蜂鸣器引脚则无极性，这是因为有源蜂鸣器内部音源电路的供电有极性要求；

② 给蜂鸣器两引脚加合适的电压（3～24V），能连续发音的为有源蜂鸣器，仅接通断开电源时发出"咔咔"声为无源电磁式蜂鸣器，不发声的为无源压电式蜂鸣器；

③ 用万用表欧姆挡测量蜂鸣器两引脚间的正反电阻，正反向电阻相同且很小（一般 8Ω 或 16Ω 左右，用"R×1Ω"挡测量）的为无源电磁式蜂鸣器，正反向电阻均为无穷大（用"R×10kΩ"挡）的为无源压电式蜂鸣器，正反向电阻在几百欧以上且测量时可能会发出连续音的为有源蜂鸣器。

### 12.3.4　用数字万用表检测蜂鸣器

在用数字万用表检测蜂鸣器时，选择"20kΩ"挡，红、黑表笔接蜂鸣器的两个引脚，正反各测一次，如图 12-16（a）、（b）所示，两次测量均显示溢出符号 OL，该蜂鸣器可能是无源压电式蜂鸣器或者有源蜂鸣器。再将一个 5V 电压（可用手机充电器提供电压）接到蜂鸣器两个引脚，如图 12-16（c）所示，听有无声音发出，若无声音，可将蜂鸣器两引脚的 5V 电压极性对调，如果有声音发出，则为有源蜂鸣器，5V 电压正极所接引脚为有源蜂鸣器的正极，另一个引脚为负极。

有源蜂鸣器的检测

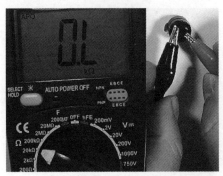
(a) 测量蜂鸣器两引脚的电阻

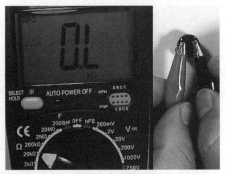
(b) 对换表笔测量蜂鸣器两引脚的电阻

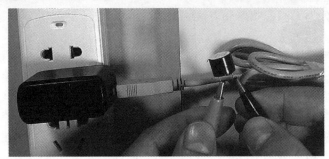
(c) 给蜂鸣器加5V电压听有无声音发出

图 12-16　用数字万用表检测蜂鸣器类型

### 12.3.5　应用电路

如图 12-17 所示是两种常见的蜂鸣器电路。图 12-17（a）电路采用了有源蜂鸣器，蜂鸣器内部含有音源电路，在工作时，单片机会从 15 脚输出高电平，三极管 VT 饱和导通，三极管饱和导通后 $U_{ce}$ 为 0.1～0.3V，即蜂鸣器两端加有 5V 电压，其内部的音源电路工作，产生音频信号推动内部发声器件发声，不工作时，单片机 15 脚输出低电平，VT 截止，VT 的 $U_{ce}=5V$，蜂鸣器两端电压为 0V，蜂鸣器停止发声。

图 12-17（b）电路采用了无源蜂鸣器，蜂鸣器内部无音源电路，在工作时，单片机会从 20 脚输出音频信号（一般为 2kHz 矩形信号），经三极管 $VT_3$ 放大后从集电极输出，音频信号送给蜂鸣器，推动蜂鸣器发声，不工作时，单片机 20 脚停止输出音频信号，蜂鸣器停止发声。

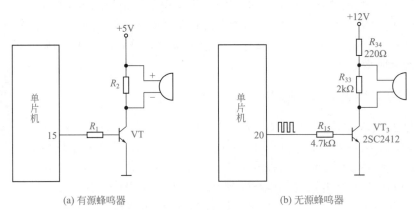

(a) 有源蜂鸣器　　　　　　　　(b) 无源蜂鸣器

图 12-17　蜂鸣器的应用电路

## 12.4 话筒

### 12.4.1 外形与符号

话筒又称麦克风、传声器，是一种声-电转换器件，其功能是将声音转换成电信号。话筒实物外形和电路符号如图 12-18 所示。

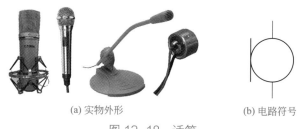

(a) 实物外形　　　　　　　　(b) 电路符号

图 12-18　话筒

### 12.4.2 工作原理

话筒的种类很多，下面介绍最常用的动圈式话筒和驻极体式话筒的工作原理。

**（1）动圈式话筒工作原理**

动圈式话筒的结构如图 12-19 所示，它主要由振动膜、线圈和永久磁铁组成。

当声音传递到振动膜时，振动膜产生振动，与振动膜连在一起的线圈会随振动膜一起运动，由于线圈处于磁铁的磁场中，当线圈在磁场中运动时，线圈会切割磁铁的磁感线而产生与运动相对应的电信号，该电信号从引出线输出，从而实现声 - 电转换。

**（2）驻极体式话筒工作原理**

驻极体式话筒具有体积小、性能好，并且价格便宜，广泛用在一些小型具有录音功能的电子设备中。驻极体式话筒的结构如图 12-20 所示。

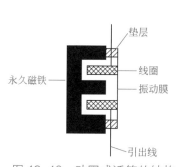

图 12-19　动圈式话筒的结构

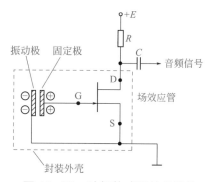

图 12-20　驻极体式话筒的结构

虚线框内的为驻极体式话筒，它由振动极、固定极和一个场效应管构成。振动极与固定极形成一个电容，由于两电极是经过特殊处理的，所以它本身具有静电场（即两电极上有电荷），当声音传递到振动极时，振动极发生振动，振动极与固定极距离发生变化，引起容量发生变化，容量的变化导致固定电极上的电荷向场效应管栅极 G 移动，移动的电荷就形成电信号，电信号经场效应管放大后从 D 极输出，从而完成了声-电转换过程。

### 12.4.3 应用电路

如图 12-21 所示是话筒放大电路，该电路除了能为话筒提供工作电源外，还会对话筒转换来的音频信号进行放大。

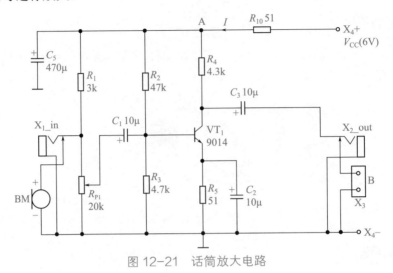

图 12-21　话筒放大电路

**（1）信号处理过程**

话筒（又称送话器）BM 将声音转换成电信号，这种由声音转换成的电信号称为音频信号。音频信号由音量电位器 $R_{P1}$ 调节大小后，再通过 $C_1$ 送到三极管 $VT_1$ 基极，音频信号经 $VT_1$ 放大后从集电极输出，通过 $C_3$ 送到耳机插座 $X_2\_out$，如果将耳机插入 $X_2\_out$ 插孔，就可以听到声音。

**（2）直流工作情况**

6V 直流电压通过接插件 $X_4$ 送入电路，+6V 电压经 $R_{10}$ 降压后分成三路：第一路经 $R_1$、插座 $X_1$ 的内部簧片为话筒提供工作电压，使话筒工作；第二路经 $R_2$、$R_3$ 分压后为三极管 $VT_1$ 提供基极电压；第三路经 $R_4$ 为 $VT_1$ 提供集电极电压。三极管 $VT_1$ 提供电压后有 $I_b$、$I_c$、$I_e$ 电流流过，$VT_1$ 处于放大状态，可以放大送到基极的信号并从集电极输出。

**（3）元器件说明**

BM 为内置驻极体式话筒，用于将声音转换成音频信号，BM 有正、负极之分，不能接错极性。$X_1$ 为外接输入插座，当外接音源设备（如收音机、MP3 等）时，应将音源设备的输出插头插入该插座，插座内的簧片断开，内置话筒 BM 被切断，而外部音源设备送来的信号经 $X_1$ 簧片、$R_{P1}$ 和 $C_1$ 送到三极管 $VT_1$ 基极进行放大。$X_3$ 为扬声器接插件，当使用外接扬声器时，可将扬声器的两根引线与 $X_3$ 连接。$X_2$ 为外接耳机（又称受话器）插座，当插入耳机插头后，插座内的簧片断开，扬声器接插件 $X_3$ 被切断。

$R_{10}$、$C_5$ 构成电源退耦电路，用于滤除电源供电中的波动成分，使电路能得到较稳定的供电电压。在电路工作时，+6V 电源经 $R_{10}$ 为三极管 $VT_1$ 供电，同时还会对 $C_5$ 充电，在 $C_5$ 上充得上正下负电压。在静态时，$VT_1$ 无信号输入，$VT_1$ 导通程度不变（即 $I_c$ 保持不变），流过 $R_{10}$ 的电流 $I$ 基本稳定，$U_A$ 电压保持不变，在 $VT_1$ 有信号输入时，$VT_1$ 的 $I_c$ 电流会发生变化，当输入信号幅度大时，$VT_1$ 放大时导通程度深，$I_c$ 电流增大，流过 $R_{10}$ 的电流 $I$ 也增大，若没有 $C_5$，A 点电压会因电流 $I$ 的增大而下降（$I$ 增大，$R_{10}$ 上电压增大），有了 $C_5$ 后，$C_5$ 会向 $R_4$ 放电弥补 $I_c$ 电流增多的部分，无需通过 $R_{10}$ 的电流 $I$ 增大，这样 A 点电压变化很小。同样，如果 $VT_1$ 的输入信号幅度小时，$VT_1$ 放大时导通浅，$I_c$ 电流减小，若没有 $C_5$，电流 $I$

也减小，A 点电压会因电流 $I$ 减小而升高，有了 $C_5$ 后，多余的电流 $I$ 会对 $C_5$ 充电，这样电流 $I$ 不会因 $I_c$ 减小而减小，A 点电压保持不变。

### 12.4.4 主要参数

话筒的主要参数如下。

① 灵敏度 灵敏度是指话筒在一定的声压下能产生音频信号电压的大小。灵敏度越高，在相同大小的声音下输出的音频信号幅度越大。

② 频率特性 频率特性是指话筒的灵敏度随频率变化而变化的特性。如果话筒的高频特性好，那么还原出来的高频信号幅度大且失真小。大多数话筒频率特性较好的范围为 100Hz～10kHz，优质话筒频率特性范围可达到 20Hz～20kHz。

③ 输出阻抗 输出阻抗是指话筒在 1kHz 的情况下输出端的交流阻抗。低阻抗话筒输出阻抗一般在 2kΩ 以下，输出阻抗在 2kΩ 以上的话筒称为高阻抗话筒。

④ 固有噪声 固有噪声是指在没有外界声音时话筒输出的噪声信号电压。话筒的固有噪声越大，工作时输出信号中混有的噪声越多。

⑤ 指向性 指向性是指话筒灵敏度随声波入射方向变化而变化的特性。话筒的指向性有单向性、双向性和全向性三种。

单向性话筒对正面方向的声音灵敏度高于其它方向的声音。双向性话筒对正、背面方向的灵敏度高于其它方向的声音。全向性话筒对所有方向的声音灵敏度都高。

### 12.4.5 种类与选用

（1）种类

话筒种类很多，常见的有动圈式话筒、驻极体式话筒、铝带式话筒、电容式话筒、压电式话筒和炭粒式话筒等。常见话筒特点见表 12-2。

表 12-2 常见话筒的特点

| 种类 | 特点 |
|---|---|
| 动圈式话筒 | 动圈式话筒又称为电动式话筒，其优点是结构合理耐用、噪声低、工作稳定、经济实用且性能好 |
| 驻极体式话筒 | 驻极体式话筒重量轻、体积小、价格低、结构简单和电声性能好，但音质较差、噪声较大 |
| 铝带式话筒 | 铝带式话筒音质真实自然，高、低频音域宽广，过渡平滑自然，瞬间响应快速精确，但价格较贵 |
| 电容式话筒 | 电容式话筒是一种电声特性非常好的话筒。它频率范围宽，灵敏度高，非线性失真小，瞬态响应好，缺点是防潮性差，机械强度低，价格较贵，使用时需提供高压 |
| 压电式话筒 | 压电式话筒又称晶体式话筒，它灵敏度高、结构简单、价格便宜，但频率特性不够宽 |
| 炭粒式话筒 | 炭粒式话筒结构简单、价格便宜、灵敏度高、输出功率大等优点，但频率特性差、噪声大、失真也很大 |

（2）选用

话筒的选用主要根据环境和声源特点来决定。在室内进行语言录音时，一般选用动圈式话筒，因为语言的频带较窄，使用动圈式话筒可避免产生不必要的杂音。在进行音乐录音时，一般要选择性能好的电容式话筒，以满足宽频带、大动态、高保真的需要。若环境噪声大，可选用单指向话筒，以增加选择性。

在使用话筒时，除近讲话筒外，普通话筒要注意与声源保持 0.3m 左右的距离，以防失真。在运动中录音时，要使用无线话筒，使用无线话筒时要注意防止干扰和"死区"，碰到这种情况时，可通过改变话筒无线电频率和调整收、发天线来解决。

### 12.4.6　用指针万用表检测话筒

**（1）动圈式话筒的检测**

动圈式话筒外部接线端与内部线圈连接，根据线圈电阻大小可分为低阻抗话筒（几十至几百欧）和高阻抗话筒（几百至几千欧）。

在检测低阻抗话筒时，万用表选择"R×10Ω"挡，检测高阻抗话筒时，可选择"R×100Ω"或"R×1kΩ"挡，然后测量话筒两接线端之间的电阻。

若话筒正常，阻值应为几十至几千欧，同时话筒有轻微的"嚓嚓"声发出。

若阻值为0，说明话筒线圈短路。

若阻值为无穷大，则为话筒线圈开路。

**（2）驻极体式话筒的检测**

驻极体式话筒检测包括电极检测、好坏检测和灵敏度检测。

① 电极检测

驻极体式话筒外形和结构如图12-22所示。

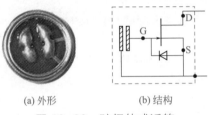

(a) 外形　　　　(b) 结构

图 12-22　驻极体式话筒

从图中可以看出，驻极体式话筒有两个接线端，分别与内部场效应管的D、S极连接，其中S极与G极之间接有一个二极管。在使用时，驻极体话筒的S极与电路的地连接，D极除了接电源外，还是话筒信号输出端，具体连接可参见图12-20。

驻极体话筒电极判断用直观法，也可以用万用表检测。在用直观法观察时，会发现有一个电极与话筒的金属外壳连接，如图12-22（a）所示，该极为S极，另一个电极为D极。

在用万用表检测时，万用表选择"R×100Ω"或"R×1kΩ"挡，测量两电极之间的正、反向电阻，如图12-23所示。正常测得阻值一大一小，以阻值小的那次为准，如图12-23（a）所示，黑表笔接的为S极，红表笔接的为D极。

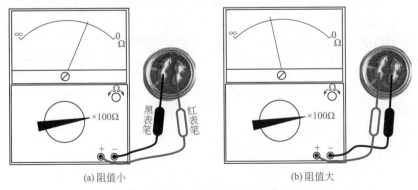

(a) 阻值小　　　　　　　　　　(b) 阻值大

图 12-23　驻极体话筒的检测

② 好坏检测

在检测驻极体式话筒好坏时，万用表选择"R×100Ω"或"R×1kΩ"挡，测量两电极之间的正、反向电阻，正常测得阻值一大一小。

若正、反向电阻均为无穷大，则话筒内部的场效应管开路。

若正、反向电阻均为 0，则话筒内部的场效应管短路。

若正、反向电阻相等，则话筒内部场效应管 G、S 极之间的二极管开路。

③ 灵敏度检测

灵敏度检测可以判断话筒的声 - 电转换效果。在检测灵敏度时，万用表选择"R×100Ω"或"R×1kΩ"挡，黑表笔接话筒的 D 极，红表笔接话筒的 S 极，这样做是利用万用表内部电池为场效应管 D、S 极之间提供电压，然后对话筒正面吹气，如图 12-24 所示。

若话筒正常，表针应发生摆动，话筒灵敏度越高，表针摆动幅度越大。

若表针不动，则话筒失效。

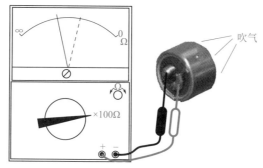

图 12-24　驻极体话筒灵敏度的检测

### 12.4.7　用数字万用表检测话筒

驻极体式话筒的检测

用数字万用表判别驻极体话筒引脚极性如图 12-25 所示。选择二极管测量挡，红、黑表笔接话筒的两个引脚，正反各测一次，两次测量会出现数值一大一小，以显示数值小的那次测量为准，如图 12-25（b）所示，红表笔接的为驻极体话筒的 S 极，黑表笔接的为 D 极。

(a) 测量显示数值大　　　　　　　　(b) 测量显示数值小(红接为S极、黑接为D极)

图 12-25　用数字万用表判别驻极体话筒引脚的极性

### 12.4.8　电声器件的型号命名方法

国产电声器件的型号命名由四部分组成：

第一部分用汉语拼音字母表示产品的主称；

第二部分用字母表示产品类型；

第三部分用字母或数字表示产品特征（包括辐射形式、形状、结构、功率、等级、用

途等);

第四部分用数字表示产品序号（部分扬声器表示口径和序号）。

国产电声器件型号命名及含义见表12-3。

表 12-3　国产电声器件型号命名及含义

| 第一部分：主称 | | 第二部分：类型 | | 第三部分：特征 | | | | 第四部分：序号 |
|---|---|---|---|---|---|---|---|---|
| 字母 | 含义 | 字母 | 含义 | 字母 | 含义 | 数字 | 含义 | |
| Y | 扬声器 | C | 电磁式 | C | 手持式；测试用 | I | 1级 | |
| C | 传声器 | D | 电动式（动圈式） | D | 头戴式；低频 | II | 2级 | |
| E | 耳机 | | | F | 飞行用 | III | 3级 | |
| O | 送话器 | A | 带式 | G | 耳挂式；高频 | 025 | 0.25W | |
| H | 两用换能器 | E | 平膜音圈式 | H | 号筒式 | 04 | 0.4W | |
| S | 受话器 | Y | 压电式 | I | 气导式 | 05 | 0.5W | 用数字表示产品序号 |
| N、OS | 送话器组 | R | 电容式、静电式 | J | 舰艇用；接触式 | 1 | 1W | |
| EC | 耳机传声器组 | | | K | 抗噪式 | 2 | 2W | |
| HZ | 号筒式组合扬声器 | T | 碳粒式 | L | 立体声 | 3 | 3W | |
| | | Q | 气流式 | P | 炮兵用 | 5 | 5W | |
| YX | 扬声器箱 | Z | 驻极体式 | Q | 球顶式 | 10 | 10W | |
| YZ | 声柱扬声器 | J | 接触式 | T | 椭圆形 | 15 | 15W | |
| | | | | | | 20 | 20W | |

例如：

| CD II -1（2级动圈式传声器） | EDL-3（立体声动圈式耳机） |
|---|---|
| C——传声器 | E——耳机 |
| D——动圈式 | D——动圈式 |
| II——2级 | L——立体声 |
| 1——序号 | 3——序号 |

| YD 10-12B（10W电动式扬声器） | YD 3-1655 |
|---|---|
| Y——扬声器 | Y——扬声器 |
| D——电动式 | D——电动式 |
| 10——功率为10W | 3——功率为3W |
| 12B——序号 | 1655——口径为165mm |

# 第13章

# 压电器件

　　有一些特殊的材料，当受到一定方向的作用力时，在材料的某两个表面上会产生相反的电荷，两个表面之间就会有电压形成，去掉作用力后，这些电荷随之消失，两个表面间的电压消失，这种现象称为正压电效应，又称压电效应；相反，如果在这些材料某两个表面施加电压，该材料在一定方向上产生机械变形，去掉电压后，变形会随之消失，这种现象称为逆压电效应。常见的压电材料有石英晶体谐振器、压电陶瓷、压电半导体和有机高分子压电材料等。

　　压电器件是使用压电材料制作而成的，常见的压电器件有石英晶体谐振器、陶瓷滤波器、声表面波滤波器、压电蜂鸣器和压电传感器等。

## 13.1　石英晶体谐振器（晶振）

### 13.1.1　外形与结构

　　在石英晶体谐振器上按一定方向切下薄片，将薄片两端抛光并涂上导电的银层，再从银层上连出两个电极并封装起来，这样就构成了石英晶体谐振器，简称晶振。石英晶体谐振器的外形、结构和电路符号如图 13-1 所示。

### 13.1.2　特性

　　石英晶体谐振器可以等效成 $LC$ 电路，其等效电路和特性曲线如图 13-2 所示，$L$、$C$ 构成串联 $LC$ 电路，串联谐振频率为 $f_s = \dfrac{1}{2\pi\sqrt{LC}}$，$L$ 与 $C$、$C_0$ 构成并联 $LC$ 电路，由于 $C_0$ 容量

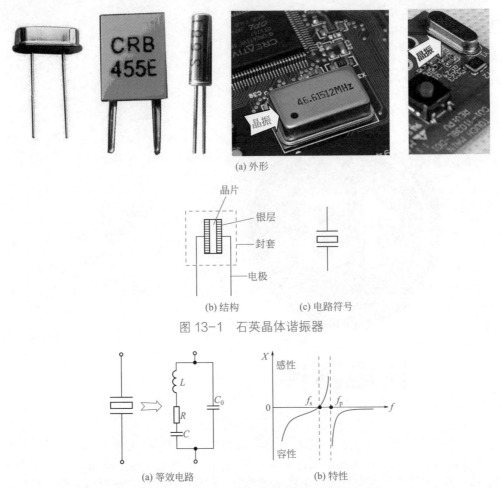

(a) 外形

图 13-1　石英晶体谐振器

图 13-2　石英晶体谐振器的等效电路与特性曲线

是 $C$ 容量的数百倍，故 $C_0$、$C$ 串联后的总容量值略小于 $C$ 的容量值（$1/C_{总}=1/C_0+1/C$，$C_0$ 远大于 $C$ 值，$1/C_0+1/C$ 略大于 $1/C$），故并联谐振频率 $f_p$ 略大于串联谐振频率，但两者非常接近。

　　当加到石英晶体谐振器两端信号的频率不同时，石英晶体谐振器会呈现出不同的特性，如图 13-3 所示。具体说明如下：

① 当 $f=f_s$ 时，石英晶体谐振器呈阻性，相当于阻值小的电阻；

② 当 $f_s<f<f_p$ 时，石英晶体谐振器呈感性，相当于电感；

③ 当 $f<f_s$ 或 $f>f_p$ 时，石英晶体谐振器呈容性，相当于电容。

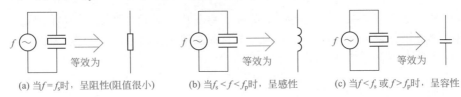

(a) 当 $f=f_s$ 时，呈阻性(阻值很小)　　(b) 当 $f_s<f<f_p$ 时，感性　　(c) 当 $f<f_s$ 或 $f>f_p$ 时，呈容性

图 13-3　石英晶体谐振器的特性

### 13.1.3　应用电路

　　石英晶体谐振器主要用来与放大电路一起组成振荡器，其振荡频率非常稳定。

（1）并联型晶体振荡器

并联型晶体振荡器如图13-4所示。三极管 VT 与 $R_1$、$R_2$、$R_3$、$R_4$ 构成放大电路；$C_3$ 为交流旁路电容，对交流信号相当于短路；$X_1$ 为石英晶体，在电路中相当于电感。从交流等效图可以看出，该电路是一个电容三点式振荡器，$C_1$、$C_2$、$X_1$ 构成选频电路，由于 $C_1$、$C_2$ 的容量远大于石英晶体的等效电容 $C$，这样整个选频电路的 $C_1$、$C_2$、$C_0$ 和 $C$ 并、串联得到的总容量与 $C$ 的容量非常接近，即选频电路的频率与石英晶体 $X_1$ 的固有频率 $f_s = \dfrac{1}{2\pi\sqrt{LC}}$ 非常接近（略大于），为分析方便，设选频电路的频率为 $f_0$，$f_s < f_0 < f_p$，一般情况下可认为 $f_0$ 就是 $f_s$。

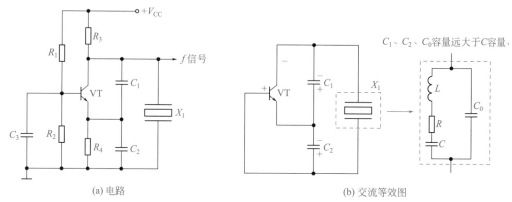

图 13-4　并联型晶体振荡器

电路振荡过程：接通电源后，三极管 VT 导通，$I_c$ 电流流过 VT，它包含着微弱的各种频率信号。这些信号加到 $C_1$、$C_2$、$X_1$ 构成的选频电路，选频电路从中选出 $f_0$ 信号，在 $X_1$、$C_1$、$C_2$ 两端有 $f_0$ 信号电压，取 $C_2$ 两端的 $f_0$ 信号电压反馈到 VT 的基-射极之间进行放大，放大后输出信号又加到选频电路，$C_1$、$C_2$ 两端的信号电压增大，$C_2$ 两端的电压又送到 VT 基-射极，如此反复进行，VT 输出的信号越来越大，而 VT 放大电路的放大倍数逐渐减小，当放大电路的放大倍数与反馈电路的衰减倍数相等时，输出信号幅度保持稳定，不会再增大，该信号再送到其他的电路。

（2）串联型晶体振荡器

串联型晶体振荡器如图13-5所示。该振荡器采用了两级放大电路，石英晶体 $X_1$ 除了构成反馈电路外，还具有选频功能，其选频频率 $f_0 = f_s$，电位器 $R_{P1}$ 用来调节反馈信号的幅度。

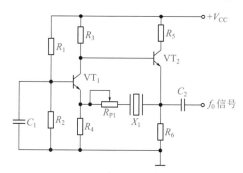

图 13-5　串联型晶体振荡器

电路的振荡过程：

接通电源后，三极管 $VT_1$、$VT_2$ 导通，$VT_2$ 发射极输出变化的 $I_e$ 电流中包含各种频率信号，石英晶体 $X_1$ 对其中的 $f_0$ 信号阻抗很小，$f_0$ 信号经 $X_1$、$R_{P1}$ 反馈到 $VT_1$ 的发射极，该信号

经 $VT_1$ 放大后从集电极输出，又加到 $VT_2$ 放大后从发射极输出，然后又通过 $X_1$ 反馈到 $VT_1$ 放大，如此反复进行，$VT_2$ 输出的 $f_0$ 信号幅度越来越大，$VT_1$、$VT_2$ 组成的放大电路放大倍数越来越小，当放大倍数等于反馈衰减倍数时，输出 $f_0$ 信号幅度不再变化，电路输出稳定的 $f_0$ 信号。

（3）单片机的时钟振荡电路

单片机是一种大规模集成电路，内部有各种各样的数字电路，为了让这些电路按节拍工作，需要为这些电路提供时钟信号。如图 13-6 所示是典型的单片机时钟电路，单片机 XTAL1、XATL2 引脚外接频率为 12MHz 晶振 $X$ 和两个电容 $C_1$、$C_2$，与内部的放大器构成时钟振荡电路，产生 12MHz 时钟信号供给内部电路使用，时钟信号的频率主要由晶振的频率决定，改变 $C_1$、$C_2$ 的容量可以对时钟信号频率进行微调。

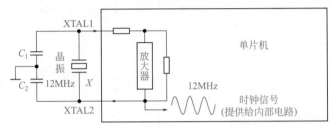

图 13-6　典型的单片机时钟电路

对于像单片机这样需要时钟信号的数字电路，如果时钟电路损坏不能产生时钟信号，整个电路不能工作。另外，时钟信号频率越高，数字电路工作速度越快，但相应功耗会增大，容易发热。

### 13.1.4　有源晶体振荡器

有源晶体振荡器是将晶振和有关元件集成在一起组成晶体振荡器，再封装起来构成的元器件，当给有源晶体振荡器提供电源时，内部的晶体振荡器工作，会输出某一频率的信号。有源晶体振荡器外形如图 13-7 所示。

图 13-7　有源晶体振荡器外形

有源晶体振荡器通常有 4 个引脚，其中一个引脚为空脚（NC），其它三个引脚分别为电源（VCC）、接地（GND）和输出（OUT）引脚。有源晶体振荡器元件的典型外部接线电路如图 13-8 所示，$L_1$、$C_1$、$C_2$ 构成电源滤波电路，用于滤除电源中的波动成分，使提供给晶

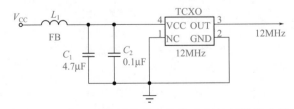

图 13-8　有源晶体振荡器元件的典型外部接线电路

体振荡器电源引脚的电压稳定波动小,晶体振荡器元件的 $V_{CC}$ 引脚获得供电后,内部晶体振荡器开始工作,从 OUT 端输出某频率的信号(晶体振荡器元件外壳会标注频率值),NC 引脚为空脚,可以接电源、接地或者悬空。

### 13.1.5 晶振的开路检测和在路检测

(1)开路检测晶振

开路检测晶振是指从电路中拆下晶振进行检测。用数字万用表开路检测晶振如图 13-9 所示。挡位开关选择"20MΩ"挡(最高电阻挡),红、黑表笔接晶振的两个引脚,正常均显示溢出符号 OL,如果显示一定的电阻值,则为晶振漏电或短路。

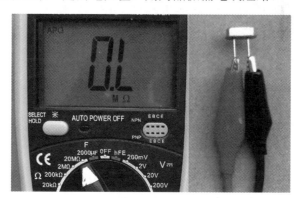

图 13-9 用数字万用表开路检测晶振

如果使用指针万用表检测晶振,挡位开关选择"R×10kΩ"挡,晶振正常时测得的正反向电阻值均为无穷大。

(2)在路通电检测晶振

在路通电检测晶振是指给晶振电路通电使之工作,再检测晶振引脚电压来判别晶振电路是否工作。对于大多数使用了晶振的电路,晶振电路正常工作时,晶振两个引脚的电压接近相等(相差零点几伏),约为电源电压的一半,如果两引脚电压相差很大或相等,则晶振电路工作不正常。

如图 13-10 所示是一块使用了晶振的电路板,先给电路板接通电源,数字万用表选择"20V"直流电压挡,黑表笔接电路的地,红表笔接晶振的一个引脚,显示屏显示电压值为 2.13V,如图 13-10(a)所示。再将红表笔接晶振的另一个引脚,显示屏显示电压值为 1.98V,如图 13-10(b)所示,两个引脚电压接近,约为电源电压的一半,故晶振及所属电路工作正常。

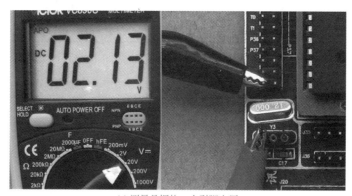

(a) 测量晶振的一个引脚电压

图 13-10

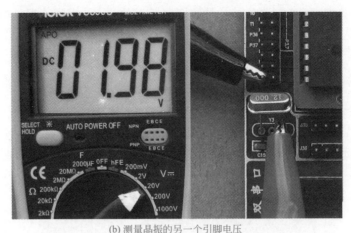

(b) 测量晶振的另一个引脚电压

图 13-10　在路通电检测晶振

## 13.2　陶瓷滤波器

陶瓷滤波器是一种由压电陶瓷材料制成的选频元件，可以从众多的信号选出某频率的信号。当陶瓷滤波器输入端输入电信号时，输入端的压电陶瓷将电信号转换成机械振动，机械振动传递到输出端压电陶瓷时，又转换成电信号，只有输入信号的频率与陶瓷滤波器内部压电陶瓷的固有频率相同时，机械振动才能最大程度传递到输出端压电陶瓷，从而转换成同频率的电信号输出，这就是陶瓷滤波器选频原理。

### 13.2.1　外形、符号与等效图

（1）外形

如图 13-11 所示是一些常见的陶瓷滤波器，有两引脚、三引脚和四引脚，两引脚的一个为输入端、一个为输出端，三引脚的多了一个输入输出公共端（使用时多接地），四引脚的为两个输入端、两个输出端。

图 13-11　一些常见的陶瓷滤波器

（2）符号与等效图

陶瓷滤波器主要有两引脚和三引脚。两引脚的陶瓷滤波器的符号与等效图如图 13-12（a）所示，输入端与输出端之间相当一个 $R$、$L$、$C$ 构成的串联谐振电路，当输入信号的频率 $f=f_0=\dfrac{1}{2\pi\sqrt{LC_1}}$ 时，陶瓷滤波器对该频率的信号阻碍很小，该频率的信号就很容易通过，而对其它频率不等于 $f_0$ 的信号，陶瓷滤波器对其阻碍很大，通过的信号很小，可以认为无法通过。陶瓷滤波器的频率 $f_0$ 值会标注在元件外壳上。等效电路中的 $C_2$ 值为陶瓷滤波器的极间电容，这是因陶瓷滤波器两极间隔着绝缘的陶瓷材料而形成的电容，一般陶瓷滤波器的选

频频率越高，极间电容越小。

三引脚的陶瓷滤波器的符号与等效图如图 13-12（b）所示，其选频频率 $f_0 = \dfrac{1}{2\pi\sqrt{LC_1}}$，$C_2$ 为①③脚之间的极间电容，$C_3$ 为①②脚之间的极间电容。如果将①脚作为输入端，②脚输出端，③脚作为接地端，那么 $f_0$ 频率的信号可以通过陶瓷滤波器，这种用于选取某频率信号的滤波器称为带通滤波器。如果将①脚作为输入端，③脚作为输出端，②脚作为接地端，那么 $f_0$ 频率的信号会从②脚到地而消失，其它频率的信号则通过 $C_2$ 从③脚输出，这种用于去掉某频率信号而选出其它频率信号的滤波器称为陷波器，又称带阻滤波器。

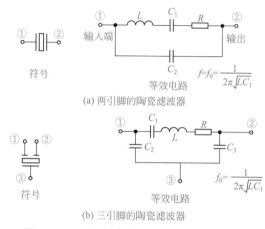

图 13-12 陶瓷滤波器的符号与等效电路

### 13.2.2 应用电路

陶瓷滤波器的应用如图 13-13 所示，该电路是电视机的信号分离电路，从前级电路送来的 0～6MHz 的视频信号和 6.5MHz 的伴音信号分作两路，一路经 6.5MHz 的带通滤波器选出 6.5MHz 的伴音信号，送到伴音信号处理电路，另一路经 6.5MHz 的陷波器（带阻滤波器）将 6.5MHz 的伴音信号旁路到地，剩下 0～6MHz 的视频信号去视频信号处理电路，电感 $L$ 与陶瓷滤波器内部的极间电容构成 6.5MHz 的并联谐振电路，对 6.5MHz 的信号呈高阻抗，6.5MHz 的信号难于通过，而对 0～6MHz 信号阻抗小，容易通过。

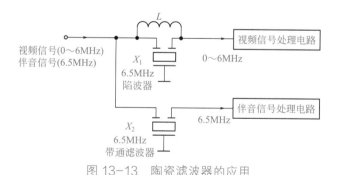

图 13-13 陶瓷滤波器的应用

### 13.2.3 检测

在检测陶瓷滤波器时，指针万用表选择"R×10kΩ"挡，不管两引脚陶瓷滤波器，还是三引脚陶瓷滤波器，任意两引脚间的正反电阻均为无穷大，如果测得阻值小则为陶瓷滤波器漏电或短路。在用数字万用表检测陶瓷滤波器时，选择最高电阻挡（"20MΩ"挡），测量任意两引脚的正反电阻时，均会显示溢出符号 OL。

## 13.3 声表面波滤波器

声表面波滤波器（SAWF）是一种以压电材料为基片制成的滤波器，其选频频率可以做得很高（几兆赫兹到几吉赫兹），不适合做低频滤波器，并且具有较宽的通频带，可以让中心频率的附近频率信号也能通过。

### 13.3.1 外形与符号

声表面波滤波器的外形和符号如图 13-14 所示，其封装形式有三引脚、四引脚和五引脚，三引脚的有一个输入引脚、一个输出引脚和一个输入输出公共引脚，公共引脚一般与金属外壳连接；四引脚的有两个输入引脚和两个输出引脚；五引脚的有两个输入引脚、两个输出引脚和一个与金属外壳连接的引脚。

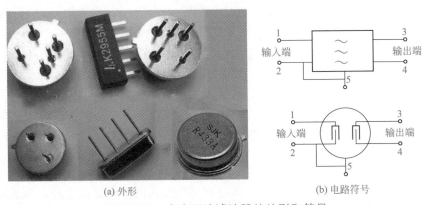

(a) 外形　　　　　　　　　(b) 电路符号

图 13-14　声表面波滤波器的外形和符号

### 13.3.2 结构与工作原理

声表面波滤波器的结构如图 13-15 所示，主要由压电材料基片、叉指结构的发射和接收换能器、吸声材料等组成。当输入信号送到发射换能器时，发射换能器会产生振动而产生声波，该声波沿基片表面往两个方向传播，一个方向的声波被吸声材料吸收，另一个方向的声波传送到接收换能器，由于逆压电效应，接收换能器将声表

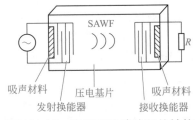

图 13-15　声表面波滤波器的结构

面波转成电信号输出，输入信号只有频率与声表面波滤波器的选频频率相同，声波才能最大程度由发射换能器传送到接收换能器，该信号才能通过声表面波滤波器。

### 13.3.3 应用电路

声表面波滤波器的应用电路如图 13-16 所示，该电路是电视机的中放选频电路，由于声表面波滤波器在选取信号时会对信号有一定的衰减，故需要在前面加一个放大电路。由前级电路送来38MHz、31.5MHz、30MHz和39.5MHz信号，其中38MHz的信号为图像中频信号，31.5MHz 信号为第一伴音信号，30MHz 和 39.5MHz 是邻频道的图像和伴音干扰信号，这些信号送到预中放管 VT 基极，放大后送到声表面波滤波器（SAWF）的输入端，声表面波滤波器的中心频率约为 35MHz，由于 SAWF 通频带（通过的频率范围）较宽，故 35MHz 附近

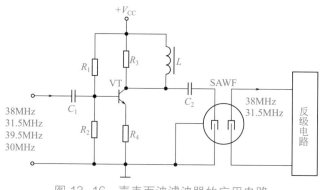

图 13-16　声表面波滤波器的应用电路

的 31.5MHz 和 38MHz 的信号均可通过，而频率与中心频率相差较大的 30MHz 和 39.5MHz 的邻频道干扰信号难于通过 SAWF。

### 13.3.4　检测

在检测声表面波滤波器时，指针万用表选择"R×10kΩ"挡，不管四引脚声表面波滤波器，还是五引脚声表面波滤波器，任意两引脚间的正反电阻均为无穷大，如果测得阻值小则为声表面波滤波器漏电或短路。在用数字万用表检测声表面波滤波器时，选择最高电阻挡（"20MΩ"挡），测量任意两引脚的正反电阻时，正常均会显示溢出符号 OL。

# 第 14 章

# 显示器件

## 14.1 LED 数码管

### 14.1.1 一位 LED 数码管

（1）外形与引脚排列

一位 LED 数码管如图 14-1 所示。它将 a、b、c、d、e、f、g、dp 共八个发光二极管排成图示的"8."字形，通过让 a、b、c、d、e、f、g 不同的段发光来显示数字 0～9。

(a) 外形

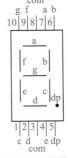

(b) 段与引脚的排列

图 14-1　一位 LED 数码管

（2）内部连接方式

由于 8 个发光二极管共有 16 个引脚，为了减少数码管的引脚数，在数码管内部将 8 个发光二极管正极或负极引脚连接起来，接成一个公共端（COM 端），根据公共端是发光二极管正极还是负极，可分为共阳极接法（正极相连）和共阴极接法（负极相连），如图 14-2 所示。

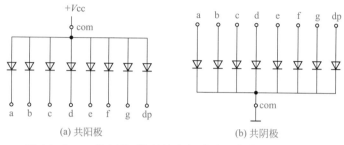

(a) 共阳极　　　　　　　　(b) 共阴极

图 14-2　一位 LED 数码管内部发光二极管的连接方式

对于共阳极接法的数码管，需要给发光二极管加低电平才能发光；而对于共阴极接法的数码管，需要给发光二极管加高电平才能发光。假设图 14-1 是一个共阴极接法的数码管，如果让它显示一个"5"字，那么需要给 a、c、d、f、g 引脚加高电平（即这些引脚为 1），b、e 引脚加低电平（即这些引脚为 0），这样 a、c、d、f、g 段的发光二极管有电流通过而发光，b、e 段的发光二极管不发光，数码管就会显示出数字"5"。

（3）应用电路

如图 14-3 所示为数码管译码控制器的电路图。5161BS 为共阳极七段数码管，74LS47 为 BCD- 七段显示译码器芯片，能将 $A_3 \sim A_0$ 引脚输入的二进制数转换成七段码来驱动数码管显示对应的十进制数，表 14-1 为 74LS47 的输入输出关系表，表中的 H 表示高电平，L 表示低电平。$S_3 \sim S_0$ 按钮分别为 74LS47 的 $A_3 \sim A_0$ 引脚提供输入信号，按钮未按下时，输入为低电平（常用 0 表示），按下时输入为高电平（常用 1 表示）。

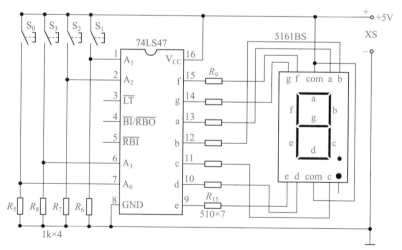

图 14-3　一位数码管译码控制器的电路图

根据数码管译码控制器电路图和 74LS47 输入输出关系表可知，当 $S_3 \sim S_0$ 按钮均未按下时，$A_3 \sim A_0$ 引脚都为低电平，相当于 $A_3A_2A_1A_0$=0000，74LS47 对二进制数"0000"译码后从 a~g 引脚输出七段码 0000001，因为 5161BS 为共阳极数码管，g 引脚为高电平，数码管的 g 段发光二极管不亮，其它段均亮，数码管显示的数字为"0"，当按下按钮 $S_2$ 时，$A_2$ 引脚为高电平，相当于 $A_3A_2A_1A_0$=0100，74LS47 对"0100"译码后从 a~g 引脚输出七段码"1001100"，数码管显示的数字为"4"。

表 14-1　74LS47 输入输出关系表

| 输入 | | | | 输出 | | | | | | | 显示的数字 |
|---|---|---|---|---|---|---|---|---|---|---|---|
| $A_3$ | $A_2$ | $A_1$ | $A_0$ | a | b | c | d | e | f | g | |
| L | L | L | L | L | L | L | L | L | L | H | 0 |
| L | L | L | H | H | L | L | H | H | H | H | 1 |
| L | L | H | L | L | L | H | L | L | H | L | 2 |
| L | L | H | H | L | L | L | L | H | H | L | 3 |
| L | H | L | L | H | L | L | H | H | L | L | 4 |
| L | H | L | H | L | H | L | L | H | L | L | 5 |
| L | H | H | L | H | H | L | L | L | L | L | 6 |
| L | H | H | H | L | L | L | H | H | H | H | 7 |
| H | L | L | L | L | L | L | L | L | L | L | 8 |
| H | L | L | H | L | L | L | L | H | H | L | 9 |

（4）用指针万用表检测 LED 数码管

检测 LED 数码管使用万用表的"R×10kΩ"挡。从如图 14-2 所示的数码管内部发光二极管的连接方式可以看出：对于共阳极数码管，黑表笔接公共极、红表笔依次接其它各极时，会出现 8 次阻值小的情况；对于共阴极多位数码管，红表笔接公共极、黑表笔依次接其它各极时，也会出现 8 次阻值小的情况。

① 类型与公共极的判别

在判别 LED 数码管类型及公共极（COM）时，万用表拨至"R×10kΩ"挡，测量任意两引脚之间的正反向电阻，当出现阻值小时，如图 14-4（a）所示，说明黑表笔接的为发光二极管的正极，红表笔接的为负极，然后黑表笔不动，红表笔依次接其它各引脚，若出现阻值小的次数大于两次时，则黑表笔接的引脚为公共极，被测数码管为共阳极类型，若出现阻值小的次数仅有一次，则该次测量时红表笔接的引脚为公共极，被测数码管为共阴极。

② 各段极的判别

在检测 LED 数码管各引脚对应的段时，万用表选择"R×10kΩ"挡。对于共阳极数码管，黑表笔接公共引脚，红表笔接其它某个引脚，这时会发现数码管某段会有微弱的亮光，如 a 段有亮光，表明红表笔接的引脚与 a 段发光二极管负极连接；对于共阴极数码管，红表笔接公共引脚，黑表笔接其它某个引脚，会发现数码管某段会有微弱的亮光，则黑表笔接的引脚与该段发光二极管正极连接。

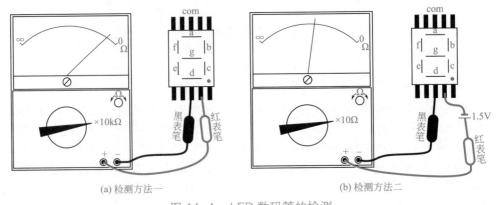

图 14-4　LED 数码管的检测

由于万用表的"R×10kΩ"挡提供的电流很小,因此测量时有可能无法让一些数码管内部的发光二极管正常发光,虽然万用表使用"R×1Ω"～"R×1kΩ"挡时提供的电流大,但内部使用1.5V电池,无法使发光二极管导通发光,解决这个问题的方法是将万用表拨至"R×10Ω"或"R×1Ω"挡,给红表笔串接一个1.5V的电池,电池的正极连接红表笔,负极接被测数码管的引脚,如图14-4(b)所示,具体的检测方法与万用表选择"R×10kΩ"挡时相同。

（5）用数字万用表检测 LED 数码管

① 确定公共引脚

一位数码管的检测

一位 LED 数码管有10个引脚,分上下两排,每排5个引脚,上下排均有一个公共引脚(COM引脚),一般位于每排的中间(第3个引脚),两个公共引脚内部是连接在一起的。在用数字万用表确定 LED 数码管公共引脚时,选择"200Ω"挡,一根表笔接上排正中间的引脚,另一根表笔接下排正中间的引脚,如图14-5所示。显示屏显示的电阻值接近0Ω,表明这两个引脚是连接在一起的,可确定两引脚均为公共引脚。

图 14-5　测量上下排正中间的两个引脚电阻来确定两引脚是否为公共引脚

② 判别类型（共阳型或共阴型）

共阳型 LED 数码管的公共引脚在内部连接所有发光二极管的正极,共阴型 LED 数码管的公共引脚在内部连接所有发光二极管的负极。

在用数字万用表判别 LED 数码管类型时,选择二极管测量挡,先将黑表笔接公共引脚,红表笔接第一引脚(也可以是其它非公共引脚),如果显示屏显示溢出符号 OL,如图14-6(a)所示,可将红、黑表笔互换,互换表笔测量时如果显示 1.500～3.500 范围内的数值,如图14-6(b)所示,表明 LED 数码管内部的发光二极管导通,红表笔接的公共引脚对应内部发光二极管的正极,该 LED 数码管为共阳型 LED 数码管。

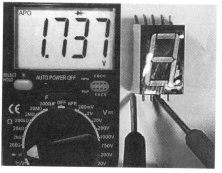

(a) 测量时不导通　　　　　　　　(b) 测量时LED数码管内部的发光二极管导通

图 14-6　判别 LED 数码管的共阳或共阴类型

③ 判别各引脚对应的显示段

在用数字万用表判别 LED 数码管各引脚对应的显示段时,选择二极管测量挡,由于被测 LED 数码管为共阳型,故将红表笔接公共引脚,黑表笔接下排第一个引脚,发现显示屏显示 1.500~3.500 范围内的数值,同时数码管的 e 段亮,如图 14-7(a)所示,表明下排第一个引脚与数码管内部的 e 段发光二极管负极连接,当测量上排第五个引脚时,发现数码管的 b 段亮,如图 14-7(b)所示,表明上排第五个引脚与数码管内部的 b 段发光二极管负极连接,可用同样的方法判别其他引脚对应的显示段。

(a) 测量下排第一个引脚　　　　　(b) 测量上排第五个引脚

图 14-7　用数字万用表判别 LED 数码管各引脚对应的显示段

## 14.1.2　多位 LED 数码管

(1)外形与类型

如图 14-8 所示是四位 LED 数码管。它有两排共 12 个引脚,其内部发光二极管有共阳极和共阴极两种连接方式,如图 14-9 所示,⑫、⑨、⑧、⑥脚分别为各位数码管的公共极,也称位极,⑪、⑦、④、②、①、⑩、

图 14-8　四位 LED 数码管

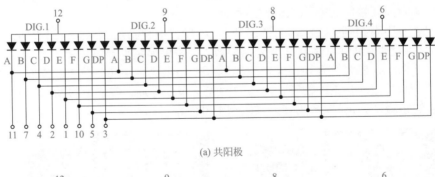

(a) 共阳极

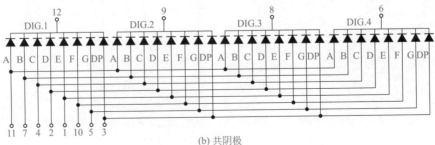

(b) 共阴极

图 14-9　四位 LED 数码管内部发光二极管的连接方式

⑤、③脚同时接各位数码管的相应段，称为段极。

（2）显示原理

多位 LED 数码管采用了扫描显示方式，又称动态驱动方式。为了让大家理解该显示原理，这里以如图 14-8 所示的四位 LED 数码管上显示"1278"为例来说明，假设其内部发光二极管为图 14-9（b）所示的连接方式。

先给数码管的 ⑫ 脚加一个低电平（⑨、⑧、⑥脚为高电平），再给⑦、④脚加高电平（⑪、②、①、⑩、⑤脚均低电平），结果第一位的 B、C 段发光二极管点亮，第一位显示"1"，由于⑨、⑧、⑥脚均为高电平，故第二、三、四位中的所有发光二极管均无法导通而不显示；然后给⑨脚加一个低电平（⑫、⑧、⑥脚为高电平），给⑪、⑦、②、①、⑤脚加高电平（④、⑩脚为低电平），第二位的 A、B、D、E、G 段发光二极管点亮，第二位显示"2"，同样原理，在第三位和第四位分别显示数字"7""8"。

多位数码管的数字虽然是一位一位地显示出来的，但人眼具有视觉暂留特性（所谓视觉暂留特性是指当人眼看见一个物体后，如果物体消失，人眼还会觉得物体仍在原位置，这种感觉约保留 0.04s 的时间），当数码管显示到最后一位数字"8"时，人眼会感觉前面 3 位数字还在显示，故看起来好像是一下子显示"1278"四位数。

（3）应用电路

如图 14-10（a）所示是壁挂式空调器室内机的显示器，其对应电路如图 14-10（b）所示，该电路使用 4 个发光二极管分别显示制冷、制热、除湿和送风状态，使用两位 LED 数码管

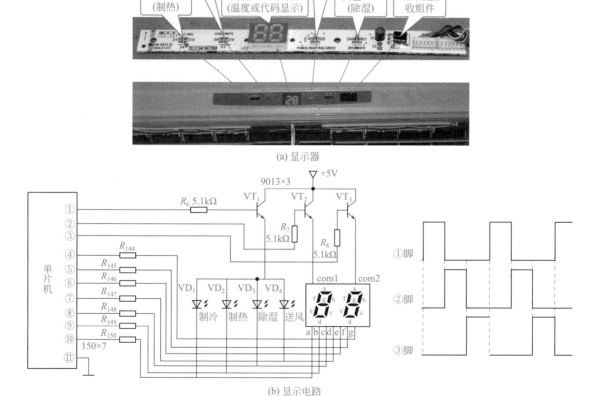

图 14-10　壁挂式空调器室内机的显示器及显示电路

显示温度值或代码，由于 LED 数码管的公共端通过三极管接电源的正极，故其类型为共阳极数码管，段极加低电平才能使该段的发光二极管点亮。下面以显示"制冷、32℃"为例来说明显示电路的工作原理。

在显示时，先让制冷指示发光二极管 VD$_1$ 亮，然后切断 VD$_1$ 供电并让第一位数码管显示"3"，再切断第一位数码管的供电并让第二位数码管显示"2"，当第二位数码管显示"2"时，虽然 VD$_1$ 和前一位数码管已切断了电源，由于两者有余辉，仍有亮光，故它们虽然是分时显示的，但人眼会感觉它们是同时显示出来的。两位数码管显示完最后一位"2"后，必须马上重新依次让 VD$_1$ 亮、第一位数码管显示"3"，并且不断反复，这样人眼才会觉得这些信息是同时显示出来的。

显示电路的工作过程：首先单片机①脚输出高电平、⑩脚输出低电平，三极管 VT$_1$ 导通，制冷指示发光二极管 VD$_1$ 也导通，有电流流过 VD$_1$，电流途径是 +5V→VT$_1$ 的 c 极→e 极→VD$_1$→单片机⑩脚→内部电路→⑪脚输出→地，VD$_1$ 发光，指示空调器当前为制冷模式；然后单片机①脚输出变为低电平，VT$_1$ 截止，VD$_1$ 无电流流过，由于 VD$_1$ 有一定的余辉时间，故 VD$_1$ 短时仍会亮，与此同时，单片机的②脚输出高电平，④、⑦～⑩脚输出低电平（无输出时为高电平），VT$_2$ 导通，+5V 电压经 VT$_2$ 加到数码管的 com1 引脚，④、⑦～⑩脚的低电平使数码管的 a～d、g 引脚也为低电平，第一位数码管的 a～d、g 段的发光二极管均有电流通过而发光，该位数码管显示"3"；接着单片机③脚输出高电平（②脚变为低电平），④、⑥、⑦、⑨、⑩脚输出低电平，VT$_3$ 导通，+5V 电压经 VT$_3$ 加到数码管的 com2 引脚，④、⑥、⑦、⑨、⑩脚的低电平使数码管的 a、b、d、e、g 引脚也为低电平，第二位数码管的 a、b、d、e、g 段的发光二极管均有电流通过而发光，第二位数码管显示"2"。以后不断重复上述过程。

（4）用指针万用表检测多位数码管

检测多位 LED 数码管使用万用表的"R×10kΩ"挡。从图 14-6 所示的多位数码管内部发光二极管的连接方式可以看出：对于共阳极多位数码管，黑表笔接某一位极、红表笔依次接其它各极时，会出现 8 次阻值小的情况；对于共阴极多位数码管，红表笔接某一位极、黑表笔依次接其它各极时，也会出现 8 次阻值小的情况。

① 类型与某位的公共极的判别

在检测多位 LED 数码管类型时，万用表拨至"R×10kΩ"挡，测量任意两引脚之间的正反向电阻，当出现阻值小时，说明黑表笔接的为发光二极管的正极，红表笔接的为负极，然后黑表笔不动，红表笔依次接其它各引脚，若出现阻值小的次数等于 8 次，则黑表笔接的引脚为某位的公共极，被测多位数码管为共阳极；若出现阻值小的次数等于数码管的位数（四位数码管为 4 次）时，则黑表笔接的引脚为段极，被测多位数码管为共阴极，红表笔接的引脚为某位的公共极。

② 各段极的判别

在检测多位 LED 数码管各引脚对应的段时，万用表选择"R×10kΩ"挡。对于共阳极数码管，黑表笔接某位的公共极，红表笔接其它引脚，若发现数码管某段有微弱的亮光，如 a 段有亮光，表明红表笔接的引脚与 a 段发光二极管负极连接；对于共阴极数码管，红表笔接某位的公共极，黑表笔接其它引脚，若发现数码管某段有微弱的亮光，则黑表笔接的引脚与该段发光二极管正极连接。

如果使用万用表"R×10kΩ"挡检测无法观察到数码管的亮光，可按图 14-4（b）所示的方法，将万用表拨至"R×10Ω"或"R×1Ω"挡，给红表笔串接一个 1.5V 的电池，电池的正极连接红表笔，负极接被测数码管的引脚，具体的检测方法与万用表选择"R×10kΩ"挡时相同。

（5）用数字万用表检测多位数码管

四位数码管的检测

如图 14-11 所示是一个 4 位 LED 数码管，有上下两排共 12 个引脚，其中 4 个位极（位公共极）引脚，8 个段极引脚。在用数字万用表判别 4 位 LED 数码管的类型和位、段极时，选择二极管测量挡，黑表笔接下排第 1 个引脚不动，红表笔依次接 2、3、4、…、12 引脚，如图 14-11（a）所示，发现 11 次测量均显示 OL 符号；这时改将红表笔接下排第 1 脚不动，黑表笔依次测量其他各引脚，当测到某引脚，显示屏显示 1.500～3.500 范围内的数值时，同时 4 位数码管的某位有一段会亮，如图 14-11（b）所示，在此引脚旁边做上标记，再用黑表笔继续测其他引脚，会有以下两种情况：

① 如果测量出现 4 次 1.500～3.500 范围内的数值（同时出现亮段），则黑表笔测得的 4 个引脚为 4 个显示位的公共引脚（位极引脚），测量时查看亮段所在的位就能确定当前位极引脚对应的显示位，由于黑表笔接位极引脚时出现亮段（有一段发光二极管亮），故该数码管为共阴型。再将黑表笔接已判明的第一位的位极引脚（上排第 1 个引脚）不动，红表笔依次测各段极引脚（4 个位极引脚之外的引脚），当测到某段极引脚时，第一位相应的段会点亮，图 14-11（c）是红表笔测上排第 3 个引脚，发现第一位的 f 段变亮，同时显示屏显示 1.840V，则上排第 3 个引脚为 f 段的段极引脚，图 14-11（d）是红表笔测上排第 6 个引脚，发现第一位的 b 段变亮，则上排第 6 个引脚为 b 段的段极引脚。

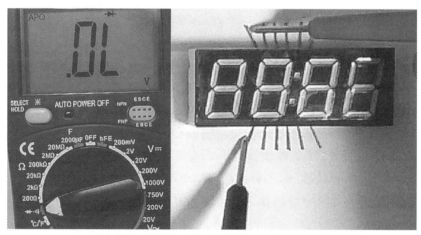

(a) 黑表笔接下排第1脚不动，红表笔依次测量其他各引脚

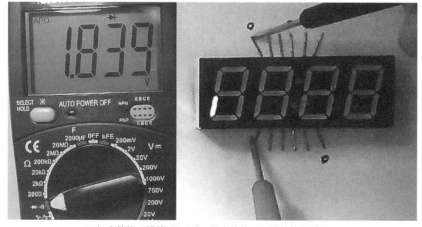

(b) 红表笔接下排第1脚不动，黑表笔依次测量其他各引脚

图 14-11

(c) 黑表笔接上排第1引脚、红表笔接第3引脚时，第一位的f段亮

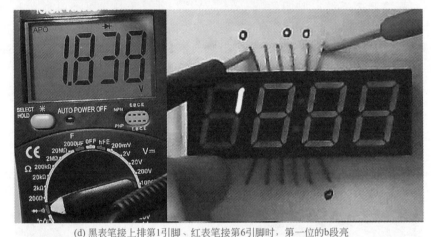

(d) 黑表笔接上排第1引脚、红表笔接第6引脚时，第一位的b段亮

图 14-11　用数字万用表检测 4 位 LED 数码管的类型并找出位、段极

② 如果测量出现 8 次 1.500～3.500 范围内的数值（同时出现亮段），则黑表笔测得的 8 个引脚为 8 个段极引脚，测量时查看亮段的位置就能确定当前段极引脚对应的显示段。8 个段极引脚之外的引脚为位极引脚，将黑表笔接某个段极引脚不动，红表笔依次测 4 个位极引脚，会出现亮段，根据亮段所在的位就能确定当前位极引脚对应的显示位。

总之，在检测 4 位 LED 数码管时，当 A 表笔接某引脚不动、B 表笔测其他各引脚时，若出现 4 次 1.500～3.500 范围内的数值，则这 4 次测量时的 4 个引脚均为位极引脚（其他 8 个引脚为段极引脚），如果 B 表笔为红表笔，数码管为共阳型，如果 B 表笔为黑表笔，数码管为共阴型；若出现 8 次 1.500～3.500 范围内的数值，则这 8 次测量时 B 表笔测的 8 个引脚均为段极引脚（其他 4 个引脚为位极引脚），如果 B 表笔为红表笔，数码管为共阴型，如果 B 表笔为黑表笔，数码管为共阳型。

## 14.2　LED 点阵显示器

### 14.2.1　单色点阵显示器

（1）外形与结构

如图 14-12（a）所示为 LED 单色点阵显示器的实物外形，如图 14-12（b）所示为 8×8

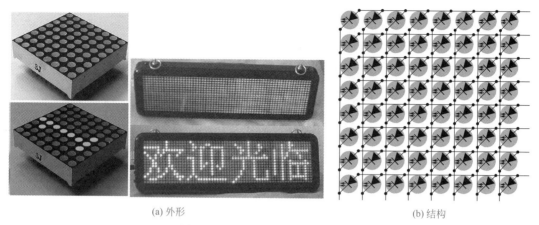

(a) 外形　　　　　　　　　　　(b) 结构

图 14-12　LED 单色点阵显示器

LED 单色点阵显示器内部结构，它是由 8×8=64 个发光二极管组成，每个发光管相当于一个点，发光管为单色发光二极管可构成单色点阵显示器，发光管为双色发光二极管或三基色发光二极管则能构成彩色点阵显示器。

（2）类型与工作原理

① 类型

根据内部发光二极管连接方式不同，LED 点阵显示器可分为共阴型和共阳型，其结构如图 14-13 所示，对单色 LED 点阵显示器来说，若第一个引脚（引脚旁通常标有 1）接发光二极管的阴极，该点阵显示器叫做共阴型点阵显示器（又称行共阴列共阳点阵显示器），反之则叫共阳型点阵显示器（又称行共阳列共阴点阵显示器）。

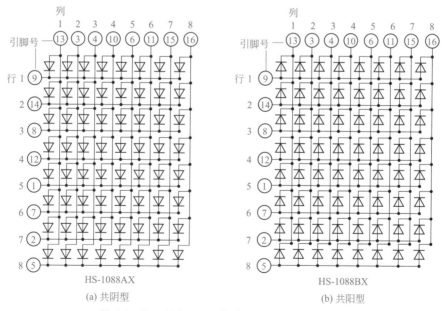

HS-1088AX　　　　　　　　　　　HS-1088BX

(a) 共阴型　　　　　　　　　　　(b) 共阳型

图 14-13　单色 LED 点阵显示器的结构类型

② 工作原理

下面以在图 14-14 所示的 5×5 点阵显示器中显示"△"图形为例进行说明。

点阵显示器显示采用扫描显示方式，具体又可分为三种方式：行扫描、列扫描和点扫描。

a. 行扫描方式。在显示前让点阵显示器所有行线为低电平（0）、所有列线为高电平（1），

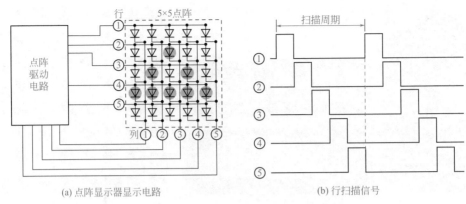

行　5×5点阵　　　　　　　扫描周期

(a) 点阵显示器显示电路　　　　　　(b) 行扫描信号

图 14-14　5×5 点阵显示器显示原理说明

点阵显示器中的发光二极管均截止，不发光。在显示时，首先让行①线为 1，如图 14-14（b）所示，列①～⑤线为 11111，第一行 LED 都不亮，然后让行②线为 1，列①～⑤线为 11011，第二行中的第 3 个 LED 亮，再让行③线为 1，列①～⑤线为 10101，第 3 行中的第 2、4 个 LED 亮，接着让行④线为 1，列①～⑤线为 00000，第 4 行中的所有 LED 都亮，最后让行⑤线为 1，列①～⑤为 11111，第 5 行中的所有 LED 都不亮。第 5 行显示后，由于人眼的视觉暂留特性，会觉得前面几行的 LED 还在亮，整个点阵显示器显示一个 "△" 图形。

当点阵显示器工作在行扫描方式时，为了让显示的图形有整体连续感，要求从第①行扫到最后一行的时间不应超过 0.04s（人眼视觉暂留时间），即行扫描信号的周期不要超过 0.04s，频率不要低于 25Hz，若行扫描信号周期为 0.04s，则每行的扫描时间为 0.008s，即每列数据持续时间为 0.008s，列数据切换频率为 125Hz。

b. 列扫描方式。列扫描与行扫描的工作原理大致相同，不同在于列扫描是从列线输入扫描信号，并且列扫描信号为低电平有效，而行线输入行数据。以如图 14-14（a）所示电路为例，在列扫描时，首先让列①线为低电平（0），从行①～⑤线输入 00010，然后让列②线为 0，从行①～⑤线输入 00110。

c. 点扫描方式。点扫描方式的工作过程是：首先让行①线为高电平，让列①～⑤线逐线依次输出 1、1、1、1、1，然后让行②线为高电平，让列①～⑤线逐线依次输出 1、1、0、1、1，再让行③线为高电平，让列①～⑤线逐线依次输出 1、0、1、0、1，接着让行④线为高电平，让列①～⑤线逐线依次输出 0、0、0、0、0，最后让行⑤线为高电平，让列①～⑤线逐线依次输出 1、1、1、1、1，结果在点阵显示器上显示出 "△" 图形。

从上述分析可知，点扫描是从前往后让点阵显示器中的每个 LED 逐个显示，由于是逐点输送数据，这样就要求列数据的切换频率很高，以 5×5 点阵显示器为例，如果整个点阵显示器的扫描周期为 0.04s，那么每个 LED 显示时间为 0.04/25=0.0016s，即 1.6ms，列数据切换频率达 625Hz。对于 128×128 点阵显示器，若采用点扫描方式显示，其数据切换频率更达 409600Hz，每个 LED 通电时间约为 2μs，这不但要求点阵显示器驱动电路很高的数据处理速度，另外，由于每个 LED 通电时间很短，会造成整个点阵显示器显示的图形偏暗，故像素很多的点阵显示器很少采用点扫描方式。

（3）应用电路

如图 14-15 所示是一个单片机驱动的 8×8 点阵显示器电路。U1 为 8×8 共阳型 LED 单色点阵显示器，其列引脚低电平输入有效，不显示时这些引脚为高电平，需要点阵显示器某列显示时可让对应列引脚为低电平，U2 为 AT89S51 型单片机，S、$C_1$、$R_2$ 构成单片机的复位电路，Y1、$C_2$、$C_3$ 为单片机的时钟电路外接定时元件，$R_1$ 为 1kΩ 的排阻，①脚与②～⑨

脚之间分别接有 8 个 1kΩ 的电阻。如果希望在点阵显示器上显示字符或图形，可在计算机中用编程软件编写相应的程序，然后通过编程器将程序写入单片机 AT89S51，再将单片机安装在如图 14-15 所示的电路中，单片机就能输出扫描信号和显示数据，驱动点阵显示器显示相应的字符或图形，该点阵显示器的扫描方式由编写的程序确定，具体可参阅有关单片机方面的书籍。

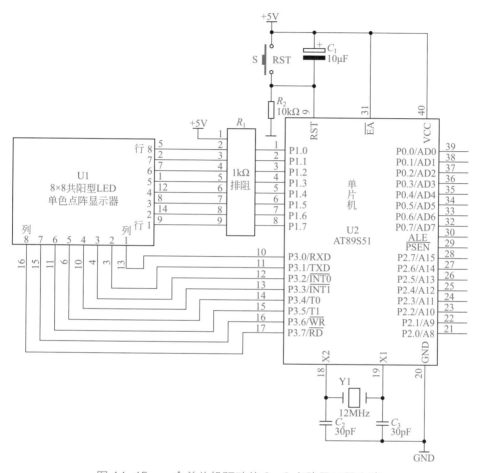

图 14-15 一个单片机驱动的 8×8 点阵显示器电路

**（4）用指针万用表检测单色点阵显示器**

**① 共阳、共阴类型的检测**

对单色 LED 点阵显示器来说，若第一引脚接 LED 的阴极，该点阵显示器叫做共阴型点阵显示器，反之则叫共阳型点阵显示器。在检测时，万用表拨至"R×10kΩ"挡，红表笔接点阵显示器的第一引脚（引脚旁通常标有 1）不动，黑表笔接其他引脚，若出现阻值小，表明红表笔接的第一引脚为 LED 的负极，该点阵显示器为共阴型，若未出现阻值小，则红表笔接的第一引脚为 LED 的正极，该点阵显示器为共阳型。

**② 点阵显示器引脚与 LED 正、负极连接检测**

从图 14-13 所示的点阵显示器内部 LED 连接方式来看，共阴、共阳型点阵显示器没有根本的区别，共阴型上下翻转过来就可变成共阳型，因此如果找不到第一脚，只要判断点阵显示器哪些引脚接 LED 正极，哪些引脚接 LED 负极，驱动电路是采用正极扫描或是负极扫描，在使用时就不会出错。

点阵显示器引脚与 LED 正、负极连接检测：万用表拨至"R×10kΩ"挡，测量点阵显示器任意两脚之间的电阻，当出现阻值小时，黑表笔接的引脚接 LED 的正极，红表笔接的为 LED 的负极，然后黑表笔不动，红表笔依次接其它各脚，所有出现阻值小时红表笔接的引脚都与 LED 负极连接，其余引脚都与 LED 正极连接。

③ 好坏判别

LED 点阵显示器由很多发光二极管组成，只要检测这些发光二极管是否正常，就能判断点阵显示器是否正常。判别时，将 3～6V 直流电源与一只 100Ω 电阻串联，如图 14-16 所示，再用导线将行①～⑤引脚短接，并将电源正极（串有电阻）与行某引脚连接，然后将电源负极接列①引脚，列①五个 LED 应全亮，若某个 LED 不亮，则该 LED 损坏，用同样方法将电源负极依次接列②～⑤引脚，若点阵显示器正常，则列①～⑤的每列 LED 会依次亮。

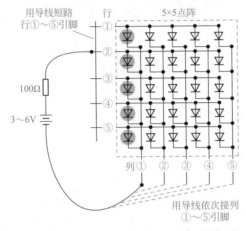

图 14-16　LED 点阵显示器的好坏检测

单色点阵的检测

**（5）用数字万用表检测单色点阵显示器**

如图 14-17 所示是一个待检测的 8 行 8 列单色点阵显示器，内部有 64 个发光二极管，该点阵显示器有上下两排引脚，每排 8 个引脚，下排最左端为第 1 引脚，按逆时针方向依次为 2、3、…、16，即第 16 引脚在上排最左端。

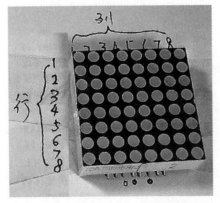

图 14-17　待检测的 8 行 8 列单色点阵显示器

① 判断类型并找出各列（或各行）引脚

在用数字万用表判别单色点阵显示器的类型并找出各列（或各行）引脚时，选择二极管测量挡，黑表笔接点阵显示器第 1 引脚不动，红表笔依次接 2、3、…、16 引脚，同时查看显示屏显示的数值，如图 14-18（a）所示，发现红表笔测 2、3、…、16 脚时均显示 OL 符号，这时应调换表笔，将红表笔接第 1 引脚不动，黑表笔依次接 2、3、…、16 引脚，会发现显示屏会出现 8 次 1.500～3.500 范围内的数值。如图 14-18（b）所示是黑表笔测量 15 引脚，此时显示屏显示值为 1.718，同时点阵显示器的第 5 行第 7 列发光二极管亮。如图 14-18（c）所示是黑表笔测量 16 引脚，显示屏显示值为 1.697，点阵显示器的第 5 行第 8 列发光二极管亮，由此可确定 15 引脚为第 7 列引脚，16 引脚为第 8 列引脚，第 1 引脚为第 5 行引脚，用同样的方法确定点阵显示器的其他各列引脚并做好标记。由于红表笔接第 1 引脚时点阵显示器有发光二极管亮，即点阵显示器第 1 引脚内部接发光二极管的正极，点阵显示器为共阳型。

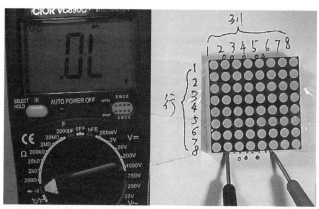

(a) 在黑表笔固定接点阵显示器第1引脚时红表笔依次测其他各引脚

(b) 红表笔固定接第1引脚时黑表笔接第15引脚

(c) 红表笔固定接第1引脚时黑表笔接第16引脚

图 14-18 判断点阵显示器的类型并找出各列（或各行）引脚

② 判别各行（或各列）引脚

在找出单色点阵显示器的各列引脚后，由于列引脚接发光二极管的负极，故将黑表笔接某个列引脚，如图14-19（a）所示是黑表笔接第16引脚（第8列引脚），红表笔测第14引脚，显示屏显示值为1.697，同时发现第8列的第2行发光二极管发光，则第14引脚为第2行引脚，如图14-19（b）所示是黑表笔接第16引脚（第8列引脚），红表笔测第9引脚，显示屏显示值为1.696，发现第8列的第1行发光二极管发光，则第9引脚为第1行引脚，用同样的方法可找出其它各行引脚。

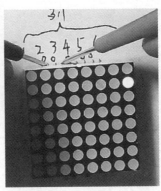

(a) 黑表笔固定接第16引脚时红表笔接第14引脚

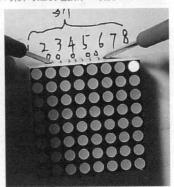

(b) 黑表笔固定接第16引脚时红表笔接第9引脚

图 14-19　判别点阵显示器的各行（或各列）引脚

### 14.2.2　双色LED点阵显示器

（1）电路结构

双色点阵显示器有共阳型和共阴型两种类型。如图14-20所示是8×8双色点阵显示器的电路结构。图14-20（a）为共阳型点阵显示器，有8行16列，每行的16个LED（两个LED组成一个发光点）的正极接在一根行公共线上，共有8根行公共线，每列的8个LED的负极接在一根列公共线上，共有16根列公共线，共阳型点阵显示器也称为行共阳列共阴型点阵显示器；图14-20（b）为共阴型点阵显示器，有8行16列，每行的16个LED的负极接在一根行公共线上，有8根行公共线，每列的8个LED的正极接在一根列公共线上，共有16根列公共线，共阴型点阵显示器也称为行共阴列共阳型点阵显示器。

（2）引脚号的识别

8×8双色点阵显示器有24个引脚，8个行引脚，8个红列引却，8个绿列引脚，24个引脚一般分成两排，引脚号识别与集成电路相似。若从侧面识别引脚号，应正对着点阵显示器有字符且有引脚的一侧，左边第一个引脚为①脚，然后按逆时针依次是②、③、…、㉔脚，

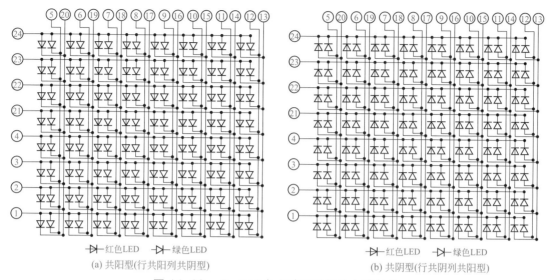

(a) 共阳型(行共阳列共阴型)　　　　　　　(b) 共阴型(行共阴列共阳型)

图 14-20　8×8 双色点阵显示器的电路结构

如图 14-21（a）所示。若从反面识别引脚号，应正对着点阵显示器底面的字符，右下角第一个引脚为①脚，然后按顺时针依次是②、③、…、㉔脚，如图 14-21（b）所示。有些点阵显示器还会在第一个和最后一个引脚旁标注引脚号。

(a) 从侧面识别引脚号　　　　　　　　(b) 从反面识别引脚号

图 14-21　点阵显示器引脚号的识别

（3）行、列引脚的识别与检测

在购买点阵显示器时，可以向商家了解点阵显示器的类型和行列引脚号，最好让商家提供像图 14-20 一样的点阵显示器电路结构引脚图，如果无法了解点阵显示器的类型及行列引脚号，可以使用万用表检测判别，既可使用指针万用表，也可使用数字万用表。

点阵显示器由很多 LED 组成，这些 LED 的导通电压一般在 1.5～3.5V 之间。若使用数字万用表测量点阵显示器，应选择二极管测量挡，数字万用表的红表笔接表内电源正极，黑表笔接表内电源负极，当红、黑表笔分别接 LED 的正、负极，LED 会导通发光，万用表会显示 LED 的导通电压，一般显示 1.500～3.500 V（或 1500～3500mV），反之 LED 不会导通发光，万用表显示溢出符号 "OL"（或 "1"）。如果使用指针万用表测量点阵显示器，应选择 "R×10kΩ" 挡（其它电阻挡提供电压只有 1.5V，无法使 LED 导通），指针万用表的红表笔接表内电源负极，黑表笔接表内电源正极，这一点与数字万用表正好相反，当黑、红表笔分别接 LED 的正、负极，LED 会导通发光，万用表指示的阻值很小，反之 LED 不会导通发光，万用表指示的阻值无穷大（或接近无穷大）。

以数字万用表检测红绿双色点阵显示器为例，数字万用表选择二极管测量挡，红表笔接点阵显示器的①脚不动，黑表笔依次测量其余 23 个引脚，会出现以下情况：

① 23 次测量万用表均显示溢出符号"OL"（或"1"），应将红、黑表笔调换，即黑表笔接点阵显示器的①脚不动，红表笔依次测量其余 23 个引脚。

② 万用表 16 次显示"1.500～3.500"范围的数字且点阵显示器 LED 出现 16 次发光，即有 16 个 LED 导通发光，如图 14-22（a）所示，表明点阵显示器为共阳型，红表笔接的①脚为行引脚，16 个发光的 LED 所在的行，①脚就是该行的行引脚，测量时 LED 发光的 16 个引脚为 16 个列引脚，根据发光 LED 所在的列和发光颜色，区分出各个引脚是哪列的何种颜色的列引脚。测量时万用表显示溢出符号"1"（或"OL"）的其它 7 个引脚均为行引脚，再将接①脚的红表笔接到其中一个引脚，黑表笔接已识别出来的 8 个红列引脚或 8 个绿列引脚，同时查看发光的 8 个 LED 为哪行则红表笔所接引脚则为该行的行引脚，其余 6 个行引脚识别与之相同。

③ 万用表 8 次显示"1.500～3.500"范围的数字且点阵显示器 LED 出现 8 次发光（有 8 个 LED 导通发光），如图 14-22（b）所示，表明点阵显示器为共阴型，红表笔接的①脚为列引脚，测量时黑表笔所接的 LED 会发光的 8 个引脚均为行引脚，发光 LED 处于哪行相应引脚则为该行的行引脚。在识别 16 个列引脚时，黑表笔接某个行引脚，红表笔依次测量 16 个列引脚，根据发光 LED 所在的列和发光颜色，区分出各个引脚是哪列的何种颜色的列引脚。

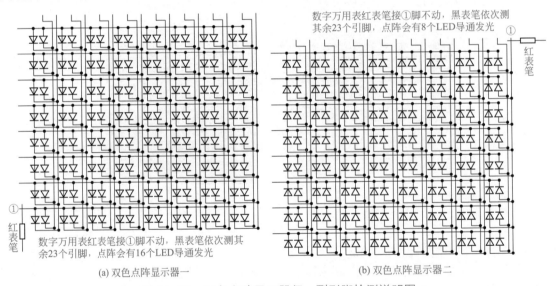

(a) 双色点阵显示器一　　　　　　　　　(b) 双色点阵显示器二

图 14-22　双色点阵显示器行、列引脚检测说明图

## 14.3　真空荧光显示器

真空荧光显示器简称 VFD，是一种真空显示器件，常用在一些家用电器（如影碟机、录像机和音响设备）、办公自动化设备、工业仪器仪表及汽车等各种领域中，用来显示机器的状态和时间等信息。

### 14.3.1　外形

真空荧光显示器外形如图 14-23 所示。

图 14-23　真空荧光显示器外形

### 14.3.2　结构与工作原理

真空荧光显示器有一位荧光显示器和多位荧光显示器。

**（1）一位真空荧光显示器**

如图 14-24 所示为一位数字显示荧光显示器的结构示意图。它内部有灯丝、栅极（控制极）和 a、b、c、d、e、f、g 七个阳极，这七个阳极上都涂有荧光粉并排列成"８"字样，灯丝的作用是发射电子，栅极（金属网格状）处于灯丝和阳极之间，灯丝发射出来的电子能否到达阳极受栅极的控制，阳极上涂有荧光粉，当电子轰击荧光粉时，阳极上的荧光粉发光。

在真空荧光显示器工作时，要给灯丝提供 3V 左右的交流电压，灯丝发热后才能发射电子，栅极加上较高的电压才能吸引电子，让它穿过栅极并往阳极方向运动。电子要轰击某个阳极，该阳极必须有高电压。

当要显示"3"字样时，由驱动电路给真空荧光显示器的 a、b、c、d、e、f、g 七个阳极分别送 1、1、1、1、0、0、1，即给 a、b、c、d、g 五个阳极送高电压，另外给栅极也加上高电压，于是灯丝发射的电子穿过网格状的栅极后轰击加有高电压的 a、b、c、d、g 阳极，由于这些阳极上涂有荧光粉，在电子的轰击下，这些阳极发光，显示器显示"3"的字样。

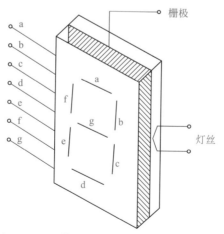

图 14-24　一位真空荧光显示器的结构示意图

**（2）多位真空荧光显示器**

一个真空荧光显示器能显示一位数字，若需要同时显示多位数字或字符，可使用多位真空荧光显示器。如图 14-25 所示为四位真空荧光显示器的结构及扫描信号。

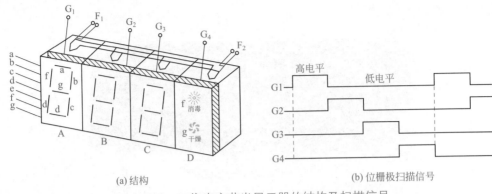

(a) 结构　　　　　　　　(b) 位栅极扫描信号

图 14-25　四位真空荧光显示器的结构及扫描信号

如图 14-25（a）所示的真空荧光显示器有 A、B、C、D 四个位区，每个位区都有单独的栅极，四个位区的栅极引出脚分别为 $G_1$、$G_2$、$G_3$、$G_4$。每个位区的灯丝在内部以并联的形式连接起来，对外只引出两个引脚。A、B、C 位区数字的相应各段的阳极都连接在一起，再与外面的引脚相连，例如 C 位区的阳极段 a 与 B、A 位区的阳极段 a 都连接起来，再与显示器引脚 a 连接，D 位区两个阳极为图形和文字形状，消毒图形与文字为一个阳极，与引脚 f 连接，干燥图形与文字为一个阳极，与引脚 g 连接。

多位真空荧光显示器与多位 LED 数码管一样，都采用扫描显示原理。下面以在图 14-25 所示的显示器上显示"127 消毒"为例来说明。

首先给灯丝引脚 $F_1$、$F_2$ 通电，再给 $G_1$ 引脚加一个高电平，此时 $G_2$、$G_3$、$G_4$ 均为低电平，然后分别给 b、c 引脚加高电平，灯丝通电发热后发射电子，电子穿过 $G_1$ 栅极轰击 A 位阳极 b、c，这两个电极的荧光粉发光，在 A 位显示"1"字样，这时虽然 b、c 引脚的电压也会加到 B、C 位的阳极 b、c 上，但因为 B、C 位的栅极为低电平，B、C 位的灯丝发射的电子无法穿过 B、C 位的栅极轰击阳极，故 B、C 位无显示；接着给 $G_2$ 脚加高电平，此时 $G_1$、$G_3$、$G_4$ 引脚均为低电平，再给阳极 a、b、d、e、g 加高电平，灯丝发射的电子轰击 B 位阳极 a、b、d、e、g，这些阳极发光，在 B 位显示"2"字样。同样原理，在 C 位和 D 位分别显示"7""消毒"字样，$G_1$、$G_2$、$G_3$、$G_4$ 极的电压变化关系如图 14-25（b）所示。

显示器的数字虽然是一位一位地显示出来的，但由于人眼视觉暂留特性，当显示器显示最后"消毒"字样时，人眼仍会感觉前面 3 位数字还在显示，故看起好像是一下子显示"127 消毒"。

### 14.3.3　应用

如图 14-26 所示为 DVD 机的操作显示电路，显示器采用真空荧光显示器（VFD），$IC_1$ 为微处理器芯片，内部含有显示器驱动电路，DVD 机在工作时，$IC_1$ 会输出有关的位栅极扫描信号 1G～12G 和段阳极信号 P1～P15，使 VFD 显示机器的工作状态和时间等信息。

### 14.3.4　检测

真空荧光显示器 VFD 处于真空工作状态，如果发生显示器破裂漏气就会无法工作。在工作时，VFD 的灯丝加有 3V 左右的交流电压，在暗处 VFD 内部灯丝有微弱的红光发出。

在检测 VFD 时，可用万用表"R×1Ω"或"R×10Ω"挡测量灯丝的阻值，正常阻值很小，如果阻值无穷大，则为灯丝开路或引脚开路。在检测各栅极和阳极时，可用万用表"R×1kΩ"挡，测量各栅极之间、各阳极之间、栅阳极之间和栅阳极与灯丝间的阻值，正常应均为无穷大，若出现阻值为 0 或较小，则为所测极之间出现短路故障。

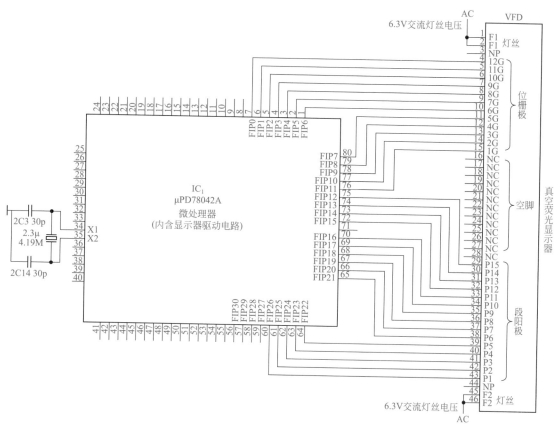

图 14-26 DVD 机的操作显示电路

## 14.4 液晶显示屏

液晶显示屏简称 LCD 屏，其主要材料是液晶。液晶是一种有机材料，在特定的温度范围内，既有液体的流动性，又有某些光学特性，其透明度和颜色随电场、磁场、光及温度等外界条件的变化而变化。液晶显示器是一种被动式显示器件，液晶本身不会发光，它是通过反射或透射外部光线来显示，光线愈强，其显示效果愈好。液晶显示屏是利用液晶在电场作用下光学性能变化的特性制成的。

液晶显示屏可分为笔段式液晶显示屏和点阵式液晶显示屏。

### 14.4.1 笔段式液晶显示屏

（1）外形

笔段式液晶显示屏外形如图 14-27 所示。

图 14-27 笔段式液晶显示屏外形

（2）结构与工作原理

如图 14-28 所示是一位笔段式液晶显示屏的结构。

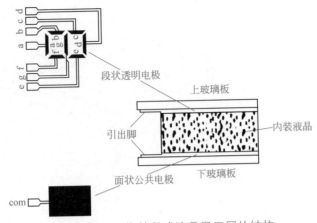

图 14-28　一位笔段式液晶显示屏的结构

一位笔段式液晶显示屏是将液晶材料封装在两块玻璃之间，在上玻璃板内表面涂上"８"字形的七段透明电极，在下玻璃板内表面整个涂上导电层作公共电极（或称背电极）。

当给液晶显示屏上玻璃板的某段透明电极与下玻璃板的公共电极之间加上适当大小的电压时，该段极与下玻璃板上的公共电极之间夹持的液晶会产生"散射效应"，夹持的液晶不透明，就会显示出该段形状。例如给下玻璃板上的公共电极加一个低电压，而给上玻璃板内表面的 a、b 段透明电极加高电压，a、b 段极与下玻璃板上的公共电极存在电压差，它们中间夹持的液晶特性改变，a、b 段下面的液晶变得不透明，呈现出"1"字样。

如果在上玻璃板内表面涂上某种形状的透明电极，只要给该电极与下面的公共电极之间加一定的电压，液晶屏就能显示该形状。笔段式液晶显示屏上玻璃板内表面可以涂上各种形状的透明电极，如图 14-17 所示，横、竖、点状和雪花状，由于这些形状的电极是透明的，且液晶未加电压时也是透明的，故未加电时显示屏无任何显示，只要给这些电极与公共极之间加电压，就可以将这些形状显示出来。

（3）多位笔段式液晶显示屏的驱动方式

多位笔段式液晶显示屏有静态和动态（扫描）两种驱动方式。在采用静态驱动方式时，整个显示屏使用一个公共背电极并接出一个引脚，而各段电极都需要独立接出引脚，如图 14-29 所示，故静态驱动方式的显示屏引脚数量较多。在采用动态驱动（即扫描方式）时，各位都要有独立的背极，各位相应的段电极在内部连接在一起再接出一个引脚，动态驱动方式的显示屏引脚数量较少。

动态驱动方式的多位笔段式液晶显示屏的工作原理与多位 LED 数码管、多位真空荧光显示器一样，采用逐位快速显示的扫描方式，利用人眼的视觉暂留特性来产生屏幕整体显示的效果。如果要将图 14-29 所示的静态驱动显示屏改成动态驱动显示屏，只需将整个公共背极切分成五个独立的背极，并引出 5 个引脚，然后将五个位中相同的段极在内部连接起来并接出 1 个引脚，共接出 8 个引脚，这样整个显示屏只需 13 个引脚。在工作时，先给第 1 位背极加电压，同时给各段极传送相应电压，显示屏第 1 位会显示出需要的数字，然后给第 2 位背极加电压，同时给各段极传送相应电压，显示屏第 2 位会显示出需要的数字，如此工作，直至第 5 位显示出需要的数字，然后重新从第 1 位开始显示。

（4）检测

① 公共极的判断

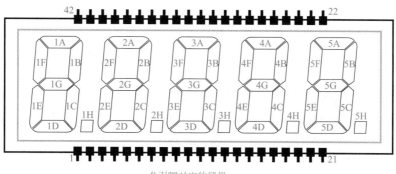

各引脚对应的段极

| 1 | 2 | 3 | 4 | 5 | 6 | 7 | 8 | 9 | 10 | 11 | 12 | 13 | 14 | 15 | 16 | 17 | 18 | 19 | 20 | 21 |
|---|---|---|---|---|---|---|---|---|---|---|---|---|---|---|---|---|---|---|---|---|
| COM | 1A | 1B | 1C | 1D | 1E | 1F | 1G | 1H | 2A | 2B | 2C | 2D | 2E | 2F | 2G | 2H | 3A | 3B | 3C | 3D |
| 22 | 23 | 24 | 25 | 26 | 27 | 28 | 29 | 30 | 31 | 32 | 33 | 34 | 35 | 36 | 37 | 38 | 39 | 40 | 41 | 42 |
| 3E | 3F | 3G | 3H | 4A | 4B | 4C | 4D | 4E | 4F | 4G | 4H | 5A | 5B | 5C | 5D | 5E | 5F | 5G | 5H | |

(a) 外形及各引脚对应的段极

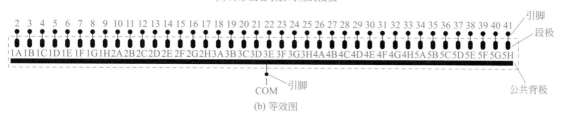

(b) 等效图

图 14-29 静态驱动方式的多位笔段式液晶显示屏

由液晶显示屏的工作原理可知，只有公共极与段极之间加有电压，段极形状才能显示出来，段极与段极之间加电压无显示，根据该原理可检测出公共极。检测时，万用表拨至"R×10kΩ"挡（也可使用数字万用表的二极管测量挡），红黑表笔接显示屏任意两引脚，当显示屏有某段显示时，一只表笔不动，另一只表笔接其它引脚，如果有其它段显示，则不动的表笔所接为公共极。

② 好坏检测

在检测静态驱动式笔段式液晶显示屏时，万用表拨至"R×10kΩ"挡，将一只表笔接显示屏的公共极引脚，另一只表笔依次接各段极引脚，当接到某段极引脚时，万用表就通过两表笔给公共极与段极之间加有电压，如果该段正常，该段的形状将会显示出来。如果显示屏正常，各段显示应清晰、无毛边；如果某段无显示或有断线，则该段极可能有开路或断极；如果所有段均不显示，可能是公共极开路或显示屏损坏。在检测时，有时测某段时邻近的段也会显示出来，这是正常的感应现象，可用导线将邻近段引脚与公共极引脚短路，即可消除感应现象。

在检测动态驱动式笔段式液晶显示屏时，万用表仍拨至"R×10kΩ"挡，由于动态驱动显示屏有多个公共极，检测时先将一只表笔接某位公共极引脚，另一只表笔依次接各段引脚，正常各段应正常显示，再将接位公共极引脚的表笔移至下一个位公共极引脚，用同样的方法检测该位各段是否正常。

用上述方法不但可以检测液晶显示屏的好坏，还可以判断出各引脚连接的段极。

### 14.4.2 点阵式液晶显示屏

（1）外形

笔段式液晶显示屏结构简单，价格低廉，但显示的内容简单且可变化性小，而点阵式液晶显示屏以点的形式显示，几乎可显示任何字符图形内容。点阵式液晶显示屏外形如图 14-30 所示。

图 14-30　点阵式液晶显示屏外形

**（2）工作原理**

如图 14-31（a）所示为 5×5 点阵式液晶显示屏的结构示意图，它是在封装有液晶的下玻璃内表面涂有 5 条行电极，在上玻璃内表面涂有 5 条透明列电极，从上往下看，行电极与列电极有 25 个交点，每个交点相当于一个点（又称像素）。

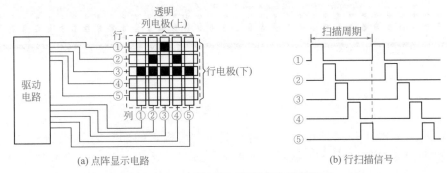

(a) 点阵显示电路　　　　　　　　　(b) 行扫描信号

图 14-31　点阵式液晶屏显示原理说明

点阵式液晶屏与点阵 LED 显示屏一样，也采用扫描方式，也可分为三种方式：行扫描、列扫描和点扫描。下面以显示"△"图形为例来说明最为常用的行扫描方式。

在显示前，让点阵所有行、列线电压相同，这样下行线与上排线之间不存在电压差，中间的液晶处于透明。在显示时，首先让行①线为 1（高电平），如图 14-31（b）所示，列①～⑤线为 11011，第①行电极与第③列电极之间存在电压差，其夹持的液晶不透明；然后让行②线为 1，列①～⑤线为 10101，第②行与第②、④列夹持的液晶不透明；再让行③线为 1，列①～⑤线为 00000，第③行与第①～⑤列夹持的液晶都不透明；接着让行④线为 1，列①～⑤线为 11111，第 4 行与第①～⑤列夹持的液晶全透明，最后让行⑤线为 1，列①～⑤为 11111，第 5 行与第①～⑤列夹持的液晶全透明。第 5 行显示后，由于人眼的视觉暂留特性，会觉得前面几行内容还在亮，整个点阵显示一个"△"图形。

点阵式液晶显示屏由反射型和透射型之分，如图 14-32 所示。反射型 LCD 屏依靠液晶不透明来反射光线显示图形，如电子表显示屏、数字万用表的显示屏等都是利用液晶不透

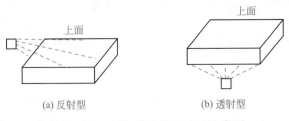

(a) 反射型　　　　　　　　　(b) 透射型

图 14-32　点阵式液晶显示屏的类型

明（通常为黑色）来显示数字，透射型 LCD 屏依靠光线透过透明的液晶来显示图像，如手机显示屏、液晶电视显示屏等都是采用透射方式显示图像。

如图 14-32（a）所示的点阵为反射型 LCD 屏，如果将它改成透射型 LCD 屏，行、列电极均需为透明电极，另外还要用光源（背光源）从下往上照射 LCD 屏，显示屏的 25 个液晶点象 25 个小门，液晶点透明相当于门打开，光线可透过小门从上玻璃射出，该点看起来为白色（背光源为白色），液晶点不透明相当于门关闭，该点看起来为黑色。

### 14.4.3　1602 字符型液晶显示屏

（1）外形

1602 字符型液晶显示屏可以显示 2 行，每行 16 个字符，为了使用方便，1602 字符型液晶显示屏已将显示屏和驱动电路制作在一块电路板上，其外型如图 14-33 所示，液晶显示屏安装在电路板上，电路板背面有驱动电路，驱动芯片直接制作在电路板上并用黑胶封装起来。

图 14-33　1602 字符型液晶显示屏的外形

（2）引脚说明

1602 字符型液晶显示屏有 14 个引脚（不带背光电源的有 12 个引脚），各脚功能说明如图 14-34 所示。

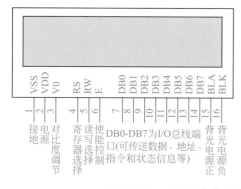

V0端：又称LCD偏压调整端，该端直接接电源时对比度最低，接地时对比度最高，一般在该端与地之间接一个10kΩ电位器，用来调LCD的对比度
RS端：1——选中数据寄存器；0——选中指令寄存器
R/W端：1——从LCD读信息；0——往LCD写信息
E端：1——允许读信息；下降沿↓——允许写信息

图 14-34　1602 字符型液晶显示屏的各脚功能说明

（3）单片机驱动 1602 液晶显示屏的电路

单片机驱动 1602 液晶显示屏的电路如图 14-35 所示，当单片机对 1602 进行操作时，根据不同的操作类型，会从 P2.4、P2.5、P2.6 端送控制信号到 1602 的 RS、R/W 和 E 端，比如单片机要对 1602 写入指令时，会让 P2.4=0，P2.5=0，P2.6 端先输出高电平再变为低电平（下降沿），同时从 P0.7～P0.0 端输出指令代码去 1602 的 DB7～DB0 端，1602 根据指令代码进行相应的显示。

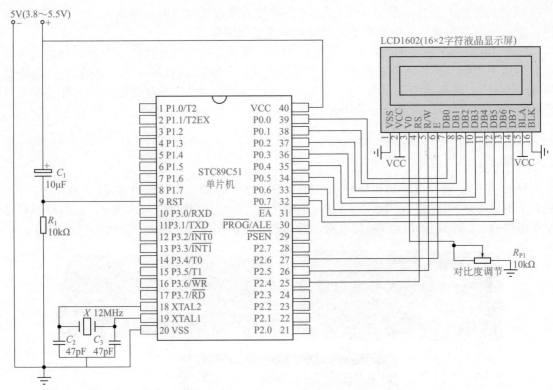

图 14-35　单片机驱动 1602 液晶显示屏的电路

# 传感器

第15章

传感器是一种将非电量（如温度、湿度、光线、磁场和声音）等转换成电信号的器件。传感器种类很多，主要可分物理传感器和化学传感器。物理传感器可将物理变化（如压力，温度、速度、温度和磁场的变化）转换成变化的电信号，化学传感器主要以化学吸附、电化学反应等原理，将被测量的微小变化转换成变化的电信号，气敏传感器就是一种常见的化学传感器，如果将人的眼睛、耳朵和皮肤看作是物理传感器，那么舌头、鼻子就是化学传感器。本章主要介绍一些较常见的传感器：气敏传感器、热释电人体红外线传感器、霍尔传感器和热电偶。

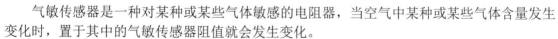

## 15.1 气敏传感器

气敏传感器是一种对某种或某些气体敏感的电阻器，当空气中某种或某些气体含量发生变化时，置于其中的气敏传感器阻值就会发生变化。

气敏传感器种类很多，其中采用半导体材料制成的气敏传感器应用最广泛。半导体气敏传感器有 N 型和 P 型之分。N 型气敏传感器在检测到甲烷、一氧化碳、天然气、煤气、液化石油气、乙炔、氢气等气体时，其阻值会减小；P 型气敏传感器在检测到可燃气体时，其电阻值将增大，而在检测到氧气、氯气及二氧化氮等气体时，其阻值会减小。

### 15.1.1 外形与符号

气敏传感器的外形与符号如图 15-1 所示。

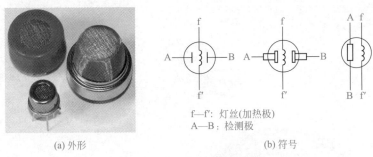

f—f': 灯丝(加热极)
A—B: 检测极

(a) 外形 　　　　　　　　　　　　　　(b) 符号

图 15-1　气敏传感器

## 15.1.2　结构

气敏传感器的典型结构及特性曲线如图 15-2 所示。

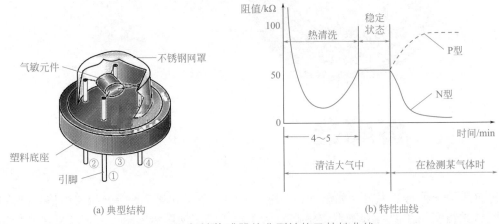

(a) 典型结构 　　　　　　　　　　　　(b) 特性曲线

图 15-2　气敏传感器的典型结构及特性曲线

气敏传感器的气敏特性主要由内部的气敏元件来决定。气敏元件引出四个电极，分别与①②③④引脚相连。当在清洁的大气中给气敏传感器的①②脚通电流（对气敏元件加热）时，③④脚之间的阻值先减小再升高（约 4～5min），阻值变化规律如图 15-2（b）曲线所示，升高到一定值时阻值保持稳定，若此时气敏传感器接触某种气体时，气敏元件吸附该气体后，③④脚之间阻值又会发生变化（若是 P 型气敏传感器，其阻值会增大，而 N 型气敏传感器阻值会变小）。

## 15.1.3　应用

气敏传感器具有对某种或某些气体敏感的特点，利用该特点可以用气敏传感器来检测空气中特殊气体的含量。如图 15-3 所示采用气敏传感器制作的简易煤气报警器，可将它安装在厨房来监视有无煤气泄漏。

在制作报警器时，先按图 15-3 所示将气敏传感器连接好，然后闭合开关 S，让电流通过 R 流入气敏传感器加热线圈，几分钟过后，待气敏传感器 AB 间的阻值稳定后，再调节电位器 $R_P$，让灯泡处于将亮未亮状态。若发生煤气泄漏，气敏传感器检测到后，AB 间的阻值变小，流过灯泡的电流增大，灯泡亮起来，警示煤气发生泄漏。

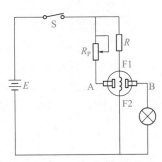

图 15-3　采用气敏传感器制作的简易煤气报警器

### 15.1.4 应用电路

如图 15-4 所示是一种使用气敏传感器的有害气体检测自动排放电路。在纯净的空气中，气敏传感器 A、B 之间的电阻 $R_{AB}$ 较大，经 $R_{AB}$、$R_2$ 送到三极管 $VT_1$ 基极的电压低，$VT_1$、$VT_2$ 无法导通，如果室内空气中混有有害气体，气敏传感器 A、B 之间的电阻 $R_{AB}$ 变小，电源经 $R_{AB}$ 和 $R_2$ 送到 $VT_1$ 基极的电压达到 1.4V 时，$VT_1$、$VT_2$ 导通，有电流流过继电器 $K_1$ 线圈，$K_1$ 常开触点闭合，风扇电机运转，强制室内空气与室外空气交换，减少室内空气有害气体浓度。

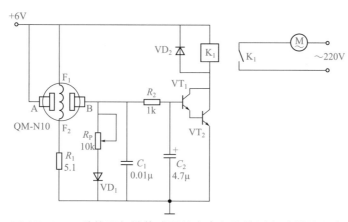

图 15-4　一种使用气敏传感器的有害气体检测自动排放电路

### 15.1.5 检测

气敏传感器检测通常分两步，在这两步测量时还可以判断其特性（P 型或 N 型）。气敏电阻器的检测如图 15-5 所示。

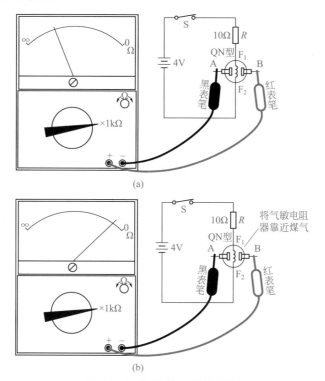

图 15-5　气敏传感器的检测

气敏传感器的检测步骤如下。

第一步：测量静态阻值。将气敏传感器的加热极 $F_1$、$F_2$ 串接在电路中，如图 15-5（a）所示，再将万用表置于"R×1kΩ"挡，红、黑表笔接气敏传感器的 A、B 极，然后闭合开关，让电流对气敏电阻加热，同时在刻度盘上查看阻值大小。

若气敏传感器正常，阻值应先变小，然后慢慢增大，在几分钟后阻值稳定，此时的阻值称为静态电阻。

若阻值为 0，说明气敏传感器短路；若阻值为无穷大，说明气敏传感器开路；若在测量过程中阻值始终不变，说明气敏传感器已失效。

第二步：测量接触敏感气体时的阻值。在按第一步测量时，待气敏传感器阻值稳定，再将气敏传感器放靠近煤气灶（打开煤气灶，将火吹灭），如图 15-5（b）所示，然后在刻度盘上查看阻值大小。

若阻值变小，气敏传感器为 N 型；若阻值变大，气敏电阻为 P 型；若阻值始终不变，说明气敏传感器已失效。

### 15.1.6　常用气敏传感器的主要参数

表 15-1 列出了两种常用气敏传感器的主要参数。

表 15-1　两种常用气敏传感器的主要参数

| 型号 | 加热电流 /A | 回路电压 /V | 静态电阻 /kΩ | 灵敏度 /（$R_0/R$） | 响应时间 /s | 恢复时间 /s |
|---|---|---|---|---|---|---|
| QN32 | 0.32 | ≥6 | 10~400 | >3 | <30 | <30 |
| QN69 | 0.60 | ≥6 | 10~400 | >3 | <30 | <30 |

## 15.2　热释电人体红外线传感器

热释电人体红外线传感器是一种将人或动物发出的红外线转换成电信号的器件。热释电人体红外线传感器的外形如图 15-6 所示。利用它可以探测人体的存在，因此广泛用在保险装置、防盗报警器、感应门、自动灯具和智慧玩具等电子产品中。

图 15-6　热释电人体红外线传感器的外形

### 15.2.1　结构与工作原理

热释电人体红外线传感器的结构如图 15-7 所示。从图中可以看出，它主要由敏感元件、场效应管、高阻值电阻和滤光片组成。

（1）各组成部分说明

① 敏感元件

敏感元件是由一种热电材料（如锆钛酸铅系陶瓷、钽酸锂、硫酸三甘钛等）制成。热释电传感器内一般装有两个敏感元件，并将两个敏感元件以反极性串联。当环境温度使敏感元件自身温度升高而产生电压时，由于两个敏感元件产生的电压大小相等、方向相反，串联叠加后送给场效应管的电压为 0，从而抑制环境温度干扰。

两个敏感元件串联就像两节电池反向串联一样，如图 15-8（a）所示，$E_1$、$E_2$ 电压均为 1.5V，当它们反极性串联后，两电压相互抵消，输出电压 $U=0$；如果某原因使 $E_1$ 电压变为 1.8V，如图 15-8（b）所示，两电压不能完全抵消，输出电压为 $U=0.3V$。

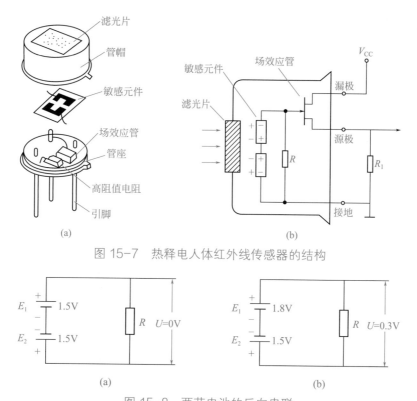

图 15-7 热释电人体红外线传感器的结构

图 15-8 两节电池的反向串联

② 场效应管和高阻值电阻

敏感元件产生的电压信号很弱，其输出电流也极小，故采用输入阻抗很高的场效应管（电压放大型元件）对敏感元件产生的电压信号进行放大，在采用源极输出放大方式时，源极输出信号可达 0.4～1.0V。高阻值电阻的作用是释放场效应管栅极电荷（由敏感元件产生的电压充得），让场效应管始终能正常工作。

③ 滤光片

敏感元件是一种由广谱热电材料制成的元件，对各种波长光线比较敏感。为了让传感器仅对人体发出红外线敏感，而对太阳光、电灯光具有抗干扰性，传感器采用特定的滤光片作为受光窗口，该滤光片的通光波长为 7.5～14μm。人体温度为 36～37℃，该温度的人体会发出波长在 9.64～9.67μm 范围内的红外线（红外线人眼无法看见），由此可见，人体辐射的红外线波长正好处于滤光片的通光波长范围内，而太阳、电灯发出的红外线的波长在滤光片的通光范围之外，无法通过滤光片照射到传感器的敏感元件上。

（2）工作原理

当人体（或与人体温相似的动物）靠近热释电人体红外线传感器时，人体发出的红外线通过滤光片照射到传感器的一个敏感元件上，该敏感元件两端电压发生变化，另一个敏感元件无光线照射，其两端电压不变，两敏感元件反极性串联得到的电压不再为 0，而是输出一个变化的电压（与受光照射敏感元件两端电压变化相同），该电压送到场效应管的栅极，放大后从源极输出，再到后级电路进一步处理。

（3）菲涅尔透镜

热释电人体红外线传感器可以探测人体发出的红外线，但探测距离近，一般在 2m 以内，为了提高其探测距离，通常在传感器受光面前面加装一个菲涅尔透镜，该透镜可使探测距离达到 10m 以上。

菲涅尔透镜如图 15-9 所示，该透镜通常用透明塑料制成，透镜按一定的制作方法被分成若干等份。菲涅尔透镜作用有两点：一是对光线具有聚焦作用；二是将探测区域分为若干个明区和暗区。当人进入探测区域的某个明区时，人体发出的红外光经该明区对应的透镜部分聚焦后，通过传感器的滤光片照射到敏感元件上，敏感元件产生电压，当人走到暗区时，人体红外光无法到达敏感元件，敏感元件两端的电压会发生变化，即敏感元件两端电压随光线的有无而发生变化，该变化的电压经场效应管放大后输出，传感器输出信号的频率与人在探测范围内明、暗区之间移动的速度有关，移动速度越快，输出的信号频率越高，如果人在探测范围内不动，传感器则输出固定不变的电压。

### 15.2.2　引脚识别

热释电人体红外线传感器有 3 个引脚，分别为 D（漏极）、S（源极）、G（接地极），3 引脚极性识别如图 15-10 所示。

图 15-9　菲涅尔透镜

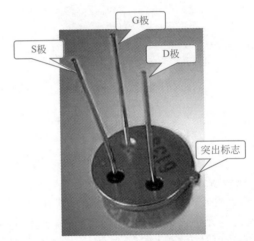

图 15-10　3 引脚热释电人体红外线传感器的极性识别

### 15.2.3　应用电路

如图 15-11 所示是一种采用热释电人体红外线传感器来检测是否有人的自动灯控制电路。

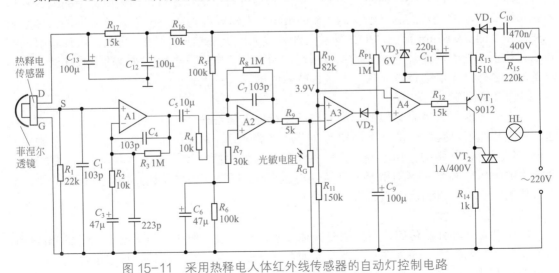

图 15-11　采用热释电人体红外线传感器的自动灯控制电路

220V 交流电压经 $C_{10}$、$R_{15}$ 降压和整流二极管 $VD_1$ 对 $C_{11}$ 充得上正下负电压，由于稳压二极管 $VD_3$ 的稳压作用，$C_{11}$ 上的电压约为 6V，该电压除了供给各级放大电路外，还经 $R_{16}$、$C_{12}$、$R_{17}$、$C_{13}$ 进一步滤波，得到更稳定的电压供给热释电传感器。

当热释电传感器探测范围内无人时，传感器 S 端无信号输出，运算放大器 A1 无信号输入，A2 放大器无信号输出，比较器 A3 反相输入端无信号输入，其同相输入端电压（约 3.9V）高于反相输入端电压，输出高电平，二极管 $VD_2$ 截止，比较器 A4 同相输入端电压高于反相输入端电压，A4 输出高电平，三极管 $VT_1$ 截止，$R_{14}$ 两端无电压，双向晶闸管 $VT_2$ 无触发电压而不能导通，灯泡不亮。当有人进入热释电传感器探测范围内时，传感器 S 端有信号输出，运算放大器 A1 有信号输入，A2 放大器有信号输出，比较器 A3 反相输入端有信号输入，其反相输入端电压高于同相输入端电压（约 3.9V），A3 输出低电平，二极管 $VD_2$ 导通，$C_9$ 通过 $VD_2$ 往前级电路放电，放电使比较器 A4 同相输入端电压低于反相输入端电压，A4 输出低电平，三极管 $VT_1$ 导通，有电流流过 $R_{14}$，$R_{14}$ 两端触发双向晶闸管 $VT_2$ 导通，有电流流过灯泡，灯泡变亮。当人体离开热释电传感器探测范围时，传感器无信号输出，比较器 A3 无输入信号电压，同相电压高于反相电压，A3 输出高电平，二极管 $VD_2$ 截止，6V 电源经 $R_{P1}$ 对 $C_9$ 充电，当 $C_9$ 两端电压高于 3.9V 时，A4 输出高电平，三极管 $VT_1$ 截止，双向晶闸管 $VT_2$ 失去触发电压也截止，灯泡熄灭，由于 $C_9$ 充电需要一定时间，故人离开一段时间后灯泡才熄灭。

为了避免白天出现人来灯亮、人走灯灭的情况发生，电路采用光敏电阻 $R_G$ 来解决这个问题。在白天，光敏电阻 $R_G$ 受光照而阻值变小，在有人时，A2 有信号输出，但因 $R_G$ 阻值小，A3 同相输入端电压仍很低，A3 输出高电平，$VD_2$ 截止，A4 输出高电平，$VT_1$ 截止，$VT_2$ 也截止，灯泡不亮，在晚上，$R_G$ 无光照而阻值变大，在有人时，A2 输出电压会使 A3 反相电压高于同相电压，A3 输出低电平，通过后级电路使灯泡变亮。

## 15.3 霍尔传感器

霍尔传感器是一种检测磁场的传感器，可以检测磁场的存在和变化，广泛用在测量、自动化控制、交通运输和日常生活等领域。

### 15.3.1 外形与符号

霍尔传感器外形与符号如图 15-12 所示。

（a）外形　　　　　　　　　（b）符号

图 15-12　霍尔传感器外形与符号

### 15.3.2 结构与工作原理

（1）霍尔效应

当一个通电导体置于磁场中时，在该导体两侧面会产生电压，该现象称为霍尔效应。下面以图 15-13 来说明霍尔传感器工作原理。

先给导体通图示方向（Z 轴方向）的电流 I，然后再与电流垂的方向（Y 轴方向）施加磁场 B，那么会在导体两侧（X 轴方向）产生电压 $U_H$，$U_H$ 称为霍尔电压。霍尔电压 $U_H$ 可用以下表达式来求得：

$$U_H = KIB\cos\theta$$

式中，$U_H$ 为霍尔电压，单位 mV；K 为灵敏度，单位为 mV/（mA·T）；I 为电流，单位 mA；B 为磁感应强度，单位 T（特斯拉）；$\theta$ 为磁场与磁敏面垂直方向的夹角，磁场与磁敏面垂直方向一致时，$\theta=0°$，$\cos\theta=1$。

（2）霍尔元件与霍尔传感器

金属导体具有霍尔效应，但其灵敏度低，产生的霍尔电压很低，不适合作霍尔元件。霍尔元件一般由半导体材料（锑化铟最为常见）制成，其结构如图 15-14 所示，它由衬底、十字形半导体材料、电极引线和磁性体顶端构成。十字形锑化铟材料的四个端部的引线中，①、②脚为电流引脚，③、④脚为电压引脚，磁性体顶端的作用是磁场磁感线来提高元件灵敏度。

由于霍尔元件产生的电压很小，故通常将霍尔元件与放大器电路、温度补偿电路及稳压电源等集成在一个芯片上，称之为霍尔传感器。

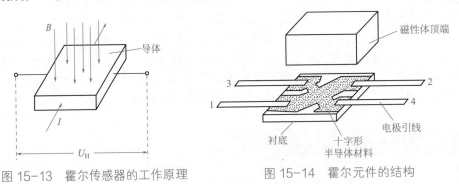

图 15-13　霍尔传感器的工作原理　　图 15-14　霍尔元件的结构

### 15.3.3　种类

霍尔传感器可分为线性型霍尔传感器和开关型霍尔传感器两种。

（1）线性型霍尔传感器

线性型霍尔传感器主要由霍尔元件、线性放大器和射极跟随器组成，其组成如图 15-15（a）所示，当施加给线性型霍尔传感器的磁场逐渐增强时，其输出的电压会逐渐增大，即输出信号为模拟量。线性型霍尔传感器的特性曲线如图 15-15（b）所示。

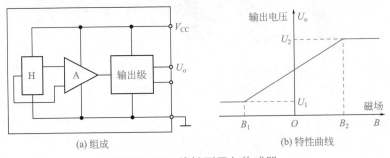

(a) 组成　　　　　　　　(b) 特性曲线

图 15-15　线性型霍尔传感器

（2）开关型霍尔传感器

开关型霍尔传感器主要由霍尔元件、放大器，施密特触发器（整形电路）和输出级组成，其组成和特性曲线如图 15-16 所示。当施加给开关型霍尔传感器的磁场增强时，只要小于 $B_{OP}$ 时，其输出电压 $U_o$ 为高电平；大于 $B_{OP}$ 时，输出由高电平变为低电平。当磁场减弱时，磁场需要减小到 $B_{RP}$ 时，输出电压 $U_o$ 才能由低电平转为高电平，也就是说，开关型霍尔传感器由高电平转为低电平和由低电平转为高电平所要求的磁场感应强度是不同的，电平转为低电平要求的磁感应强度更强。

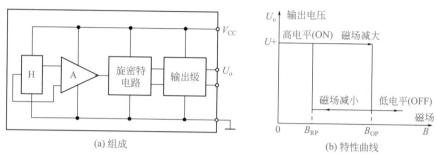

图 15-16 开关型霍尔传感器

### 15.3.4 应用电路

（1）线性型霍尔传感器的应用

线性型霍尔传感器具有磁感应强度连续变化时输出电压也连续变化的特点，主要用于一些物理量的测量。

如图 15-17 所示是一种采用线性型霍尔传感器构成的电子型的电流互感器，用来检测线路的电流大小。当线圈有电流 $I$ 流过时，线圈会产生磁场，该磁场磁感线沿铁芯构成磁回路，由于铁芯上开有一个缺口，缺口中放置一个霍尔传感器，磁感线在穿过霍尔传感器时，传感器会输出电压，电流 $I$ 越大，线圈产生的磁场越强，霍尔传感器输出电压越高。

（2）开关型霍尔传感器的应用

开关型霍尔传感器具有磁感应强度达到一定强度时输出电压才会发生电平转换的特点，主要用于测转数、转速、风速、流速、接近开关、关门告知器、报警器和自动控制电路等。

如图 15-18 所示是一种采用开关型霍尔传感器构成的转数测量装置的结构示意图，转盘每旋转一周，磁铁靠近传感器一次，传感器就会输出一个脉冲，只要计算输出脉冲的个数，就可以知道转盘的转数。

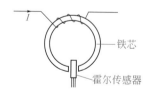

图 15-17 采用线性型霍尔传感器
构成的电子型的电流互感器

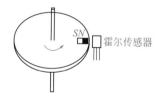

图 15-18 采用开关型霍尔传感器
构成的转数测量装置的结构示意图

如图 15-19 所示是一种采用开关型霍尔元件构成的磁铁极性识别电路。当磁铁 S 极靠近霍尔元件时，d、c 间的电压极性为 d+、c−，三极管 VT$_1$ 导通，发光二极管 VD$_1$ 有电流流过而发光，当磁铁 N 极靠近霍尔元件时，d、c 间的电压极性为 d−、c+，三极管 VT$_2$ 导通，发光二极管 VD$_2$ 有电流流过而发光，当霍尔元件无磁铁靠近时，d、c 间的电压为 0，VD$_1$、VD$_2$ 均不亮。

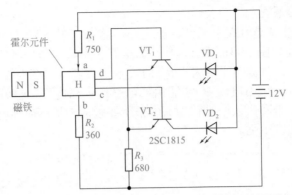

图 15-19　采用开关型霍尔元件构成的磁铁极性识别电路

### 15.3.5　型号命名与参数

（1）型号命名

霍尔传感器型号命名方法如下：

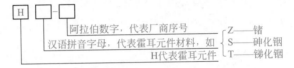

（2）常用国产霍尔元件的主要参数

常用国产霍尔元件的主要参数见表 15-2。

表 15-2　常用国产霍尔元件的主要参数

| 型号 | 外形尺寸 /mm³ | 电阻率 $\rho$/ ( Ω · cm ) | 输入电阻 $R$/Ω | 输出电阻 $R_o$/Ω | 灵敏度 $K_H$ / [ mV/ ( mA·T ) ] | 控制电流 /mA | 工作温度 $t$/℃ |
|------|------|------|------|------|------|------|------|
| HZ-1 | 8×4×0.2 | 0.8~1.2 | 110 | 100 | > 12 | 20 | −40~45 |
| HZ-4 | 8×4×0.2 | 0.4~0.5 | 45 | 40 | > 4 | 50 | −40~45 |
| HT-1 | 6×3×0.2 | 0.003~0.01 | 0.8 | 0.5 | > 1.8 | 250 | 0~40 |
| HS-1 | 8×4×0.2 | 0.01 | 1.2 | 1 | > 1 | 200 | −40~60 |

### 15.3.6　引脚识别与检测

（1）引脚识别

霍尔传感器内部由霍尔元件和有关电路组成，它对外引出 3 个或 4 个引脚，对于 3 个引脚的传感器，分别为电源端、接地端和信号输出端；对于 4 个引脚，分别为电源端、接地端和两个信号输出端。3 个引脚的霍尔传感器更为常用，霍尔传感器的引脚可根据外形来识别，具体如图 15-20 所示。霍尔传感器带文字标记的面通常为磁敏面，正对 N 或 S 磁极时灵敏度最高。

（2）好坏检测

霍尔传感器好坏检测方法如图 15-21 所示。在传感器的电源、接地脚之间接 5V 电源，然后用万用表拨至直流电压"2.5V"挡，红、黑表笔分别接输出脚和接地脚，再用一块磁铁靠近霍尔传感器敏感面，如果霍尔传感器正常，应有电压输出，万用表表针会摆动，表针摆动幅度越大，说明传感器灵敏度越高，如果表针不动，则为霍尔元件损坏。

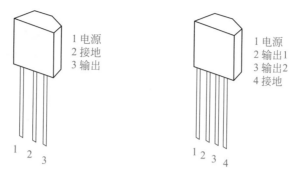

图 15-20 霍尔传感器的引脚识别

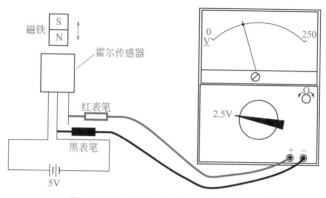

图 15-21 霍尔传感器的好坏检测

利用该方法不但可以判别霍尔元件的好坏，还可以判别霍尔元件的类型，如果在磁铁靠近或远离传感器的过程中，输出电压慢慢连续变化，则为线性型传感器，如果输出电压在某点突然发生高、低电平的转换，则为开关型传感器。

## 15.4 温度传感器

温度传感器可将不同的温度转换成不同的电信号。本节以空调器的温度传感器为例来介绍温度传感器。

### 15.4.1 外形与种类

空调器采用的温度传感器又称感温探头，它是一种负温度系数热敏电阻器（NTC），当温度变化时其阻值会发生变化，温度上升阻值变小，温度下降阻值变大。空调器使用的温度传感器有铜头和胶头两种类型，如图 15-22 所示，铜头温度传感器用于探测热交换器铜管的

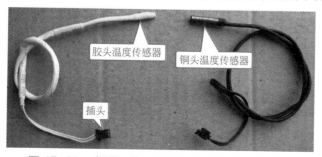

图 15-22 空调器使用的铜头和胶头温度传感器

温度，胶头温度传感器用于探测室内空气温度。根据在 25℃时阻值不同，空调器常用的温度传感器规格有 5 kΩ、10kΩ、15kΩ、20kΩ、25kΩ、30kΩ 和 50kΩ 等。

### 15.4.2 参数的识读与检测

空调器使用的温度传感器阻值规格较多，可用以下三个方法来识别或检测阻值：

① 查看传感器或连接导线上的标注，如标注 GL20K 表示其阻值为 20kΩ，如图 15-23 所示；

② 每个温度传感器在电路板上都有与其阻值相等的五环精密电阻器，如图 15-24 所示，该电阻器一端与相应温度传感器的一端直接连接，识别出该电阻器的阻值即可知道传感器的阻值；

图 15-23 查看温度传感器上的标识来识别阻值

③ 用万用表直接测量温度传感器的阻值，如图 15-25 所示，由于测量时环境温度可能不是 25℃，故测得阻值与标注阻值不同是正常的，只要阻值差距不是太大。

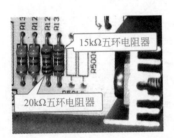

图 15-24 查看电路板上五环电阻器的阻值来识别温度传感器的阻值

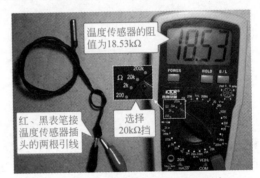

图 15-25 用万用表直接测量温度传感器的阻值

### 15.4.3 温度检测电路

如图 15-26 所示是一种空调器的温度检测电路。它包括室温检测电路、室内管温检测电路和室外管温检测电路。三者都采用 4.3kΩ 的负温度系数温度传感器（温度越高阻值越小）。

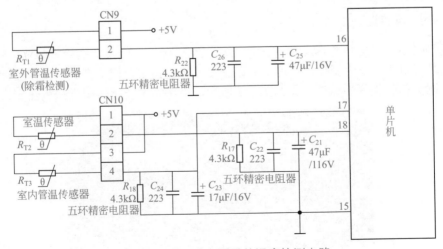

图 15-26 一种空调器的温度检测电路

（1）室温检测电路

温度传感器 $R_{T2}$、$R_{17}$、$C_{21}$、$C_{22}$ 构成室温检测电路。+5V 电压经 $R_{T2}$、$R_{17}$ 分压后，在 $R_{17}$ 上得到一定的电压送到单片机 ⑱ 脚，如果室温为 25℃，$R_{T2}$ 阻值正好为 4.3kΩ，$R_{17}$ 上的电压为 2.5V，该电压值送入单片机，单片机根据该电压值知道当前室温为 25℃，如果室温高于 25℃，温度传感器 $R_{T2}$ 的阻值小于 4.3kΩ，送入单片机 ⑱ 脚的电压高于 2.5V。

本电路中的温度传感器接在电源与分压电阻之间，而有的空调器的温度传感器则接在分压电阻和地之间，对于这样的温度检测电路，温度越高，温度传感器阻值越小，送入单片机的电压越低。

（2）室内管温检测电路

温度传感器 $R_{T3}$、$R_{18}$、$C_{23}$、$C_{24}$ 构成室内管温检测电路。+5V 电压经 $R_{T3}$、$R_{18}$ 分压后，在 $R_{18}$ 上得到一定的电压送到单片机 ⑰ 脚，单片机根据该电压值就可了解室内热交换器的温度，如果室内热交换器温度低于 25℃，温度传感器 $R_{T3}$ 的阻值大于 4.3kΩ，送入单片机 ⑰ 脚的电压低于 2.5V。

（3）室外管温检测电路

温度传感器 $R_{T1}$、$R_{22}$、$C_{25}$、$C_{26}$ 构成室外管温检测电路。+5V 电压经 $R_{T1}$、$R_{22}$ 分压后，在 $R_{22}$ 上得到一定的电压送到单片机 ⑯ 脚，单片机根据该电压值就可知道室外热交换器的温度。

## 15.5 热电偶

热电偶是一种测温元件，可以将不同的温度转换成大小不同的电信号，广泛用在一些测温领域，如测温仪器仪表和冶金、石油化工、热电站、纺织和造纸等行业的测温系统中。常见的热电偶外形如图 15-27 所示。

图 15-27　常见的热电偶外形

### 15.5.1 热电效应与热电偶测量原理

（1）热电效应

当将两个不同的导体（或半导体）两端连接起来时，如图 15-28 所示，如果结点 1 的温度 $T_1$ 大于结点 2 的温度 $T_2$，那么该回路会有电动势（常称为热电势）产生，由于两导体连接构成了闭合回路，因而回路中有电流流过，这种现象称为塞贝克效应，也即热电效应。两结点温差越大，回路产生的电动势越高，回路中的电流就越大。

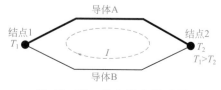

图 15-28　热电效应说明图

（2）利用热电偶测量温度

在图 15-28 中，如果将结点 2 的温度 $T_2$ 固定下来（如固定为 0℃），那么回路产生的电动势就随结点 1 的温度 $T_1$ 变化而变化，只要测得回路电动势或电流值，就能确定结点 1 的 $T_1$ 温度值。利用热电偶测量温度的接线如图 15-29 所示。

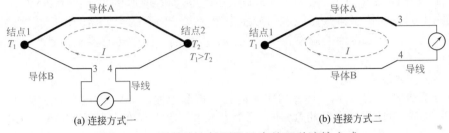

图 15-29　利用热电偶测量温度的两种连接方式

在图 15-29（a）接线中，导体 B 被分作两部分，中间接入导体 C（导线和电流表），只要 3、4 点的温度相同，回路的电动势大小与 3、4 点直接连接起来是一样的。在图 15-29（b）接线中，取消了结点 2，但只要 3、4 点的温度相同，回路中的电动势大小与有结点 2 是一样的。在利用热电偶测量温度时，一般使用图 15-29（b）所示的接线方式，在该方式中，3、4 称为冷端（或自由端），结点 1 称为热端，在测量温度时，将结点 1 接触被测对象。

在图 15-29（b）接线中，如果希望测量尽量精度高，应不用导线直接将仪表接 3、4 端，但由于测量对象与测量仪表往往有较远的距离，故一般测量时常使用补偿导线来连接热电偶与测量仪表。补偿导线有两种：一种采用伸长型的与热电偶材料相同的导线，另一种采用与热电偶具有类似热电势特性的合金导线。

（3）冷端温度补偿

在使用热电偶测温度时，仪表根据热电偶产生的电动势大小来确定被测温度值，而电动势的大小与热、冷端的温度差有关，温差越大，热电偶产生的电动势越大，为了让电动势值与温度值一一对应，通常让冷端为 0℃。

在实际测量中，冷端温度通常与环境温度一致，如 25℃ 左右，如果将冷端为 0℃、热端为 40℃ 时热电偶产生的电动势设为 $E_{40}$，这时仪表显示温度值应为 40℃，那么在冷端为 25℃、热端为 40℃ 时热电偶产生的电动势肯定小于 $E_{40}$，仪表显示温度值会小于 40℃，测量出现很大的偏差。为了使测量准确，需要对热电偶进行冷端温度补偿。

① 冰浴补偿法

冰浴补偿法是指将热电偶的冷端放置在冰水混合物中，让冷端温度恒定为 0℃ 的补偿方法。冰浴补偿法如图 15-30 所示，补偿导线一端通过接线盒与热电偶的热端连接，另一端与

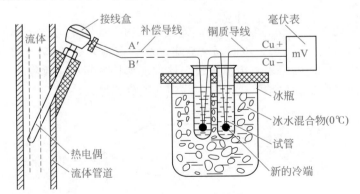

图 15-30　冰浴补偿法

铜线连接形成接点，该接点为冷端，它被放置在0℃的冰水混合物中，铜线的另一端接毫伏表，用于测量热电偶产生的电动势，如果将毫伏表刻度按一定的规律标记成温度值，该装置就是温度测量装置。

在冰浴补偿法测温时，由于冰融化很快，不能长时间让冷端保持0℃，故该方法通常用在实验室中。

② 偏差修正法

在测量时，若热电偶的冷端温度不为0℃，可采用偏差修正法来补偿。如果测量时热电偶热端温度为$T$，冷端温度为$T_1$，仪表测量值为$E_1$，$E_{T-T_1}$为（$T-T_1$）温差产生的电动势值，而（$T_1-0$）温差产生的电动势值为$E_{T_1-0}$（该值可通过查相应材料热电偶的分度表来获得），那么将仪表测量值$E_{T-T_1}$加上修正值$E_{T_1-0}$，所得电动势$E_{T-0}$值在仪表上所对应的值即为实际温度值。

偏差修正法有两种方式：一种是手动修正，另一种是自动修正。手动修正法使用如图15-31所示。如果环境温度（气温）为40℃，可调节机械校零旋钮，将表针调到40℃位置，进行冷端温度修正。一些数字温度测量仪表通常采用自动修正方式，即自动给实测值加上冷端温度值并显示出来。

当前环境温度为40℃，可调节机械校零旋钮，将表针调到40℃位置，进行冷端温度修正

图 15-31 手动修正法

### 15.5.2 结构说明

热电偶有各种各样的外形，但基本结构是一致的，如图15-32所示是一种典型的热电偶组成结构。

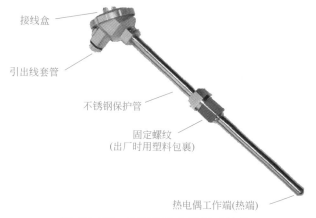

接线盒

引出线套管

不锈钢保护管

固定螺纹
(出厂时用塑料包裹)

热电偶工作端(热端)

图 15-32 典型的热电偶组成结构

### 15.5.3 利用热电偶配合数字万用表测量电烙铁的温度

有的数字万用表具有温度测量功能，VC890C+ 型数字万用表就具有该功能，它采用 K 型热电偶和温度测量挡配合可测量 −40～+1000℃ 的温度。VC890C+ 型数字万用表配套的 K 型热电偶（镍铬－镍硅）如图 15-33 所示，它由热端（测温端）、补偿导线和冷端组成。

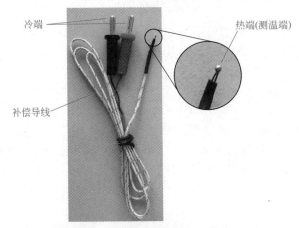

冷端
热端(测温端)
补偿导线

图 15-33　数字万用表使用的测温热电偶

下面以测一只电烙铁的温度为例来说明温度测量方法，测量操作如图 12-34 所示。测量时将热电偶的黑插头插入"COM"孔，红插头插入"VΩ╫TEMP"孔，并将挡位开关置于"摄氏温度 / 华氏温度"挡，然后将热电偶测温端接触电烙铁的烙铁头，再观察显示屏显示的数值为"0230"，则说明电烙铁烙铁头的温度为 230℃。

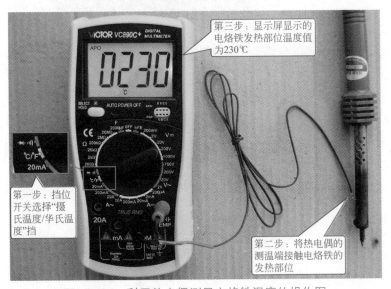

第三步：显示屏显示的电烙铁发热部位温度值为230℃

第一步：挡位开关选择"摄氏温度/华氏温度"挡

第二步：将热电偶的测温端接触电烙铁的发热部位

图 15-34　利用热电偶测量电烙铁温度的操作图

### 15.5.4 好坏检测

热电偶是由两种不同导体焊接起来构成，其一端焊接起来，另一端通过补偿导线连接测量仪表。检测热电偶好坏可按以下两步进行。

第一步：测量热电偶的电阻。万用表拨至"R×1Ω"挡，红、黑表笔分别接热电偶的两根补偿导线，如果热电偶及补偿导线正常，测得的阻值较小（几欧到几十欧），若阻值无穷大，则为热电偶或补偿导线开路。

第二步：测量热电偶的热电转换效果。万用表拨至最小的直流电压挡，红、黑表笔分别接热电偶的两根补偿导线，然后将热电偶的热端接触温度高的物体（如烧热的铁锅），如果热电偶正常，万用表表针会指示一定的电压值，随着热端温度上升，表针指示电压值会慢慢增大，用数字万用表测量时，电压值变化较明显，如果电压值为0，说明热电偶无法实行热电转换，热电偶损坏或失效。

### 15.5.5 多个热电偶连接的灵活使用

热电偶不但能单独使用，还可以将多个热电偶连接在一起使用，从而实现各种灵活的温度测量功能。

（1）测量两点间的温度差

利用热电偶测量两点间温度差的接线如图15-35所示，将两热电偶同性质的B极连接在一起，两个A极分别接仪表两输入端，如果一个热电偶接触 $T_1$ 温度产生的电压为 $U_{T1}$，另一个热电偶接触 $T_2$ 温度产生的电压为 $U_{T2}$，那么（$U_{T1}-U_{T2}$）就是（$T_1-T_2$）温差产生的电压，它驱动仪表显示出温差值。

（2）测量多点的平均温度值

利用热电偶测量多点的平均温度值的接线如图15-36所示。将热电偶的B极全部连接到一起，再接到仪表一个输入端，各A极分别通过一个阻值为 $R$ 的电阻接到仪表的另一个输入端，即将各热电偶并联起来再接仪表，仪表显示出来的为各点温度的平均值。

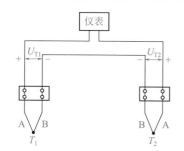

图 15-35 利用热电偶测量两点间温度差的接线

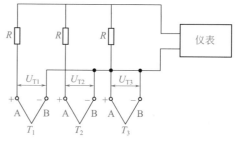

图 15-36 利用热电偶测量多点的平均温度值的接线

（3）测量多点温度之和

利用热电偶测量多点温度之和的接线如图15-37所示。它实际上是把各个热电偶串联起来，将各热电偶产生的电压叠加后送给仪表。

（4）多个热电偶共用一台仪表

多个热电偶共用一台仪表的接线如图15-38所示。当切换开关切换到不同位置时，相应的热电偶就与仪表连接起来。

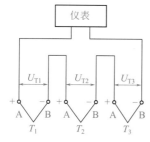

图 15-37 利用热电偶测量多点温度之和的接线

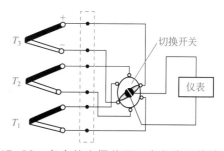

图 15-38 多个热电偶共用一台仪表的接线

## 15.5.6 热电偶的种类及特点

国际电工委员会（IEC）认证的标准热电偶有 8 种，这 8 种热电偶特点说明见表 15-3。

表 15-3　8 种热电偶的特点说明

| 类型与材料 | 说明 |
| --- | --- |
| S 型热电偶<br>（铂铑 10- 铂） | 铂铑 10- 铂热电偶为贵重金属热电偶。偶丝直径规定为 0.5mm，允许偏差 ±0.015mm，其正极（SP）的成分为铂铑合金，其中含铑为 10%，含铂为 90%，负极（SN）为纯铂，故俗称单铂铑热电偶。该热电偶长期最高使用温度为 1300℃，短期最高使用温度为 1600℃。<br>　　S 型热电偶在热电偶系列中具有准确度最高、稳定性最好、测温温区宽、使用寿命长等优点。其物理、化学性能良好，热电势稳定性及在高温下抗氧化性能好，适用于氧化性和惰性气体中。由于 S 型热电偶具有优良的综合性能，符合国际使用温标的 S 型热电偶，曾一度作为国际温标的仪器。<br>　　S 型热电偶的缺点是热电势较小、灵敏低、高温下机械强度下降、对污染非常敏感、价格昂贵 |
| R 型热电偶<br>（铂铑 13- 铂） | 铂铑 13- 铂热电偶为贵重金属热电偶。偶丝直径规定为 0.5mm，允许偏差 ±0.015mm，其正极（RP）的成分为铂铑合金，其中含铑为 13%，含铂为 87%，负极（RN）为纯铂，长期最高使用温度为 1300℃，短期最高使用温度为 1600℃。<br>　　R 型热电偶在热电偶系列中具有准确度最高、稳定性最好、测温温区宽、使用寿命长等优点。其物理、化学性能良好，热电势稳定性及在高温下抗氧化性能好，适用于氧化性和惰性气体中。由于 R 型热电偶的综合性能与 S 型热电偶相当，在我国一直难于推广，除在进口设备上的测温有所应用外，国内测温很少采用。据国外有关部门研究表明，R 型热电偶的稳定性和复现性比 S 型热电偶均好。<br>　　R 型热电偶缺点是热电势较小、灵敏低、高温下机械强度下降、对污染非常敏感、价格昂贵 |
| B 型热电偶<br>（铂铑 30- 铂铑 6） | 铂铑 30- 铂铑 6 热电偶为贵重金属热电偶。偶丝直径规定为 0.5mm，允许偏差 ±0.015mm，其正极（BP）的成分为铂铑合金，其中含铑为 30%，含铂为 70%，负极（BN）为铂铑合金，含铑为量 6%，故俗称双铂铑热电偶。该热电偶长期最高使用温度为 1600℃，短期最高使用温度为 1800℃。<br>　　B 型热电偶在热电偶系列中具有准确度最高、稳定性最好、测温温区宽、使用寿命长、测温上限高等优点，适用于氧化性和惰性气体中，也可短期用于真空中，但不适用于还原性气体或含有金属或非金属蒸气等体中。B 型热电偶一个明显的优点是不需用补偿导线进行补偿，因为在 0~50℃范围内热电势小于 3μV。<br>　　B 型热电偶缺点是热电势较小、灵敏低、高温下机械强度下降、对污染非常敏感、价格昂贵 |
| K 型热电偶<br>（镍铬 - 镍硅） | 镍铬 - 镍硅热电偶是目前用量最大的廉价金属热电偶，其用量为其他热电偶的总和。正极（KP）的成分为：Ni : Cr=90 : 10，负极（KN）的成分为：Ni : Si=97 : 3，其使用温度为 -200~1300℃。<br>　　K 型热电偶具有线性度好、热电动势较大、灵敏度高、稳定性和均匀性较好、抗氧化性能强、价格便宜等优点，能用于氧化性惰性气体中，故用户广泛采用。<br>　　K 型热电偶不能直接在高温下用于硫、还原性、还原与氧化交替的气体中和真空中，也不推荐在弱氧化气体中使用 |
| N 型热电偶<br>（镍铬硅 - 镍硅） | 镍铬硅 - 镍硅热电偶为廉价金属热电偶，是一种最新国际标准化的热电偶，它克服了 K 型热电偶在 300~500℃间和 800℃左右的热电动势不稳定的缺点。正极（NP）的成分为：Ni : Cr : Si=84.4 : 14.2 : 1.4，负极（NN）的成分为：Ni : Si : Mg=95.5 : 4.4 : 0.1，其使用温度范围为 -200~1300℃。<br>　　N 型热电偶具有线性度好、热电动势较大、灵敏度较高、稳定性和均匀性较好、抗氧化性能强、价格便宜等优点，其综合性能优于 K 型热电偶，是一种很有发展前途的热电偶。<br>　　N 型热电偶不能直接在高温下用于硫、还原性或还原、氧化交替的气体中和真空中，也不推荐在弱氧化气体中使用 |
| E 型热电偶<br>（镍铬 - 铜镍） | 镍铬 - 铜镍热电偶又称镍铬 - 康铜热电偶，也是一种廉价金属的热电偶。正极（EP）为镍铬合金，成分与 KP 相同，负极（EN）为铜镍合金，成分为 55% 的铜、45% 的镍以及少量的锰、钴、铁等元素。该热电偶的使用温度为 -200~900℃。<br>　　E 型热电偶的热电动势在所有热电偶中最大，宜制成热电堆，测量微小的温度变化。对于高湿度气体的腐蚀不甚灵敏，宜用于湿度较高的环境。E 热电偶还具有稳定性好、抗氧化性能优于铜 - 康铜、铁 - 康铜热电偶、价格便宜等优点，能用于氧化性和惰性气体中，故用户广泛采用。<br>　　E 型热电偶不能直接在高温下用于硫、还原性气体中，热电势均匀性较差 |

续表

| 类型与材料 | 说明 |
|---|---|
| J型热电偶<br>（铁－铜镍） | 铁－铜镍热电偶又称铁－康铜热电偶，是一种廉价金属热电偶。其正极（JP）的成分纯铁，负极（JN）为铜镍合金（康铜），成分为55%的铜和45%的镍以及少量却十分重要的锰、钴、铁等元素，它不能用 EN 和 TN 来替换。铁－康铜热电偶的测温范围为 −200～1200℃，但通常使用温度范围为 0～750℃。<br>　　J型热电偶具有线性度好、热电动势较大、灵敏度较高、稳定性和均匀性较好、价格便宜等优点，广为用户所采用。<br>　　J型热电偶可用于真空、氧化、还原和惰性气体中，但正极铁在高温下氧化较快，故使用温度受到限制，也不能直接无保护地在高温下用于硫化气体中 |
| T型热电偶<br>（铜－铜镍） | 铜－铜镍热电偶又称铜－康铜热电偶，是一种最佳的测量低温的廉价金属热电偶。其正极（TP）是纯铜，负极（TN）为铜镍合金（康铜），它与镍铬－康铜热电偶的康铜 EN 通用，与铁－康铜热电偶的康铜 JN 不能通用，铜－铜镍热电偶的测温范围为 −200～350℃。<br>　　T型热电偶具有线性度好、热电动势较大、灵敏度较高、稳定性和均匀性较好、价格便宜等优点，特别适合在 −200～0℃ 温度范围内使用，稳定性更好，年稳定性可小于 ±3μV。<br>　　T型热电偶的正极铜在高温下抗氧化性能差，故使用温度上限受到限制 |

第16章

# 贴片元器件

## 16.1 表面贴装技术（SMT）简介

SMT（Surface Mount Technology）意为表面贴装技术（或表面组装技术），是一种将无引脚或短引线表面组装元器件（简称片状元器件）安装在 PCB（Printed Circuit Board，即印制电路板）的表面或其它基板的表面上，通过再流焊或浸焊等方法加以焊接组装的电路装连技术。

贴片元器件包括贴片元件（SMC）和贴片器件（SMD），SMC 主要包括矩形贴片元件、圆柱形贴片元件、复合贴片元件和异形贴片元件，SMD 主要包括二极管、三极管和集成电路等半导体器件。一般将 SMC 元件和 SMD 器件统称为 SMT 元器件。

### 16.1.1 特点

表面贴装技术是现代电子行业组装技术的主流，其主要特点如下。

① 贴装方便，易于实现自动化安装，可大幅度提高生产效率。

② 贴片元器件体积小，组装密度高，生产出来的电子产品体积小、重量轻。贴片元器件体积和重量只有传统插装元件的 1/10 左右。

③ 消耗的材料少，节省能源，可降低电子产品的成本。

④ 高频特性好，可减小电磁和射频干扰。

⑤ 由于采用自动化贴装，故焊接缺陷率低，抗振能力强，可靠性高。

### 16.1.2 封装规格

SMT 元器件封装规格是指外形尺寸规格，有英制和公制两种单位，英制单位为 inch（英寸），公制单位为mm（毫米），1inch=25.4mm，公制规格容易看出 SMT 元器件的长、宽尺寸，但实际用英制规格更为常见。SMT 元器件常见的封装规格如图 16-1 所示。

| 英制/inch | 公制/mm | 长(L)/mm | 宽(W)/mm | 高(H)/mm | a/mm | b/mm |
|---|---|---|---|---|---|---|
| 0201 | 0603 | 0.60±0.05 | 0.30±0.05 | 0.23±0.05 | 0.10±0.05 | 0.15±0.05 |
| 0402 | 1005 | 1.00±0.10 | 0.50±0.10 | 0.30±0.10 | 0.20±0.10 | 0.25±0.10 |
| 0603 | 1608 | 1.60±0.15 | 0.80±0.15 | 0.40±0.10 | 0.30±0.20 | 0.30±0.20 |
| 0805 | 2012 | 2.00±0.20 | 1.25±0.15 | 0.50±0.10 | 0.40±0.20 | 0.40±0.20 |
| 1206 | 3216 | 3.20±0.20 | 1.60±0.15 | 0.55±0.10 | 0.50±0.20 | 0.50±0.20 |
| 1210 | 3225 | 3.20±0.20 | 2.50±0.20 | 0.55±0.10 | 0.50±0.20 | 0.50±0.20 |
| 1812 | 4832 | 4.50±0.20 | 3.20±0.20 | 0.55±0.10 | 0.50±0.20 | 0.50±0.20 |
| 2010 | 5025 | 5.00±0.20 | 2.50±0.20 | 0.55±0.10 | 0.60±0.20 | 0.60±0.20 |
| 2512 | 6432 | 6.40±0.20 | 3.20±0.20 | 0.55±0.10 | 0.60±0.20 | 0.60±0.20 |

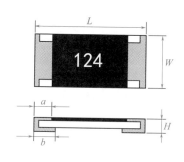

图 16-1 SMT 元器件常见的封装规格

### 16.1.3 手工焊接方法

SMT 元器件通常都是用机器焊接的，少量焊接时可使用手工焊接。SMT 元器件手工焊接方法如图 16-2 所示。

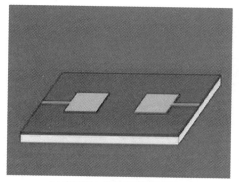

(a) 电路板上的SMT元器件焊盘

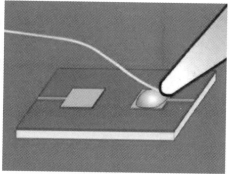

(b) 在一个焊盘上用烙铁熔化焊锡(之后烙铁不要拿开)

(c) 将元器件一个引脚放在有熔化焊锡的焊盘上

(d) 移动烙铁使焊锡在元器件的引脚分布均匀

图 16-2

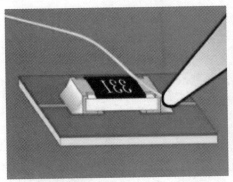 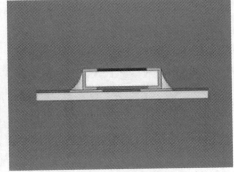

(e) 将元器件另一个引脚焊接在另一个焊盘上　　　(f) SMT元器件焊接完成

图 16-2　SMT 元器件手工焊接方法

## 16.2　贴片电阻器

### 16.2.1　贴片固定电阻器

（1）外形

贴片电阻器有矩形式和圆柱式，矩形式贴片电阻器的功率一般在 0.0315～0.125W，工作电压在 7.5～200V，圆柱式贴片电阻器的功率一般在 0.125～0.25W，工作电压在 75～100V。常见贴片电阻器如图 16-3 所示。

图 16-3　常见贴片电阻器

（2）阻值的标注与识别

贴片电阻器阻值表示有色环标注法，也有数字标注法。色环标注的贴片电阻，其阻值识读方法同普通的电阻器。数字标注的贴片电阻器有三位和四位之分，对于三位数字标注的贴片电阻器，前两位表示有效数字，第三位表示 0 的个数；对于四位数字标注的贴片电阻器，前三位表示有效数字，第四位表示 0 的个数。

贴片电阻器的常见标注形式如图 16-4 所示。

| 100 | 101 | 5601 |
| 10Ω | 100Ω | 5600Ω |
| 273 | 000 | 5R6 |
| 27kΩ | 0Ω | 5.6Ω |

（跨接电阻，相当于导线）

图 16-4　贴片电阻器的常见标注形式

图 16-5　盘状包装的贴片电阻器

在生产电子产品时，贴片元件一般采用贴片机安装，为了便于机器高效安装，贴片元件通常装载在连续条带的凹坑内，凹坑由塑料带盖住并卷成盘状。如图 16-5 所示是一盘贴片元件（几千个）。卷成盘状的贴片电阻器通常会在盘体标签上标明元件型号和有关参数。

（3）尺寸与功率

贴片电阻器体积小，故功率不大，一般体积越大，功率就越大。表 16-1 列出常用规格的矩形贴片电阻器外形尺寸与功率的关系。

表 16-1 常用规格的矩形贴片电阻器外形尺寸与功率的关系

| 尺寸代码 | | 外形尺寸 /mm | | 额定功率 /W |
|---|---|---|---|---|
| 公制 | 英制 | 长（L） | 宽（W） | |
| 0603 | 0201 | 0.6 | 0.3 | 1/20 |
| 1005 | 0402 | 1.0 | 0.5 | 1/16 或 1/20 |
| 1608 | 0603 | 1.6 | 0.8 | 1/10 |
| 2012 | 0805 | 2.0 | 1.25 | 1/8 或 1/10 |
| 3216 | 1206 | 3.2 | 1.6 | 1/4 或 1/6 |
| 3225 | 1210 | 3.2 | 2.5 | 1/4 |
| 5025 | 2010 | 5.0 | 2.5 | 1/2 |
| 6332 | 2512 | 6.4 | 3.2 | 1 |

（4）标注含义

贴片电阻器各项标注的含义见表 16-2。

表 16-2 贴片电阻器各项标注的含义

| 产品代号 | | 型号 | | 电阻温度系数 | | 阻值 | | 电阻值误差 | | 包装方法 | |
|---|---|---|---|---|---|---|---|---|---|---|---|
| | | 代号 | 型号 | 代号 | 温度系数（10⁻⁶Ω/℃） | 表示方式 | 阻值 | 代号 | 误差值 | 代号 | 包装方式 |
| RC | 片状电阻器 | 02 | 0402 | K | ≤±100PPM/℃ | E-24 | 前两位表示有效数字第三位表示零的个数 | F | ±1% | T | 编带包装 |
| | | 03 | 0603 | L | ≤±250PPM/℃ | | | G | ±2% | | |
| | | 05 | 0805 | U | ≤±400PPM/℃ | E-96 | 前三位表示有效数字第四位表示零的个数 | J | ±5% | B | 塑料盒散包装 |
| | | 06 | 1206 | M | ≤±500PPM/℃ | | | 0 | 跨接电阻 | | |
| 示例 | RC | 05 | | K | | | 103 | | J | | | |
| 备注 | | 小数点用 R 表示　例如：E-24:1R0=1.0Ω 103=10kΩ R047=0.047Ω<br>E-96:1003=100kΩ；跨接电阻采用"000"表示 | | | | | | | | | |

## 16.2.2 贴片电位器

贴片电位器是一种阻值可以调节的元件，体积小巧，贴片电位器的功率一般在 0.1～0.25W，其阻值标注方法与贴片电阻器相同。如图 16-6 所示为一些贴片电位器。

图 16-6 贴片电位器

## 16.2.3 贴片熔断器

贴片熔断器又称贴片保险丝，是一种在电路中用作过流保护的电阻器，其阻值一般很小，当流过的电流超过一定值时，会熔断开路。贴片熔断器可分为快熔断型、慢熔断型（延时型）和可恢复型（PTC 正温度系数热敏电阻）。如图 16-7 所示为一些贴片熔断器。

图 16-7　贴片熔断器

## 16.3　贴片电容器和贴片电感器

### 16.3.1　贴片电容器

（1）外形

贴片电容器可分为无极性电容器和有极性电容器（电解电容器）。如图 16-8 所示是一些常见的贴片电容器。

图 16-8　常见的贴片电容器

（2）种类及特点

不同材料的贴片电容器有自身的一些特点，表 16-3 列出了一些不同材料贴片电容器的优缺点。

表 16-3　一些不同材料贴片电容器的优缺点

| 类型 | 极性 | 优点 | 缺点 |
| --- | --- | --- | --- |
| 贴片 CBB 电容器 | 无 | 体积较小，高频特性好 | 稳定性略差 |
| 无感 CBB 电容器 | 无 | 高频特性好 | 耐热性能差、容量小、价格较高 |
| 贴片瓷片电容器 | 无 | 体积小、耐压高 | 容量低、易碎 |
| 贴片独石电容器 | 无 | 体积小、高频特性好 | 热稳定性较差 |
| 贴片电解电容器 | 有 | 容量大 | 耐压低、高频特性不好 |
| 贴片钽电容器 | 有 | 容量大、高频特性好、稳定性好 | 价格贵 |

（3）容量标注方法

贴片电容器的体积较小，故有很多电容器不标注容量，对于这类电容器，可用电容表测量，或者查看包装上的标签来识别容量。也有些贴片电容器对容量进行标注，贴片电容器常见的方法有直标法、数字标注法、字母与数字标注法、颜色与字母标注法。

① 直标法　直标法是指将电容器的容量直接标出来的标注方法。体积较大的贴片有极性电容器一般采用这种方法，如图 16-9 所示。

② 数字标注法　数字标注法是用三位数字来表示电容器容量的方法，该表示方法与贴片电阻器相同，前两位表示有效数字，第三位表示 0 的个数，如 820 表示 82pF，272 表示 2700pF。用数字标注法表示的容量单位为 pF。标注字符中的"R"表示小数点，如 1R0 表示 1.0pF，0R5 或 R50 均表示 0.5pF。

(a)容量为100μF，耐压为4V铝电解电容器　　(b)容量为47μF，耐压为6V钽电解电容器

图 16-9　用直标法标注容量

③ 字母与数字标注法　字母与数字标注法是采用英文字母与数字组合的方式来表示容量大小。这种标注法中的第一位用字母表示容量的有效数，第二位用数字表示有效数后面 0 的个数。字母与数字标注法的字母和数字含义见表 16-4。

表 16-4　字母与数字标注法的含义

| 第一位：字母 | | | | 第二位：数字 | |
| --- | --- | --- | --- | --- | --- |
| A | 1 | N | 3.3 | 0 | $10^0$ |
| B | 1.1 | P | 3.6 | 1 | $10^1$ |
| C | 1.2 | Q | 3.9 | 2 | $10^2$ |
| D | 1.3 | R | 4.3 | 3 | $10^3$ |
| E | 1.5 | S | 4.7 | 4 | $10^4$ |
| F | 1.6 | T | 5.1 | 5 | $10^5$ |
| G | 1.8 | U | 5.6 | 6 | $10^6$ |
| H | 2.0 | V | 6.2 | 7 | $10^7$ |
| I | 2.2 | W | 6.8 | 8 | $10^8$ |
| K | 2.4 | X | 7.5 | 9 | $10^9$ |
| L | 2.7 | Y | 9.0 | | |
| M | 3.0 | Z | 9.1 | | |

如图 16-10 所示的几个贴片电容器就采用了字母与数字混合标注法。标注"B2"表示容量为 110pF，标注"S3"表示容量为 4700pF。

图 16-10　采用字母与数字混合标注的贴片电容器

④ 颜色与字母标注法　颜色与字母标注法是采用颜色和一位字母来标注容量大小，采用这种方法标注的容量单位为 pF。例如蓝色与 J，表示容量为 220pF，红色与 S，表示容量为 9pF。颜色与字母标注法的颜色与字母组合代表的含义见表 16-5。

表 16-5　颜色与字母标注法的颜色与字母组合代表的含义

| 项目 | A | C | E | G | J | L | N | Q | S | U | W | Y |
| --- | --- | --- | --- | --- | --- | --- | --- | --- | --- | --- | --- | --- |
| 黄色 | 0.1 | | | | | | | | | | | |
| 绿色 | 0.01 | | 0.015 | | 0.022 | | 0.033 | | 0.047 | 0.056 | 0.068 | 0.082 |
| 白色 | 0.001 | | 0.0015 | | 0.0022 | | 0.0033 | | 0.0047 | 0.0056 | 0.0068 | |
| 红色 | 1 | 2 | 3 | 4 | 5 | 6 | 7 | 8 | 9 | | | |
| 黑色 | 10 | 12 | 15 | 18 | 22 | 27 | 33 | 39 | 47 | 56 | 68 | 82 |
| 蓝色 | 100 | 120 | 150 | 180 | 220 | 270 | 330 | 390 | 470 | 560 | 680 | 820 |

### 16.3.2　贴片电容排

贴片电容排简称排容，是将多个电容按一定规律组合起来并封装在一起而构成的元器件。多数电容排是将多个电容器的一个引脚连到一起作为公共引脚，其余引脚正常引出。电容排应用于对元器件空间要求严格的PCB，如笔记本电脑、手机等，特别适用于输入、输出接口电路。电容排外形如图16-11所示。

图 16-11　贴片电容排外形

### 16.3.3　贴片电感器

**（1）外形**

贴片电感器功能与普通电感器相同。如图16-12所示是一些常见的贴片电感器。

图 16-12　常见的贴片电感器

**（2）电感量的标注方法**

贴片电感器的电感量标注方法与贴片电阻器基本相同，前两位表示有效数字，第三位表示0的个数，如果含有字母N或R，均表示小数点，含字母N的单位为nH，含字母R的单位为μH。常见贴片电感器标注形式如图16-13所示。

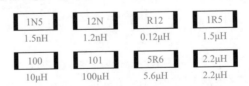

图 16-13　常见贴片电感器标注形式

### 16.3.4　贴片磁珠

磁珠是一种安装在信号线、电源线上用于抑制高频噪声、尖峰干扰和吸收静电脉冲的元器件。在一些RF（射频）电路、PLL（锁相环）、振荡电路和含超高频的存储器电路中，一般都需要在电源输入部分加磁珠。磁珠的外形如图16-14所示。

图 16-14　磁珠的外形

对于内部含导线的磁珠，只要将导线连接在线路中即可，对于不含导线的磁珠，需要将线路穿磁珠而过。磁珠等效于电阻和电感串联，其电阻值和电感值都随频率变化而变化。磁珠对直流和低频信号阻抗很小（接近 0Ω），对高频信号才有较大的阻碍作用，阻抗单位为欧姆（Ω），一般以 100MHz 为标准，比如 600Ω/100MHz 表示该磁珠对 100MHz 信号的阻抗为 600Ω。

## 16.4 贴片二极管

### 16.4.1 通用知识

**（1）外形**

贴片二极管有矩形和圆柱形，矩形贴片二极管一般为黑色，其使用更为广泛。如图 16-15 所示是一些常见的贴片二极管。

图 16-15 常见的贴片二极管

**（2）结构**

贴片二极管有单管和对管之分，单管式贴片二极管内部只有一个二极管，而对管式贴片二极管内部有两个二极管。

单管式贴片二极管一般有两个端极，标有白色横条的为负极，另一端为正极，也有些单管式贴片二极管有三个端极，其中一个端极为空，其内部结构如图 16-16 所示。

图 16-16 单管式贴片二极管的内部结构

对管式贴片二极管根据内部两个二极管的连接方式不同，可分为共阳极对管（两个二极管正极共用）、共阴极对管（两个二极管负极共用）和串联对管，如图 16-17 所示。

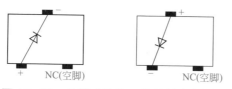

图 16-17 双管式贴片二极管的内部结构

### 16.4.2 贴片整流二极管和整流桥堆

整流二极管的作用是将交流电转换成直流电。普通的整流二极管（如 1N4001、1N407 等）只能对 3kHz 以下的交流电（如 50Hz、220V 的市电）进行整流，对 3kHz 以上的交流电整流要用快恢复二极管或肖特基二极管。

（1）外形

桥式整流电路是最常用的整流电路，它需要用到 4 只整流二极管，为了简化安装过程，通常将 4 只整流二极管连接成桥式整流电路并封装成一个元器件，称之为整流桥堆。贴片整流二极管和贴片整流桥堆外形如图 16-18 所示。

图 16-18　贴片整流二极管和贴片整流桥堆外形

（2）常用型号代码与参数

由于贴片二极管体积小，不能标注过多的字符，因此常用一些简单的代码为表示型号。表 16-6 是一些常用贴片整流二极管型号代码及主要参数。比如贴片二极管上标注代码"D7"，表示该二极管的型号为 SOD4007，相当于插脚整流二极管 1N4007。

表 16-6　常用贴片整流二极管型号代码及主要参数

| 代码 | 对应型号 | 主要参数 | 代码 | 对应型号 | 主要参数 |
|---|---|---|---|---|---|
| 24 | RR264M-400 | 400V、0.7A | M2 | 4002 | 100V、1A |
| 91 | RR255M-400 | 400V、0.7A | M3 | 4003 | 200V、1A |
| D1 | SOD4001 | 50V、1A | M4 | 4004 | 400V、1A |
| D2 | SOD4002 | 100V、1A | M5 | 4005 | 600V、1A |
| D3 | SOD4003 | 200V、1A | M6 | 4006 | 800V、1A |
| D4 | SOD4004 | 400V、1A | M7 | 4007 | 1000V、1A |
| D5 | SOD4005 | 600V、1A | TE25 | 1SR154-400 | 400V、1A |
| D6 | SOD4006 | 800V、1A | | 1SR154-600 | 400V、1A |
| D7 | SOD4007 | 1000V、1A | TR | RR274EA-400 | 400V、1A |
| M1 | 4001 | 50V、1A | | | |

### 16.4.3　贴片稳压二极管

稳压二极管的作用是稳定电压。稳压二极管在使用时需要串接限流电阻，另外还需要反接，即负极接电路的高电位、正极接电路的低电位。在选用稳压二极管时，主要考虑其功率和稳压值应满足电路的需要。

贴片稳压二极管的外形如图 16-19 所示。

### 16.4.4　贴片快恢复二极管

在开关电源、变频调速电路、脉冲调制解调电路、逆变电路和 UPS 电源等电路中，其工作信号频率很高，普通整流二极管无法使用，需要用到快恢复二极管。快恢复二极管具有反向恢复时间短（一般为几百纳秒）的特点，反向工作电压可达几百到一千伏。超快恢复二极管反向恢复时间更短（可达几十纳秒），可用在更高频率的电路中。

（1）外形

贴片快恢复二极管外形如图 16-20 所示。图中的 F7 快恢复二极管的最大工作电流为 1A、最高反向工作电压为 1000V，RS1J 快恢复二极管的最大工作电流为 1A、最高反向工作电压为 600V。

图 16-19　贴片稳压二极管的外形

图 16-20　贴片快恢复二极管外形

（2）常用型号代码与参数

表 16-7 是一些常用贴片快恢复二极管型号及主要参数。型号中的数字表示最大正向工作电流，用字母 A、B、D、G、J、K、M 表示最高反向工作电压，用 RS、US、ES 分别表示快速、超快速和高速（反向恢复时间依次由长到短）。

表 16-7　常用贴片快恢复二极管型号及主要参数

| 型号 | 最大正向工作电流 /A | 最高反向工作电压 /V | 反向恢复时间 /ns |
| --- | --- | --- | --- |
| RS1A/F1 | 1 | 50 | 150 |
| RS1B/F2 | 1 | 100 | 150 |
| RS1D/F3 | 1 | 200 | 150 |
| RS1G/F4 | 1 | 400 | 150 |
| RS1J/F5 | 1 | 600 | 250 |
| RS1K/F6 | 1 | 800 | 500 |
| RS1M/F7 | 1 | 1000 | 500 |
| US1A/B/D/G/J/K/M | 1 | 50/100/200/400/600/800/1000 | 50(A/B/D/G)<br>75(J/K/M) |
| ES1A/B/D/G/J/K/M | 1 | 50/100/200/400/600/800/1000 | 35 |
| ES3A/B/D/G/J/K/M | 3 | 50/100/200/400/600/800/1000 | 35 |

### 16.4.5　贴片肖特基二极管

肖特基二极管与快恢复二极管一样，都可用在高频电路中，由于肖特基二极管反向恢复时间更短（可达十纳秒以下），因此可以工作在更高频率的电路中，其工作频率可在 1～3GHz，快恢复（超快恢复）二极管工作频率在 1GHz 以下。肖特基二极管正向导通电压较普通二极管稍低，约 0.4V（电流大时该电压会略有上升），反向工作电压也比较低，一般在 100V 以下。肖特基二极管广泛用在自动控制、仪器仪表、通信和遥控等领域。

（1）外形

贴片肖特基二极管外形如图 16-21 所示。图中的 SS56 型肖特基二极管的最大工作电流为 5A、最高反向工作电压为 60V，B36 型肖特基二极管的最大工作电流为 3A、最高反向工作电压为 60V。

图 16-21　贴片肖特基二极管外形

（2）常用型号与参数

表 16-8 是一些常用贴片肖特基二极管型号及主要参数。型号中的第一个数字表示最大正向工作电流，第二个数字乘 10 表示最高反向工作电压。

表 16-8 常用贴片肖特基二极管型号及主要参数

| 型号 | 最大正向工作电流 /A | 最高反向工作电压 /V | 型号 | 最大正向工作电流 /A | 最高反向工作电压 /V |
|---|---|---|---|---|---|
| B32（MBRS320T3） | 3 | 20 | SS24 | 2 | 40 |
| B36（MBRS360T3） | 3 | 60 | SS26 | 2 | 60 |
| SS12 | 1 | 20 | SS28 | 2 | 80 |
| SS14 | 1 | 40 | SS210 | 2 | 100 |
| SS16 | 1 | 60 | SS34 | 3 | 40 |
| SS18 | 1 | 80 | SS36 | 3 | 60 |
| SS110 | 1 | 100 | SS54 | 5 | 40 |
| SS22 | 2 | 20 | SS510 | 5 | 100 |

### 16.4.6　贴片开关二极管

开关二极管的反向恢复时间很短，高速开关二极管（如 1N4148）反向恢复时间不大于 4ns，超高速开关二极管（如 1SS300）不大于 1.6ns。开关二极管的反向恢复时间一般小于快恢复二极管和肖特基二极管，但它的正向工作电流小（一般在 500mA 以下），反向工作电压低（一般为几十伏），所以开关二极管不能用在大电流高电压的电路中。

开关二极管在电路中主要用作电子开关、小电流低电压的高频电路和逻辑控制电路等领域。由于开关二极管价格便宜，所以除用作电子开关外，小电流低电压的高频整流和低频整流也可采用开关二极管。

（1）两引脚的贴片开关二极管

如图 16-22 所示是两种常见的两引脚贴片开关二极管，1N4148（标注有型号代码"T4"）和 1SS355（标注有型号代码"A"），1N4148 采用了两种不同的封装形式。

1N4148　　　　　　　1SS355

图 16-22　两种常见的两引脚贴片开关二极管

（2）三引脚的贴片开关二极管

三引脚的贴片开关二极管内部有两个开关二极管，如图 16-23 所示是几种常见的三引脚贴片开关二极管外形与内部电路结构，型号为 BAW56 的贴片二极管的标注代码为"A1"。

### 16.4.7　贴片发光二极管

发光二极管的主要用作指示灯和照明，大量的发光二极管组合在一起还可以构成显示屏。发光二极管的发光颜色主要有白、红、黄、橙、绿和蓝等。普通亮度的发光二极管一般用作指示灯，大功率高亮发光二极管多用作照明光源。

（1）外形

如图 16-24 所示是几种常见的贴片发光二极管的外形。

（2）常用规格及主要参数

贴片发光二极管的规格主要有 0603、0805、1206、1210、3020、5050，其主要参数见表 16-9。

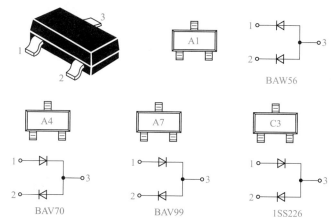

图 16-23 几种常见的三引脚贴片开关二极管外形与内部电路结构

图 16-24 几种常见的贴片发光二极管的外形

表 16-9 常用贴片发光二极管规格的主要参数

| 产品规格 | 正向电压 /V | 亮度 /mcd | 最大工作电流 /mA | 产品规格 | 正向电压 /V | 亮度 /mcd | 最大工作电流 /mA |
|---|---|---|---|---|---|---|---|
| 0603（红色） | 1.8~2.4 | 100~150 | | 1210（红色） | 1.8~2.4 | 400~500 | |
| 0603（黄色） | 1.8~2.4 | 120~180 | | 1210（黄色） | 1.8~2.4 | 450~500 | |
| 0603（蓝色） | 2.8~3.6 | 350~400 | | 1210（蓝色） | 2.8~3.6 | 600~750 | |
| 0603（绿色） | 2.8~3.6 | 400~500 | | 1210（绿色） | 2.8~3.6 | 850~1200 | |
| 0603（白色） | 2.8~3.6 | 300~500 | | 1210（白色） | 2.8~3.6 | 850~1200 | |
| 0805（红色） | 1.8~2.4 | 150~300 | | 3020（红色） | 1.8~2.4 | 450~550 | 20 |
| 0805（黄色） | 1.8~2.4 | 180~350 | | 3020（黄色） | 1.8~2.4 | 400~650 | |
| 0805（蓝色） | 2.8~3.6 | 450~600 | 20 | 3020（蓝色） | 2.8~3.6 | 800~1300 | |
| 0805（绿色） | 2.8~3.6 | 550~700 | | 3020（翠绿色） | 2.8~3.6 | 1200~2200 | |
| 0805（白色） | 2.8~3.6 | 450~600 | | 3020（白色） | 2.8~3.6 | 1000~2000 | |
| 1206（红色） | 1.8~2.4 | 300~450 | | 3020（暖白） | 2.8~3.6 | 800~1600 | |
| 1206（黄色） | 1.8~2.4 | 380~500 | | 5050（白色） | 2.8~3.6 | 3000~5000 | |
| 1206（蓝色） | 2.8~3.6 | 550~700 | | 5050（暖白） | 2.8~3.6 | 2500~4500 | 60 |
| 1206（绿色） | 2.8~3.6 | 650~900 | | 5050（红色） | 1.8~2.4 | 900~1200 | |
| 1206（白色） | 2.8~3.6 | 650~900 | | 5050（蓝色） | 2.8~3.6 | 2000~3000 | |

## 16.5 贴片三极管

### 16.5.1 外形

如图 16-25 所示是一些常见的贴片三极管实物外形。

图 16-25 贴片三极管实物外形

### 16.5.2 引脚极性规律与内部结构

贴片三极管有 C、B、E 三个端极，对于如图 16-26（a）所示单列贴片三极管，正面朝上，粘贴面朝下，从左到右依次为 B、C、E 极。对于如图 16-26（b）所示双列贴片三极管，正面朝上，粘贴面朝下，单端极为 C 极，双端极左为 B 极，右为 E 极。

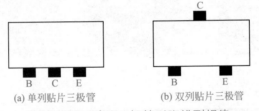

(a) 单列贴片三极管　　　(b) 双列贴片三极管

图 16-26 贴片三极管引脚排列规律

与普通三极管一样，贴片三极管也有 NPN 型和 PNP 型之分，这两种类型的贴片三极管内部结构如图 16-27 所示。

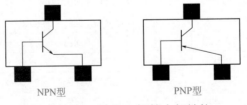

NPN型　　　　　PNP型

图 16-27 贴片三极管内部结构

### 16.5.3 标注代码与对应型号

贴片三极管的型号一般是通过在表面标注代码来表示的。常用贴片三极管标注代码与对应的型号见表 16-10，常用贴片三极管主要参数见表 16-11。

表 16-10  常用贴片三极管标注代码与对应的型号

| 标注代码 | 对应型号 | 标注代码 | 对应型号 | 标注代码 | 对应型号 |
|---|---|---|---|---|---|
| 1T | S9011 | 2A | 2N3906 | 6A | BC817-16 |
| 2T | S9012 | 1D | BTA42 | 6B | BC817-25 |
| J3 | S9013 | 2D | BTA92 | 1A | BC846A |
| J6 | S9014 | 2L | 2N5401 | 1B | BC846B |
| M6 | S9015 | G1 | 2N5551 | 1E | BC847A |
| Y6 | S9016 | 702 | 2N7002 | 1F | BC847B |
| J8 | S9018 | V1 | 2N2111 | 1G | BC847C |
| J3Y | S8050 | V2 | 2N2112 | 1J | BC848A |
| 2TY | S8550 | V3 | 2N2113 | 1K | BC848B |
| Y1 | C8050 | V4 | 2N2211 | 1L | BC848C |
| Y2 | C8550 | V5 | 2N2212 | 3A | BC856A |
| HF | 2SC1815 | V6 | 2N2213 | 3B | BC856B |
| BA | 2SA1015 | R23 | 2SC3359 | 3E | BC857A |
| CR | 2SC945 | AD | 2SC3838 | 3F | BC857B |
| CS | 2SA733 | 5A | BC807-16 | 3J | BC858A |
| 1P | 2N2222 | 5B | BC807-25 | 3K | BC858B |
| 1AM | 2N3904 | 5C | BC807-40 | 3L | BC858C |

表 16-11  常用贴片三极管主要参数

| 型号 | 最大电流 /A | 最高电压 /V | 标注代码 | 类型 |
|---|---|---|---|---|
| S9011 | 0.03 | 30 | 1T | PNP |
| S9012 | 0.5 | 25 | 2T | PNP |
| S9013 | 0.5 | 25 | J3 | NPN |
| S9014 | 0.1 | 45 | J6 | NPN |
| S9015 | 0.1 | 45 | M6 | PNP |
| S9016 | 0.03 | 30 | Y6 | NPN |
| S9018 | 0.05 | 30 | J8 | NPN |
| S8050 | 0.5 | 25 | J3Y | NPN |
| S8550 | 0.5 | 25 | 2TY | PNP |
| A1015 | 0.15 | 50 | BA | PNP |
| C1815 | 0.15 | 50 | HF | NPN |
| MMBT3904 | 0.2 | 40 | 1AM | NPN |
| MMBT3906 | 0.2 | 40 | 2A | PNP |
| MMBTA42 | 0.3 | 300 | 1D | NPN |
| MMBTA92 | 0.2 | 300 | 2D | PNP |
| MMBT5551 | 0.6 | 180 | G1 | NPN |
| MMBT5401 | 0.6 | 180 | 2L | PNP |

# 第**17**章

# 集成电路

## 17.1 概述

### 17.1.1 快速了解集成电路

将许多电阻、二极管和三极管等元器件以电路的形式制作半导体硅片上，然后接出引脚并封装起来，就构成了集成电路。集成电路简称为集成块，又称芯片 IC，如图 17-1（a）所示的 LM380 就是一种常见的音频放大集成电路，其内部电路如图 17-1（b）所示。

由于集成电路内部结构复杂，对于大多数人来说，可不用了解内部电路具体结构，只需知道集成电路的用途和各引脚的功能。

单独的集成电路是无法工作的，需要给它加接相应的外围元件并提供电源才能工作。如图 17-2 所示的集成电路 LM380 提供了电源并加接了外围元件，它就可以对⑥脚输入的音频信号进行放大，然后从⑧脚输出放大的音频信号，再送入扬声器使之发声。

### 17.1.2 集成电路的特点

有的集成电路内部只有十几个元器件，而有些集成电路内部则有上千万个元器件（如电脑中的微处理器 CPU）。集成电路内部电路很复杂，对于大多数电子技术人员可不用理会内部电路原理，除非是从事电路设计工作的。

集成电路主要有以下特点：

① 集成电路中多用晶体管，少用电感、电容和电阻，特别是大容量的电容器，因为制作这些元器件需要占用大面积硅片，导致成本提高；

(a) 实物外形

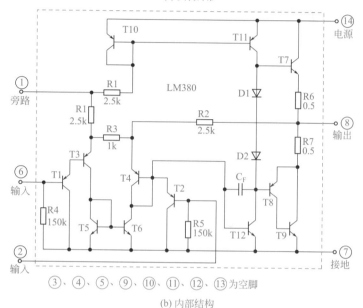

③、④、⑤、⑨、⑩、⑪、⑫、⑬为空脚

(b) 内部结构

图 17-1 LM380 集成电路

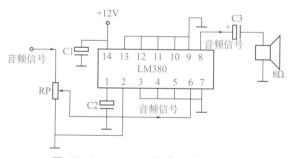

图 17-2 LM380 构成的实用电路

② 集成电路内的各个电路之间多采用直接连接（即用导线直接将两个电路连接起来），少用电容连接，这样可以减少集成电路的面积，又能使它适用各种频率的电路；

③ 集成电路内多采用对称电路 ( 如差动电路 )，这样可以纠正制造工艺上的偏差；

④ 集成电路一旦生产出来，内部的电路无法更改，不像分立元器件电路可以随时改动，所以当集成电路内的某个元器件损坏时只能更换整个集成电路；

⑤ 集成电路一般不能单独使用，需要与分立元器件组合才能构成实用的电路。

## 17.1.3 集成电路的种类

集成电路的种类很多，其分类方式也很多，这里介绍几种主要分类方式。

① 按集成电路所体现的功能来分，可分为模拟集成电路、数字集成电路、接口电路和特殊电路四类。

② 按有源器件类型不同，集成电路又可分为双极型、单极型及双极－单极混合型三种。

双极型集成电路内部主要采用二极管和三极管。它又可以分为 DTL（二极管－晶体管逻辑）、TTL（晶体管－晶体管逻辑）、ECL（发射极耦合逻辑、电流型逻辑）、HTL（高抗干扰逻辑）和 $I^2L$（集成注入逻辑）电路。双极型集成电路开关速度快、频率高、信号传输延迟时间短，但制造工艺较复杂。

单极型集成电路内部主要采用 MOS 场效应管。它又可分为为 PMOS、NMOS 和 CMOS 电路。单极性集成电路输入阻抗高、功耗小、工艺简单、集成密度高，易于大规模集成。

双极－单极混合型集成电路内部采用 MOS 和双极兼容工艺制成，因而兼有两者的优点。

③ 按集成电路的集成度来分，可分为小规模集成电路（SSI），中规模集成电路（MSI），大规模集成电路（LSI）和超大规模集成电路（VLSI）。

对于数字集成电路来说，小规模集成电路是指集成度为 1～12 门／片或 10～100 个元件／片的集成电路，它主要是逻辑单元电路，如各种逻辑门电路、集成触发器等。

中规模集成电路是指集成度为 13～99 门／片或 100～1000 个元件／片的集成电路，它是逻辑功能部件，例如编码器、译码器、数据选择器、数据分配器、计数器、寄存器、算术逻辑运算部件、A/D 和 D/A 转换器等。

大规模集成电路是指集成度为 100～1000 门／片或 1000～100000 个元件／片的集成电路，它是数字逻辑系统，如微型计算机使用的中央处理器（CPU），存储器（ROM、RAM）和各种接口电路（PIO、CTC）等。

超大规模集成电路是指集成度大于 1000 门／片或 $10^5$ 个元件／片的集成电路，它是高集成度的数字逻辑系统，如各种型号的单片机，就是在一处硅片上集成了一个完整的微型计算机。

对于模拟集成电路来说，由于工艺要求高，电路又复杂，故通常将集成 50 个以下的元器件的集成电路称为小规模集成电路，集成 50～100 个元器件的集成电路称为中规模集成电路，集成 100 个以上的就称作大规模集成电路。

## 17.1.4　集成电路的封装形式

封装就是指把硅片上的电路管脚用导线接引到外部引脚处，以便与其它器件连接。封装形式是指安装半导体集成电路芯片用的外壳。集成电路的常见封装形式见表 17-1。

表 17-1　集成电路的常见封装形式

| 名称 | 外形 | 说明 |
|---|---|---|
| SOP | | SOP 是英文 Small Out-line Package 的缩写，即小外形封装。SOP 封装技术由飞利浦公司于 1968～1969 年开发成功，以后逐渐派生出 SOJ（J 型引脚小外形封装）、TSOP（薄小外形封装）、VSOP（甚小外形封装）、SSOP（缩小型 SOP）、TSSOP（薄的缩小型 SOP）及 SOT（小外形晶体管）和 SOIC（小外形集成电路）等 |
| SIP | | SIP 是英文 Single In-line Package 的缩写，即单列直插式封装。引脚从封装一个侧面引出，排列成一条直线。当装配到印刷基板上时封装呈侧立状。引脚中心距通常为 2.54mm，引脚数从 2～23，多数为定制产品 |
| DIP | | DIP 是英文 Double In-line Package 的缩写，即双列直插式封装。插装型封装之一，引脚从封装两侧引出，封装材料有塑料和陶瓷两种。DIP 是最普及的插装型封装，应用范围包括标准逻辑 IC、存储器 LSI 和微机电路等 |

续表

| 名称 | 外形 | 说明 |
|------|------|------|
| PLCC | | PLCC 是英文 Plastic Leaded Chip Carrier 的缩写，即塑封 J 引线芯片封装。PLCC 封装方式，外形呈正方形，32 脚封装，四周都有管脚，外形尺寸比 DIP 封装小得多。PLCC 封装适合用 SMT 表面安装技术在 PCB 上安装布线，具有外形尺寸小、可靠性高的优点 |
| TQFP | | TQFP 是英文 Thin Quad Flat Package 的缩写，即薄塑封四角扁平封装。薄塑封四角扁平封装（TQFP）工艺能有效利用空间，从而降低对印刷电路板空间大小的要求。由于缩小了高度和体积，这种封装工艺非常适合对空间要求较高的应用，如 PCMCIA 卡和网络器件。几乎所有 ALTERA 的 CPLD/FPGA 都有 TQFP 封装 |
| PQFP | | PQFP 是英文 Plastic Quad Flat Package 的缩写，即塑封四角扁平封装。PQFP 封装的芯片引脚之间距离很小，管脚很细，一般大规模或超大规模集成电路采用这种封装形式，其引脚数一般都在 100 以上 |
| TSOP | | TSOP 是英文 Thin Small Outline Package 的缩写，即薄型小尺寸封装。TSOP 封装技术的一个典型特征就是在封装芯片的周围做出引脚，TSOP 适合用 SMT 技术（表面安装技术）在 PCB（印制电路板）上安装布线。采用 TSOP 封装时，寄生参数减小，适合高频应用，可靠性比较高 |
| BGA | | BGA 是英文 Ball Grid Array 的缩写，即球栅阵列封装。20 世纪 90 年代，随着技术的进步，芯片集成度不断提高，I/O 引脚数急剧增加，功耗也随之增大，对集成电路封装的要求也更加严格。为了满足发展的需要，BGA 封装开始应用于生产 |

## 17.1.5 集成电路的引脚识别

集成电路的引脚很多，少则几个，多则几百个，各个引脚功能又不一样，所以在使用时一定要对号入座，否则集成电路不工作甚至烧坏。因此一定要知道集成电路引脚的识别方法。

不管什么集成电路，它们都有一个标记指出第 1 引脚，常见的标记有小圆点、小凸起、缺口、缺角，找到该脚后，逆时针依次为 2、3、4、…脚，如图 17-3（a）所示。对于单列或双列引脚的集成电路，若表面标有文字，识别引脚时正对标注文字，文字左下角为第 1 引脚，然后逆时针依次为 2、3、4、…脚如图 17-3（b）所示。

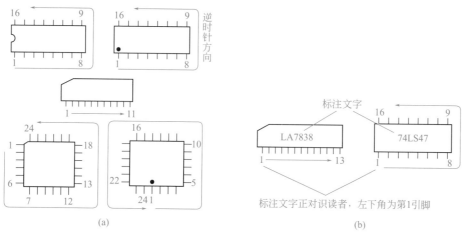

图 17-3 集成电路引脚识别

### 17.1.6　集成电路型号命名方法

我国国家标准（国标）规定的半导体集成电路型号命名法由五部分组成，具体见表17-2。

表 17-2　国家标准集成电路型号命名方法及含义

| 第一部分 | | 第二部分 | | 第三部分 | 第四部分 | | 第五部分 | |
|---|---|---|---|---|---|---|---|---|
| 用字母表示器件 | | 用字母表示器件类型 | | 用阿拉伯数字表示器件的系列和品种代号 | 用字母表示器件的工作温度范围 | | 用字母表示器件的封装 | |
| 符号 | 意义 | 符号 | 意义 | | 符号 | 意义 | 符号 | 意义 |
| C | 中国制造 | T | TTL | TTL 分为：<br>54/74 ××× <br>54/74H ×××<br>54/74L ×××<br>54/74LS ×××<br>54/74AS ×××<br>54/74ALS ×××<br>54/74F ××× | C | 0~70℃ | W | 陶瓷扁平 |
| | | H | HTL | | E | −40~85℃ | B | 塑料扁平 |
| | | E | ECL | | R | −55~85℃ | F | 全密封扁平 |
| | | C | CMOS | | M | −55~125℃ | D | 陶瓷直插 |
| | | F | 线性放大器 | | G | −25~70℃ | P | 塑料直插 |
| | | D | 音响、电视电路 | | L | −25~85℃ | J | 黑陶瓷直插 |
| | | W | 稳压器 | | | | L | 金属菱形 |
| | | J | 接口电路 | | | | T | 金属圆形 |
| | | B | 非线性电路 | | | | H | 黑瓷低熔点玻璃 |
| | | M | 存储器 | COMS 分为：<br>4000 系列<br>54/74HC ×××<br>54/74HCT ××× | | | | |
| | | S | 特殊电路 | | | | | |
| | | AD | 模拟数字转换器 | | | | | |
| | | DA | 数字模拟转换器 | | | | | |

例如：

$$\underset{(1)}{\underline{C}}\ \underset{(2)}{\underline{T}}\ \underset{(3)}{\underline{4}}\ \underset{(4)}{\underline{020}}\ \underset{(5)}{\underline{M}}\ \underset{(6)}{\underline{D}}$$

第一部分（1）表示国家标准。

第二部分（2）表示 TTL 电路。

第三部分（3）表示系列品种代号。其中 1 表示标准系列，同国际 54/74 系列；2 表示高速系列，同国际 54H/74H 系列；3 表示肖特基系列，同国际 54S/74S 系列；4 表示低功耗肖特基系列，同国际 54LS/74LS 系列。（4）表示品种代号，同国际一致。

第四部分（5）表示工作温度范围。C 表示 0~+70℃，同国际 74 系列电路的工作温度范围；M 表示 −55~+125℃，同国际 54 系列电路的工作温度范围。

第五部分（6）表示封装形式为陶瓷双列直插。

国家标准型号的集成电路与国际通用或流行的系列品种相仿，其型号主干、功能、电特性及引出脚排列等均与国外同类品种相同，因而品种代号相同的产品可以互相代用。

## 17.2　集成电路的检测

集成电路型号很多，内部电路千变万化，故检测集成电路好坏较为复杂。下面介绍一些常用的集成电路好坏检测方法。

### 17.2.1 开路测量电阻法

开路测量电阻法是指在集成电路未与其它电路连接时，通过测量集成电路各引脚与接地引脚之间的电阻来判别好坏的方法。

集成电路都有一个接地引脚（GND），其它各引脚与接地引脚之间都有一定的电阻，由于同型号的集成电路内部电路相同，因此同型号的正常集成电路的各引脚与接地引脚之间的电阻均相同。根据这一点，可使用开路测量电阻的方法来判别集成电路的好坏。

在检测时，万用表拨至"R×100Ω"挡，红表笔固定接被测集成电路的接地引脚，黑表笔依次接其他各引脚，如图17-4所示。测出并记下各引脚与接地引脚之间的电阻，然后用同样的方法测出同型号的正常集成电路的各引脚对地电阻，再将两个集成电路各引脚对地电阻一一对照，如果两者完全相同，则被测集成电路正常，如果有引脚电阻差距很大，则被测集成电路损坏。在测量各引脚电阻最好用同一挡位，如果因某引脚电阻过大或过小难以观察而需要更换挡位时，则测量正常集成电路的该引脚电阻时也要换到该挡位。这是因为集成电路内部大部分是半导体元件，不同的欧姆挡提供的电流不同，对于同一引脚，使用不同欧姆挡测量时内部元件导通程度有所不同，故不同的欧姆挡测同一引脚得到的阻值可能有一定的差距。

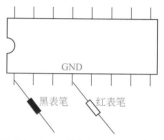

图 17-4　开路测量电阻示意图

采用开路测电阻法判别集成电路好坏比较准确，并且对大多数集成电路都适用，其缺点是检测时需要找一个同型号的正常集成电路作为对照，解决这个问题的方法是平时多测量一些常用集成电路的开路电阻数据，以便以后检测同型号集成电路时作为参考，另外也可查阅一些资料来获得这方面的数据。如图17-5所示是一种常用的内部有四个运算放大器的集成电路LM324，表17-3中列出其开路电阻数据，测量使用数字万用表200kΩ挡，表中有两组数据，一组为红表笔接⑪脚（接地脚）、黑表笔接其他各脚测得的数据；另一组为黑表笔接⑪脚、红表笔接其他各脚测得的数据。在检测LM324好坏时，也应使用数字万用表的

(a) 外形

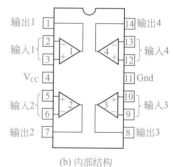

(b) 内部结构

图 17-5　集成电路 LM324

表 17-3　LM324 各引脚对地的开路电阻数据

| 项目＼引脚 | ① | ② | ③ | ④ | ⑤ | ⑥ | ⑦ | ⑧ | ⑨ | ⑩ | ⑪ | ⑫ | ⑬ | ⑭ |
|---|---|---|---|---|---|---|---|---|---|---|---|---|---|---|
| 红表笔接⑪脚/kΩ | 6.7 | 7.4 | 7.4 | 5.5 | 7.5 | 7.5 | 7.4 | 7.5 | 7.4 | 7.4 | 0 | 7.4 | 7.4 | 6.7 |
| 黑表笔接⑪脚/kΩ | 150 | ∞ | ∞ | 19 | ∞ | ∞ | 150 | 150 | ∞ | ∞ | 0 | ∞ | ∞ | 150 |

200kΩ 挡，再将实测的各脚数据与表中数据进行对照来判别所测集成电路的好坏。

### 17.2.2 在路检测法

在路检测法是指在集成电路与其它电路连接时检测集成电路的方法。

（1）在路直流电压测量法

在路直流电压测量法是在通电的情况下，用万用表直流电压挡测量集成电路各引脚对地电压，再与参考电压进行比较来判断故障的方法。

在路直流电压测量法使用要点如下。

① 为了减小测量时万用表内阻的影响，尽量使用内阻高的万用表。例如 MF47 型万用表直流电压挡的内阻为 20kΩ/V，当选择 10V 挡测量时，万用表的内阻为 200kΩ，在测量时，万用表内阻会对被测电压有一定的分流，从而使被测电压较实际电压略低，内阻越大，对被测电路的电压影响越小。MF50 型万用表直流电压挡的内阻较小，为 10kΩ/V，使用它测量时对电路电压影响较 MF47 型万用表更大。

② 在检测时，首先测量电源脚电压是否正常，如果电源脚电压不正常，可检查供电电路，如果供电电路正常，则可能是集成电路内部损坏，或者集成电路某些引脚外围元件损坏，进而通过内部电路使电源脚电压不正常。

③ 在确定集成电路的电源脚电压正常后，才可进一步测量其它引脚电压是否正常。如果个别引脚电压不正常，先检测该脚外围元件，若外围元件正常，则为集成电路损坏，如果多个引脚电压不正常，可通过集成电路内部大致结构和外围电路工作原理，分析这些引脚电压是否因某个或某些引脚电压变化引起，着重检查这些引脚外围元件，若外围元件正常，则为集成电路损坏。

④ 有些集成电路在有信号输入（动态）和无信号输入（静态）时某些引脚电压可能不同，在将实测电压与该集成电路的参考电压对照时，要注意其测量条件，实测电压也应在该条件下测得。例如彩色电视机图纸上标注出来的参考电压通常是在接收彩条信号时测得的，实测时也应尽量让电视机接收彩条信号。

⑤ 有些电子产品有多种工作方式，在不同的工作方式下和工作方式切换过程中，有关集成电路的某些引脚电压会发生变化，对于这种集成电路，需要了解电路工作原理才能作出准确的测量与判断。例如 DVD 机在光盘出、光盘入、光盘搜索和读盘时，有关集成电路某些引脚电压会发生变化。

集成电路各引脚的直流电压参考值可以参看有关图纸或查阅有关资料来获得。表 17-4 列出了彩电常用的场扫描输出集成电路 LA7837 各引脚功能、直流电压和在路电阻参考值。

表 17-4　LA7837 各引脚功能、直流电压和在路电阻参考值

| 引脚 | 功能 | 直流电压 /V | R 正 /kΩ | R 反 /kΩ |
|---|---|---|---|---|
| ① | 电源 1 | 11.4 | 0.8 | 0.7 |
| ② | 场频触发脉冲输入 | 4.3 | 18 | 0.9 |
| ③ | 外接定时元件 | 5.6 | 1.7 | 3.2 |
| ④ | 外接场幅调整元件 | 5.8 | 4.5 | 1.4 |
| ⑤ | 50Hz/60Hz 场频控制 | 0.2/3.0 | 2.7 | 0.9 |
| ⑥ | 锯齿波发生器电容 | 5.7 | 1.0 | 0.95 |
| ⑦ | 负反馈输入 | 5.4 | 1.4 | 2.6 |
| ⑧ | 电源 2 | 24 | 1.7 | 0.7 |
| ⑨ | 泵电源提升端 | 1.9 | 4.5 | 1.0 |

续表

| 引脚 | 功能 | 直流电压 /V | R 正 /kΩ | R 反 /kΩ |
|------|------|-------------|-----------|-----------|
| ⑩ | 负反馈消振电容 | 1.3 | 1.7 | 0.9 |
| ⑪ | 接地 | 0 | 0 | 0 |
| ⑫ | 场偏转功率输出 | 12.4 | 0.75 | 0.6 |
| ⑬ | 场功放电源 | 24.3 | ∞ | 0.75 |

注：表中数据在康佳 T5429D 彩电上测得。R 正表示红笔测量、黑笔接地；R 反表示黑笔测量、红笔接地

**（2）在路电阻测量法**

在路电路测量法是在切断电源的情况下，用万用表欧姆挡测量集成电路各引脚及外围元件的正反向电阻值，再与参考数据相比较来判断故障的方法。

在路电阻测量法使用要点如下。

① 测量前一定要断开被测电路的电源，以免损坏元件和仪表，并避免测得的电阻值不准确。

② 万用表"R×10kΩ"挡内部使用 9V 电池，有些集成电路工作电压较低，如 3.3V、5V。为了防止高电压损坏被测集成电路，测量时万用表最好选择"R×100Ω"挡或"R×1kΩ"挡。

③ 在测量集成电路各引脚电阻时，一根表笔接地，另一根表笔接集成电路各引脚，如图 17-6 所示。测得的阻值是该脚外围元件（$R_1$、$C$）与集成电路内部电路

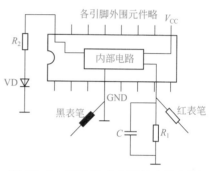

图 17-6　测量集成电路的在路电阻

及有关外围元件的并联值，如果发现个别引脚电阻与参考电阻差距较大，先检测该引脚外围元件，如果外围元件正常，通常为集成电路内部损坏，如果多数引脚电阻不正常，集成电路损坏的可能性很大，但也不能完全排除这些引脚外围元件损坏。

集成电路各引脚的电阻参考值可以参看有关图纸或查阅有关资料来获得。彩电常用的场扫描输出集成电路 LA7837 各引脚在路电阻参考值见表 17-4。

**（3）在路总电流测量法**

在路总电流测量法是指测量集成电路的总电流来判断故障的方法。

集成电路内部元件大多采用直接连接方式组成电路，当某个元件被击穿或开路时，通常对后级电路有一定的影响，从而使得整个集成电路的总工作电流减小或增大，测得集成电路的总电流后再与参考电流比较，过大、过小均说明集成电路或外围元件存在故障。电子产品的图纸和有关资料一般不提供集成电路总电流参考数据，该数据可在正常电子产品的电路中实测获得。

在路测量集成电路的总电流如图 17-7 所示。在测量时，既可以断开集成电路的电源引脚直接测量电流，也可以测量电源引脚的供电电阻两端电压，然后利用 $I=U/R$ 来计算出电流值。

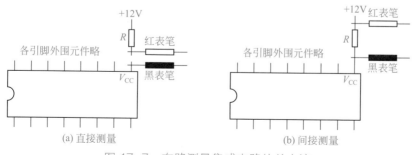

（a）直接测量　　　　　（b）间接测量

图 17-7　在路测量集成电路的总电流

### 17.2.3　排除法和代换法

不管是开路测量电阻法，还是在路检测法，都需要知道相应的参考数据。如果无法获得参考数据，可使用排除法和代换法。

（1）排除法

在使用集成电路时，需要给它外接一些元件，如果集成电路不工作，可能是集成电路本身损坏，也可能是外围元件损坏。排除法是指先检查集成电路各引脚外围元件，当外围元件均正常时，外围元件损坏导致集成电路工作不正常的原因则可排除，故障应为集成电路本身损坏。

排除法使用要点如下。

① 在检测时，最好在测得集成电路供电正常后再使用排除法，如果电源脚电压不正常，先检查修复供电电路。

② 有些集成电路只需本身和外围元件正常就能正常工作，也有些集成电路（数字集成电路较多）还要求其它电路输入有关控制信号（或反馈信号）才能正常工作，对于这样的集成电路，除了要检查外围元件是否正常外，还要检查集成电路是否接收到相关的控制信号。

③ 对外围元件集成电路，使用排除法更为快捷。对外围元件很多的集成电路，通常先检查一些重要引脚的外围元件和易损坏的元件。

（2）代换法

代换法是指当怀疑集成电路可能损坏时，直接用同型号正常的集成电路代换。如果故障消失，则为原集成电路损坏；如果故障依旧，则可能是集成电路外围元件损坏、更换的集成电路不良，也可能是外围元件故障未排除导致更换的集成电路又被损坏；还有些集成电路可能是未接收到其它电路送来的控制信号。

代换法使用要点如下。

① 由于在未排除外围元件故障时直接更换集成电路，可能会使集成电路再次损坏。因此，对于工作在高电压、大电流下的集成电路，最好在检查外围元件正常的情况下才更换集成电路；对于工作在低电压下的集成电路，也尽量在确定一些关键引脚的外围元件正常的情况下再更换集成电路。

② 有些数字集成电路内部含有程序，如果程序发生错误，即使集成电路外围元件和有关控制信号都正常，集成电路也不能正常工作，对于这种情况，可使用一些设备重新给集成电路写入程序，或更换已写入程序的集成电路。

## 17.3　集成电路的拆卸与焊接

### 17.3.1　直插式集成电路的拆卸

在检修电路时，经常需要从印刷电路板上拆卸集成电路，由于集成电路引脚多，拆卸起来比较困难，拆卸不当可能会损害集成电路及电路板。下面介绍几种常用的拆卸集成电路的方法。

（1）用注射器针头拆卸

在拆卸集成电路时，可借助如图 17-8 所示的不锈钢空芯套管或注射器针头（电子市场有售）来拆卸。拆卸方法如图 17-9 所示。用烙铁头接触集成电路的某一引脚焊点，当该引脚焊点的焊锡熔化后，将大小合适的注射器针头套在该引脚上并旋转，让集成电路的引脚与印刷电路板焊锡铜箔脱离，然后将烙铁头移开，稍后拔出注射器针头，这样集成电路的一个引脚就与印刷电路板铜箔脱离开来，再用同样的方法将集成电路其它引脚与电路板铜箔脱离，最后就能将该集成电路从电路板上拔下来。

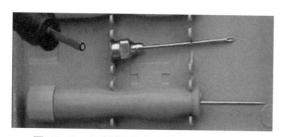

图 17-8 不锈钢空芯套管和注射器针头

图 17-9 用不锈钢空芯套管拆卸多引脚元件

（2）用吸锡器拆卸

吸锡器是一种利用手动或电动方式产生吸力，将焊锡吸离电路板铜箔的维修工具。吸锡器如图 17-10 所示，图中下方吸锡器具有加热功能，又称吸锡电烙铁。

用吸锡器拆卸集成电路的操作如图 17-11 所示，具体过程如下。

① 将吸锡器活塞向下压至卡住。

② 用电烙铁加热焊点至焊料熔化。

③ 移开电烙铁，同时迅速把吸锡器吸嘴贴上焊点，并按下吸锡器按钮，让活塞弹起产生的吸力将焊锡吸入吸锡器。

④ 如果一次吸不干净，可重复操作多次。

当所有引脚的焊锡被吸走后，就可以从电路板上取下集成电路。

图 17-10 吸锡器

图 17-11 用吸锡器拆卸集成电路的操作

（3）用毛刷配合电烙铁拆卸

这种拆卸方法比较简单，拆卸时只需一把电烙铁和一把小毛刷即可。在使用该方法拆卸集成块时，先用电烙铁加热集成电路引脚处的焊锡，待引脚上的焊锡熔化后，马上用毛刷将熔化的焊锡扫掉，再用这种方法清除其它引脚的焊锡，当所有引脚焊锡被清除后，用镊子或小型一字螺丝刀撬下集成电路。

（4）用多股铜丝吸锡拆卸

在使用这种方法拆卸时，需要用到多股铜芯导线，如图 17-12 所示。

用多股铜丝吸锡拆卸集成电路的操作过程如下。

① 去除多股铜芯导线的塑胶外皮，将导线放在松香中用电烙铁加热，使导线蘸上松香。

② 将多股铜芯丝放到集成块引脚上用电烙铁加热，这样引脚上的焊锡就会被蘸有松香的铜丝吸附，吸上焊锡的部分可剪去，重复操作几次就可将集成电路引脚上的焊锡全部吸走，然后用镊子或小型一字螺丝刀轻轻将集成电路撬下。

图 17-12 多股铜芯导线

（5）增加引脚焊锡熔化拆卸

这种拆卸方法无需借助其它工具材料，特别适合拆卸单列或双列且引脚数量不是很多的集成电路。

用增加引脚焊锡熔化拆卸集成电路的操作过程如下。

在拆卸时，先给集成块电路一列引脚上增加一些焊锡，让焊锡将该列引脚所有的焊点连接起来，然后用电烙铁加热该列的中间引脚，并往两端移动，利用焊锡的热传导将该列所有引脚上的焊锡熔化，再用镊子或小型一字螺丝刀偏向该列位置轻轻将集成电路往上撬一点，再用同样的方法对另一列引脚加热、撬动，对两列引脚轮换加热，直到拆下为止。一般情况下，每列引脚加热两次即可拆下。

（6）用热风拆焊台或热风枪拆卸

热风拆焊台或热风枪外形如图 17-13 所示，其喷头可以喷出温度达几百摄氏度的热风，利用热风将集成电路各引脚上的焊锡熔化，然后就可拆下集成电路。

图 17-13 热风拆焊台或热风枪外形

在拆卸时要注意，用单喷头拆卸时，应让喷头和所拆的集成电路保持垂直，并沿集成电路周围引脚移动喷头，对各引脚焊锡均匀加热，喷头不要触及集成电路及周围的外围元件，吹焊的位置要准确，尽量不要吹到集成电路周围的元件。

## 17.3.2 贴片集成电路的拆卸

贴片集成电路的引脚多且排列紧密，有的还四面都有引脚，在拆卸时若方法不当，轻则无法拆下，重则损坏集成电路引脚和电路板上的铜箔。贴片集成电路的拆卸通常使用热风拆焊台或热风枪。

贴片集成电路的拆卸操作过程如下。

① 在拆卸前，仔细观察待拆集成电路在电路板的位置和方位，并做好标记，以便焊接时按对应标记安装集成电路，避免安装出错。

② 用小刷子将贴片集成电路周围的杂质清理干净，再给贴片集成电路引脚上涂少许松香粉末或松香水。

③ 调好热风枪的温度和风速。温度开关一般调至 3～5 挡，风速开关调至 2～3 挡。

④ 用单喷头拆卸时，应注意使喷头和所拆集成电路保持垂直，并沿集成电路周围引脚

移动，对各引脚均匀加热，喷头不可触及集成电路及周围的外围元件，吹焊的位置要准确，且不可吹到集成电路周围的元件。

⑤ 待集成电路的各引脚的焊锡全部熔化后，用镊子将集成电路掀起或夹走，且不可用力，否则极易损坏与集成电路连接的铜箔。

对于没有热风拆焊台或热风枪的维修的人员，可采用以下方法拆卸帖片集成电路。

先给集成电路某列引脚涂上松香，并用焊锡将该列引脚全部连接起来，然后用电烙铁对焊锡加热，待该列引脚上的焊锡熔化后，用薄刀片（如刮须刀片）从电路板和引脚之间推进去，移开电烙铁等待几秒钟后拿出刀片，这样集成电路该列引脚就和电路板脱离了，再用同样的方法将集成电路其他引脚与电路板分离开，最后就能取下整个集成电路。

### 17.3.3 贴片集成电路的焊接

贴片集成电路的焊接过程如下。

① 将电路板上的焊点用电烙铁整理平整，如有必要，可对焊锡较少焊点进行补锡，然后用酒精清洁干净焊点周围的杂质。

② 将待焊接的集成电路与电路板上的焊接位置对好，再用电烙铁焊好集成电路对角线的四个引脚，将集成电路固定，并在引脚上涂上松香水或撒些松香粉末。

③ 如果用热风枪焊接，可用热风枪吹焊集成电路四周引脚，待电路板焊点上的焊锡熔化后，移开热风枪，引脚就与电路板焊点粘在一起。如果使用电烙铁焊接，可在烙铁头上蘸上少量焊锡，然后在一列引脚上拖动，焊锡会将各引脚与电路板焊点粘好。如果集成电路的某些引脚被焊锡连接短路，可先用多股铜线将多余的焊锡吸走，再在该处涂上松香水，用电烙铁在该处加热，引脚之间的剩余焊锡会自动断开，回到引脚上。

④ 焊接完成后，检查集成电路各引脚之间有无短路或漏焊，检查时可借助放大镜或万用表检测，若有漏焊，应用尖头烙铁进行补焊，最后用无水酒精将集成电路周围的松香清理干净。

## 17.4 电源芯片

### 17.4.1 三端固定输出稳压器（78××/79××）

三端固定输出稳压器是指输出电压固定不变的具有 3 个引脚的集成稳压芯片。78××/79×× 系列稳压器是最常用的三端固定输出稳压器，其中 78×× 系列输出固定正电压，79×× 系列输出固定负电压。

（1）外形与引脚排列规律

常见的三端固定输出稳压器外形如图 17-14 所示。它有输入、输出和接地共三个引脚，引脚排列规律如图 17-15 所示。

图 17-14　常见的三端固定输出稳压器外形

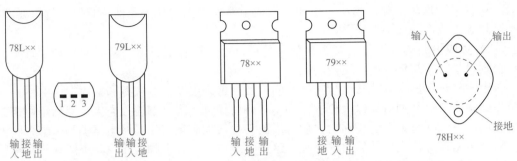

图 17-15　78××/79×× 系列三端固定输出稳压器的引脚排列规律

（2）型号含义

78（79）×× 系列稳压器型号含义如下：

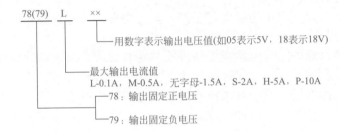

（3）应用电路

三端固定输出稳压器典型应用电路如图 17-16 所示。

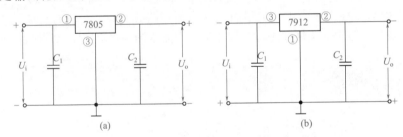

图 17-16　三端固定输出稳压器应用电路

　　图 17-16（a）为 7805 型固定输出稳压器的应用电路。稳压器的①脚为电压输入端，②脚为电压输出端，③脚为接地端。输入电压 $U_i$（电压极性为上正下负）送到稳压器的①脚，经内部电路稳压后从②脚输出 +5V 的电压，在电容 $C_2$ 上得到的输出电压 $U_o$=+5V。

　　图 17-16（b）为 7912 型固定输出稳压器的应用电路。稳压器的③脚为电压输入端，②脚为电压输出端，①脚为接地端。输入电压 $U_i$（电压极性为上负下正）送到稳压器的③脚，经内部电路稳压后从②脚输出 −12V 的电压，在电容 $C_2$ 上得到的输出电压 $U_o$=−12V。

　　为了让三端固定输出稳压器能正常工作，要求其输入输出的电压差在 2V 以上，比如对于 7805 要输出 5V 电压，输入端电压不能低于 7V。

　　（4）提高输出电压和电流的方法

　　在一些电子设备中，有些负载需要较高的电压或较大的电流，如果使用的三端固定稳压器无法直接输出较高电压或较大电流，在这种情况下可对三端固定输出稳压器进行功能扩展。

　　① 提高输出电压的方法

　　如图 17-17 所示是一种常见的提高三端固定输出稳压器输出电压的电路连接方式，它是在稳压器的接地端与地之间增加一个电阻 $R_2$，同时在输出端与接地端之间接有一个电阻 $R_1$。

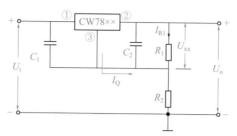

图 17-17 提高三端稳压器输出电压的连接方式

在稳压器工作时，有电流 $I_{R1}$ 流过 $R_1$、$R_2$，另外稳压器的③脚也有较小的 $I_Q$ 电流输出流过 $R_2$，但因为 $I_Q$ 远小于 $I_{R1}$，故 $I_Q$ 可忽略不计，因此输出电压 $U_o=I_{R1}(R_1+R_2)$，由于 $I_{R1}\cdot R_1=U_{xx}$，$U_{xx}$ 为稳压器固定输出电压值，所以 $I_{R1}=U_{xx}/R_1$，输出电压 $U_o=I_{R1}(R_1+R_2)$ 可变形为：

$$U_o=(1+\frac{R_2}{R_1})U_{xx} \tag{17-1}$$

从式（17-1）可以看出，只要增大 $R_2$ 的阻值就可以提高输出电压。当 $R_2=R_1$ 时，输出电压 $U_o$ 提高一倍；当 $R_2=0$ 时，输出电压 $U_o=U_{xx}$，即 $R_2=0$ 时不能提高输出电压。

② 提高输出电流的方法

如图 17-18 所示是一种常见的提高三端固定稳压器输出电流的电路连接方式。它主要是在稳压器输入端与输出端之间并联一个三极管，由于增加了三极管的 $I_c$ 电流，故可提高电路的输出电流。

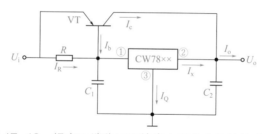

图 17-18 提高三端稳压器输出电流的电路连接方式

在电路工作时，电路中有 $I_b$、$I_c$、$I_R$、$I_Q$、$I_x$ 和 $I_o$ 电流，这些电流有这样的关系：$I_R+I_b=I_Q+I_x$，$I_c=\beta I_b$，$I_o=I_x+I_c$。因为 $I_Q$ 电流很小，故可认为 $I_x=I_R+I_b$，即 $I_b=I_x-I_R$，又因为 $I_R=U_{eb}/R$，所以 $I_b=I_x-U_{eb}/R$，再根据 $I_o=I_x+I_c$ 和 $I_c=\beta I_b$，可得出

$$I_o=I_x+I_c=I_x+\beta I_b=I_x+\beta(I_x-U_{eb}/R)=(1+\beta)I_x-\beta U_{eb}/R \tag{17-2}$$

即电路扩展后输出电流的大小为

$$I_o=(1+\beta)I_x-\beta\frac{U_{eb}}{R} \tag{17-3}$$

在计算输出电流 $I_o$ 时，$U_{eb}$ 一般取 0.7V，$I_x$ 取稳压器输出端的输出电流值。

（5）检测

检测三端固定输出稳压器可采用通电测量法和电阻测量法。

① 通电测量法

通电测量法是指给三端固定输出稳压器的输入端加上适当的电压，然后测量输出端电压来判断稳压器是否正常。用通电测量法检测三端固定输出稳压器（7805）如图 17-19 所示。如果输出电压正常（5V），表明稳压器正常；如果输出电压偏离正常值过大，则稳压器损坏。

② 电阻测量法

对于同一型号的集成电路，其内部电路是相同的，因此各引脚对接地脚的电阻值也应是相同的，在用电阻测量法检测时，将当前测量的集成电路各引脚对接地脚的电阻值与正常集

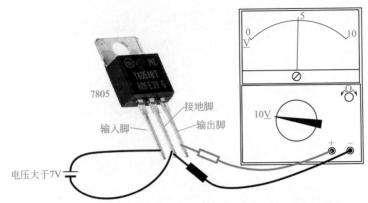

图 17-19　用通电测量法检测三端固定输出稳压器（7805）

成电路的电阻值进行比较，如果两者相同或相近，可认为被测集成电路正常，如果两者差距过大，则可认为集成电路损坏。

表 17-5 是 78×× 系列三端固定输出稳压器各引脚间的电阻值。表 17-6 是 79×× 系列三端固定输出稳压器各引脚间的电阻值。这些电阻值均为指针万用表 "R×1kΩ" 挡测量，由于万用表型号不同，故测量出来的电阻值会有一定偏差是正常的。

表 17-5　78xx 系列三端固定输出稳压器各引脚间的电阻值

| 黑表笔位置 | 红表笔位置 | 正常电阻值 /kΩ | 黑表笔位置 | 红表笔位置 | 正常电阻值 /kΩ |
| --- | --- | --- | --- | --- | --- |
| 输入端 | 接地端 | 15~45 | 接地端 | 输出端 | 4~7 |
| 输出端 | 接地端 | 4~12 | 输入端 | 输出端 | 30~50 |
| 接地端 | 输入端 | 4~6 | 输出端 | 输入端 | 4.5~5.0 |

表 17-6　79xx 系列三端固定输出稳压器各引脚间的电阻值

| 黑表笔位置 | 红表笔位置 | 正常电阻值 /kΩ | 黑表笔位置 | 红表笔位置 | 正常电阻值 /kΩ |
| --- | --- | --- | --- | --- | --- |
| 输入端 | 接地端 | 4.5 | 接地端 | 输出端 | 3 |
| 输出端 | 接地端 | 3 | 输入端 | 输出端 | 4.5 |
| 接地端 | 输入端 | 15.5 | 输出端 | 输入端 | 20 |

### 17.4.2　三端可调输出稳压器（×17/×37）

三端可调输出稳压器的输出电压大小可以调节，它有输入端、输出端和调整端三个引脚。有些三端可调输出稳压器可输出正压，也有的可输出负压，如 CW117/CW217/CW317 稳压器可输出 +1.2V～+37V，CW137/CW237/CW337 稳压器可输出 −1.2～−37V，并且输出电压连续可调。

（1）型号含义

×17/×37 三端可调输出稳压器型号含义如下：

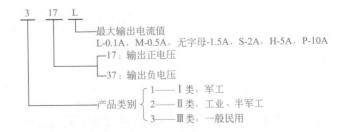

（2）应用电路

三端可调输出稳压器应用电路如图 17-20 所示。

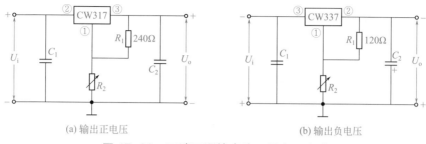

(a) 输出正电压    (b) 输出负电压

图 17-20　三端可调输出稳压器应用电路

图 17-20（a）为 CW317 型三端可调输出稳压器的应用电路。稳压器的②脚为电压输入端，③脚为电压输出端，①脚为电压调整端。输入电压 $U_i$（电压极性为上正下负）送到稳压器的②脚，经内部电路稳压后从③脚输出电压，输出电压 $U_o$ 的大小与 $R_1$、$R_2$ 有关，它们的关系是

$$U_o \approx 1.25 \left(1+ \frac{R_2}{R_1}\right) \tag{17-4}$$

由式（17-4）可以看出，改变 $R_2$、$R_1$ 的阻值就可以改变输出电压，电路一般采用调节 $R_2$ 的阻值来调节输出电压。

图 17-20（b）为 CW337 型三端可调输出稳压器的应用电路。稳压器的③脚为电压输入端，②脚为电压输出端，①脚为电压调整端。输入电压 $U_i$（电压极性为上负下正）送到稳压器的③脚，经内部电路稳压后从②脚输出电压，输出电压 $U_o$ 的大小也与 $R_1$、$R_2$ 有关，它们的关系也是

$$U_o \approx 1.25 \left(1+ \frac{R_2}{R_1}\right) \tag{17-5}$$

（3）检测

三端可调输出稳压器可使用电阻测量法检测好坏。表 17-7 是 LM317、LM350、LM338 型三端可调输出稳压器各引脚间的电阻值。LM317 输出电压在 1.2～37V 范围内可调，LM350 输出电压在 1.2～32V 范围内可调（输出电流最大为 3A），LM338 输出电压在 1.2～32V 范围内可调（输出电流最大为 5A）。

表 17-7　LM317、LM350、LM338 型三端可调输出稳压器各引脚间的电阻值

| 表笔位置 | | 正常电阻值 /kΩ | | |
|---|---|---|---|---|
| 黑表笔 | 红表笔 | LM317 | LM350 | LM338 |
| 输入端 | 调整端 | 150 | 75～100 | 140 |
| 输出端 | 调整端 | 28 | 26～28 | 29～30 |
| 调整端 | 输入端 | 24 | 7～30 | 28 |
| 调整端 | 输出端 | 500 | 几十至几百 | 约 1000 |
| 输入端 | 输入端 | 7 | 7.5 | 7.2 |
| 输出端 | 输出端 | 4 | 3.5～4.5 | 4 |

## 17.4.3　三端低降压稳压器（AMS1117）

AMS1117 是一种低降压三端稳压器，在最大输出电流 1A 时压降为 1.2V。AMS1117 有固定输出和可调输出两种类型，固定输出可分为 1.5V、1.8V、2.5V、2.85V、3.0V、3.3V、

5.0V，最大允许输入电压为15V。AMS1117具有低压降、限流和过热保护功能，广泛用在手机、电池充电器、掌上电脑、笔记本电脑和一些便携电子设备中。

（1）封装形式

AMS1117常见的封装形式如图17-21所示，AMS1117-3.3表示输出电压为3.3V。

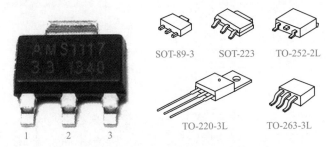

图 17-21 AMS1117 常见的封装形式

（2）内部电路结构

AMS1117内部电路结构如图17-22所示。

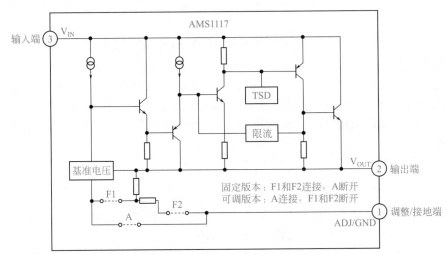

图 17-22 AMS1117 内部电路结构

（3）应用电路

AMS1117的应用电路如图17-23所示，图17-23（a）为固定电压输出电路，图17-23（b）

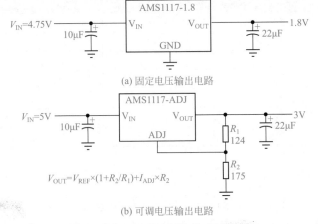

$$V_{OUT}=V_{REF}\times(1+R_2/R_1)+I_{ADJ}\times R_2$$

(b) 可调电压输出电路

图 17-23 AMS1117 的应用电路

为可调电压输出电路，输出电压可用图中的公式计算，$V_{REF}$ 为 ADJ 端接地时的 $V_{OUT}$ 值，$I_{ADJ}$ 为 ADJ 端的输出电流，在使用时，将 $R_1$ 或 $R_2$ 换成电位器，同时测量 $V_{OUT}$，调到合适的电压即可，而不用进行烦琐的计算。

### 17.4.4　三端精密稳压器（TL431）

TL431 是一个有良好热稳定性能的三端精密稳压器，其输出电压用两个电阻就可以设置为从 2.5～36V 的任何值。该器件的典型动态阻抗为 0.2Ω，在很多应用中可以用它代替稳压二极管，例如数字电压表，运放电路、可调压电源和开关电源等。

（1）封装形式（外形）与引脚排列规律

TL431 常见的封装形式与引脚排列规律如图 17-24 所示。

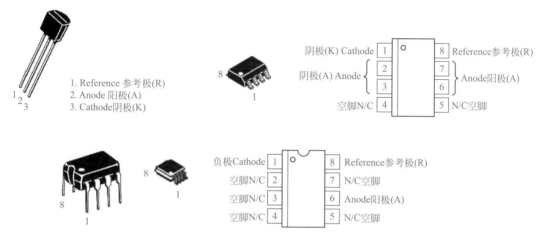

图 17-24　TL431 常见的封装形式及引脚排列规律

（2）应用电路形式

TL431 在电路中主要有两种应用形式，如图 17-25 所示。在图 17-25（a）电路中，将参考极与阴极直接连接，当输入电压 $U_i$ 在 2.5V 以上变化时，其输出电压 $U_o$ 稳定为 2.5V；在图 17-25（b）电路中，将参考极接在分压电阻 $R_2$、$R_3$ 之间，当输入电压 $U_i$ 在 2.5V 以上变化时，其输出电压 $U_o$ 稳定为 $2.5（1+R_2/R_3）$ V；

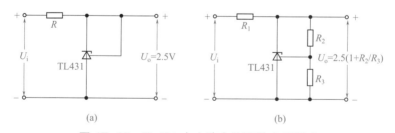

图 17-25　TL431 在电路中的两种应用形式

（3）内部电路图与等效电路

TL431 内部电路图与等效电路如图 17-26 所示。

（4）检测与代换

TL431 引脚检测数据见表 17-8。从图 17-26 所示的 TL431 内部电路不难看出，K、A 极之间内部有一个二极管，R、K 极之间内部有一个 PN 结（NPN 型三极管的集电结）。

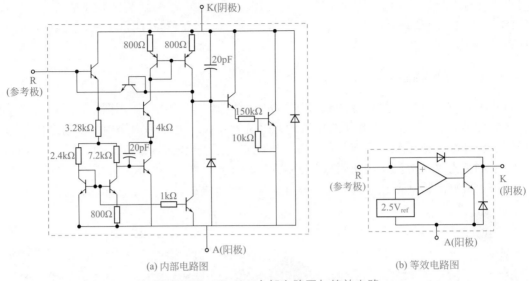

图 17-26　TL431 内部电路图与等效电路

表 17-8　TL431 引脚检测数据

| "R×1kΩ"挡检测<br>（MF47 型万用表） | A-K | | R-K | | R-A | |
|---|---|---|---|---|---|---|
| 正测 | 红接 A，黑接 K | ∞ | 红接 R，黑接 K | ∞ | 红接 R，黑接 A | 60kΩ |
| 反测 | 红接 K，黑接 A | 8.5kΩ | 红接 K，黑接 R | 14kΩ | 红接 A，黑接 R | 55kΩ |

　　TL431 损坏后，若无同型号的进行更换，可用 KA431、μA431、LM431、YL431、S431、TA76431S、5431、μPC431、μPC1093J 等直接代换。TL431 尾缀字母表示产品级别及工作温度范围，C 为商业品（−10～+70℃），I 为工业品（−40～+85℃），M 为军品（−55～+125℃）。

　　（5）引脚判别

　　根据 TL431 内部电路和各引脚检测数据可得出 TL431 引脚判别方法，具体如下。

　　万用表选择"R×1kΩ"挡，测量 TL431 任意两引脚之间的电阻，正反各测一次，当测得某两引脚正反向电阻非常接近时，这两个引脚为 R、A 引脚，余下的为 K 引脚，然后红表笔接已识别出的 K 引脚不动，黑表笔依次接另两个引脚，测得两次阻值会一大一小，以阻值小的那次测量为准，黑表笔接的为 A 极，另一个引脚为 R 极。

## 17.4.5　开关电源芯片（VIPer12A/VIPer22A）

　　VIPer12A/VIPer22A 是 ST 公司推出的开关电源芯片，其内部含有开关管、PWM 脉冲振荡器、过热检测、过压检测、过流检测及稳压调整电路。VIPer12A 与 VIPer22A 的区别是功率不同，VIPer12A 损坏时可用 VIPer22A 代换，反之则不行。

　　（1）内部结构与引脚功能

　　VIPer12A 内部组成及各引脚功能如图 17-27 所示。VIPer12A 的一些重要参数：①输出端（DRAIN）最高允许电压为 730V；②电源端（VDD）电压范围为 9～38V；③输出端电流最大为 0.1mA；④开态电阻（开关管导通电阻）为 27Ω。

　　（2）引脚检测数据

　　VIPer12A 引脚检测数据见表 17-9。

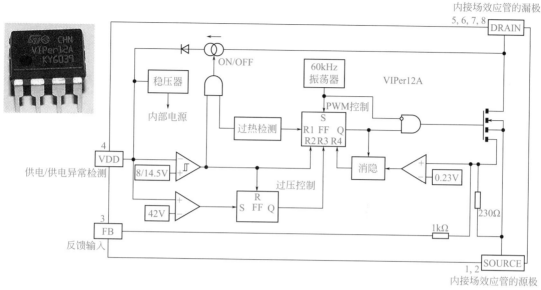

图 17-27 VIPer12A 内部组成及各引脚功能

表 17-9 VIPer12A 引脚检测数据

| 用 MF47 型万用表 "R×1kΩ" 挡检测 | ③脚 | ④脚 | ⑧脚 |
|---|---|---|---|
| 红表笔固定接①脚，黑表笔测量 | 1.2kΩ | 14kΩ | 130kΩ |
| 黑表笔固定接①脚，红表笔测量 | 1.2kΩ | 8kΩ | 7.5kΩ |

（3）应用电路

如图 17-28 所示是一种采用 VIPer12A 芯片的电磁炉的电源电路。虚线框内为辅助电源，其类型为开关电源。

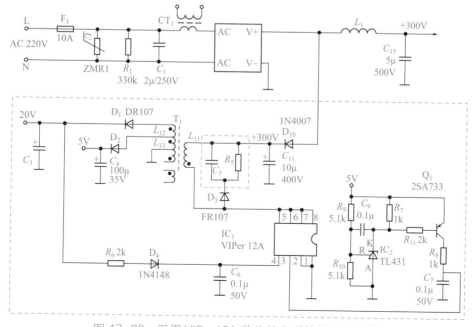

图 17-28 采用 VIPer12A 芯片的电磁炉的电源电路

① 开关电源主体电路工作过程分析

220V 交流电压经整流桥堆整流后得到 300V 的脉冲直流电压，该电压除了经 $L_1$、$C_{15}$ 滤流后提供给高频谐逆变电路外，还通过 $D_{10}$ 经 $C_{11}$ 滤波后，在 $C_{11}$ 两端得到稳定的 300V 电压，提供给开关电源电路。

300V（$C_{11}$ 两端）经开关变压器 $T_1$ 的一次绕组 $L_{11}$ 进入开关电源芯片 $IC_1$ 的⑧脚（⑤～⑧内部及外部都是直接连接的），经内部电路后从④脚输出电流对 $C_6$ 充电，当 $C_6$ 上充得约 14.5V 电压时，$IC_1$ 内部电路被启动，内部的开关管工作在开关状态，当 $IC_1$ 的内部开关管导通时，有很大的电流流过 $L_{11}$ 绕组，$L_{11}$ 产生上正下负的电动势同时储存能量，当 $IC_1$ 的内部开关管截止时，无电流流过 $L_{11}$ 绕组，$L_{11}$ 马上产生上负下正的电动势，该电动势感应到 $T_1$ 的二次绕组 $L_{12}$、$L_{13}$ 上，由于同名端的原因，$L_{12}$、$L_{13}$ 上的感应电动势极性均为上正下负，$L_{13}$ 上的电动势经 $D_2$ 对 $C_4$ 充电，在 $C_4$ 上得到约 +5V 电压，$L_{13}$、$L_{12}$ 绕组的电动势叠加经 $D_1$ 对 $C_3$ 充电，在 $C_3$ 上得到 +20V 电压。

在 $IC_1$ 内部开关管由导通转为截止瞬间，$L_{11}$ 绕组会产生很高的上负下正电动势，该电动势虽然持续时间短，但电压很高，极易击穿 $IC_1$ 内部的开关管，在 $L_{11}$ 两端并联由 $C_5$、$R_5$、$D_3$ 构成的阻尼吸收回路可以消除这个瞬间高压，因为当 $L_{11}$ 产生的极性为上负下正的瞬间高电动势会使 $D_3$ 导通，进而通过 $D_3$ 对 $C_5$ 充电而降低，这样就不会击穿 $IC_1$ 内部的开关管。

② 稳压电路的稳压过程分析

稳压电路主要由 $R_9$、$R_{10}$、$IC_2$、$Q_1$、$R_8$、$C_7$ 等组成。当 220V 市电电压升高引起 300V 电压升高，或者电源电路负载变轻时，均会使电源电路的 +5V 电压升高，经 $R_9$、$R_{10}$ 分压后，可调分流芯片 TL431 的 R 极电压升高，K、A 极之间内部等效电阻变小，三极管 $Q_1$ 的 $I_b$ 增大（$I_b$ 途径为 +5V→$Q_1$ 的 e 极→b 极→$R_{11}$→TL431 的 K 极→A 极→地），$Q_1$ 的 $I_c$ 电流增大，$I_c$ 电流经 $R_8$ 对 $C_7$ 充得电压更高，进入开关电源芯片 $IC_1$ 反馈端③脚的电压升高，$IC_1$ 调整内部开关管，使之导通时间缩短，开关变压器 $T_1$ 的 $L_{11}$ 绕组储能减小，在开关管截止期间 $L_{11}$ 绕组产生的电动势低，$L_{13}$ 绕组感应电动势低，经 $D_2$ 对 $C_4$ 充电电压下降，$C_4$ 两端电压降回到 +5V。

③ 欠压保护

开关电源芯片 $IC_1$（VIPer12A）通电后，需要对④脚外接电容 $C_6$ 充电，当电压达到 14.5V 时内部电路开始工作，启动后④脚电压由电源输出电压提供，如果 $C_6$ 漏电或短路、$R_6$ 开路、20V 电压过低，均会使 $IC_1$ 的④脚电压下降，若 $IC_1$ 启动工作后输出端（20V 电压）提供给④脚电压低于 8V，$IC_1$ 内部欠电压保护电路会工作，让开关电源停止工作，防止低电压时开关管因激励不足而损坏。

在开关电源芯片 $IC_1$（VIPer12A）的内部还具有过压、过流和过热保护电路，一旦出现过压、过流和过热情况，内部电路也会停止工作，开关电源停止输出电压。

## 17.4.6　开关电源控制芯片（UC384×）

UC384× 系列芯片是一种高性能开关电源控制器芯片，可产生最高频率可达 500kHz 的 PWM 激励脉冲。该芯片内部具有可微调的振荡器、高增益误差放大器、电流取样比较器和大电流双管推挽功率放大输出电路，是驱动功率 MOS 管的理想器件。UC384× 系列芯片包括 UC3842、UC3843、UC3844 和 UC3845，结构功能大同小异，下面以 UC3844 为例进行说明。

### （1）UC3844 的封装形式

UC3844 有 8 脚双列直插塑料封装（DIP）和 14 脚塑料表面贴装封装（SO-14）两种封装形式，如图 17-29 所示。SO-14 封装芯片的双管推挽功率输出电路具有单独的电源和接地引脚。UC3844 有 16V（通）和 10 V（断）低压锁定门限，UC3845 的结构外形与 UC3844 相同，但是 UC3845 的低压锁定门限为 8.5V（通）和 7.6V（断）。

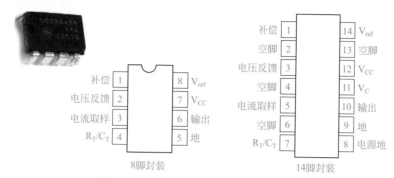

图 17-29 UC3844 的两种封装形式

（2）内部结构及引脚说明

UC3844 内部结构及典型外围电路如图 17-30 所示。UC3844 各引脚功能说明见表 17-10。

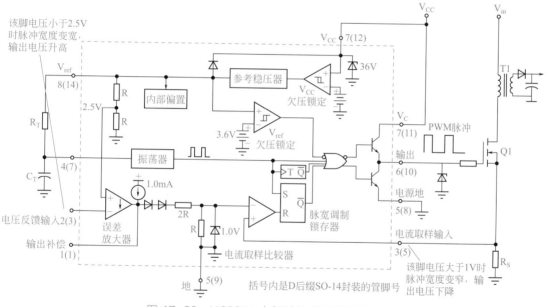

图 17-30 UC3844 内部结构及典型外围电路

表 17-10 UC3844 各引脚功能说明

| 引脚号 | | 功能 | 说明 |
|---|---|---|---|
| 8- 引脚 | 14- 引脚 | | |
| ① | ① | 补偿 | 该管脚为误差放大输出，并可用于环路补偿 |
| ② | ③ | 电压反馈 | 该管脚是误差放大器的反相输入，通常通过一个电阻分压器连至开关电源输出 |
| ③ | ⑤ | 电流取样 | 一个正比于电感器电流的电压接到这个输入，脉宽调制器使用此信息中止输出开关的导通 |
| ④ | ⑦ | $R_T/C_T$ | 通过将电阻 $R_T$ 连至 $V_{ref}$ 并将电容 $C_T$ 连至地，使得振荡器频率和最大输出占空比可调。工作频率可达 1.0MHz |
| ⑤ | — | 地 | 该管脚是控制电路和电源的公共地（仅对 8 管脚封装而言） |

| 引脚号 | | 功能 | 说明 |
|---|---|---|---|
| 8-引脚 | 14-引脚 | | |
| ⑥ | ⑩ | 输出 | 该输出直接驱动功率 MOSFET 的栅极，高达 1.0A 的峰值电流由此管脚拉和灌，输出开关频率为振荡器频率的一半 |
| ⑦ | ⑫ | $V_{CC}$ | 该管脚是控制集成电路的正电源 |
| ⑧ | ⑭ | $V_{ref}$ | 该管脚为参考输出，它经电阻 $R_T$ 向电容 $C_T$ 提供充电电流 |
| — | ⑧ | 电源地 | 该管脚是一个接回到电源的分离电源地返回端（仅对 14 管脚封装而言），用于减少控制电路中开关瞬态噪声的影响 |
| — | ⑪ | $V_c$ | 输出高态（$V_{OH}$）由加到此管脚的电压设定（仅对 14 管脚封装而言）。通过分离的电源连接，可以减小控制电路中开关瞬态噪声的影响 |
| — | ⑨ | 地 | 该管脚是控制电路地返回端（仅对 14 管脚封装而言），并被接回电源地 |
| — | ②，④，⑥，⑬ | 空脚 | 无连接（仅对 14 管脚封装而言）。这些管脚没有内部连接 |

**（3）UC3842、UC3843、UC3844 和 UC3845 的区别**

UC3842、UC3843、UC3844 和 UC3845 的区别见表 17-11。开启电压是指芯片电源端（$V_{CC}$）高于该电压时开始工作，关闭电压是指芯片电源端（$V_{CC}$）低于该电压时停止工作。

表 17-11 UC3842、UC3843、UC3844 和 UC3845 的区别

| 型号 | 开户电压 /V | 关闭电压 /V | 占空比范围 /% | 工作频率 /kHz |
|---|---|---|---|---|
| UC3842 | 16 | 10 | 0~97 | 500 |
| UC3843 | 8.5 | 7.6 | 0~97 | 500 |
| UC3844 | 16 | 10 | 0~48 | 500 |
| UC3845 | 8.5 | 7.6 | 0~48 | 500 |

**（4）UC3842/UC3843/UC3844/UC3845 的鉴别**

① 根据开启电压区分 UC3842/UC3844 和 UC3843/UC3845

将一个 0~20V 可调电源接 UC384× 的 $V_{CC}$ ⑦脚和地⑤脚，然后调高电源电压，同时测量 $V_{ref}$ ⑧脚电压，在 $V_{CC}$ ⑦脚电压约为 10V 时，UC3843/UC3845 的 $V_{ref}$ ⑧脚会出现 5V 电压，而 UC3843/UC3845 需要 $V_{CC}$ ⑦脚电压约为 16V 时，$V_{ref}$ ⑧脚才会出现 5V 电压。

② 根据 PWM 脉冲宽度区分 UC3842/UC3843 和 UC3844/UC3845

在 UC384× 的 $V_{CC}$ ⑦脚和地⑤脚之间加上大于 16V 的直流电压后，$V_{ref}$ ⑧脚出现 5V 电压，表明芯片已工作。这时再测量 PWM 脉冲输出⑥脚电压，在芯片未加反馈时，⑥脚输出 PWM 脉冲最宽，⑥脚电压最高，UC3842/UC3843 输出的 PWM 脉冲占空比最大为 97%，⑥脚电压接近 $V_{CC}$ 电压，UC3844/UC3845 输出的 PWM 脉冲占空比最大为 48%，⑥脚电压约为 $V_{CC}$ 电压的一半。

**（5）UC3842 好坏判断**

在 UC384× 系列中，UC3842（或 KA3842）最为常用，下面介绍 UC3842 好坏的判断方法。

在电路中更换完 UC3842 外围损坏的元器件后，先不安装开关管，通电测量 UC3842 的 $V_{CC}$ ⑦脚电压，若电压在 10~17V 范围内波动，其余一些引脚也有波动的电压，则说明内部电路已起振，UC3842 基本正常，若 $V_{CC}$ ⑦脚电压低，其余引脚无电压或不波动，则 UC3842 已损坏。

如果在电路中无法判断 UC3842 的好坏，可拆下芯片，在其 $V_{CC}$ ⑦脚和地⑤脚之间加上大于16V 的直流电压，若测得 $V_{ref}$ ⑧脚有稳定 5V 电压，①、④、⑥脚也有不同的电压，则 UC3842 基本正常。UC3842 工作电流小，自身不易损坏，损坏多是电源开关管短路后，高电压从开关管 G 极加到⑥脚（PWM 脉冲输出脚）而致使其烧毁。有些电路中省掉了开关管 G 极接地的保护二极管，则电源开关管损坏时，UC3842 ⑥脚和开关管 G 极之间的限流电阻必坏。

在电源开关管源极（S 极）通常接一个小阻值大功率的电阻作为过流保护检测电阻，该电阻的阻值在 1Ω 以下，阻值大了会出现带不起负载的现象，即开关电源输出电压偏低。

### 17.4.7 PWM 控制器芯片（SG3525/KA3525）

SG3525 与 KA3525 功能相同，是一种用于产生 PWM（意为脉冲宽度调制，即脉冲宽度可变）脉冲来驱动 N 型 MOS 管或三极管的 PWM 控制器芯片。SG3525 属于电流控制型PWM 控制器，即可根据反馈电流来调节输出脉冲的宽度。

（1）外形

SG3525（KA3525）封装形式主要有双列直插式和贴片式，其外形如图 17-31 所示。

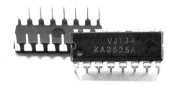

图 17-31　SG3525（KA3525）的外形

（2）内部结构、引脚功能和特性

SG3525 内部结构、引脚功能和特性如图 17-32 所示。在工作时，SG3525 的两个输出端会交替输出相反的 PWM 脉冲。

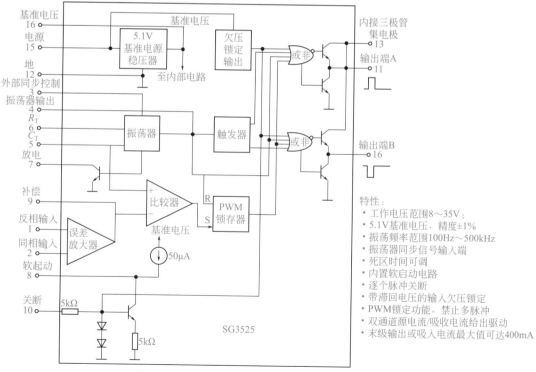

图 17-32　SG3525 内部结构、引脚功能和特性

电源从 ⑮ 脚进入 SG3525，在内部分作两路，一路加到欠压锁定电路，另一路送到 5.1V 基准电源稳压器，产生稳定的电压为其它电路供电。SG3525 内部振荡器通过 ⑤、⑥ 脚外接电容 $C_T$ 和电阻 $R_T$，振荡器频率由这两个元件决定。振荡器输出的信号分为两路，一路以时钟脉冲形式送至触发器、PWM 锁存器及两个或非门，另一路以锯齿波形式送到比较器的同相输入端。比较器的反相输入端接误差放大器的输出端，误差放大器输出的信号与锯齿波电压在比较器中进行比较，输出一个随误差放大器输出电压高低而改变宽度的方波脉冲，此方波脉冲经 PWM 锁存器送到或非门的输入端。触发器的两个输出互补，交替输出高低电平，将 PWM 脉冲送至三极管的基极，两组三极管分别输出相位相差为 180° 的 PWM 脉冲。

（3）应用电路

SG3525 的功能是产生脉冲宽度可变的脉冲信号（PWM 脉冲），用于控制三极管或场效应管工作在开关状态。如图 17-33 所示为 SG3525 常见的四种应用形式。

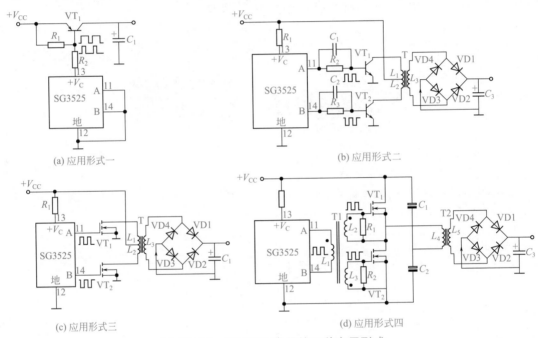

(a) 应用形式一    (b) 应用形式二

(c) 应用形式三    (d) 应用形式四

图 17-33　SG3525 常见的四种应用形式

在图 17-33（a）电路中，当 SG3525 的 ⑬ 脚（内接三极管集电极）输出脉冲低电平时，三极管 $VT_1$ 基极电压下降而导通，$V_{CC}$ 电源通过 $VT_1$ 的 c、e 极对电容 $C_1$ 充电，在 $C_1$ 上得到上正下负的电压，当 SG3525 的 ⑬ 脚输出脉冲高电平时，三极管 $VT_1$ 基极电压升高而截止，$C_1$ 往后级电路放电，电压下降，若 ⑬ 脚输出脉冲变窄（即高电平持续时间变短，低电平持续时间变长），$VT_1$ 截止时间短导通时间长，$C_1$ 充电时间长，放电时间短，两端电压升高。反之，若让 ⑬ 脚输出脉冲变宽，$C_1$ 充电时间短，放电时间长，两端电压下降。

在图 17-33（b）电路中，SG3525 的 ⑪、⑭ 脚输出相反的脉冲，当 ⑪ 脚输出脉冲为高电平时，⑭ 脚输出脉冲低电平，三极管 $VT_1$ 导通、$VT_2$ 截止，有电流流过开关变压器 T 的 $L_1$ 线圈，电流途径是 $V_{CC}$ 电源→T1 的 $L_1$ 线圈→$VT_1$ 的 c、e 极→地，有电流流过 $L_1$ 线圈，$L_1$ 线圈产生电动势并感应到 $L_3$ 上，$L_3$ 上的感应电动势经 VD1~VD4 对 $C_3$ 充电。当 ⑪ 脚输出脉冲为低电平时，⑭ 脚输出脉冲高电平时，三极管 $VT_1$ 截止、$VT_2$ 导通，有电流流过 T 的 $L_2$ 线圈，电流途径是 $V_{CC}$ 电源→T1 的 $L_2$ 线圈→$VT_2$ 的 c、e 极→地，$L_2$ 线圈产生电动势并感应到 $L_3$ 上，$L_3$ 上的感应电动势经 VD1~VD4 对 $C_3$ 充电。图 17-33（c）中将三极管换成了 MOS 管，其工作原理与图（b）相同。

在图 17-33（d）电路中，在 SG3525 未工作时，$V_{cc}$ 电源对 $C_1$、$C_2$ 电容充电，由于两电容容量相同，两电容上充得的电压相同，均为 $V_{cc}/2$。SG3525 工作时，⑪、⑭ 脚输出相反的脉冲，当 ⑪ 脚输出脉冲为高电平时，⑭ 脚输出脉冲低电平，有电流从 ⑪ 脚流出，流经 T1 的 $L_1$ 线圈后进入 ⑭ 脚，$L_1$ 产生上正下负电动势，感应到 $L_2$、$L_3$ 线圈，$L_2$ 线圈的电动势极性为上正下负，$L_3$ 线圈的电动势极性为上负下正（同名端极性相同），$L_2$ 的电动势使 $VT_1$ 导通，$L_3$ 线圈的电动势使 $VT_2$ 截止，$C_1$ 通过 $VT_1$ 放电，放电途径是 $C_1$ 上正→$VT_1$ 的 D、S 极→$L_4$→$C_1$ 下负，同时 $V_{cc}$ 电源通过 $VT_1$ 对 $C_2$ 充电，充电途径是 $V_{cc}$→$VT_1$ 的 D、S 极→$L_4$→$C_2$→地，在 $C_2$ 上会充得接近 $V_{cc}$ 的电压，$L_4$ 线圈有电流流过，马上产生电动势并感应到 $L_5$ 上，$L_5$ 上的电动势经 VD1～VD4 对 $C_3$ 充电，得到上正下负电压供给后级电路。当 SG3525 的 ⑪ 脚输出脉冲为低电平时，⑭ 脚输出脉冲高电平，有电流从 ⑭ 脚流出，流经 T1 的 $L_1$ 线圈后进入 ⑪ 脚，$L_1$ 产生上负下正电动势，感应到 $L_2$、$L_3$ 线圈，$L_2$ 线圈的电动势极性为上负下正，$L_3$ 线圈的电动势极性为上正下负（同名端极性相同），$VT_1$ 截止，$VT_2$ 导通，$C_2$ 通过 $VT_2$ 放电，放电途径是 $C_2$ 上正→$VT_2$ 的 D、S 极→$L_4$→$C_2$ 下负，$L_4$ 线圈产生上负下正电动势并感应到 $L_5$ 上，$L_5$ 上的电动势再经 VD1～VD4 对 $C_3$ 充电，从而在 $C_3$ 两端得到比较稳定的电压。

### 17.4.8 小功率开关电源芯片（PN8024）

PN8024 是一款集成了 PWM 控制器和开关管（MOS 管）的小功率开关电源芯片，内部提供了完善的保护功能（过流保护、过压保护、欠压保护、过热保护和降频保护等），另外还内置高压启动电路，可以迅速启动工作。

（1）外形

PN8024 封装形式主要有双列直插式和贴片式，其外形如图 17-34 所示。

图 17-34　PN8024 的外形

（2）内部结构、引脚功能和特性

PN8024 内部结构、引脚功能和特性如图 17-35 所示，芯片有两个 SW 引脚（两引脚内部连接在一起）和两个 GND 引脚。PN8024 内部有能产生 PWM 脉冲的电路，还有开关管（MOS 管）及各种保护电路。

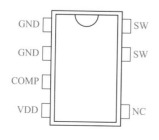

特性：
◆优化适用于12V输出非隔离应用
◆满足85～265V宽AC输入工作电压
◆改善EMI的降频调制技术
◆内置高压启动电路
◆开放式输出功率>4.5W@230VAC
◆优异的负载调整率和工作效率
◆全面的保护功能
　过流保护(OCP)/过温保护(OTP)/过载保护(OLP)

图 17-35

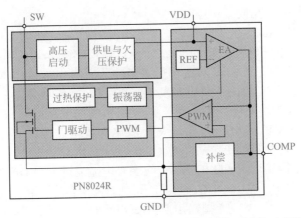

图 17-35　PN8024 内部结构、引脚功能和特性

（3）应用电路

如图 17-36 所示是 PN8024 的典型应用电路，通过在外围增加少量元件，可以将 85～265V 的交流电压转换成直流电压（一般为 12V）输出。

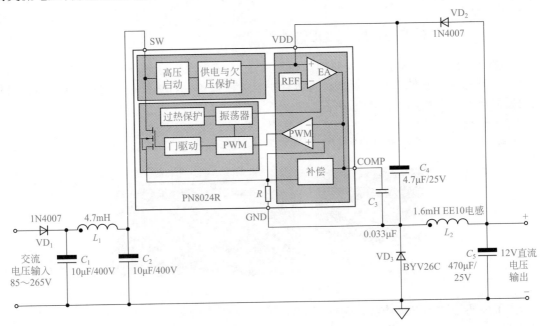

图 17-36　PN8024 典型应用电路

交流电压经整流二极管 $VD_1$ 对 $C_1$ 充电，在 $C_1$ 上充得上正下负的电压（脉动直流电压），该电压经 $L_1$ 和 $C_2$ 滤波平滑后，在 $C_2$ 两端得到较稳定的上正下负电压，此时的 $C_2$ 可视为一个极性为上正下负的直流电源，该电压送到 PN8024 的 SW 脚，再通过内部的高压启动管和一些电路后从 VDD 脚输出，对电容 $C_4$ 充电，充电途径是 $C_2$ 上正→PN8024 的 SW 脚入→内部电路→VDD 脚出→$C_4$→$L_2$→$C_5$→地→$C_2$ 的下负，充电使 VDD 脚电压升高（VDD 电压与 $C_4$ 两端电压近似相等，因为 $C_5$ 容量是 $C_4$ 的 100 倍，两电容串联充电后，$C_5$ 两端电压是 $C_4$ 的 1/100，$C_5$ 两端电压接近 0V），当 VDD 电压上升到 12.5V 时，芯片开始工作，停止对 $C_4$、$C_5$ 充电，启动完成。

PN8024 启动后，内部的振荡器产生最高频率可达 78kHz 的信号，由 PWM 电路处理成 PWM 脉冲后经门驱动送到 MOS 开关管的栅极，当 PWM 脉冲为高电平时，MOS 管导通，有电流流 MOS 管和后面的储能电感 $L_2$，电流途径是 $C_2$ 上正→PN8024 的 SW 脚入→MOS 管→电阻 $R$→GND 脚出→电感 $L_2$→$C_5$→地→$C_2$ 的下负，电流流过 $L_2$，$L_2$ 会产生左正右负的电动势，当 PWM 脉冲为低电平时，MOS 管截止，无电流流过 MOS 管和储能电感 $L_2$，$L_2$ 马上产生左负右正的电动势，该电动势对 $C_5$ 充电，充电途径为 $L_2$ 右正→$C_5$→VD$_3$→$L_2$ 左负，在 $C_5$ 上得到上正下负的约 12V 的电压。$L_2$ 的左负右正电动势还会通过 VD$_2$ 对 $C_4$ 充电，让 $C_4$ 在 PN8024 启动结束正常工作时为 VDD 脚提供工作兼输出取样电压。

当输出电压（$C_5$ 两端的电压）升高时，$C_4$ 两端的电压也会上升，PN8024 的 VDD 脚电压上升，EA 放大器输出电压上升，PWM 放大器反相输入端电压升高，其输出电压下降，控制 PWM 电路，使之输出的 PWM 脉冲宽度变窄，MOS 管导通时间缩短，流过储能电感 $L_2$ 的电流时间短，$L_2$ 储能少，在 MOS 管截止时产生的左负右正电压低，对 $C_5$ 充电电流减小，$C_5$ 两端电压下降。

当负载电流超过预设定值时，系统会进入过载保护，当 COMP 电压超过 3.7V，经过固定 50ms 延迟后让开关管停止工作。由于 PN8024 将 MOS 管和 PWM 控制器集成在一起，使得保护检测电路更易于检测 MOS 管的温度，当温度超过 160℃，芯片进入过热保护状态。

## 17.5 运算放大器、电压比较器和音频功放器芯片

### 17.5.1 双运算放大器（LM358）

LM358 内部有两个独立、带频率补偿的高增益运算放大器，可使用电源电压范围很宽的单电源供电，也可使用双电源，在一定的工作条件下，工作电流与电源电压无关。LM358 可用作传感放大器、直流放大器和其他所有可用单电源供电的使用运算放大器的场合。

（1）外形

LM358 的封装形式主要有双列直插式、贴片式和圆形金属封装，圆形金属封装在以前常使用，现在已比较少见。LM358 的外形如图 17-37 所示。

图 17-37 LM358 的外形

（2）内部结构、引脚功能和特性

LM358 内部结构、引脚功能和特性如图 17-38 所示。

（3）应用电路

如图 17-39 所示是一个采用 LM358 作为放大器的高增益话筒信号放大电路。9V 电源经 $R_2$、$R_3$ 分压得到 4.5V（$Vcc/2$）电压提供给两个运算放大器的同相输入端，第一级运算放大器的放大倍数 $A_1=R_5/R_4=110$，第二级运算放大器的放大倍数 $A_2=R_7/R_6=500$，两级放大电路的总放大倍数 $A=A_1 \cdot A_2=55000$。9V 电源经 $R_1$ 为话筒提供电源，话筒工作后将声音转换成电信号（音频信号），通过 $C_1$、$R_4$ 送到第一个运算放大器反相输入端，放大后输出经 $C_3$、$R_P$ 和 $C_4$ 后送到第二个运算放大器反相输入端，放大后输出经 $C_5$ 送到耳机插孔，如果在插孔

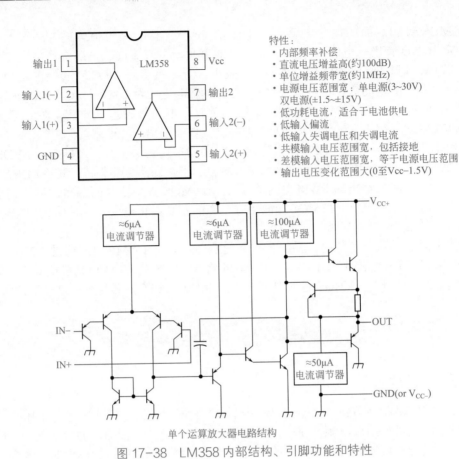

特性:
- 内部频率补偿
- 直流电压增益高(约100dB)
- 单位增益频带宽(约1MHz)
- 电源电压范围宽:单电源(3~30V)
  双电源(±1.5~±15V)
- 低功耗电流,适合于电池供电
- 低输入偏流
- 低输入失调电压和失调电流
- 共模输入电压范围宽,包括接地
- 差模输入电压范围宽,等于电源电压范围
- 输出电压变化范围大(0至Vcc-1.5V)

单个运算放大器电路结构

图 17-38 LM358 内部结构、引脚功能和特性

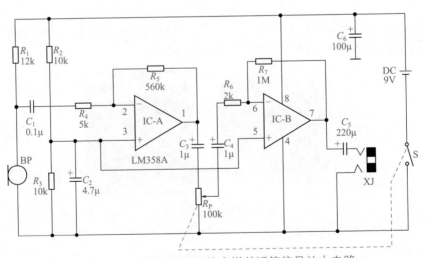

图 17-39 采用 LM358 的高增益话筒信号放大电路

中插入耳机,将会在耳机中听到话筒的声音。$C_6$ 为电源退耦电容,滤除电源中的波动成分,使供给电路的电压平滑稳定,$C_2$ 为交流旁路电容,提高两个放大器对交流信号的增益(放大能力),$R_p$、S 为带开关电位器,旋转手柄时,先闭合开关,继续旋转时可以调节电位器,从而调节送到第二级放大器的信号大小。

(4)检测

LM358 的检测可使用数字万用表的二极管测量挡,有关检测内容及数据如下。

　　① 检测①脚与②、③脚。红表笔接①脚，黑表笔接分别接②、③脚，①、②脚的值在1100左右，①、③脚也为1100左右，①、②和①、③反向均不导通（数字万用表显示"1"或"OL"），②、③脚正、反向都不导通。

　　② 检测①、④脚。黑表笔接①脚，红笔接④脚，单向导通，导通时显示的数值为700左右。

　　③ 检测①、⑧脚。红表笔接①脚，黑表笔接⑧脚，单向导通，导通时显示的数值为900左右。

　　④ 检测④、⑧脚。两脚双向导通，导通值分别为1600和600左右。

　　⑤ 检测④脚与②、③脚。红表笔接④脚，黑表笔接②、③脚时均导通，导通值为700左右，黑表笔接④脚，红表笔接②、③脚时均不导通。

　　由于 LM358 内部两个运算放大器结构基本相同，故⑤、⑥、⑦脚的检测方法与①、②、③脚相同，检测结果也相同。

### 17.5.2　四运算放大器（LM324）

　　LM324 是一种带有差动输入的内含四个运算放大器的集成电路。与一些单电源应用场合的标准运算放大器相比，LM324 具有工作电压范围宽（3～30V）、静态电流小的优点。

（1）外形

　　LM324 封装形式主要有双列直插式和贴片式，其外形如图 17-40 所示。

图 17-40　LM324 的外形

（2）内部结构、引脚功能和特性

　　LM324 内部结构、引脚功能和特性如图 17-41 所示，LM324 单个运算放大器的电路结构与 LM358 是相同的。

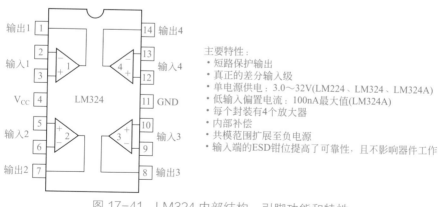

图 17-41　LM324 内部结构、引脚功能和特性

（3）应用电路

　　如图 17-42 所示是一个采用 LM324 构成的交流信号三路分配器。A1～A4 为 LM324 的四个运算放大器，它们均将输出端与反相输入端直接连接构成电压跟随器，其放大倍数为 1（即对信号无放大功能），电压跟随器输入阻抗很高，几乎不需要前级电路提供信号电流（只

要前级电路送信号电压即可）。输入信号送到第一个运算放大器的同相输入端，然后从输出端输出，分作三路，分别送到运算放大器 A2、A3、A4 的同相输入端，再从各个输出端输出去后级电路。

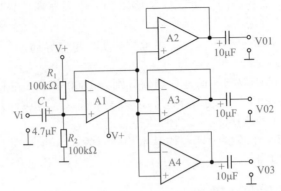

图 17-42　采用 LM324 构成的交流信号三路分配器

### 17.5.3　双电压比较器（LM393）

LM393 是一个内含两个独立电压比较器的集成电路，可以单电源供电（2～36V），也可以双电源供电（±1～±18V）。

（1）外形

LM393 封装形式主要有双列直插式和贴片式，其外形如图 17-43 所示。

（2）内部结构、引脚功能和特性

LM393 内部结构、引脚功能和特性如图 17-44 所示。

图 17-43　LM393 的外形

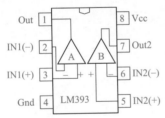

特性：
- 工作电源电压范围宽，单电源、双电源均可工作，单电源：2～36V，双电源：±1～±18V
- 消耗电流小，$I_{CC}=0.4mA$
- 输入失调电压小，$V_{IO}=\pm2mV$
- 共模输入电压范围宽，$V_{IC}=0\sim Vcc-1.5V$
- 输出端可与 TTL、DTL、MOS、CMOS等电路连接
- 输出可以用开路集电极连接"或"门

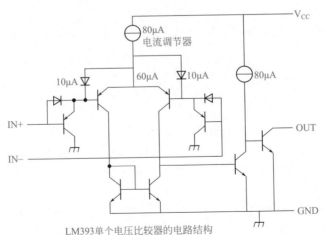

LM393单个电压比较器的电路结构

图 17-44　LM393 内部结构、引脚功能和特性

（3）应用电路

如图 17-45 所示是一个采用 LM393 构成的电压检测指示电路。+12V 电压经 $R_1$、$R_2$、$R_3$ 分压后，得到 4V 和 8V 电压，8V 提供给电压比较器 A1 的反相输入端，4V 提供给电压比较器 A2 的同相输入端。

当电压检测点的电压小于 4V 时，A2 的 V+>V−，A2 输出高电平，A1 的 V+<V−，A1 输出低电平，三极管 VT2 导通，发光二极管 VD2 亮，发出绿光指示；当电压检测点的电压大于 4V 小于 8V 时，A2 的 V+<V−，A2 输出低电平，A1 的 V+<V−，A1 输出低电平，三极管 VT1、VT2 均不导通，发光二极管 VD1、VD2 都不亮；当电压检测点的电压大于 8V 时，A2 的 V+<V−，A2 输出低电平，A1 的 V+>V−，A1 输出高电平，三极管 VT1 导通，发光二极管 VD1 亮，发出红光指示。

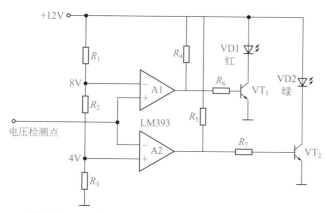

图 17-45 采用 LM393 构成的电压检测指示电路

## 17.5.4 四电压比较器（LM339）

LM339 是一个内含四个独立电压比较器的集成电路，可以单电源供电（2～36V），也可以双电源供电（±1～±18V）。

（1）外形

LM339 封装形式主要有双列直插式和贴片式，其外形如图 17-46 所示。

图 17-46 LM339 的外形

（2）内部结构、引脚功能和特性

LM339 内部结构、引脚功能和特性如图 17-47 所示，LM339 单个运算放大器的电路结构与 LM393 是相同的。

## 17.5.5 音频功率放大器（LM386）

LM386 是一种音频功率放大集成电路，具有功耗低、增益可调整、电源电压范围大、外接元件少和总谐波失真小等优点，主要用在低电压电子产品中。

LM386 在①、⑧脚之间不接元件时，电压增益最低（20 倍），如果在两引脚间外接一

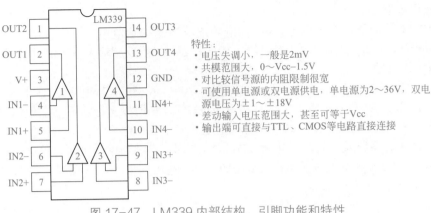

图 17-47　LM339 内部结构、引脚功能和特性

特性：
- 电压失调小，一般是2mV
- 共模范围大，0～Vcc-1.5V
- 对比较信号源的内阻限制很宽
- 可使用单电源或双电源供电，单电源为2～36V，双电源电压为±1～±18V
- 差动输入电压范围大，甚至可等于Vcc
- 输出端可直接与TTL、CMOS等电路直接连接

只电阻和电容，就可以调节电压增益，最大可达 200 倍。LM386 的输入端以地为参考，同时输出端被自动偏置到电源电压的一半，在 6V 电源电压下，其静态功耗仅为 24mW，故 LM386 特别适合在用电池供电的场合使用。

（1）外形

LM386 封装形式主要有双列直插式和贴片式，LM386 及由其构成的成品音频功率放大器如图 17-48 所示。

外接扬声器
3～12V　±
直流电源　－
LM386芯片
电源指示灯
音量调节
音频输入插孔
采用LM386芯片构成的音频功率放大器

图 17-48　LM386 及由其构成的成品音频功率放大器

（2）内部结构、引脚功能和特性

LM386 内部结构、引脚功能和特性如图 17-49 所示。

（3）应用电路

如图 17-50 所示是采用 LM386 构成的三种音频功率放大电路，音频信号从 $V_{in}$ 端送入，经电位器调节后送到 LM386 的③脚（正输入端），在内部放大后从⑤脚（输出端）输出，经电容后送入扬声器，使之发声。

图 17-50（a）是 LM386 构成的增益为 20 倍的音频功率放大电路，该电路中的 LM386 的①、⑧脚（增益设定脚）和⑦脚（旁路脚）均悬空，此种连接时 LM386 的电压增益最小，为 20 倍。

图 17-50（b）是 LM386 构成的增益为 50 倍的音频功率放大电路，该电路中的 LM386 的①、⑧脚（增益设定脚）之间接有一个 1.2kΩ 的电阻和一个 10μF 的电容，⑦脚（旁路脚）通过一个旁路电容接地，此种连接时 LM386 的电压增益为 50 倍。

图 17-50（c）是 LM386 构成的增益为 200 倍的音频功率放大电路，该电路中的 LM386 的①、⑧脚（增益设定脚）之间仅连接一个 10μF 的电容，⑦脚（旁路脚）通过一个旁路电容接地，此种连接时 LM386 的电压增益最大，为 200 倍。

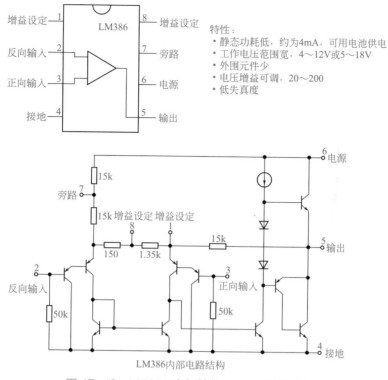

图 17-49 LM386 内部结构、引脚功能和特性

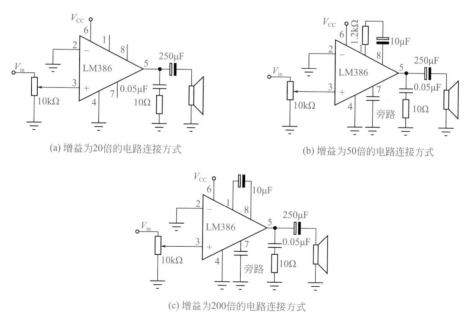

(a) 增益为20倍的电路连接方式

(b) 增益为50倍的电路连接方式

(c) 增益为200倍的电路连接方式

图 17-50 采用 LM386 构成的音频功率放大电路

## 17.5.6 音频功率放大器（TDA2030）

TDA2030 是一种体积小、输出功率大、失真小且内部有保护电路的音频功率放大集成电路。该集成电路广泛用于电脑外接的有源音箱、汽车立体声音响和中功率音响设备中。很多公司生产同类产品，虽然其内部电路略有差异，但引出脚位置及功能均相同，可以互换。

（1）外形

TDA2030 及由其构成的成品双声道音频功放器如图 17-51 所示。

图 17-51　TDA2030 及由其构成的成品双声道音频功放器

（2）内部结构、引脚功能和特性

TDA2030 内部结构、引脚功能和特性如图 17-52 所示。

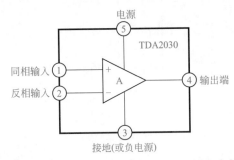

特性：
- 外接元件少
- 输出功率大，$P_o=18W(R_L=4\Omega)$
- 采用超小型封装(TO-220)，可提高组装密度
- 开机冲击小
- 内含短路保护、热保护、地线偶然开路、电源极性反接($V_{max}=12V$)及负载泄放电压反冲等保护电路
- 可在 $\pm6\sim\pm22V$ 的电压下工作。在 $\pm19V$、$8\Omega$阻抗时能够输出16W的有效功率，$THD\leqslant0.1\%$

图 17-52　TDA2030 内部结构、引脚功能和特性

（3）应用电路

如图 17-53 所示是采用 TDA2030 构成的音频功率放大器，音频信号从 IN 端送入，经电位器 $R_P$ 调节后送到 TDA2030 的①脚（正输入端），在内部放大后从④脚（输出端）输出，经电容 $C_7$ 后送入扬声器，使之发声。

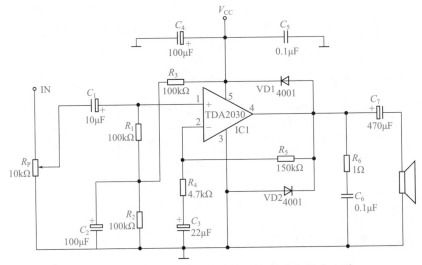

图 17-53　采用 TDA2030 构成的音频功率放大电路

RP 为音量电位器，滑动端上移时送往后级电路的音频信号电压增大，音量增大；$V_{CC}$ 电源经 $R_3$、$R_2$ 分压得到 $1/2V_{CC}$ 电压，再通过 $R_1$ 送到 TDA2030 的同相输入端，提供给内部电

路作为偏置电压（单电源时偏置电压为电源电压的一半）；$C_2$、$C_4$、$C_5$ 为电源滤波电容，用于滤除电源中的杂波成分，使电压稳定不波动；$R_5$ 为反馈电阻，可以改善 TDA2030 内部电路的性能，减小放大失真；$R_4$、$C_3$ 为交流旁路电路，可以提高 TDA2030 的增益；VD1、VD2分别用于抑制输出端的大幅度正、负干扰信号，输出端正的信号幅度过大时，VD1 导通，使正信号幅度不超过 $V_{CC}$，输出端负的信号幅度过大时，VD2 导通，使负信号幅度不低于0V；扬声器是一个感性元件（内部有线圈），在两端并联 $R_6$、$C_6$ 可以改善高频性能。

## 17.6 驱动芯片

### 17.6.1 七路大电流达林顿三极管驱动芯片（ULN2003）

ULN2003 是一个由 7 个达林顿管（复合三极管）组成的七路驱动放大芯片，在 5V 的工作电压下能与 TTL 和 CMOS 电路直接连接。ULN2003 与 MC1413P、KA2667、KA2657、KID65004、MC1416、ULN2803、TD62003 和 M5466P 等，都是 ⑯ 引脚的反相驱动集成电路，可以互换使用。

（1）外形

ULN2003 封装形式主要有双列直插式和贴片式，其外形如图 17-54 所示。

图 17-54　ULN2003 的外形

（2）内部结构、引脚功能和主要参数

ULN2003 内部结构、引脚功能和主要参数如图 17-55 所示。ULN2003 内部有 7 个驱动单元，①～⑦脚分别为各驱动单元的输入端，⑩～⑯脚为各驱动单元输出端，⑧脚为各驱

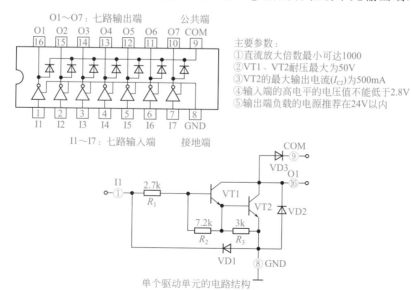

图 17-55　ULN2003 内部结构、引脚功能和主要参数

动单元的接地端，⑨脚为各驱动单元保护二极管负极的公共端，可接电源正极或悬空不用。ULN2003 内部 7 个驱动单元是相同的，单个驱动单元的电路结构如图所示，三极管 VT1、VT2 构成达林顿三极管（又称复合三极管），3 个二极管主要起保护作用。

（3）应用电路

如图 17-56 所示是采用 ULN2003 作驱动电路的空调器辅助电热器控制电路，该电路用到了两个继电器分别控制 L、N 电源线的通断，有些空调器仅用一个继电器控制 L 线的通断。当室外温度很低（0℃左右）或人为开启辅助电热功能时，单片机从辅热控制脚输出高电平，ULN2003 的⑥、⑪脚之间的内部三极管导通，KA1、KA2 继电器线圈均有电流通过，KA1、KA2 的触点均闭合，L、N 线的电源加到辅助电热器的两端，辅助电热器有电流过而发热。在辅助电热器供电电路中，一般会串接 10A 以上的熔断器，当流过电热器的电流过大时，熔断器熔断，有些辅助电热器上还会安装热保护器，当电热器温度过高时，热保护器断开，温度下降一段时间后会自动闭合。

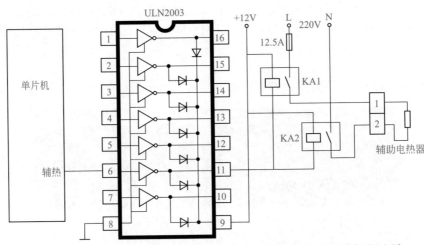

图 17-56　采用 ULN2003 作驱动电路的空调器辅助电热器控制电路

（4）检测

ULN2003 内部有 7 个电路结构相同的驱动单元，其电路结构如图 17-55 所示。在检测时，三极管集电结和发射结均可当成二极管。ULN2003 驱动单元检测包括检测输入端与接地端（⑧脚）之间的正反向电阻、输出端与接地端之间的正反向电阻、输入端与输出端之间正反向电阻、输出端与公共端（⑨脚）之间的正反向电阻。

① 检测输入端与接地端（⑧脚）之间的正反向电阻。万用表选择"R×100Ω"挡，红表笔接①脚、黑表笔接⑧脚，测得为二极管 VD1 的正向电阻与 $R_1 \sim R_3$ 总阻值的并联值，该阻值较小，若红表笔接⑧脚、黑表笔接①脚，测得为 $R_1$ 和 VT1、VT2 两个 PN 结的串联阻值，该阻值较大。

② 检测输出端与接地端之间的正反向电阻。红表笔接 ⑯ 脚、黑表笔接⑧脚，测得为 VD2 的正向电阻值，该值很小，当黑表笔接 ⑯ 脚、红表笔接⑧脚，VD2 反向截止，测得阻值无穷大。

③ 检测输入端与输出端之间正反向电阻。黑表笔接①脚、红表笔接 ⑯ 脚，测得为 $R_1$ 与 VT 集电结正向电阻值，该值较小，当红表笔接①脚、黑表笔接 ⑯ 脚，VT1 集电结截止，测得阻值无穷大。

④ 检测输出端与公共端（⑨脚）之间的正反向电阻。黑表笔接 ⑯ 脚、红表笔接⑨脚，VD3 正向导通，测得阻值很小。当红表笔接 ⑯ 脚、黑表笔接⑨脚，VD3 反向截止，测得阻

值无穷大。

在测量 ULN2003 某个驱动单元时，如果测量结果与上述不符，则为该驱动单元损坏。由于 ULN2003 的 7 个驱动单元电路结构相同，正常各单元的相应阻值都是相同的，因此检测时可对比测量，当发现某个驱动单元某阻值与其它多个单元阻值有较大区别时，可确定该单元损坏，因为多个单元同时损坏可能性很小。

当 ULN2003 某个驱动单元损坏时，如果一下子找不到新 ULN2003 代换，可以使用 ULN2003 空闲驱动单元来代替损坏的驱动单元。在代替时，将损坏单元的输入、输出端分别与输入、输出电路断开，再分别将输入、输出电路与空闲驱动单元的输入、输出端连接。

### 17.6.2 单全桥 / 单 H 桥 / 电机驱动芯片（L9110）

L9110 是一款为控制和驱动电机设计的双通道推挽式功率放大的单全桥驱动芯片。该芯片有两个 TTL/CMOS 兼容电平的输入端，两个输出端可以直接驱动电机正反转，每通道能通过 800mA 的持续电流（峰值电流允许 1.5A），内置的钳位二极管能释放感性负载（含线圈的负载，如继电器、电机）产生的反电动势。L9110S 广泛应来驱动玩具汽车电机、脉冲电磁阀门，步进电机和开关功率管等。

（1）外形

L9110 封装形式主要有双列直插式和贴片式，其外形如图 17-57 所示。

（2）内部结构、引脚功能和特性

L9110 内部结构、引脚功能、特性和输入输出关系如图 17-58 所示，L9110 内部 4 个三极管 VT1～VT4 构成全桥，也称 H 桥。

图 17-57 L9110 的外形

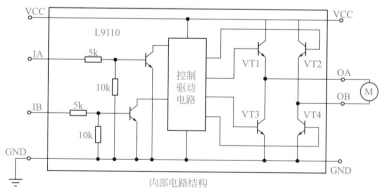

内部电路结构

输入输出关系表(H：高电平；L：低电平；Z：高阻)

| IA | IB | OA | OB |
|----|----|----|----|
| H | L | H | L |
| L | H | L | H |
| L | L | L | L |
| H | H | Z(高阻) | Z(高阻) |

图 17-58 L9110 内部结构、引脚功能、特性和输入输出关系

（3）应用电路

如图 17-59 所示是采用 L9110 作驱动电路的直流电机正反转控制电路。当单片机输出高电平（H）到 L9110 的 IA 端时，内部的三极管 VT1、VT4 导通（见图 17-58），有电流流过电机，电流途径是 VCC 端入→VT1 的 ce 极→OA 端出→电机→OB 端入→VT4 的 ce 极→GND，电机正转；当单片机输出高电平（H）到 L9110 的 IB 端（IA 端此时为低电平）时，内部的三极管 VT2、VT3 导通（见图 17-58），有电流流过电机，电流途径是 VCC 端入→VT2 的 ce 极→OB 端出→电机→OA 端入→VT3 的 ce 极→GND，流过电机的电流方向变反，电机反转。

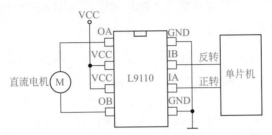

图 17-59　采用 L9110 作驱动电路的直流电机正反转控制电路

### 17.6.3　双全桥／双 H 桥／电机驱动芯片（L298/L293）

L298 是一款高电压大电流的双全桥（双 H 桥）驱动芯片，其额定工作电流为 2A，峰值电流可达 3A，最高工作电压 46V，可以驱动感性负载（如大功率直流电机、步进电机、电磁阀等），其输入端可以与单片机直接连接。L298 用作驱动直流电机时，可以控制两台单相直流电机，也可以控制两相或四相步进电机。

L293 与 L298 一样，内部结构基本相同，除 L293E 为 20 脚外，其它均为 16 脚，额定工作电流 1A，最大可达 1.5A，电压工作范围 4.5～36V；$V_s$ 电压最大值也是 36V，一般 $V_s$ 电压（电机电源电压）应该比 $V_{ss}$ 电压（芯片电源电压）高，否则有时会出现失控现象。

（1）外形

L298 封装形式主要有双列直插式和贴片式，其外形如图 17-60 所示。

图 17-60　L298 的外形

（2）内部结构、引脚功能和特性

L298 内部结构、引脚功能和特性如图 17-61 所示，L298 内部有 A、B 两个全桥（H 桥），而 L9110 内部只有一个全桥。

（3）应用电路

如图 17-62 所示是采用 L298 作驱动电路的两台直流电机正反转控制电路，两台电机的控制和驱动是相同的，L298 的输入信号与电机运行方式的对应关系见表 17-12，下面以 A 电机控制驱动为例进行说明。

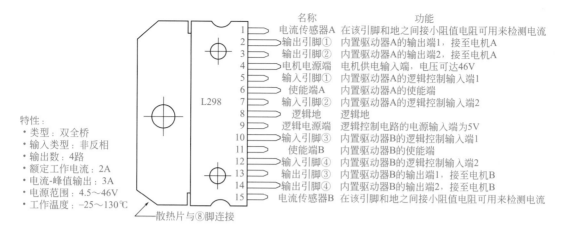

| | 名称 | 功能 |
|---|---|---|
| 1 | 电流传感器A | 在该引脚和地之间接小阻值电阻可用来检测电流 |
| 2 | 输出引脚① | 内置驱动器A的输出端1，接至电机A |
| 3 | 输出引脚② | 内置驱动器A的输出端2，接至电机A |
| 4 | 电机电源端 | 电机供电输入端，电压可达46V |
| 5 | 输入引脚① | 内置驱动器A的逻辑控制输入端1 |
| 6 | 使能端A | 内置驱动器A的使能端 |
| 7 | 输入引脚② | 内置驱动器A的逻辑控制输入端2 |
| 8 | 逻辑地 | 逻辑地 |
| 9 | 逻辑电源端 | 逻辑控制电路的电源输入端为5V |
| 10 | 输入引脚③ | 内置驱动器B的逻辑控制输入端1 |
| 11 | 使能端B | 内置驱动器B的使能端 |
| 12 | 输入引脚④ | 内置驱动器B的逻辑控制输入端2 |
| 13 | 输出引脚③ | 内置驱动器B的输出端1，接至电机B |
| 14 | 输出引脚④ | 内置驱动器B的输出端2，接至电机B |
| 15 | 电流传感器B | 在该引脚和地之间接小阻值电阻可用来检测电流 |

特性：
- 类型：双全桥
- 输入类型：非反相
- 输出数：4路
- 额定工作电流：2A
- 电流-峰值输出：3A
- 电源范围：4.5～46V
- 工作温度：-25～130℃

散热片与⑧脚连接

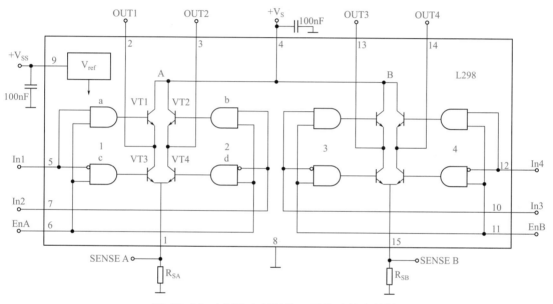

图 17-61　L298 内部结构、引脚功能和特性

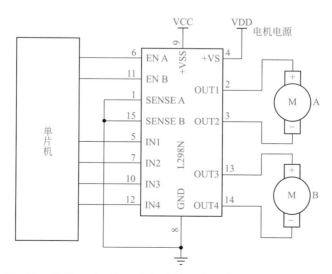

图 17-62　采用 L298 作驱动电路的两台直流电机正反转控制电路

表 17-12　L298 的输入信号与电机运行方式对应关系

| 输入信号 | | | 电机运行方式 |
|---|---|---|---|
| 使能端 A/B | 输入引脚 1/3 | 输入引脚 2/4 | |
| 1 | 1 | 0 | 正转 |
| 1 | 0 | 1 | 反转 |
| 1 | 1 | 1 | 刹车 |
| 1 | 0 | 0 | 刹车 |
| 0 | × | × | 自动转动 |

当单片机送高电平（用"1"表示）到 L298 的 ENA 端时，该高电平送到 L298 内部 A 通道的 a～d 四个与门（见图 17-61 所示的 L298 内部电路），使之全部开通，单片机再送高电平到 L298 的 IN1 端，送低电平到 IN2 端，IN1 端高电平在内部分作两路，一路送到与门 a 输入端，由于与门另一输入端为高电平（来自 ENA 端），故与门 a 输出高电平，三极管 VT1 导通，另一路送到与门 b 的反相输入端，取反后与门 b 的输入变成低电平，与门 b 输出低电平，VT3 截止。与此类似，IN2 端输入的低电平会使 VT2 截止、VT4 导通，于是有电流流过 A 电机，电流方向是 VDD→L298 的④脚入→VT1→②脚出→A 电机→③脚入→VT4→①脚出→地，A 电机正向运转。

当单片机送"1"到 L298 的 ENA 端时，该高电平使 A 通道的 a～d 四个与门全部开通，单片机再送低电平到 L298 的 IN1 端，送高电平到 IN2 端，IN1 端的低电平使内部的 VT1 截止、VT3 导通，IN2 端的高电平使内部的 VT2 导通、VT4 截止，于是有电流流过 A 电机，电流方向是 VDD→L298 的④脚入→VT2→③脚出→A 电机→②脚入→VT3→①脚出→地，A 电机的电流方向发生改变，反向运转。

当 L298 的 ENA 端 =1、IN1=1、IN2=1 时，VT1、VT2 导通（VT3、VT4 均截止），相当于在内部将②、③脚短路，也即直接将 A 电机的两端直接连接，这样电机惯性运转时内部绕组产生的电动势有回路而有电流流过自身绕组，该电流在流过绕组时会产生磁场阻止电机运行，这种利用电机惯性运转产生的电流形成的磁场对电机进行制动称为再生制动。当 L298 的 ENA 端 =1、IN1=0、IN2=0 时，VT3、VT4 导通（VT1、VT1 均截止），对 A 电机进行再生制动。

当 L298 的 ENA 端 =0 时，a～d 四个与门全部关闭，VT1～VT4 均截止，A 电机无外部电流流入，不会主动运转，自身惯性运转产生的电动势因无回路而无再生电流，故不会有再生制动，因此 A 电机处于自由转动。

### 17.6.4　IGBT 驱动芯片（M57962/ M57959）

M57962 是一款驱动 IGBT（绝缘栅双极型晶体管）的厚膜集成电路，其内部有 2500V 高隔离电压的光电耦合器，过流保护电路和过流保护输出端子，具有封闭性短路保护功能。M57962 是一种高速驱动电路，驱动信号延时 $t_{PLH}$ 和 $t_{PHL}$ 最大为 1.5μs，可以驱动 600V/400V 级别的 IGBT 模块。同一系列的不同型号的 IC 引脚功能和接线基本相同，只是容量、开关频率和输入电流有所不同。

（1）外形

M57962 是一种功率较大的厚膜集成电路，其外形如图 17-63 所示。

（2）内部结构和引脚功能

M57962/ M57959 内部结构和引脚功能如图 17-64 所示。

图 17-63 M57962 的外形

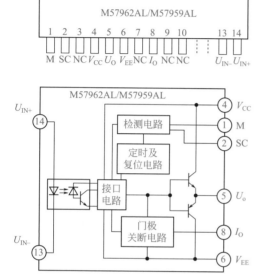

| 引脚号 | 符号 | 名称 |
|---|---|---|
| ① | M | 故障信号检测端 |
| ② | SC | 测量点 |
| ③、⑦、⑨、⑩ | NC | 空脚 |
| ④ | $V_{CC}$ | 驱动输出级正电源连接端 |
| ⑤ | $U_O$ | 驱动信号输出端 |
| ⑥ | $V_{EE}$ | 驱动输出级负电源端 |
| ⑧ | $I_O$ | 故障信号输出端 |
| ⑬ | $U_{IN-}$ | 驱动脉冲输入负端 |
| ⑭ | $U_{IN+}$ | 驱动脉冲输入正端 |

图 17-64 M57962/ M57959 内部结构和引脚功能

**（3）应用电路**

如图 17-65 所示是采用 M57962 的 IGBT 驱动电路。有关电路送来的驱动脉冲 $U_i$ 经倒相放大后送到 M57962 的 ⑬ 脚，在内部经光电耦合器传送到内部电路进行放大。当 IC1 的④、⑤脚之间的内部三极管导通时（参见图 17-64 的 M57962 内部结构），+15V 电压从 IC1 的④脚输入，经内部三极管后从⑤脚输出，送到 IGBT 的 G 极，IGBT 导通；当 IC1 的⑤、⑥脚之间的内部三极管导通时，⑤脚经导通的三极管与⑥脚外部的 −10V 电压连接，⑤脚电压被拉到 −10V，IGBT 的 G 极也为 −10V，IGBT 关断。

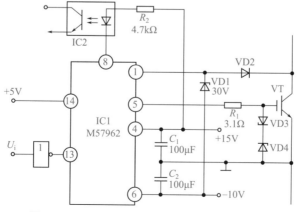

图 17-65 采用 M57962 的 IGBT 驱动电路

稳压二极管 VD3、VD4 的作用是防止 IGBT 的栅、射极之间正、负电压过大而击穿栅、射极，另外当 IGBT 出现漏、栅极短路，过高的漏极电压会通过栅极送到 M57962 的⑤脚，损坏 M57962 内部电路，VD3、VD4 则可以通过导通将栅极钳在一个较低的电压。VD1 可将 IC1 的①脚电压控制在 20V 以下。VD2 为过电流检测二极管，当流过 IGBT 的电流过大时，IGBT 集 - 射极之间压降增大（正常导通时压降为 2V 左右，过电流时可达 7V），VD2 负极电压升高，IC1 的①脚电压上升，IC1 内部与检测电路控制有关的电路慢速关断④、⑤脚和⑤、⑥脚之间的三极管，让 IGBT 关断，同时从⑧脚还输出故障指示信号（低电平），通过外接的光电耦合器 IC2 和有关电路指示 IGBT 存在过电流故障。

## 17.7  74 系列与 555 定时器芯片

### 17.7.1  74 系列芯片简介

（1）分类

74 系列芯片是数字电路芯片，具体芯片型号有几百种，根据内部构成电路的晶体管不同，可以分为 TTL 型（三极管型）集成电路和 CMOS 型（CMOS 管型）集成电路两类。

74 系列芯片分类及主要特性见表 17-13。表中的"- - -"为多位数字（如 00，04，08，165，595，4066 等），表示芯片的型号，只要数字相同，其逻辑功能就相同，只是性能有所差异（比如工作速度和功耗等）。74 系列对应产品有 CD4000 系列和 CC4000 系列（国产），如 CD4011 和 74HC00 是一样的。贴片 74 系列芯片一般会使用简化代码表示型号，如"HCT74"表示 74HCT74，"ACT245"表示 74ACT245。

表 17-13  74 系列芯片分类及主要特性

| 大类 | 小类 | 类型 | 速度 / 功耗 |
|---|---|---|---|
| TTL 型 | 74- - - | 标准 TTL 系列 | 10ns/10mW |
| | 74H- - - | 高速 TTL 系列 | 6ns/22mW |
| | 74L- - - | 低功耗 TTL 系列 | 33ns/1mW |
| | 74S- - - | 肖特基 TTL 系列 | 3ns/19mW |
| | 74LS- - - | 低功耗肖特基 TTL 系列 | 9.5ns/2mW |
| | 74ALS- - - | 先进低功耗肖特基 TTL 系列 | 3.5ns/1mW |
| | 74AS- - - | 先进肖特基 TTL 系列 | 3ns/8mW |
| | 74F- - - | 快速 TTL 系列 | 3.4ns/4mW |
| CMOS 型 | 74HC- - - | 高速 CMOS 系列 | 8ns/2.5μW |
| | 74HCT- - - | 与 TTL 电平兼容的 HCMOS 系列 | 8ns/2.5μW |
| | 74AC- - - | 先进 CMOS 系列 | 5.5ns/2.5μW |
| | 74ACT- - - | 与 TTL 电平兼容的 AC 系列 | 4.75ns/2.5μW |

（2）参数规范

74 系列芯片参数主要有输入 / 输出电压、输入 / 输出电流、电源电压和工作温度等。对于电流参数来说，当电流是流入芯片的，电流符号为正，电流是从芯片往外流的，电流符号为负。

① 主要参数说明

a. $I_{iL}$——低电平输入电流：是指芯片输入端接低电平时，从该输入端流出的电流，电流符号为负。

b. $I_{iH}$——高电平输入电流：是指芯片输入端接高电平时，从该输入端流入的电流，电流符号为正。

c. $I_{oL}$——低电平输出电流：是指芯片输出端为低电平时，从该输出端流入的电流，电流符号为正。

d. $I_{oH}$——高电平输出电流：是指芯片输出端为高电平时，从该输出端流出的电流，电流符号为负。

e. $U_{iL}$——低电平输入电压：是指芯片输入端的低电平对应的电压范围（即输入端接什么范围内的电压才算是输入端为低电平），一般只给出最高电压值 $U_{iLmax}$。

f. $U_{oL}$——低电平输出电压：是指芯片输出端的低电平对应的电压范围，一般只给出最高电压值 $U_{oLmax}$，低电平输入电压的最大值 $U_{iLmax}$ 必须大于低电平输出电压的最大值 $U_{oLmax}$，两者之差 $U_{nL}=U_{iLmax}-U_{oLmax}$ 称为低电平噪声容限。

g. $U_{iH}$——高电平输入电压：是指芯片输入端的高电平对应的电压范围，一般只给出最低电压值 $U_{iHmin}$。

h. $U_{oH}$——高电平输出电压：是指芯片输出端的高电平对应的电压范围，一般只给出最低电压值 $U_{oHmin}$，高电平输出电压的最小值 $U_{oHmin}$ 必须大于高电平输入电压的最小值 $U_{iHmin}$，两者之差 $U_{nH}=U_{oHmin}-U_{iHmin}$ 称为高电平噪声容限。

i. $t_{pd}$——延迟时间：是指芯片输入端信号变化到输出端状态发生变化需要经历的时间，绝大多数情况下，电路工作速度远低于 74 系列芯片的延迟时间，故选用芯片时可不考虑 $t_{pd}$。

j. 静态功耗与动态功耗：静态功耗是指芯片通电未加输入信号时消耗的电功率，动态功耗是指芯片通电有输入信号时消耗的电功率，TTL 芯片的静态功耗与动态功耗基本相同，都比较大，CMOS 芯片的静态功耗很小，动态功耗则随工作频率升高而增大。

② TTL 型 74 系列芯片参数规范

TTL 型 74 系列芯片参数规范见表 17-14。从表中可以看出，TTL 型 74 系列芯片的低电平输入电压最高允许为 0.8V，高电平输入电压最低允许为 2V，低电平输出电压最高允许为 0.4V，高电平输出电压最低允许为 2.4V。

表 17-14 TTL 型 74 系列芯片参数规范

| 参数名称 | TTL、LSTTL 系列 | | | 单位 |
| --- | --- | --- | --- | --- |
| | 最小 | 典型 | 最大 | |
| 电源电压 $U_{CC}$ | 4.75 | 5 | 5.25 | V |
| 工作环境温度 $T_A$ | 0 | | 70 | ℃ |
| 低电平输入电压 $U_{iL}$ | | | 0.8 | V |
| 高电平输入电压 $U_{iH}$ | 2 | | | V |
| 低电平输出电压 $U_{oL}$ | | 0.2（0.35） | 0.4（0.5） | V |
| 高电平输出电压 $U_{oH}$ | 2.4（2.7） | 3.4 | | V |
| 高电平输出电流 $I_{oH}$ | | | −0.4 | mA |
| 低电平输出电流 $I_{oL}$ | | | 16（8） | mA |
| 低电平输入电流 $I_{iL}$ | | | −1.6（−0.4） | mA |
| 高电平输入电流 $I_{iH}$ | | | 0.04（0.02） | mA |
| 输出短路电流 $I_{oS}$ | −18（−20） | | −55（−100） | mA |

注：1. TTL 和 LSTTL 系列的参数规范值基本相同，不同之处用括号区分，括号内为 LSTTL 系列之值。

2. 表中数据适用于图腾输出级（推拉）。对于 OC 门，仅 $I_{oH}$ 减小；对于 TTL 和 LSTTL 系列，$I_{oH}$ 分别为 −0.25mA 和 −0.1mA。

3. 对于驱动器和缓冲器，$I_{oH}$ 和 $I_{oL}$ 要增加几倍到几十倍，其他参数值不变。

③ CMOS 型 74 系列芯片参数规范

CMOS 型 74 系列芯片参数规范见表 17-15。从表中可以看出，74HC 系列芯片的低电平输入电压最高允许为 0.9V，高电平输入电压最低允许为 3.15V，低电平输出电压最高允许为 0.1V（输出端接 CMOS 型负载时），高电平输出电压最低允许为 3.87V（输出端接 TTL 型负载时）。

表 17-15　CMOS 型 74 系列芯片参数规范（电源 $U_{DD}$=5V）

| 参数名称 | 负载类型 | 74HC | | 74HCT | | 单位 |
|---|---|---|---|---|---|---|
| | | 最小 | 最大 | 最小 | 最大 | |
| 低电平输入电压 $U_{iL}$ | | | 0.9 | | 0.8 | V |
| 高电平输入电压 $U_{iH}$ | | 3.15 | | 2 | | V |
| 低电平输出电压 $U_{oL}$ | CMOS | | 0.1 | | 0.1 | V |
| | TTL | | 0.33 | | 0.33 | |
| 高电平输出电压 $U_{oH}$ | CMOS | 4.4 | | 4.4 | | V |
| | TTL | 3.87 | | 3.87 | | |
| 高电平输出电流 $I_{oH}$ | | 4 | | 4 | | mA |
| 低电平输出电流 $I_{oL}$ | | −4 | | −4 | | mA |
| 输入电流 $I_i$ | | | ±1 | | ±1 | μA |

（3）常用的 74 系列芯片

74 系列芯片的具体型号有几百种，表 17-16 列出了一些常用的 74 系列芯片及主要参数。

表 17-16　一些常用的 74 系列芯片及主要参数

| 型号 | 逻辑功能 | 工作电压 | 电平 | 驱动电流 | 传输延迟 |
|---|---|---|---|---|---|
| 74HC00 | 4 路 2 输入【与非门】 | 2.0～6.0V | CMOS | +/-5.2mA | 7ns@5V |
| 74HC02 | 4 路 2 输入【或非门】 | 2.0～6.0V | CMOS | +/-5.2mA | 7ns@5V |
| 74HC04 | 6 路【反相器】 | 2.0～6.0V | CMOS | +/-5.2mA | 7ns@5V |
| 74LS06 | 具有集电极开路高压输出的六路【反相缓冲器/驱动器】 | 4.75～5.25V | TTL | 0.25/40mA | 20ns |
| 74LS07 | 具有集电极开路高压输出的六路【缓冲器/驱动器】 | 4.75～5.25V | TTL | 0.25/40mA | 30ns |
| 74HC08 | 4 路 2 输入【与门】 | 2.0～6.0V | CMOS | +/-5.2mA | 7ns@5V |
| 74HC11 | 3 路 3 输入【与门】 | 2.0～6.0V | CMOS | +/-5.2mA | 10ns@5V |
| 74HC14 | 6 路【施密特触发反相器】 | 2.0～6.0V | CMOS | +/-5.2mA | 12ns@5V |
| 74HC32 | 4 路 2 输入【或门】 | 2.0～6.0V | CMOS | +/-5.2mA | 6ns@5V |
| 74HC74 | 具有清零和预设功能的双路【D 型上升沿触发器】 | 2.0～6.0V | CMOS | +/-5.2mA | 14ns@5V |
| 74HC86 | 4 路 2 输入【异或门】 | 2.0～6.0V | CMOS | +/-5.2mA | 11ns@5V |
| 74HC123 | 带复位功能的双路可再触发【单稳多谐振荡器】 | 2.0～6.0V | CMOS | +/-5.2mA | 26ns@5V |
| 74HC125 | 具有三态输出的 4 路【总线缓冲器】 | 2.0～6.0V | CMOS | −6/6mA | 26ns |
| 74HC132 | 具有施密特触发器输入的 4 路 2 输入【正-与非门】 | 2.0～6.0V | CMOS | −4/4mA | 27ns |
| 74HC138 | 3-8 线反相【译码器/多路分配器】 | 2.0～6.0V | CMOS | +/-5.2mA | 12ns@5V |
| 74HC154 | 4-16 线【译码器/多路分配器】 | 2.0～6.0V | CMOS | +/-5.2mA | 11ns@5V |
| 74HC157 | 4 路 2 输入【多路选择器】 | 2.0～6.0V | CMOS | +/-5.2mA | 11ns@5V |
| 74HC164 | 8 位串进并出【移位寄存器】 | 2.0～6.0V | CMOS | +/-5.2mA | 12ns@5V |
| 74HC165 | 8 位并进串出【移位寄存器】 | 2.0～6.0V | CMOS | +/-5.2mA | 16ns@5V |
| 74HC240 | 具有三态输出的 8 路反相【缓冲器/线路驱动器】 | 2.0～6.0V | CMOS | +/-7.8mA | 9ns@5V |

续表

| 型号 | 逻辑功能 | 工作电压 | 电平 | 驱动电流 | 传输延迟 |
|---|---|---|---|---|---|
| 74HC244 | 具有三态输出的 8 路正相【缓冲器 / 线路驱动器】 | 2.0~6.0V | CMOS | +/-7.8mA | 9ns@5V |
| 74HC245 | 具有三态输出的 8 路【总线收发器】 | 2.0~6.0V | CMOS | +/-7.8mA | 7ns@5V |
| 74HC273 | 具有复位功能的 8 路【D 型上升沿触发器】 | 2.0~6.0V | CMOS | +/-5.2mA | 15ns@5V |
| 74HC373 | 具有三态输出的 8 路【D 型锁存器】 | 2.0~6.0V | CMOS | +/-7.8mA | 12ns@5V |
| 74HC541 | 具有三态输出的 8 路【缓冲器 / 线路驱动器】 | 2.0~6.0V | CMOS | -6/6mA | 25ns |
| 74HC573 | 具有三态输出的 8 路【D 型锁存器】 | 2.0~6.0V | CMOS | +/-7.8mA | 14ns@5V |
| 74HC595 | 具有三态输出锁存的 8 位【移位寄存器】 | 2.0~6.0V | CMOS | +/-7.8mA | 16ns@5V |
| 74HC4051 | 8 通道模拟【多路选择器 / 多路分配器】 | 2.0~10.0V | CMOS | — | 4ns@6V |
| 74HC4052 | 双路 4 通道模拟【多路选择器 / 多路分配器】 | 2.0~10.0V | CMOS | — | 4ns@6V |
| 74HC4053 | 3 路 2 通道模拟双掷【多路选择器 / 多路分配器】 | 2.0~10.0V | CMOS | — | 4ns@6V |
| 74HC4060 | 14 阶脉动进位二进制【计数器和振荡器】 | 2.0~6.0V | CMOS | +/-5.2mA | 31ns@5V |
| 74HC4066 | 低导通阻抗单刀单掷 4 路双向【模拟开关】 | 2.0~10.0V | CMOS | — | 2ns@6V |

### 17.7.2　8 路三态输出 D 型锁存器芯片（74HC573）

74HC573 是一种 8 路三态输出 D 型锁存器芯片，输出为三态门，能驱动大电容或低阻抗负载，可直接与系统总线连接并驱动总线，适用于缓冲寄存器，I/O 通道，双向总线驱动器和工作寄存器等。

（1）外形

74HC573 封装形式主要有双列直插式和贴片式，其外形与封装形式如图 17-66 所示。

图 17-66　74HC573 的外形与封装形式

（2）内部结构与真值表

74HC573 的内部结构与真值表如图 17-67 所示。图中仅画出了一路电路结构，其它七路与此相同，真值表中的"X"表示任意值，"Z"表示高阻态。

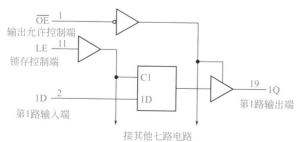

图 17-67　74HC573 的内部结构与真值表

当 OE（输出允许控制）端为低电平、LE（锁存控制）端为高电平时，输出端（Q 端）与输入端（D 端）状态保持一致，即输入端为高电平（或低电平）时，输出端也为高电平（或低电平）。

当 OE 端 =L（低电平）、LE 端 =L 时，输出端状态不受输入端控制，输出端保持先前的状态（LE 端变为低电平前输出端的状态），此时不管输入端状态如何变化，输出端状态都不会变化，即输出状态被锁存下来。

当 OE 端 =H（高电平）时，输出端与输入端断开，不管 LE 端和输入端为何状态值，输出端均为高阻态（相当于输出端与输入端之间断开，好像两者之间连接了一个阻值极大的电阻）。

（3）应用电路

如图 17-68 所示是采用 74HC573 作锁存器的电路。当 OE=0、LE=1 时，74HC573 输出端的值与输入端保持相同，D0～D7 端输入值为 10101100，输出端的值也为 10101100，然后让 LE=0，输出端的值马上被锁存下来，此时即使输入端的值发生变化，输出值不变，仍为 10101100，发光二极管 VD2、VD4、VD7、VD8 点亮，其它发光二极管则不亮。如果让 OE=1，74HC573 的输出端变为高阻态（相当于输出端与内部电路之间断开），8 个发光二极管均熄灭。

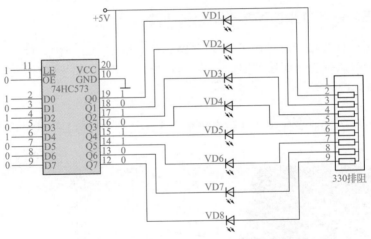

图 17-68  采用 74HC573 作锁存器的电路

### 17.7.3  三 – 八线译码器 / 多路分配器芯片（74HC138）

74HC138 是一种三 – 八线译码器，可以将 3 位二进制数译成 8 种不同的输出状态。

（1）外形

74HC138 封装形式主要有双列直插式和贴片式，其外形与封装形式如图 17-69 所示。

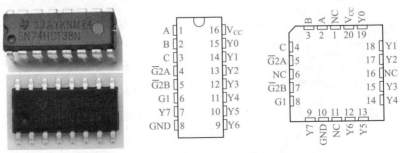

图 17-69  74HC138 的外形与封装形式

（2）真值表

表 17-17 为 74HC138 的真值表。

表 17-17　74HC138 的真值表

| 输入 | | | | | | 输出 | | | | | | | |
| --- | --- | --- | --- | --- | --- | --- | --- | --- | --- | --- | --- | --- | --- |
| 使能 | | | 选择 | | | | | | | | | | |
| G1 | $\overline{G2A}$ | $\overline{G2B}$ | C | B | A | Y0 | Y1 | Y2 | Y3 | Y4 | Y5 | Y6 | Y7 |
| X | H | X | X | X | X | H | H | H | H | H | H | H | H |
| X | X | H | X | X | X | H | H | H | H | H | H | H | H |
| L | X | X | X | X | X | H | H | H | H | H | H | H | H |
| H | L | L | L | L | L | L | H | H | H | H | H | H | H |
| H | L | L | L | L | H | H | L | H | H | H | H | H | H |
| H | L | L | L | H | L | H | H | L | H | H | H | H | H |
| H | L | L | L | H | H | H | H | H | L | H | H | H | H |
| H | L | L | H | L | L | H | H | H | H | L | H | H | H |
| H | L | L | H | L | H | H | H | H | H | H | L | H | H |
| H | L | L | H | H | L | H | H | H | H | H | H | L | H |
| H | L | L | H | H | H | H | H | H | H | H | H | H | L |

从真值表不难看出：

① 当 G1=L 或 G2=H（G2=G2A+G2B）时，C、B、A 端无论输入何值，输出端均为 H。即 G1=L 或 G2=H 时，译码器无法译码。

② 当 G1=H、G2=L 时，译码器允许译码，当 C、B、A 端输入不同的代码时，相应的输出端会输出低电平，如 CBA=001 时，Y1 端会输出低电平（其他输出端均为高电平）。

（3）应用电路

74HC138 的应用电路如图 17-70 所示。图中 74HC138 的 G1 端接 $V_{cc}$ 电源，G1 为高电平，G2A、G2B 均接地，G2A、G2B 都为低电平，译码器可以进行译码工作，当输入端 CBA=000 时，输出端 Y0=0（Y1～Y7 均为高电平），发光二极管 VD1 点亮，当输入端 CBA=011 时，从表 17-17 真值表可以看出，输出端 Y3=0（其它输出端均为高电平），发光二极管 VD4 点亮。如果将 G1 端改接地，即让 G1=0，74HC138 不会译码，输入端 CBA 无论为何值，所有的输出端均为高电平。

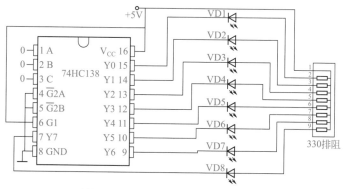

图 17-70　74HC138 的应用电路

### 17.7.4　8 位串行输入并行输出芯片（74HC595）

74HC595 是一种 8 位串行输入并行输出芯片，并行输出为三态（高电平、低电平和高阻态）。

（1）外形

74HC595 封装形式主要有双列直插式和贴片式，其外形与封装形式如图 17-71 所示。

图 17-71　74HC595 的外形与封装形式

（2）内部结构与工作原理

74HC595 的内部结构如图 17-72 所示。

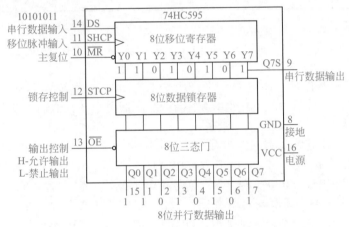

图 17-72　74HC595 的内部结构

8 位串行数据从 74HC595 芯片的 ⑭ 脚由低位到高位输入，同时从 ⑪ 脚输入移位脉冲，该脚每输入一个移位脉冲（脉冲上升沿有效），⑭ 脚的串行数据就移入 1 位，第 1 个移位脉冲输入时，8 位串行数据（10101011）的第 1 位（最低位）数据"1"被移到内部 8 位移位寄存器的 Y0 端，第 2 个移位脉冲输入时，移位寄存器 Y0 端的"1"移到 Y1 端，8 位串行数据的第 2 位数据"1"被移到移位寄存器的 Y0 端…第 8 个移位脉冲输入时，8 位串行数据全部移入移位寄存器，Y7～Y0 端的数据为 10101011，这些数据（8 位并行数据）送到 8 位数据锁存器的输入端，如果芯片的锁存控制端（⑫ 脚）输入一个锁存脉冲（一个脉冲上升沿），锁存器马上将这些数据保存在输出端，如果芯片的输出控制端（⑬ 脚）为低电平，8 位并行数据马上从 Q7～Q0 端输出，从而实现了串行输入并行输出转换。

8 位串行数据全部移入移位寄存器后，如果移位脉冲输入端（⑪ 脚）再输入 8 个脉冲，移位寄存器的 8 位数据将会全部从串行数据输出端（⑨ 脚）移出。给 74HC595 的主复位端（⑩ 脚）加低电平，移位寄存器输出端（Y7～Y0 端）的 8 位数据全部变成 0。

## 17.7.5　8 路选择器 / 分配器芯片（74HC4051）

74HC4051 是一款 8 通道模拟多路选择器 / 多路分配器芯片，它有 3 个选择控制端（S0～S2），

1 个低电平有效使能端（E），8 个输入 / 输出端（Y0 至 Y7）和 1 个公共输入 / 输出端（Z）。

（1）外形

74HC4051 封装形式主要有双列直插式和贴片式，其外形与封装形式如图 17-73 所示。

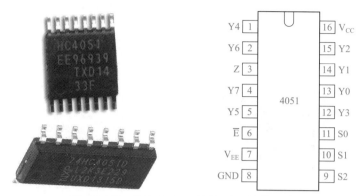

图 17-73　74HC4051 的外形与封装形式

（2）内部结构与真值表

74HC4051 的内部结构与真值表如图 17-74 所示，Y0～Y7 端可以当作 8 个输出端，也可以当作 8 个输入端，Z 端可以当作是一个输入端，也可以是一个输出端，但 Y 端和 Z 端不能同时是输入端或输出端。

当 E（使能控制）端为低电平，S3、S2、S0 端均为低电平时，Y0 通道接通，Z 端输入信号可以通过 Y0 通道从 Y0 端输出，或者 Y0 端输入信号可以通过 Y0 通道从 Z 端输出。

当 E（使能控制）端为高电平时，无论 S3、S2、S0 端为何值，不选择任何通道，所有通道关闭。

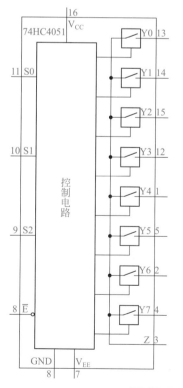

74HC4051真值表

| 控制端 | | | | 选择通道 |
|---|---|---|---|---|
| $\overline{E}$ | S2 | S1 | S0 | |
| L | L | L | L | Y0-Z |
| L | L | L | H | Y1-Z |
| L | L | H | L | Y2-Z |
| L | L | H | H | Y3-Z |
| L | H | L | L | Y4-Z |
| L | H | L | H | Y5-Z |
| L | H | H | L | Y6-Z |
| L | H | H | H | Y7-Z |
| H | X | X | X | 不选任何通道 |

图 17-74　74HC4051 的内部结构与真值表

### 17.7.6　串/并转换芯片（74HC164）

74HC164 是一款 8 位串行输入转 8 位并行输出的芯片，当串行输入端逐位（一位接一位）送入 8 个数（1 或 0）后，在并行输出端会将这 8 个数同时输出。

（1）外形

74HC164 封装形式主要有双列直插式和贴片式，其外形与引脚名称如图 17-75 所示。

图 17-75　74HC164 的外形与封装形式

（2）内部结构与工作原理

74HC164 的内部结构如图 17-76 所示。DSA、DSB 为两个串行输入端，两者功能一样，可使用其中一个，也可以将两端接在一起当作一个串行输入端；CP 为移位脉冲输入端，每输入一个脉冲，DSA 或 DSB 端的数据就会往内移入一位；MR 为复位端，当该端为低电平时，对内部 8 位移位寄存器进行复位，8 位并行输出端 Q7～Q0 的数据全部变为 0；Q7～Q0 为 8 位并行输出端。

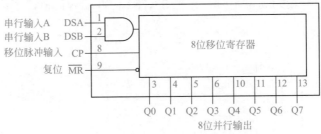

图 17-76　74HC164 的内部结构

（3）应用电路

如图 17-77 所示是单片机利用 74HC164 将 8 位串行数据转换成 8 位并行数据传送给外部设备的电路。

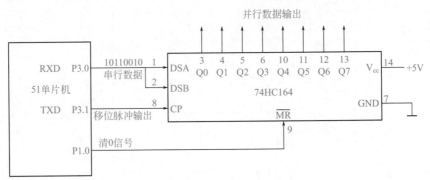

图 17-77　74HC164 的应用电路

在单片机发送数据前，先从 P1.0 引脚发出一个清 0 信号（低电平）到 74HC164 的 MR

引脚，对其进行清 0，让输出端 Q7～Q0 的数全部为"0"，然后单片机从 RXD 端（P3.0 引脚）送出 8 位数据（如 10110010）到 74HC164 的串行输入端（DS 端），与此同时，单片机从 TXD 端（P3.1 引脚）输出移位脉冲到 74HC164 的 CP 引脚。

当第 1 个移位脉冲送到 74HC164 的 CP 端时，第 1 位数"1（最高位）"被移入芯片，Q0 端输出 1（Q1～Q7 即为 0）；当第 2 个移位脉冲送到 CP 端时，第 2 位数"0"被移入芯片，从 Q0 端输出 0（即 Q0=0），Q0 端先前的 1 被移到 Q1 端（即 Q1=1）。当第 8 个移位脉冲送到 CP 端时，第 8 位数据"0（最低位）"被移入芯片，此时 Q7～Q0 端输出的数据为 10110010。也就是说，当 74HC164 的 CP 端输入 8 个移位脉冲后，DS 端依次从高到低逐位将 8 位数据移入芯片，并从 Q7～Q0 端输出，从而实现了串并转换。

### 17.7.7 并 / 串转换芯片（74HC165）

74HC165 是一款 8 位并行输入转 8 位串行输出的芯片，当并行输入端送入 8 位数后，这 8 位数在串行输出端会逐位输出。

（1）外形

74HC165 封装形式主要有双列直插式和贴片式，其外形与和引脚名称如图 17-78 所示。

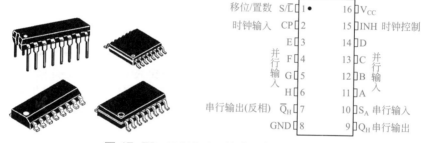

图 17-78　74HC165 的外形与引脚名称

（2）内部结构与工作原理

74HC165 的内部结构如图 17-79 所示。

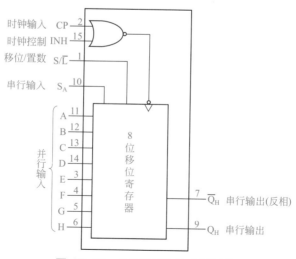

图 17-79　74HC165 的内部结构

在进行并串转换时，先给 S/L（移位 / 置数）端送一个低电平脉冲，A～H 端的 8 位数 a～h 被存入内部的移位寄存器，S/L（移位 / 置数）端变为高电平后，再让 INH（时钟控制）端为低电平，使 CP（时钟输入）端输入有效，然后从 CP 端输入移位脉冲，第 1 个移位脉冲输入时，数 g 从 $Q_H$（串行输出）端输出（数 h 在存数时已从 $Q_H$ 端输出），第 2 个移位脉冲输入时，数 f 从 $Q_H$ 端输出，第 7 个移位脉冲输入时，数 a 从 $Q_H$ 端输出。

当 S/L=0 时，将 A～H 端的 8 位数 a～h 存入移位寄存器，此时 INH、CP、$S_A$ 端输入均无效，$Q_H$ 输出最高位数 h；当 S/L=1、INH=0 时，CP 端每输入一个脉冲，移位寄存器的 8 位数会由高位到低位从 $Q_H$ 端输出一位数，$S_A$（串行输入）端则会将一位数移入移位寄存器最低位（移位寄存器原最低位数会移到次低位）；当 S/L=1、INH=1 时，所有的输入均无效。

（3）应用电路

如图 17-80 所示是利用 74HC165 将 8 位并行数据转换成 8 位串行数据传送给单片机的电路。

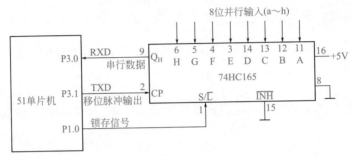

图 17-80　74HC165 的应用电路

在单片机在接收数据时，先从 P1.0 引脚发出一个低电平脉冲到 74HC165 的 S/L 端，将 A～H 端的 8 位数据 a～h 存入 74HC165 内部的 8 位移位寄存器，S/L 端变为高电平后，单片机从 P3.1 端送出移位脉冲到 74HC165 的 CP 端（INH 接地为低电平，CP 端输入有效），在移位脉冲的作用下，8 位数据 a～h 按照 h、g、…、a 的顺序逐位从 $Q_H$ 端输出，送入单片机的 P3.0（RXD）端。

## 17.7.8　定时器／时基芯片（555）

555 定时器芯片又称 555 时基芯片，它是一种中规模的数字-模拟混合集成电路，具有使用范围广、功能强等特点。如果给 555 定时器外围接一些元件就可以构成各种应用电路，如多谐振荡器、单稳态触发器和施密特触发器等。555 定时器有 TTL 型（或称双极型，内部主要采用三极管）和 CMOS 型（内部主要采用场效应管），但它们的电路结构基本一样，功能也相同，本节以双极型 555 定时器为例进行说明。

（1）外形、内部电路与工作原理

555 定时器芯片外形与内部电路结构如图 17-81 所示。从图中可以看出，它主要是由电阻分压器、电压比较器（运算放大器）、基本 RS 触发器、放电管和一些门电路构成。

① 电阻分压器和电压比较器

电阻分压器由 3 个阻值相等的电阻 R 构成，两个运算放大器 $C_1$、$C_2$ 构成电压比较器。3 个阻值相等的电阻将电源 $V_{CC}$（⑧脚）分作三等份，比较器 $C_1$ 的"＋"端（⑤脚）电压 $U_+$ 为 $\frac{2}{3}V_{CC}$，比较器 $C_2$ 的"－"电压 $U_-$ 为 $\frac{1}{3}V_{CC}$。

如果 TH 端（⑥脚）输入的电压大于 $\frac{2}{3}V_{CC}$ 时，即运算放大器 $C_1$ 的 $U_+<U_-$，比较器 $C_1$ 输出低电平"0"；如果 $\overline{TR}$ 端（②脚）输入的电压大于 $\frac{1}{3}V_{CC}$ 时，即运算放大器 $C_2$ 的 $U_+>U_-$，比较器 $C_1$ 输出高电平"1"。

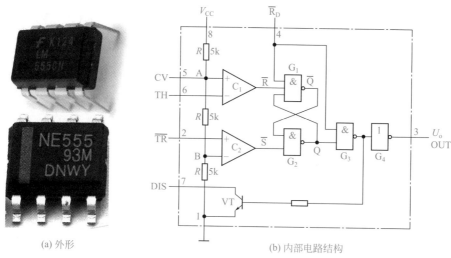

(a) 外形　　　　　　　　　　(b) 内部电路结构

图 17-81　555 定时器内部电路结构

② 基本 RS 触发器

基本 RS 触发器是由两个与非 $G_1$、$G_2$ 门构成的，其功能说明如下：

当 $\overline{R}=0$、$\overline{S}=1$ 时，触发器置"0"，即 $Q=0$，$\overline{Q}=1$；

当 $\overline{R}=1$、$\overline{S}=0$ 时，触发器置"1"，即 $Q=1$，$\overline{Q}=0$；

当 $\overline{R}=1$、$\overline{S}=1$ 时，触发器"保持"原状态；

当 $\overline{R}=0$、$\overline{S}=0$ 时，触发器状态不定，这种情况禁止出现。

$\overline{R}_D$ 端（④脚）为定时器复位端，当 $\overline{R}_D=0$ 时，它送到基本 RS 触发器，对触发器置"0"，即 $Q=0$，$\overline{Q}=1$；$\overline{R}_D=0$ 和触发器输出的 $Q=0$ 送到与非门 $G_3$，与非门输出为"1"，再经非门 $G_4$ 后变为"0"，从定时器的 OUT 端（③脚）输出"0"。即当 $\overline{R}_D=0$ 时，定时器被复位，输出为"0"，在正常工作时，应让 $\overline{R}_D=1$。

③ 放电管和缓冲器

三极管 VT 为放电管，它的状态受与非门 $G_3$ 输出电平控制，当 $G_3$ 输出为高电平时，VT 的基极为高电平而导通，⑦、①之间相当于短路；当 $G_3$ 输出为低电平时，VT 截止，⑦、①之间相当于开路。非门 $G_4$ 为缓冲器，主要是提高定时器带负载能力，保证定时器 OUT 端能输出足够的电流，还能隔离负载对定时器的影响。

555 定时器的功能见表 17-18，表中标"×"表示不论为何值情况，都不影响结果。

表 17-18　555 定时器的功能表

| 输　　　　入 | | | 输　　　出 | |
|---|---|---|---|---|
| $\overline{R}_D$ | TH | $\overline{TR}$ | OUT | 放电管状态 |
| 0 | × | × | 低 | 导通 |
| 1 | $> \dfrac{2}{3} V_{CC}$ | $> \dfrac{1}{3} V_{CC}$ | 低 | 导通 |
| 1 | $< \dfrac{2}{3} V_{CC}$ | $> \dfrac{1}{3} V_{CC}$ | 不变 | 不变 |
| 1 | $< \dfrac{2}{3} V_{CC}$ | $< \dfrac{1}{3} V_{CC}$ | 高 | 截止 |

从表中可以看出 555 在各种情况下的状态，如在 $\overline{R}_D=1$ 时，如果高触发端 $TH > \dfrac{2}{3} V_{CC}$、低

触发端 $\overline{\text{TR}} > \dfrac{1}{3}V_{\text{CC}}$，则定时器 OUT 端会输出低电平"0"，此时内部的放电管处于导通状态。

（2）应用电路

如图 17-82 所示是采用 555 定时器芯片构成的电子催眠器的电路图。

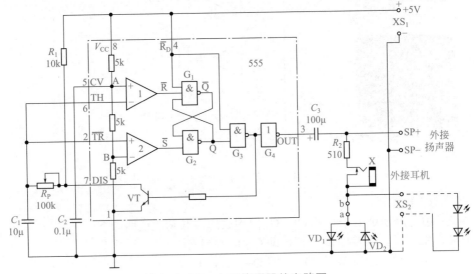

图 17-82　电子催眠器的电路图

① 有关睡眠与电子催眠的知识

科学研究表明，人体神经是依靠电信号传递信息的，当人体处于不同活动状态时，其脑电波的活动频率也不相同。表 17-19 中列出了人体常见的脑电波及意识状态。

表 17-19　人体常见的脑电波及意识状态

| 脑电波名称 | 频率 /Hz | 意识状态 | 脑电波名称 | 频率 /Hz | 意识状态 |
| --- | --- | --- | --- | --- | --- |
| β | 14～30 | 兴奋 | θ | 3.5～7 | 轻度睡眠 |
| α | 7～14 | 平静 | σ | 0.5～3.5 | 深度睡眠 |

人的整个睡眠过程可以分为 5 个阶段。

第 1 阶段为过渡期。人体感到困倦、意识进入朦胧状态，通常持续 1～7min，呼吸和心跳变慢，肌肉变松弛，体温下降，脑电波为频率较慢但振幅较大的 α 波。

第 2 阶段为轻度睡眠期。持续 10～25min，此时脑电波为频率更慢的 θ 波。

第 3、4 阶段为深度睡眠期。脑电波主要是频率慢、振幅极大的 δ 波。

第 5 阶段为快速眼动睡眠期。这时通过仪器可以观测到睡眠者的眼球有快速跳动现象，呼吸和心跳变得不规则，肌肉完全瘫痪，并且很难唤醒。

快速眼动睡眠结束后，再循环到轻睡期，如此循环往复，一个晚上一般要经过 4～6 次这样的循环。

当人处于不同意识状态时，大脑会呈现不同的脑电波，反之，若让大脑呈现某种脑电波，人体就会进入相应的意识状态。电子催眠是利用电子技术的方法产生与睡眠脑电波（α 和 θ）频率相同或相近的声、光信号，通过刺激听、视觉来诱导人体出现睡眠脑电波，从而使人体进入睡眠状态。

② 电子催眠器电路工作原理

如图 17-83 所示，555 定时器芯片与 $R_1$、$R_P$、$C_1$ 构成多谐振荡器，通过调节电位器 $R_P$

可以让振荡器产生 0.7～14Hz 的低频脉冲信号，该信号从 555 的③脚输出，经电容 $C_3$ 隔直后，频率仍为 0.7～14Hz，但信号电平下移，出现负脉冲，如图 17-83 所示。低频脉冲信号经 $R_2$、耳机插座和 b、a 点送给正、负极并联的发光二极管 $VD_1$、$VD_2$，正脉冲来时，$VD_1$ 导通发光，负脉冲来时，$VD_2$ 导通发光，在低频脉冲的作用下，$VD_1$、$VD_2$ 交替闪烁发光。若这时将耳机插头插入插孔 X，低频脉冲信号会流经耳机，在耳机中就能听到类似雨滴落在地板的"滴嗒"的声音。

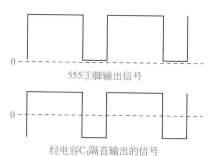

555③脚输出信号

经电容$C_3$隔直输出的信号

图 17-83　电容对 555 输出信号的隔直说明

若需要外接发光二极管，可将断开 b、a 点之间的连接，再将两个串联的发光二极管接在接插件 $XS_2$ 两端。在接插件 SP+、SP− 端外接扬声器，扬声器会发出"滴嗒"的声音，由于扬声器电阻很小，分流掉的电流很大，故外接扬声器后 $VD_1$、$VD_2$ 将不会发光，耳机也无声。

在睡觉前，戴上耳机，并将耳机插头插入插孔 X，同时让 $VD_1$、$VD_2$ 在眼睛视野内，调节电位器 $R_P$ 改变 $VD_1$、$VD_2$ 闪烁频率，闪烁频率应感觉舒适为佳。耳听类似雨滴音，眼看舒适的闪烁光，人体易出现 α 和 θ 脑电波，而进入睡眠状态。

电子催眠器产生的信号频率可用下式计算

$$f \approx \frac{1.43}{(R_1+R_P)C_1} \qquad (17\text{-}6)$$

从式（17-6）可以看出，只要改变 $R_1$、$R_P$、$C_1$ 的值就可以调节电路输出频率，在一个信号周期中，高电平时间 $t_H=0.7(R_1+R_P)C_1$，低电平时间 $t_L=0.7R_1C_1$，当 $R_P$ 阻值接近 0 时，$t_H \approx t_L$，因此电子催眠器也可以用作频率和占空比可调的低频脉冲信号发生器。

# 第18章

## 电工器件

低压电器通常是指在交流电压 1200V 或直流电压 1500V 以下工作的电器。常见的低压电器有开关、熔断器、接触器、漏电保护开关和继电器等。进行电气线路安装时，电源和负载（如电动机）之间用低压电器通过导线连接起来，可以实现负载的接通、切断、保护等控制功能。

## 18.1　开关

开关是电气线路中使用最广泛的一种低压电器，其作用是接通和切断电气线路。常见的开关有照明开关、按钮开关、闸刀开关、铁壳开关和组合开关等。

### 18.1.1　照明开关

（1）外形

照明开关用来接通和切断照明线路，允许流过的电流不能太大。常见的照明开关如图 18-1 所示。

图 18-1　常见的照明开关

（2）应用电路

如图 18-2 所示是几种用照明开关控制白炽灯的线路。在实际接线时，导线的接头尽量安排在灯座和开关内部的接线端子上，这样做不但可减少线路连接的接头数，在线路出现故障时查找比较容易。

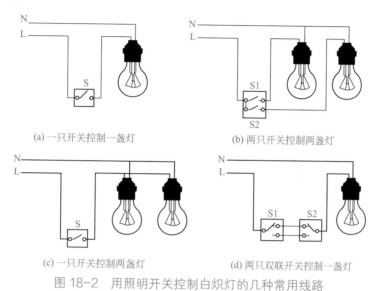

(a) 一只开关控制一盏灯　　　　　　(b) 两只开关控制两盏灯

(c) 一只开关控制两盏灯　　　　　　(d) 两只双联开关控制一盏灯

图 18-2　用照明开关控制白炽灯的几种常用线路

## 18.1.2　按钮开关

按钮开关用来在短时间内接通或切断小电流电路，主要用在电气控制电路中。按钮开关允许流过的电流较小，一般不能超过 5A。

按钮开关用符号"SB"表示，它可分为三种类型：常闭按钮开关、常开按钮开关和复合按钮开关。这三种开关的内部结构示意图和电路图形符号如图 18-3 所示。

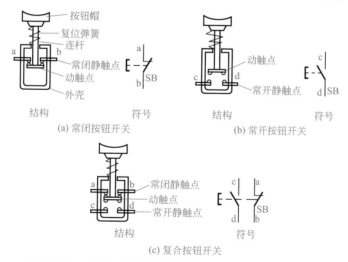

(a) 常闭按钮开关　　　　　　　　(b) 常开按钮开关

(c) 复合按钮开关

图 18-3　三种开关的内部结构示意图和电路图形符号

图 18-3（a）所示为常闭按钮开关。在未按下按钮时，依靠复位弹簧的作用力使内部的金属动触点将常闭静触点 a、b 接通；当按下按钮时，动触点与常闭静触点脱离，a、b 断开；当松开按钮后，触点自动复位（闭合状态）。

图 18-3（b）所示为常开按钮开关。在未按下按钮时，金属动触点与常开静触点 a、b 断开；当按下按钮时，动触点与常闭静触点接通；当松开按钮后，触点自动复位（断开状态）。

图 18-3（c）所示为复合按钮开关。在未按下按钮时，金属动触点与常闭静触点 a、b 接通，而与常开静触点断开；当按下按钮时，动触点与常闭静触点断开，而与常开静触点接通；当松开按钮后，触点自动复位（常开断开，常闭闭合）。

有些按钮开关内部有多对常开、常闭触点，它可以在接通多个电路的同时切断多个电路。常开触点也称为 A 触点，常闭触点又称 B 触点。

常见的按钮开关实物外形如图 18-4 所示。

图 18-4　常见的按钮开关实物外形

### 18.1.3　闸刀开关

闸刀开关又称为开启式负荷开关、瓷底胶盖闸刀开关，简称刀开关。它可分为单相闸刀开关和三相闸刀开关。

（1）外形、结构与符号

闸刀开关外形、结构与符号如图 18-5 所示。闸刀开关除了能接通、断开电源外，其内部一般会安装熔丝，因此还能起过流保护作用。

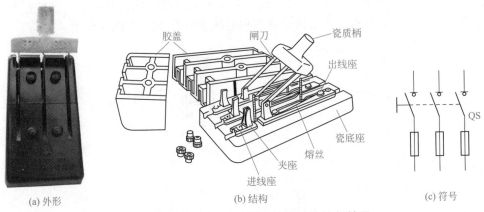

(a) 外形　　　　　　　　　　(b) 结构　　　　　　　　(c) 符号

图 18-5　常见的闸刀开关的外形、结构与符号

闸刀开关需要垂直安装，进线装在上方，出线装在下方，进出线不能接反，以免触电。由于闸刀开关没有灭电弧装置（闸刀接通或断开时产生的电火花称为电弧），因此不能用作大容量负载的通断控制。闸刀开关一般用在照明电路中，也可以用作非频繁启动 / 停止的小容量电动机控制。

（2）应用电路

如图 18-6 所示是一个简单的电动机正转控制线路，其中图 18-6（a）为线路图，图 18-6（b）为实物连接图。

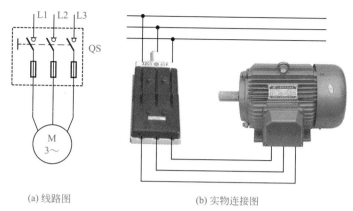

(a) 线路图            (b) 实物连接图

图 18-6 简单电动机正转控制线路

电动机的三根相线通过闸刀开关内部的触点和熔断器 FU 连接到三相交流电。当合上闸刀开关 QS 时，三相交流电通过触点、熔断器送给三相电动机，电动机运转；当断开 QS 时，切断电动机供电，电动机停转；如果流过电动机的电流过大，熔断器 FU 会因大电流流过而熔断，切断电动机供电，电动机得到了保护。为了安全起见，图中的闸刀开关可安装在配电箱内或绝缘板上。

这种控制线路简单、元器件少，适合作容量小且启动不频繁的电动机正转控制线路，图中的闸刀开关还可以用铁壳开关（封闭式负荷开关）、组合开关或低压断路器来代替。

### 18.1.4 铁壳开关

铁壳开关又称为封闭式负荷开关，它的外形、结构与符号如图 18-7 所示。

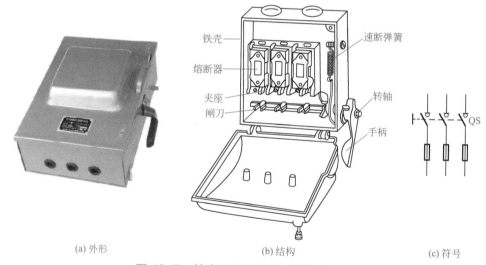

(a) 外形            (b) 结构            (c) 符号

图 18-7 铁壳开关的外形、结构与符号

铁壳开关是在闸刀开关的基础上进行改进而设计出来的，它的主要优点如下。

① 在铁壳开关内部有一个速断弹簧，在操作手柄打开或关闭开关外盖时，依靠速断弹簧的作用力，可以使开关内部的闸刀迅速断开或合上，这样能有效地减少电弧。

② 铁壳开关内部具有连锁机构，当开关外盖打开时，手柄无法合闸，当手柄合闸后，外盖无法打开，这就使得操作更加安全。

铁壳开关常用在农村和工矿的电力照明、电力排灌等配电设备中，与闸刀开关一样，铁壳开关也不能用作频繁的通断控制。

### 18.1.5　组合开关

组合开关又称为转换开关，它是一种由多层触点组成的开关。组合开关外形、结构和符号如图 18-8 所示。图中的组合开关由三层动、静触点组成，当旋转手柄时，可以同时调节三组动触点与三组静触点之间的通断。为了有效地灭弧，在转轴上装有弹簧，在操作手柄时，依靠弹簧的作用可以迅速接通或断开触点。

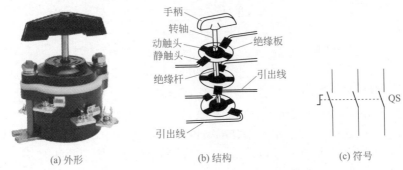

(a) 外形　　　　　　　(b) 结构　　　　　　　(c) 符号

图 18-8　组合开关的外形、结构和符号

组合开关不宜进行频繁的转换操作，常用于控制 4kW 以下的小容量电动机。

### 18.1.6　倒顺开关

倒顺开关又称可逆转开关，属于较特殊的组合开关，专门用来控制小容量三相异步电动机的正转和反转。

（1）外形与符号

倒顺开关的外形与符号如图 18-9 所示。

倒顺开关有"倒""停""顺"3 个位置。当开关处于"停"位置时，动触点与静触点均处于断开状态，如图 18-9（b）所示。当开关由"停"旋转至"顺"位置时，动触点 U、V、W 分别与静触点 L1、L2、L3 接触；当开关由"停"旋转至"倒"位置时，动触点 U、V、W 分别与静触点 L3、L2、L1 接触。

（2）应用电路

如图 18-10 所示是倒顺开关控制电动机正、反转的控制线路。

倒顺开关 QS 处于"停"挡，电动机无供电而停转。当 QS 旋至"顺"挡时，三个动触

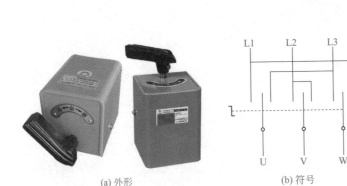

(a) 外形　　　　　　　　　(b) 符号

图 18-9　倒顺开关

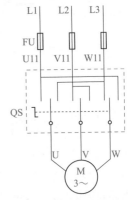

图 18-10　倒顺开关控制电动机
正、反转的控制线路

头与对应的左静触头接触，L1、L2、L3 三相电压分别送到电动机的 U、V、W 相线，电动机正转。当 QS 旋至"倒"挡时，三个动触头与对应的右静触头接触，L1、L2、L3 三相电压分别送到电动机的 W、V、U 相线，电动机 U、W 两相电压切换，电动机反转。

利用倒顺开关组成的正、反向控制电路采用的元件少、线路简单，但由于倒顺开关直接接在主电路中，操作不安全，也不适合用作大容量的电动机控制，一般用在额定电流 10A、功率 3kW 以下的小容量电动机控制线路中。

### 18.1.7 万能转换开关

万能转换开关由多层触点中间叠装绝缘层而构成，它主要用来转换控制线路，也可用作小容量电动机的启动、换向和变速等。万能转换开关的外形、符号和触点分合表如图 18-11 所示。

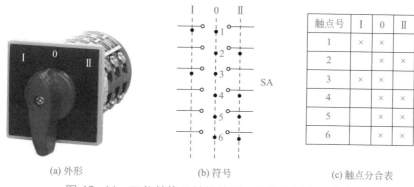

| 触点号 | I | 0 | Ⅱ |
|---|---|---|---|
| 1 | × | × | |
| 2 | | × | × |
| 3 | × | × | |
| 4 | | | × |
| 5 | | × | × |
| 6 | | × | × |

(a) 外形  (b) 符号  (c) 触点分合表

图 18-11 万能转换开关的外形、符号和触点分合表

如图 18-11 所示的万能转换开关有 6 路触点，它们的通断受手柄的控制。手柄有 I、0、Ⅱ 3 个挡位，手柄处于不同挡位时，6 路触点通断情况不同，从图 18-11（b）所示的万能转换开关符号可以看出不同挡位触点的通断情况。

在万能转换开关符号中，"—o o—"表示一路触点，竖虚线表示手柄位置，触点下方虚线上的"·"表示手柄处于虚线所示的挡位时该路触点接通。例如手柄处于"0"挡位时，6 路触点在该挡位虚线上都标有"·"，表示在"0"挡位时 6 路触点都是接通的；手柄处于"I"挡时，第 1、3 路触点相通；手柄处于"Ⅱ"挡时，第 2、4、5、6 路触点是相通的。万能转换开关触点在不同挡位的通断情况也可以用图 18-11（c）所示的触点分合表说明，"×"表示相通。

### 18.1.8 行程开关

行程开关是一种利用机械运动部件的碰压使触点接通或断开的开关。行程开关的外形与符号如图 18-12 所示。

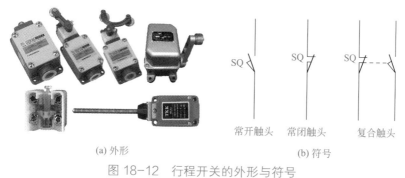

SQ          SQ          SQ

常开触头      常闭触头      复合触头

(a) 外形                (b) 符号

图 18-12 行程开关的外形与符号

行程开关的种类很多，根据结构可分为直动式（或称按钮式）、旋转式、微动式和组合式等。如图 18-13 所示是直动式行程开关的结构示意图。从图中可以看出，行程开关的结构与按钮开关的基本相同，但将按钮改成推杆。在使用时将行程开关安装在机械部件运动路径上，当机械部件运动到行程开关位置时，会撞击推杆而让常闭触点断开、常开触点接通。

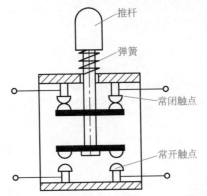

图 18-13　直动式行程开关的结构示意图

### 18.1.9　接近开关

接近开关又称无触点位置开关，当运动的物体靠近接近开关时，接近开关能感知物体的存在而输出信号。接近开关既可以用在运动机械设备中进行行程控制和限位保护，又可以用作高速计数、测速、检测物体大小等。

（1）外形与符号

接近开关的外形和符号如图 18-14 所示。

(a) 外形　　　　　(b) 符号

图 18-14　接近开关的外形和符号

（2）种类与工作原理

接近开关种类很多，常见的有高频振荡型、电容型、光电型、霍尔型、电磁感应型和超声波型等，其中高频振荡型接近开关最为常见。高频振荡型接近开关的组成如图 18-15 所示。

图 18-15　高频振荡型接近开关的组成

当金属检测体接近感应头时，作为振荡器一部分的感应头损耗增大，迫使振荡器停止工作，随后开关电路因振荡器停振而产生一个控制信号送给输出电路，让输出电路输出控制电压，若该电压送给继电器，继电器就会产生吸合动作来接通或断开电路。

### 18.1.10　开关的检测

开关种类很多，但检测方法大同小异，一般采用万用表的电阻挡检测触点的通断情况。

下面以图 18-16 所示的复合型按钮开关为例来说明开关的检测，该按钮开关有一个常开触点和一个常闭触点，共有 4 个接线端子。

图 18-16 复合型按钮开关的接线端子

复合按钮开关的检测可分为以下两个步骤。

① 在未按下按钮时进行检测。复合型按钮开关有一个常闭触点和一个常开触点。在检测时，先测量常闭触点的两个接线端子之间的电阻，如图 18-17（a）所示，正常电阻近 0Ω。然后测量常开触点的两个接线端子之间的电阻，若常开触点正常，数字万用表会显示超出量程符号 "1" 或 "OL"，用指针万用表测量时电阻为无穷大。

② 在按下按钮时进行检测。在检测时，将按钮按下不放，分别测量常闭触点和常开触点两个接线端子之间的电阻。如果按钮开关正常，则常闭触点的电阻应为无穷大，如图 18-17（b）所示。而常开触点的电阻应接近 0Ω；若与之不符，则表明按钮开关损坏。

在测量常闭或常开触点时，如果出现阻值不稳定，则通常是由于相应的触点接触不良。因为开关的内部结构比较简单，如果检测时发现开关不正常，可将开关拆开进行检查，找出具体的故障原因，并进行排除，无法排除的就需要更换新的开关。

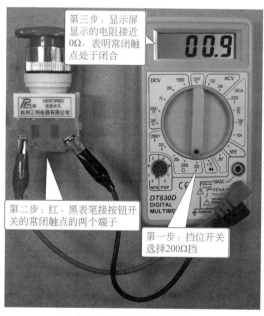

(a) 未按下按钮时检测常闭触点

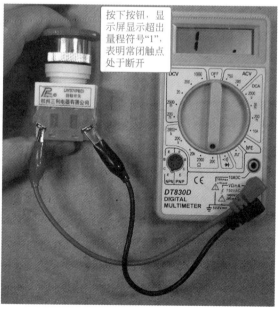

(b) 按下按钮时检测常闭触点

图 18-17 复合按钮开关的检测

## 18.2 熔断器

　　熔断器是对电路、用电设备短路和过载进行保护的电器。熔断器一般串接在电路中，当电路正常工作时，熔断器就相当于一根导线；当电路出现短路或过载时，流过熔断器的电流很大，熔断器就会开路，从而保护电路和用电设备。

　　熔断器的种类很多，常见的有 RC 插入式熔断器、RL 螺旋式熔断器、RM 无填料封闭式熔断器、RS 有填料快速熔断器、RT 有填料封闭管式熔断器和 RZ 自复式熔断器等。熔断器的型号含义说明如下：

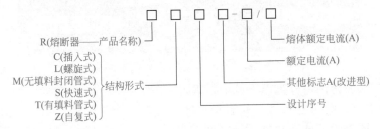

### 18.2.1　六种类型的熔断器介绍

　　**（1）RC 插入式熔断器**

　　RC 插入式熔断器主要用于电压在 380V 及以下、电流在 5～200A 之间的电路中，如照明电路和小容量的电动机电路中。如图 18-18 所示是一种常见的 RC 插入式熔断器。这种熔断器用在额定电流在 30A 以下的电路中时，熔丝一般采用铅锡丝；当用在电流为 30～100A 的电路中时，熔丝一般采用铜丝；当用在电流达 100A 以上的电路中时，一般用变截面的铜片作熔丝。

　　**（2）RL 螺旋式熔断器**

　　如图 18-19 所示是一种常见的 RL 螺旋式熔断器，这种熔断器在使用时，要在内部安装一个螺旋状的熔管，在安装熔管时，先将熔断器的瓷帽旋下，再将熔管放入内部，然后旋好瓷帽。熔管上、下方为金属盖，熔管内部装有石英砂和熔丝，有的熔管上方的金属盖中央有一个红色的熔断指示器，当熔丝熔断时，指示器颜色会发生变化，以指示内部熔丝已断。指示器的颜色变化可以通过熔断器瓷帽上的玻璃窗口观察到。

　　RL 螺旋式熔断器具有体积小、分断能力较强、工作安全可靠、安装方便等优点，通常用在工厂 200A 以下的配电箱、控制箱和机床电动机的控制电路中。

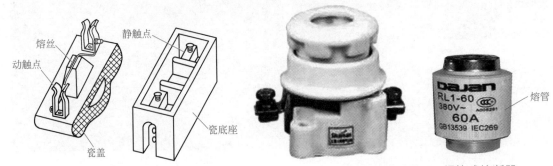

图 18-18　一种常见的 RC 插入式熔断器　　　　图 18-19　一种常见的 RL 螺旋式熔断器

（3）RM 无填料封闭式熔断器

如图 18-20 所示是一种典型的 RM 无填料封闭式熔断器，它可以拆卸。这种熔断器的熔体是一种变截面的锌片，它被安装在纤维管中，锌片两端的刀形接触片穿过黄铜帽，再通过垫圈安插在刀座中。这种熔断器通过大电流时，锌片上窄的部分首先熔断，使中间大段的锌片脱断，形成很大的间隔，从而有利于灭弧。

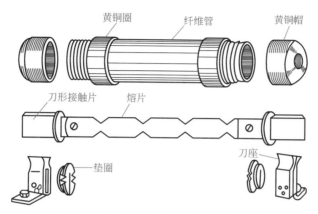

图 18-20　一种典型的 RM 无填料封闭式熔断器

RM 无填料封闭式熔断器具有保护性好、分断能力强、熔体更换方便和安全可靠等优点，主要用在交流 380V 以下或直流 440V 以下、电流 600A 以下的电力电路中。

（4）RS 有填料快速熔断器

RS 有填料快速熔断器主要用于硅整流器件、晶闸管器件等半导体器件及其配套设备的短路和过载保护，它的熔体一般采用银制成，具有熔断迅速、能灭弧等优点。如图 18-21 所示是两种常见的 RS 有填料快速熔断器。

（5）RT 有填料封闭管式熔断器

RT 有填料封闭管式熔断器又称为石英熔断器，它常用作变压器和电动机等电气设备的过载和短路保护。如图 18-22（a）所示是几种常见的 RT 有填料封闭管式熔断器，这种熔断器可以用螺钉、卡座等与电路连接起来；如图 18-22（b）所示是将一种熔断器插在卡座内的情形。

图 18-21　两种常见的 RS 有填料快速熔断器

RT 有填料封闭管式熔断器具有保护性好、分断能力强、灭弧性能好和使用安全等优点，主要用在短路电流大的电力电网和配电设备中。

(a)　　　　　　　　　　　(b)

图 18-22　几种常见的 RT 有填料封闭管式熔断器

### （6）RZ 自复式熔断器

RZ 自复式熔断器的结构示意图如图 18-23 所示。其内部采用金属钠作为熔体，在常温下，钠的电阻很小，整个熔丝的电阻也很小，可以通过正常的电流，若电路出现短路，则会导致流过钠熔体的电流很大，钠被加热汽化，电阻变大，熔断器相当于开路，当短路消除后，流过的电流减小，钠又恢复成固态，电阻又变小，熔断器自动恢复正常。

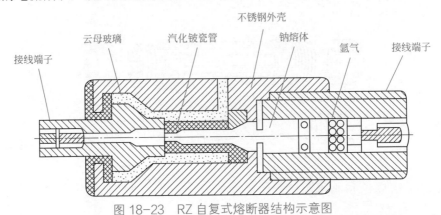

图 18-23　RZ 自复式熔断器结构示意图

RZ 自复式熔断器通常与低压断路器配套使用，其中 RZ 自复式熔断器用作短路保护，断路器用作控制和过载保护，这样可以提高供电可靠性。

## 18.2.2　熔断器的检测

熔断器常见故障是开路和接触不良。熔断器的种类很多，但检测方法基本相同。下面以检测如图 18-24 所示的熔断器为例来说明熔断器的检测方法。

检测时，万用表的挡位开关选择"200Ω"挡，然后将红、黑表笔分别接熔断器的两端，测量熔断器的电阻。若熔断器正常，则电阻接近 0Ω；若显示屏显示超出量程符号"1"或"OL"（指针万用表显示电阻无穷大），则表明熔断器开路；若阻值不稳定（时大时小），则表明熔断器内部接触不良。

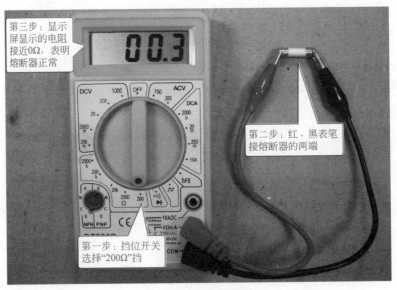

图 18-24　熔断器的检测

## 18.3　断路器（空气开关）

断路器又称为自动空气开关，它既能对电路进行不频繁的通断控制，又能在电路出现过载、短路和欠电压（电压过低）时自动掉闸（即自动切断电路），因此它既是一个开关电器，又是一个保护电器。

### 18.3.1　外形与符号

断路器种类较多，图 18-25（a）是一些常用的塑料外壳式断路器，断路器的电路符号如图 18-25（b）所示，从左至右依次为单极（1P）、两极（2P）和三极（3P）断路器。在断路器上标有额定电压、额定电流和工作频率等内容。

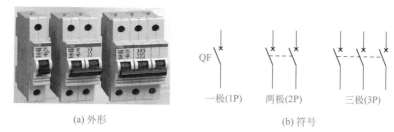

(a) 外形　　　　　　　　　　　(b) 符号

图 18-25　断路器的外形与符号

### 18.3.2　结构与工作原理

断路器的典型结构如图 18-26 所示。该断路器是一个三相断路器，内部主要由主触点、反力弹簧、搭钩、杠杆、电磁脱扣器、热脱扣器和欠电压脱扣器等组成。该断路器可以实现过电流、过热和欠电压保护功能。

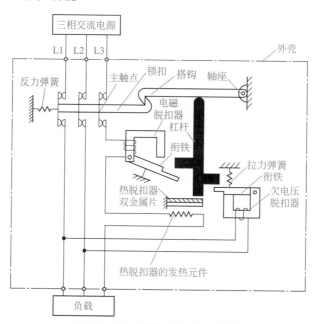

图 18-26　断路器的典型结构

**（1）过电流保护**

三相交流电源经断路器的三个主触点和三条线路为负载提供三相交流电，其中一条线路中串接了电磁脱扣器线圈和发热元件。当负载有严重短路时，流过线路的电流很大，流过电磁脱扣器线圈的电流也很大，线圈产生很强的磁场并通过铁芯吸引衔铁，衔铁动作，带动杠杆上移，两个搭钩脱离，依靠反力弹簧的作用，三个主触点的动、静触点断开，从而切断电源以保护短路的负载。

**（2）过热保护**

如果负载没有短路，但若长时间超负荷运行，负载比较容易损坏。虽然在这种情况下电流也较正常时大，但还不足以使电磁脱扣器动作，断路器的热保护装置可以解决这个问题。若负载长时间超负荷运行，则流过发热元件的电流长时间偏大，发热元件温度升高，它加热附近的双金属片（热脱扣器），其中上面的金属片热膨胀小，双金属片受热后向上弯曲，推动杠杆上移，使两个搭钩脱离，三个主触点的动、静触点断开，从而切断电源。

**（3）欠电压保护**

如果电源电压过低，则断路器也能切断电源与负载的连接，进行保护。断路器的欠电压脱扣器线圈与两条电源线连接，当三相交流电源的电压很低时，两条电源线之间的电压也很低，流过欠电压脱扣器线圈的电流小，线圈产生的磁场弱，不足以吸引住衔铁，在拉力弹簧的拉力作用下，衔铁上移，并推动杠杆上移，两个搭钩脱离，三个主触点的动、静触点断开，从而断开电源与负载的连接。

### 18.3.3　应用电路

如图 18-27 所示是断路器控制电动机正转的线路，将断路器操作柄往上拨向"ON"时，内部三个触点闭合，三相电源通过断路器送到三相电动机，电动机运转，将断路器操作柄往下拨向"OFF"时，内部三个触点断开，切断三相电动机的供电，电动机停转，由于断路器具有过流保护功能，所以无需再在电路中串接熔断器。

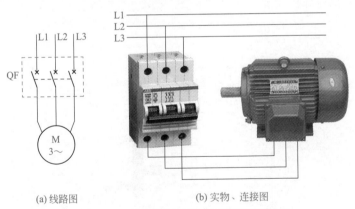

(a) 线路图　　　　　　　　　(b) 实物、连接图

图 18-27　断路器控制电动机正转的线路

### 18.3.4　面板参数的识读

**（1）主要参数**

断路器的主要参数如下。

① 额定工作电压 $U_e$　是指在规定条件下断路器长期使用能承受的最高电压，一般指线电压。

② 额定绝缘电压 $U_i$　是指在规定条件下断路器绝缘材料能承受最高电压，该电压一般

较额定工作电压高。

③ 额定频率　是指断路器适用的交流电源频率。

④ 额定电流 $I_n$　是指在规定条件下断路器长期使用而不会脱扣跳闸的最大电流。流过断路器的电流超过额定电流，断路器会脱扣跳闸，电流越大，跳闸时间越短。比如有的断路器电流为 $1.13I_n$ 时一小时内不会跳闸，当电流达到 $1.45I_n$ 时一小时内会跳闸，当电流达到 $10I_n$ 时会瞬间（<0.1s）跳闸。

⑤ 瞬间脱扣整定电流　是指会引起断路器瞬间（<0.1s）脱扣跳闸的动作电流。

⑥ 额定温度　是指断路器长时间使用允许的最高环境温度。

⑦ 短路分断能力　它可分为极限短路分断能力（$I_{cu}$）和运行短路分断能力（$I_{cs}$），分别是指在极限条件下和运行时断路器触点能断开（触点不会产生熔焊、粘连等）所允许通过的最大电流。

（2）面板标注参数的识读

断路器面板上一般会标注重要的参数，在选用时要会识读这些参数含义。断路器面板标注参数的识读如图 18-28 所示。

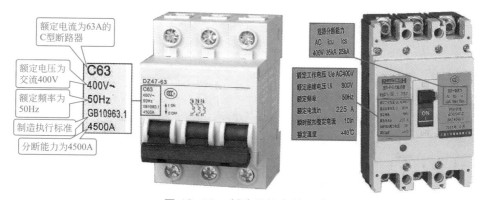

图 18-28　断路器的参数识读

### 18.3.5　断路器的检测

断路器检测通常使用万用表的电阻挡，检测过程如图 18-29 所示，具体分以下两步。

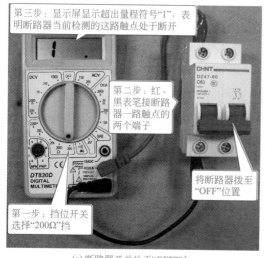

(a) 断路器开关处于"OFF"时

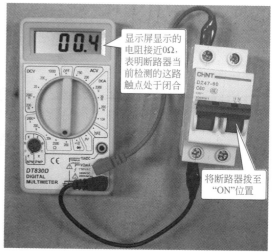

(b) 断路器开关处于"ON"时

图 18-29　断路器的检测

① 将断路器上的开关拨至"OFF（断开）"位置，然后将红、黑表笔分别接断路器一路触点的两个接线端子，正常电阻应为无穷大（数字万用表显示超出量程符号"1"或"OL"），如图 18-29（a）所示。接着再用同样的方法测量其他路触点的接线端子间的电阻，正常电阻均应为无穷大，若某路触点的电阻为 0 或时大时小，则表明断路器的该路触点短路或接触不良。

② 将断路器上的开关拨至"ON（闭合）"位置，然后将红、黑表笔分别接断路器一路触点的两个接线端子，正常电阻应接近 $0\Omega$，如图 18-29（b）所示，接着再用同样的方法测量其他路触点的接线端子间的电阻，正常电阻均应接近 $0\Omega$，若某路触点的电阻为无穷大或时大时小，则表明断路器的该路触点开路或接触不良。

## 18.4　漏电保护器

断路器具有过流、过热和欠压保护功能，但当用电设备绝缘性能下降而出现漏电时却无保护功能，这是因为漏电电流一般较短路电流小得多，不足以使断路器跳闸。漏电保护器是一种具有断路器功能和漏电保护功能的电器，在线路出现过流、过热、欠压和漏电时，均会脱扣跳闸保护。

### 18.4.1　外形与符号

漏电保护器又称为漏电保护开关，英文缩写为 RCD，其外形和符号如图 18-30 所示。在图 18-30（a）中，左边的为单极漏电保护器，当后级电路出现漏电时，只切断一条 L 线路（N 线路始终是接通的），中间的为两极漏电保护器，漏电时切断两条线路，右边的为三相漏电保护器，漏电时切断三条线路。对于图 18-30（a）后面两种漏电保护器，其下方有两组接线端子，如果接左边的端子（需要拆下保护盖），则只能用到断路器功能，无漏电保护功能。

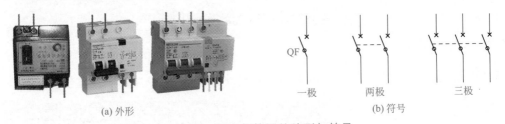

(a) 外形　　　　　　　　　　　　　　　(b) 符号

图 18-30　漏电保护器的外形与符号

### 18.4.2　结构与工作原理

如图 18-31 所示是漏电保护器的结构示意图。

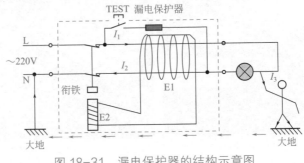

图 18-31　漏电保护器的结构示意图

工作原理说明:

220V 的交流电压经漏电保护器内部的触点在输出端接负载（灯泡），在漏电保护器内部两根导线上缠有线圈 E1，该线圈与铁芯上的线圈 E2 连接，当人体没有接触导线时，流过两根导线的电流 $I_1$、$I_2$ 大小相等，方向相反，它们产生大小相等、方向相反的磁场，这两个磁场相互抵消，穿过 E1 线圈的磁场为 0，E1 线圈不会产生电动势，衔铁不动作。一旦人体接触导线，如图 18-31 所示，一部分电流 $I_3$（漏电电流）会经人体直接到地，再通过大地回到电源的另一端，这样流过漏电保护器内部两根导线的电流 $I_1$、$I_2$ 就不相等，它们产生的磁场也就不相等，不能完全抵消，即两根导线上的 E1 线圈有磁场通过，线圈会产生电流，电流流入铁芯上的 E2 线圈，E2 线圈产生磁场吸引衔铁而脱扣跳闸，将触点断开，切断供电，触电的人就得到了保护。

为了在不漏电的情况下检验漏电保护器的漏电保护功能是否正常，漏电保护器一般设有"TEST（测试）"按钮，当按下该按钮时，L 线上的一部分电流通过按钮、电阻流到 N 线上，这样流过 E1 线圈内部的两根导线的电流不相等（$I_2>I_1$），E1 线圈产生电动势，有电流过 E2 线圈，衔铁动作而脱扣跳闸，将内部触点断开。如果测试按钮无法闭合或电阻开路，测试时漏电保护器不会动作，但使用时发生漏电会动作。

### 18.4.3　应用电路

如图 18-32 所示是住宅配电箱的配电线路。对于容易产生漏电的厨房和卫生间插座等，使用了漏电保护器来控制线路通断和进行漏电保护，总开关和不易产生漏电的插座照明线路则使用了断路器。

三根入户线（L、N、PE）进入配电箱，其中 L、N 线接到总断路器的输入端。而 PE 线直接接到地线公共接线柱（所有接线柱都是相通的），总断路器输出端的 L 线接到 3 个漏电保护器的 L 端和 5 个 1P 断路器的输入端，总断路器输出端的 N 线接到 3 个漏电保护器的 N 端和零线公共接线柱。在输出端，每个漏电保护器的 2 根输出线（L、N）和 1 根由地线公共接线柱引来的 PE 线组成一个分支线路，而单极断路器的 1 根输出线（L）和 1 根由零线公共接线柱引来的 N 线，再加上 1 根由地线公共接线柱引来的 PE 线组成一个分支线路，由于照明线路一般不需地线，故该分支线路未使用 PE 线。

### 18.4.4　面板介绍及漏电模拟测试

（1）面板介绍

漏电保护器的面板介绍如图 18-33 所示，左边为断路器部分，右边为漏电保护部分，漏电保护部分的主要参数有漏电保护的动作电流和动作时间，对于人体来说，30mA 以下是安全电流，动作电流一般不要大于 30mA。

（2）漏电模拟测试

在使用漏电保护器时，先要对其进行漏电测试。漏电保护器的漏电测试操作如图 18-34 所示。具体操作如下。

① 按下漏电指示及复位按钮（如果该按钮处于弹起状态），再将漏电保护器合闸（即开关拨至"ON"），复位按钮处于弹起状态时无法合闸，然后将漏电保护器的输入端接交流电源，如图 18-34（a）所示。

② 按下测试按钮，模拟线路出现漏电，如果漏电保护器正常，则会跳闸，同时漏电指示及复位按钮弹起，如图 18-34（b）所示。

当漏电保护器的漏电测试通过后才能投入使用，如果继续使用，可能在线路出现漏电时无法执行漏电保护。

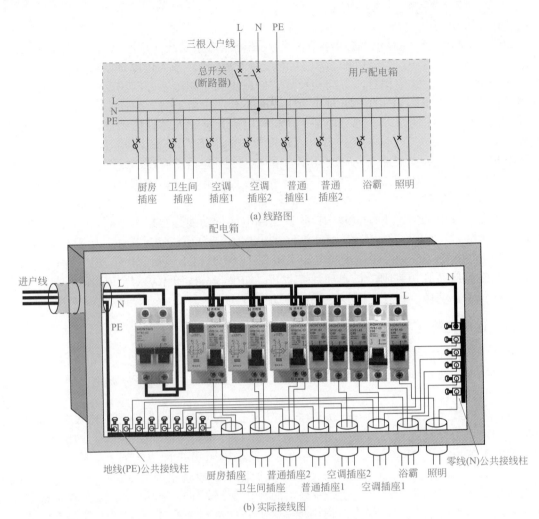

(a) 线路图

(b) 实际接线图

图 18-32　住宅配电箱的配电线路

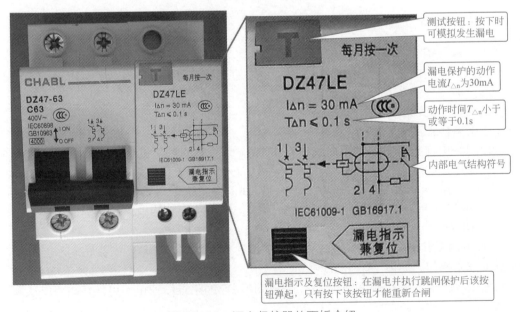

图 18-33　漏电保护器的面板介绍

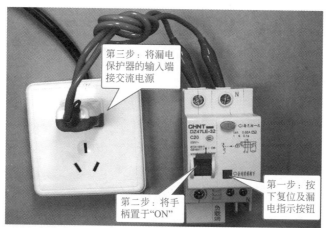

第三步：将漏电保护器的输入端接交流电源

第二步：将手柄置于"ON"

第一步：按下复位及漏电指示按钮

(a) 测试准备

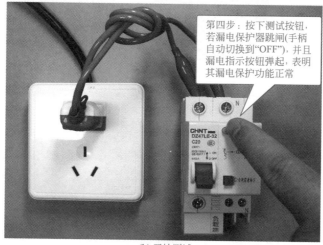

第四步：按下测试按钮，若漏电保护器跳闸(手柄自动切换到"OFF")，并且漏电指示按钮弹起，表明其漏电保护功能正常

(b) 开始测试

图 18-34　漏电保护器的漏电模拟测试

## 18.4.5　检测

**（1）输入输出端的通断检测**

漏电保护器的输入输出端的通断检测与断路器基本相同，即将开关分别置于"ON"和"OFF"位置，分别测量输入端与对应输出端之间的电阻。

在检测时，先将漏电保护器的开关置于"ON"位置，用万用表测量输入与对应输出端之间的电阻，正常应接近 0Ω，如图 18-35 所示；再将开关置于"OFF"位置，测量输入与对应输出端之间的电阻，正常应为无穷大（数字万用表显示超出量程符号"1"或"OL"）。若检测与上述不符，则漏电保护器损坏。

**（2）漏电测试线路的检测**

在按压漏电保护器的测试按钮进行漏电测试时，若漏电保护器无跳闸保护动作，可能是漏电测试线路故障，也可能是其它故障（如内部机械类故障），如果仅是内部漏电测试线路出现故障导致漏电测试不跳闸，这样的漏电保护器还可继续使用，在实际线路出现漏电时仍会执行跳闸保护。

漏电保护器的漏电测试线路比较简单，如图 18-36 所示，它主要由一个测试按钮开关和一个电阻构成。如果按下测试按钮测得电阻为无穷大，则可能是按钮开关开路或电阻开路。

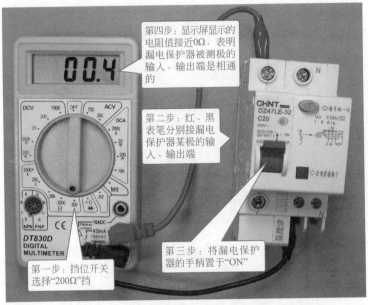

第四步：显示屏显示的电阻值接近0Ω，表明漏电保护器被测极的输入、输出端是相通的

第二步：红、黑表笔分别接漏电保护器某极的输入、输出端

第三步：将漏电保护器的手柄置于"ON"

第一步：挡位开关选择"200Ω"挡

图 18-35　漏电保护器输入输出端的通断检测

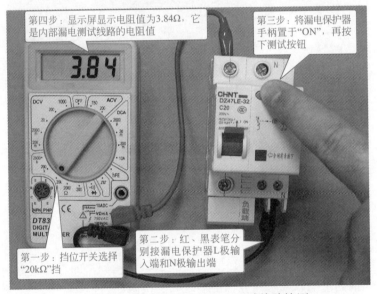

第四步：显示屏显示电阻值为3.84Ω，它是内部漏电测试线路的电阻值

第三步：将漏电保护器手柄置于"ON"，再按下测试按钮

第二步：红、黑表笔分别接漏电保护器L极输入端和N极输出端

第一步：挡位开关选择"20kΩ"挡

图 18-36　漏电保护器的漏电测试线路检测

## 18.5　接触器

接触器是一种利用电磁、气动或液压操作原理来控制内部触点频繁通断的电器，它主要用作频繁接通和切断交、直流电路。接触器的种类很多，按通过的电流来分，接触器可分为交流接触器和直流接触器，下面主要介绍最为常用的交流接触器。

### 18.5.1　结构、符号与工作原理

交流接触器的结构与符号如图 18-37 所示，它主要由三组主触点、一组常闭辅助触点、一组常开辅助触点和控制线圈组成，当给控制线圈通电时，线圈产生磁场，磁场通过铁芯吸

引衔铁，而衔铁则通过连杆带动所有的动触点动作，与各自的静触点接触或断开。交流接触器的主触点允许流过的电流较辅助触点大，故主触点通常接在大电流的主电路中，辅助触点接在小电流的控制电路中。

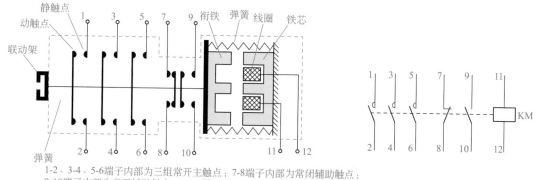

1-2、3-4、5-6端子内部为三组常开主触点；7-8端子内部为常闭辅助触点；
9-10端子内部为常开辅助触点；11-12端子内部为控制线圈

(a) 结构　　　　　　　　　　　　　　　　(b) 符号

图 18-37　交流接触器的结构与符号

有些交流接触器带有联动架，按下联动架可以使内部触点动作，使常开触点闭合、常闭触点断开，在线圈通电时衔铁会动作，联动架也会随之运动，因此如果接触器内部的触点不够用时，可以在联动架上安装辅助触点组，接触器线圈通时联动架会带动辅助触点组内部的触点同时动作。

### 18.5.2　应用电路

如图 18-38 所示是采用交流接触器控制电动机正转的点动控制线路。该线路由主电路和控制电路两部分构成，其中主电路由电源开关 QS、熔断器 FU1、交流接触器的 3 个 KM 主触点和电动机组成，控制电路由熔断器 FU2、按钮开关 SB 和接触器 KM 线圈组成。

当合上电源开关 QS 时，由于接触器 KM 的 3 个主触点处于断开状态，电源无法给电动机供电，电动机不工作。若按下按钮开关 SB，L1、L2 两相电压加到接触器 KM 线圈两端，有电流流过 KM 线圈，线圈产生磁场吸合接触器 KM 的 3 个主触点，使 3 个主触点闭合，三相交流电源 L1、L2、L3 通过 QS、FU1 和接触器 KM 的 3 个主触点给电动机供

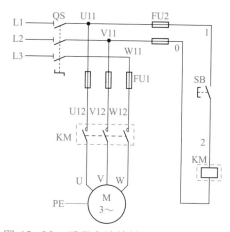

图 18-38　采用交流接触器控制电动机正转线路

电，电动机运转。此时，若松开按钮开关 SB，无电流通过接触器线圈，线圈无法吸合主触点，3 个主触点断开，电动机停止运转。

电路的工作过程也可用下面的流程来表示。

① 合上电源开关 QS。

② 启动过程。按下按钮 SB→接触器 KM 线圈得电→KM 主触点闭合→电动机 M 通电运转。

③ 停止过程。松开按钮 SB→接触器 KM 线圈失电→KM 主触点断开→电动机断电停转。

④ 停止使用时，应断开电源开关 QS。

在该线路中，按下按钮开关时，电动机运转；松开按钮时，电动机停止运转。所以称这种线路为点动式控制线路。

### 18.5.3　外形与接线端

如图 18-39 所示是一种常用的交流接触器，它内部有三个主触点和一个常开触点，没有常闭触点，控制线圈的接线端位于接触器的顶部，从标注可知，该接触器的线圈电压为 220～230V（电压频率为 50Hz 时）或 220～240V（电压频率为 60Hz 时）。

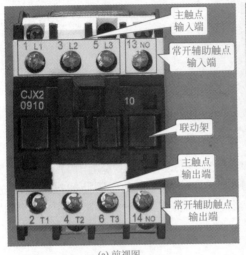

(a) 前视图　　　　　　　　　　(b) 俯视图

图 18-39　一种常用的交流接触器的外形与接线端

### 18.5.4　安装辅助触点组

如图 18-40 所示，左边的交流接触器只有一个常开辅助触点，如果希望给它再增加一个常开触点和一个常闭触点，可以在该接触器上安装一个辅助触点组（如图 18-40 的右边），安装时只要将辅助触点组底部的卡扣套到交流接触器的联动架上即可，安装了辅助触点的交流接触器如图 18-41 所示。当交流接触器的控制线圈通电时，除了自身各个触点会动作外，还通过联动架带动辅助触点组内部的触点动作。

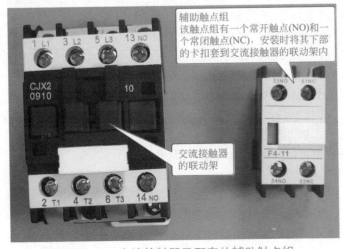

图 18-40　交流接触器及配套的辅助触点组

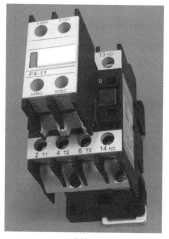

(a) 侧视图　　　　　　　　(b) 俯视图

图 18-41　安装了辅助触点的交流接触器

### 18.5.5　铭牌参数的识读

交流接触器的参数很多，在外壳上会标注一些重要的参数，其识读如图 18-42 所示。

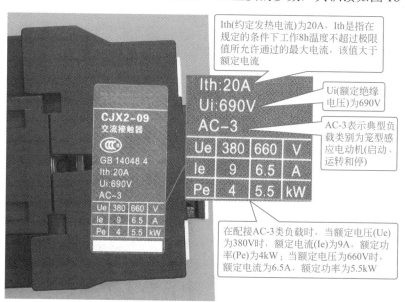

图 18-42　交流接触器外壳标注参数的识读

不同的电气设备，其负载性质及通断过程的电流差别很大，选用的交流接触器要能适合相应类型负载的要求。表 18-1 为接触器和电动机启动器（主电路）的使用类别代号与典型用途举例。

表 18-1　接触器和电动机启动器（主电路）的使用类别代号与典型用途举例

| 类别代号 | 典型用途举例 |
| --- | --- |
| AC-1 | 无感或微感负载、电阻炉 |
| AC-2 | 绕线式感应电动机的启动、分断 |
| AC-3 | 笼型感应电动机的启动、运转中分断 |

续表

| 类别代号 | 典型用途举例 |
|---|---|
| AC-4 | 笼型感应电动机的启动、反接制动或反向运转、点动 |
| AC-5a | 放电灯的通断 |
| AC-5b | 白炽灯的通断 |
| AC-6a | 变压器的通断 |
| AC-6b | 电容器组的通断 |
| AC-7a | 家用电器和类似用途的低感负载 |
| AC-7b | 家用的电动机负载 |
| AC-8a | 具有手动复位过载脱扣器的密封制冷压缩机中的电动机控制 |
| AC-8b | 具有自动复位过载脱扣器的密封制冷压缩机中的电动机控制 |
| DC-1 | 无感或微感负载、电阻炉 |
| DC-3 | 并激电动机的启动、反接制动或反向运转、点动、电动机在动态中分断 |
| DC-5 | 串激电动机的启动、反接制动或反向运转、点动、电动机在动态中分断 |
| DC-6 | 白炽灯的通断 |

### 18.5.6 交流接触器的检测

接触器的检测使用万用表的电阻挡，交流和直流接触器的检测方法基本相同，下面以交流接触器为例进行说明。交流接触器的检测过程如下。

（1）常态下检测常开触点和常闭触点的电阻

如图 18-43 所示为在常态下检测交流接触器常开触点的电阻。因为常开触点在常态下处于开路，故正常电阻应为无穷大，数字万用表检测时会显示超出量程符号"1"或"OL"，在常态下检测常闭触点的电阻时，正常测得的电阻值应接近 0Ω。对于带有联动架的交流接触器，按下联动架，内部的常开触点会闭合，常闭触点会断开，可以用万用表检测这一点是否正常。

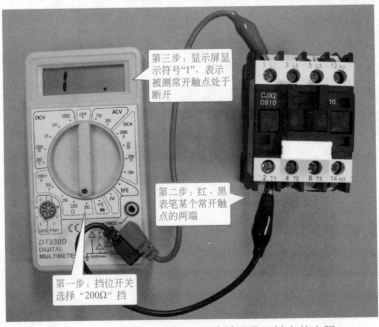

第三步：显示屏显示符号"1"，表示被测常开触点处于断开

第二步：红、黑表笔某个常开触点的两端

第一步：挡位开关选择"200Ω"挡

图 18-43　在常态下检测交流接触器常开触点的电阻

（2）检测控制线圈的电阻

检测控制线圈的电阻如图 18-44 所示，控制线圈的电阻值正常应为几百欧，一般来说，交流接触器功率越大，要求线圈对触点的吸合力越大（即要求线圈流过的电流大），线圈电阻更小。若线圈的电阻为无穷大则线圈开路，线圈的电阻为 0 则为线圈短路。

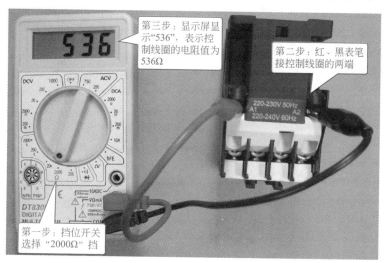

图 18-44 检测控制线圈的电阻

（3）给控制线圈通电来检测常开、常闭触点的电阻

如图 18-45 所示为给交流接触器的控制线圈通电来检测常开触点的电阻，在控制线圈通电时，若交流接触器正常，会发出"咔哒"声，同时常开触点闭合、常闭触点断开，故测得常开触点电阻应接近 0Ω、常闭触点应为无穷大（数字万用表检测时会显示超出量程符号"1"或"OL"）。如果控制线圈通电前后被测触点电阻无变化，则可能是控制线圈损坏或传动机构卡住等。

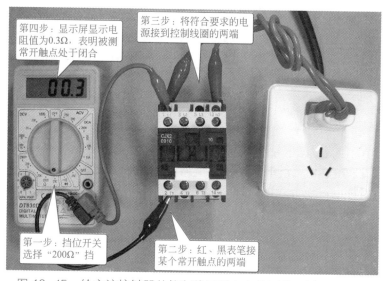

图 18-45 给交流接触器的控制线圈通电来检测常开触点的电阻

### 18.5.7 接触器的选用

在选用接触器时，要注意以下事项。

① 根据负载的类型选择不同的接触器。直流负载选用直流接触器，不同的交流负载选用相应类别的交流接触器。

② 选择的接触器额定电压应大于或等于所接电路的电压，绕组电压应与所接电路电压相同。接触器的额定电压是指主触点的额定电压。

③ 选择的接触器额定电流应大于或等于负载的额定电流。接触器的额定电流是指主触点的额定电流。对于额定电压为 380V 的中、小容量电动机，其额定电流可按 $I_{额}=2P_{额}$ 来估算，如额定电压为 380V、额定功率为 3kW 的电动机，其额定电流 $I_{额}=2×3=6A$。

④ 选择接触器时，要注意主触点和辅助触点数应符合电路的需要。

## 18.6　热继电器

热继电器是利用电流通过发热元件时产生热量而使内部触点动作的。热继电器主要用于电气设备发热保护，如电动机过载保护。

### 18.6.1　结构与工作原理

热继电器的典型结构及符号如图 18-46 所示，从图中可以看出，热继电器由电热丝、双金属片、导板、测试杆、推杆、动触片、静触片、弹簧、螺钉、复位按钮和整定旋钮等组成。

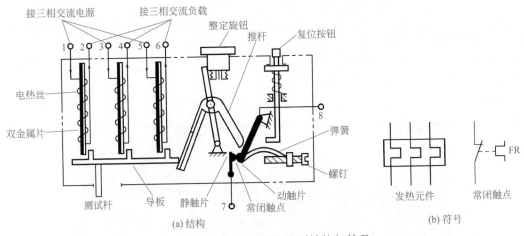

图 18-46　热继电器的典型结构与符号

该热继电器有 1-2、3-4、5-6、7-8 四组接线端，1-2、3-4、5-6 三组串接在主路的三相交流电源和负载之间，7-8 一组串接在控制电路中。1-2、3-4、5-6 三组接线端内接电热丝，电热丝绕在双金属片上，当负载过载时，流过电热丝的电流大，电热丝加热双金属片，使之往右弯曲，推动导板往右移动，导板推动推杆转动而使动触片运动，动触点与静触点断开，从而向控制电路发出信号，控制电路通过电器（一般为接触器）切断主路的交流电源，防止负载长时间过载而损坏。

在切断交流电源后，电热丝温度下降，双金属片恢复到原状，导板左移，动触点和静触点又重新接触，该过程称为自动复位，出厂时热继电器一般被调至自动复位状态。如需手动复位，可将螺钉往外旋出数圈，这样即使切断交流电源让双金属片恢复到原状，动触点和静触点也不会自动接触，需要用手动方式按下复位按钮才可使动触点和静触点接触，该过程称为手动复位。

只有流过发热元件的电流超过一定值（发热元件额定电流值）时，内部机构才会动作，使常闭触点断开（或常开触点闭合），电流越大，动作时间越短，例如流过某热继电器的电流为 1.2 倍额定电流时，2h 内动作，为 1.5 倍额定电流时 2min 内动作。

热继电器的发热元件额定电流可以通过整定旋钮来调整，比如对于图 18-46 所示的热继电器，将整定旋钮往内旋时，推杆位置下移，导板需要移动较长的距离才能让推杆运动而使触点动作，而只有流过电热丝电流大，才能使双金属片弯曲程度更大，即将整定旋钮往内旋可将发热元件额定电流调大一些。

### 18.6.2　应用电路

如图 18-47 所示是一种采用热继电器作过载保护（或称过热保护）的电动机自锁正转控制线路。

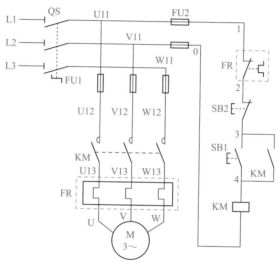

图 18-47　采用热继电器作过载保护的电动机自锁正转控制线路

（1）工作过程

① 合上电源开关 QS。

② 启动过程。按下常开启动按钮 SB1→L1、L2 两相电压通过 QS、FU2、SB2、SB1 加到接触器线圈 KM 两端→线圈 KM 得电吸合主触头 KM 和常开辅助触头 KM→L1、L2、L3 三相电压通过 QS、FU1 和闭合的主触头 KM 提供给电动机→电动机 M 得电运转。

③ 运行自锁过程。松开启动按钮 SB1→线圈 KM 依靠启动时已闭合的常开辅助触头 KM 供电→主触头 KM 仍保持闭合→电动机继续运转。

④ 停转控制。按下常闭停止按钮 SB2→线圈 KM 失电→主触头 KM 和常开辅助触头均断开→电动机 M 失电停转。

⑤ 断开电源开关 QS。

（2）欠压保护

欠压保护是指当电源电压偏低（一般低于 85%）时切断电动机的供电，让电动机停止运转。欠压保护过程：电源电压偏低→L1、L2 两相间的电压偏低→接触器线圈 KM 两端电压偏低，产生的吸合力小，不足以继续吸合主触头 KM 和辅触头 KM→主、辅触头断开→电动机供电被切断而停转。

（3）失压保护

失压保护是指当电源电压消失时切断电动机的供电途径，并保证在重新供电时无法自行启动。失压保护过程：电源电压消失→L1、L2 两相间的电压消失→线圈 KM 失电→主、辅触头断开→电动机供电被切断。在重新供电后，由于主、辅触头已断开，并且常开启动按钮也处于断开状态，故线路不会自动为电动机供电。

（4）过热保护（过载保护）

热继电器 FR 包括发热元件和触点，其发热元件串接在主电路中，常闭触头串接在控制电路中。当电动机过载运行时，流过热继电器的发热元件的电流偏大，发热元件（通常为双金属片）因发热而弯曲，通过传动机构将常闭触头断开，控制电路被切断，接触器 KM 线圈失电，主电路中的接触器 KM 主触头断开，电动机供电被切断而停转。

热继电器只能执行过载保护（即在长时间流过较大的电流时进行保护），不能执行短路保护，这是因为短路时电流虽然很大，但热继电器发热元件弯曲需要一定的时间，等到它动作时电动机和供电线路可能已被过大的短路电流烧坏。另外，当电路出现过载保护，排除过载因素后，需要等待一定的时间让发热元件冷却复位，再重新启动电动机工作。

### 18.6.3　外形与接线端

如图 18-48 所示是一种常用的热继电器，它内部有三组发热元件和一个常开触点，一个常闭触点，发热元件的一端接交流电源，另一端接负载，当流过发热元件的电流长时间超过整定电流时，发热元件弯曲最终使常开触点闭合、常闭触点断开。在热继电器上还有整定电流旋钮、复位按钮、测试杆和手动 / 自动复位切换螺钉，其功能说明如图 18-48 所示。

### 18.6.4　铭牌参数的识读

热继电器铭牌参数的识读如图 18-49 所示。

热、电磁和固态继电器的脱扣分四个等级，它是根据在 7.2 倍额定电流时的脱扣时间来确定的，具体见表 18-2，例如，对于 10A 等级的热继电器，如果施加 7.2 倍额定电流，在 2～10s 内会产生脱扣动作。

热继电器是一种保护电器，其触点开关接在控制电路，图 18-49 中的热继电器使用类别为 AC15，即控制电磁铁类负载，更多控制电路的电器开关元件的使用类型见表 18-3。

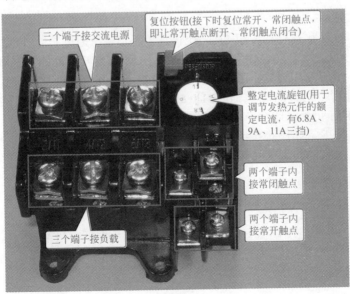

(a) 前视图

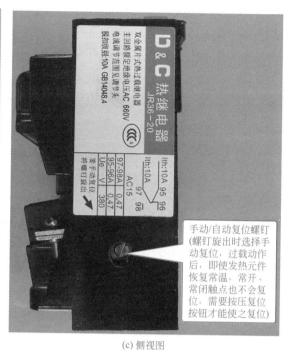

(b) 后视图

测试杆(左推时模拟发热元件过热而推动导杆，测试常开触点能否闭合，常闭触点能否断开)

(c) 侧视图

手动/自动复位螺钉(螺钉旋出时选择手动复位，过载动作后，即使发热元件恢复常温，常开、常闭触点也不会复位，需要按压复位按钮才能使之复位)

图 18-48 一种常用热继电器的接线端及外部操作部件

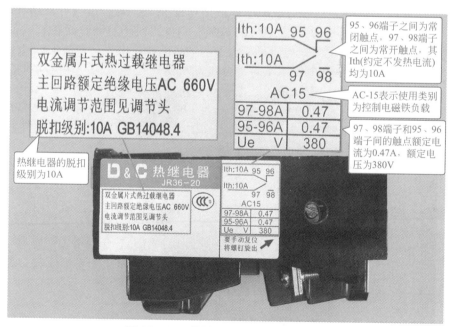

双金属片式热过载继电器
主回路额定绝缘电压AC 660V
电流调节范围见调节头
脱扣级别:10A GB14048.4

热继电器的脱扣级别为10A

95、96端子之间为常闭触点，97、98端子之间为常开触点，其Ith(约定不发热电流)均为10A

AC-15表示使用类别为控制电磁铁负载

97、98端子和95、96端子间的触点额定电流为0.47A，额定电压为380V

图 18-49 热继电器铭牌参数的识读

表 18-2　热、电磁和固态继电器的脱扣级别与时间

| 级别 | 在 7.2 倍额定电流下的脱扣时间 | 级别 | 在 7.2 倍额定电流下的脱扣时间 |
| --- | --- | --- | --- |
| 10A | $2<T_p\leqslant10$ | 20 | $6<T_p\leqslant20$ |
| 10 | $4<T_p\leqslant10$ | 30 | $9<T_p\leqslant30$ |

表 18-3　控制电路的电器开关元件的使用类型

| 电流种类 | 使用类别 | 典型用途 |
| --- | --- | --- |
| 交流 | AC-12 | 控制电阻性负载和光电耦合隔离的固态负载 |
| | AC-13 | 控制具有变压器隔离的固态负载 |
| | AC-14 | 控制小型电磁铁负载（≤72VA） |
| | AC-15 | 控制电磁铁负载（>72VA） |
| 直流 | DC-12 | 控制电阻性负载和光电耦合隔离的固态负载 |
| | DC-13 | 控制电磁铁负载 |
| | DC-14 | 控制电路中具有经济电阻的电磁铁负载 |

## 18.6.5　选用

热继电器在选用时，可遵循以下原则。

① 在大多数情况下，可选用两相热继电器（对于三相电压，热继电器可只接其中两相）。对于三相电压均衡性较差、无人看管的三相电动机，或与大容量电动机共用一组熔断器的三相电动机，应该选用三相热继电器。

② 热继电器的额定电流应大于负载（一般为电动机）的额定电流。

③ 热继电器的发热元件的额定电流应略大于负载的额定电流。

④ 热继电器的整定电流一般与电动机的额定电流相等。对于过载容易损坏的电动机，整定电流可调小一些，为电动机额定电流的 60%～80%；对于启动时间较长或带冲击性负载的电动机，所接热继电器的整定电流可稍大于电动机的额定电流，为其 1.1～1.15 倍。

选用举例：选择一个热继电器用来对一台电动机进行过热保护，该电动机的额定电流为 30A，启动时间短，不带冲击性负载。根据热继电器选择原则可知，应选额定电流为 30A、发热元件额定电流略大于 30A、整定电流为 30A 的热继电器。符合该要求的热继电器很多，这里选择 JR16-60/3 型热继电器，该继电器的额定电流为 60A，发热元件额定电流为 32A，整定电流为 32A。

## 18.6.6　检测

热继电器检测分为发热元件检测和触点检测，两者检测都使用万用表电阻挡。

（1）检测发热元件

发热元件由电热丝或电热片组成，其电阻很小（接近 0Ω）。热继电器的发热元件检测如图 18-50 所示，三组发热元件的正常电阻均应接近 0Ω，如果电阻无穷大（数字万用表显示超出量程符号"1"或"OL"），则为发热元件开路。

（2）检测触点

热继电器一般有一个常闭触点和一个常开触点，触点检测包括未动作时检测和动作时检测。检测热继电器常闭触点的电阻如图 18-51 所示。图 18-51（a）为检测未动作时的常闭触点电阻，正常应接近 0Ω，然后检测动作时的常闭触点电阻，检测时拨动测试杆，如图 18-51（b）所示，模拟发热元件过流发热弯曲使触点动作，常闭触点应变为开路，电阻为无穷大。

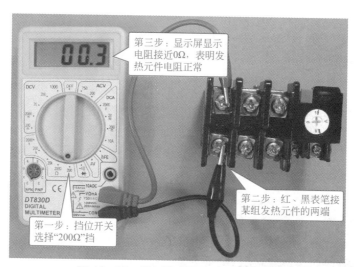

图 18-50 检测热继电器的发热元件

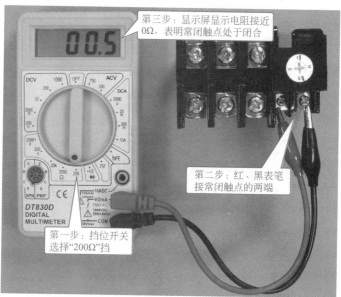

(a) 检测未动作时的常闭触点电阻

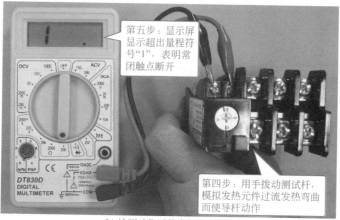

(b) 检测动作时的常闭触点电阻

图 18-51 检测热继电器常闭触点的电阻

## 18.7 中间继电器

中间继电器是一种电磁继电器，与普通继电器不同之处在于，中间继电器有很多触点，并且触点允许流过的电流较大，可以断开和接通较大电流的电路。

### 18.7.1 符号及实物外形

中间继电器的外形与符号如图 18-52 所示。

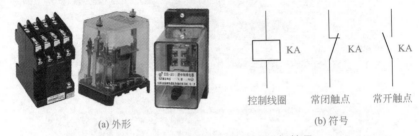

(a) 外形　　　　　　　　　　　　　　　(b) 符号

图 18-52　中间继电器的外形与符号

### 18.7.2 应用电路

中间继电器的应用电路如图 18-53 所示，它有个 2 个常闭触点和 3 个常开触点，控制线圈电压为 24V。当开关 S 处于断开时，中间继电器的常闭触点闭合，常开触点断开，HL1、HL3 灯亮，HL2、HL4、HL5 灯不亮；当开关 S 闭合时，中间继电器的线圈得电，其常闭触点断开，常开触点闭合，HL1、HL3 灯熄灭，HL2、HL4、HL5 灯变亮。

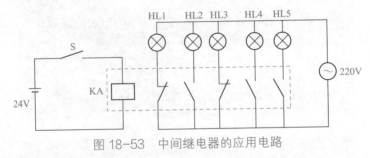

图 18-53　中间继电器的应用电路

### 18.7.3 引脚触点图及重要参数的识读

采用直插式引脚的中间继电器，为了便于接线安装，需要配合相应的底座使用。中间继电器的引脚触点图及重要参数的识读如图 18-54 所示。

### 18.7.4 选用

在选用中间继电器时，主要考虑触点的额定电压和电流应等于或大于所接电路的电压和电流，触点类型及数量应满足电路的要求，绕组电压应与所接电路电压相同。

### 18.7.5 检测

中间继电器电气部分由线圈和触点组成，两者检测均使用万用表的电阻挡。

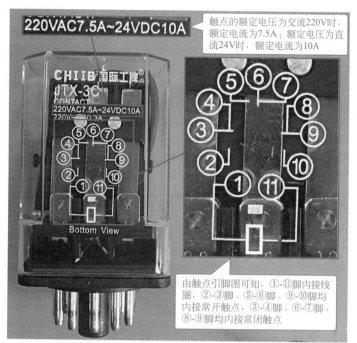

触点的额定电压为交流220V时，额定电流为7.5A；额定电压为直流24V时，额定电流为10A

由触点引脚图可知，①-⑪脚内接线圈，②-③脚、⑤-⑥脚、⑨-⑩脚均内接常开触点，③-④脚、⑥-⑦脚、⑧-⑨脚均内接常闭触点

(a) 触点引脚图与触点参数

线圈标注其额定电压为220V

(b) 在控制线圈上标有其额定电压

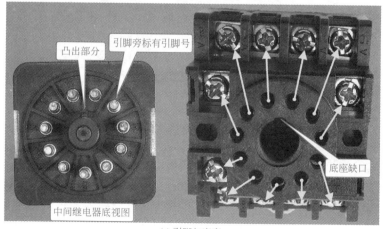

凸出部分

引脚旁标有引脚号

中间继电器底视图

底座缺口

(c) 引脚与底座

图 18-54 中间继电器的引脚触点图及重要参数的识读

① 控制线圈未通电时检测触点。触点包括常开触点和常闭触点，在控制线圈未通电的情况下，常开触点处于断开，电阻为无穷大，常闭触点处于闭合，电阻接近0Ω。中间继电器控制线圈未通电时检测常开触点如图18-55所示。

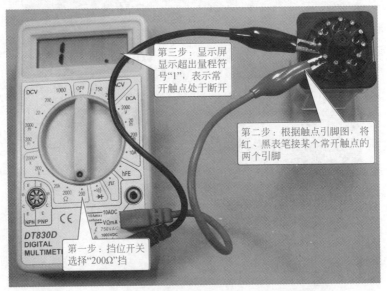

第三步：显示屏显示超出量程符号"1"，表示常开触点处于断开

第二步：根据触点引脚图，将红、黑表笔接某个常开触点的两个引脚

第一步：挡位开关选择"200Ω"挡

图 18-55 中间继电器控制线圈未通电时检测常开触点

② 检测控制线圈。中间继电器控制线圈的检测如图18-56所示，一般触点的额定电流越大，控制线圈的电阻越小，这是因为触点的额定电流越大，触点体积越大，只有控制线圈电阻小（线径更粗）才能流过更大的电流，才能产生更强的磁场吸合触点。

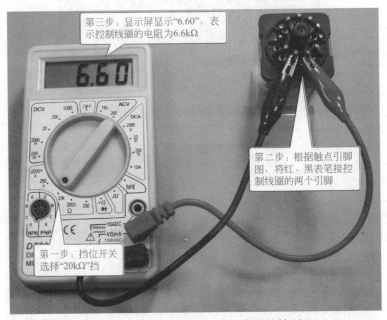

第三步：显示屏显示"6.60"，表示控制线圈的电阻为6.6kΩ

第二步：根据触点引脚图，将红、黑表笔接控制线圈的两个引脚

第一步：挡位开关选择"20kΩ"挡

图 18-56 中间继电器控制线圈的检测

③ 给控制线圈通电来检测触点。给中间继电器的控制线圈施加额定电压，再用万用表检测常开、常闭触点的电阻，正常常开触点应处于闭合，电阻接近0Ω，常闭触点处于断开，电阻为无穷大。

## 18.8　时间继电器

时间继电器是一种延时控制继电器，它在得到动作信号后并不是立即让触点动作，而是延迟一段时间才让触点动作。时间继电器主要用在各种自动控制系统和电动机的启动控制线路中。

### 18.8.1　外形与符号

如图 18-57 所示为一些常见的时间继电器。

图 18-57　一些常见的时间继电器

时间继电器分为通电延时型和断电延时型两种，其符号如图 18-58 所示。对于通电延时型时间继电器，当线圈通电时，通电延时型触点经延时时间后动作（常闭触点断开、常开触点闭合），线圈断电后，该触点马上恢复常态；对于断电延时型时间继电器，当线圈通电时，断电延时型触点马上动作（常闭触点断开、常开触点闭合），线圈断电后，该触点需要经延时时间后才会恢复到常态。

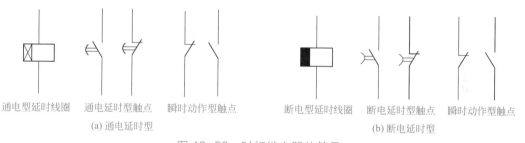

通电型延时线圈　　通电延时型触点　　瞬时动作型触点　　　断电型延时线圈　　断电延时型触点　　瞬时动作型触点

(a) 通电延时型　　　　　　　　　　　　　　　　　　　　(b) 断电延时型

图 18-58　时间继电器的符号

### 18.8.2　应用电路

如图 18-59 所示为通电延时型时间继电器的应用电路，它有个 2 个通电延时型触点、2 个瞬时动作型触点，控制线圈电压为 24V。当开关 S 处于断开时，时间继电器的通电延时型

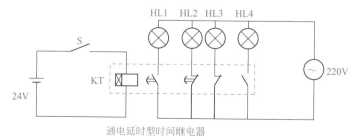

通电延时型时间继电器

图 18-59　通电延时型时间继电器的应用电路

和瞬时动作型常闭触点均闭合，常开触点均断开，HL2、HL3 灯亮，HL1、HL4 不亮；当开关 S 闭合线圈通电时，HL2、HL4 灯亮，HL1、HL3 灯熄灭，一段时间后，通电延时型触点动作，HL1 灯变亮，HL2 灯熄灭。

如图 18-60 所示为断电延时型时间继电器的应用电路，它有 2 个断电延时型触点、2 个瞬时动作型触点，控制线圈电压为 24V。当开关 S 闭合线圈通电时，时间继电器的断电延时型和瞬时动作型常闭触点均马上断开，常开触点均马上闭合，HL1、HL4 亮，HL2、HL3 灯不亮；当开关 S 断开线圈失电时，HL1、HL3 灯亮，HL2、HL4 灯不亮，一段时间后，断电延时型触点动作，HL1 灯熄灭，HL2 灯变亮。

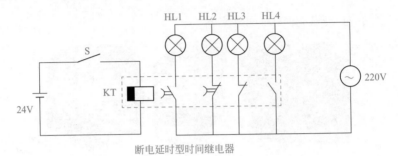

图 18-60　断电延时型时间继电器的应用电路

### 18.8.3　种类及特点

时间继电器的种类很多，主要有空气阻尼式、电磁式、电动式和电子式。这些时间继电器有各自的特点，具体说明如下。

① 空气阻尼式时间继电器又称为气囊式时间继电器，它是根据空气压缩产生的阻力来进行延时的，其结构简单，价格便宜，延时范围大（0.4～180s），但延时精确度低。

② 电磁式时间继电器延时时间短（0.3～1.6s），但它结构比较简单，通常用在断电延时场合和直流电路中。

③ 电动式时间继电器的原理与钟表类似，它是由内部电动机带动减速齿轮转动而获得延时的。这种继电器延时精度高，延时范围宽（0.4～72h），但结构比较复杂，价格很贵。

④ 电子式时间继电器又称为电子式时间继电器，它是利用延时电路来进行延时的。这种继电器精度高，体积小。

### 18.8.4　电子式时间继电器

电子式时间继电器具有体积小、延时时间长和延时精度高等优点，使用越来越广泛。如图 18-61 所示是一种常用的通电延时型电子式时间继电器。

### 18.8.5　选用

在选用时间继电器时，一般可遵循下面的规则。

① 根据受控电路的需要来决定选择时间继电器是通电延时型还是断电延时型。

② 根据受控电路的电压来选择时间继电器吸引绕组的电压。

③ 若对延时要求高，则可选择电子式时间继电器或电动式时间继电器；若对延时要求不高，则可选择空气阻尼式时间继电器。

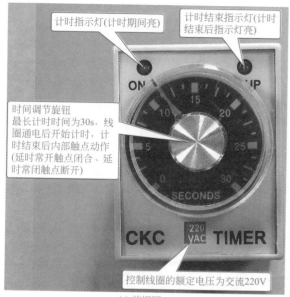

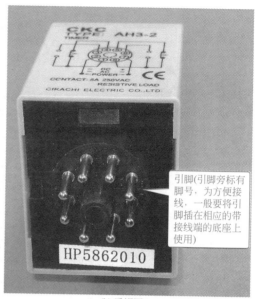

(a) 前视图        (b) 后视图

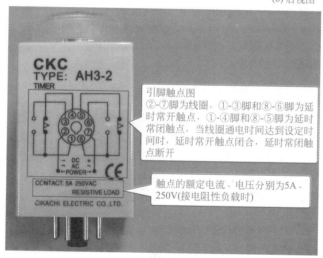

(c) 俯视图

图 18-61 一种常用的通电延时型电子式时间继电器

## 18.8.6 检测

时间继电器的检测主要包括触点常态检测、线圈的检测和线圈通电检测。

① 触点的常态检测。触点常态检测是指在控制线圈未通电的情况下检测触点的电阻，常开触点处于断开，电阻为无穷大，常闭触点处于闭合，电阻接近 $0\Omega$。时间继电器常开触点的常态检测如图 18-62 所示。

② 控制线圈的检测。时间继电器控制线圈的检测如图 18-63 所示。

③ 给控制线圈通电来检测触点。给时间继电器的控制线圈施加额定电压，然后根据时间继电器的类型检测触点状态有无变化，例如对于通电延时型时间继电器，通电经延时时间后，其延时常开触点是否闭合（电阻接近 $0\Omega$）、延时常闭触点是否断开（电阻为无穷大）。

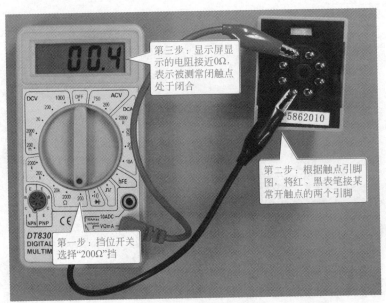

图 18-62　时间继电器常开触点的常态检测

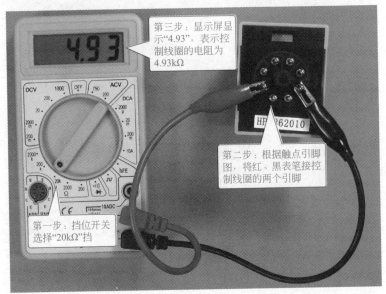

图 18-63　时间继电器控制线圈的检测

# 半导体器件型号命名法

国产半导体分立器件型号命名法

| 第一部分 | | 第二部分 | | 第三部分 | | | | 第四部分 | 第五部分 |
|---|---|---|---|---|---|---|---|---|---|
| 用数字表示器件电极的数目 | | 用汉语拼音字母表示器件的材料和极性 | | 用汉语拼音字母表示器件的类型 | | | | | |
| 符号 | 意义 | 符号 | 意义 | 符号 | 意义 | 符号 | 意义 | | |
| 2 | 二极管 | A | N型，锗材料 | P | 普通管 | D | 低频大功率管（$f_\alpha<3MHz$，$P_C≥1W$） | 用数字表示器件序号 | 用汉语拼音表示规格的区别代号 |
| | | B | P型，锗材料 | V | 微波管 | | | | |
| | | C | N型，硅材料 | W | 稳压管 | | | | |
| | | D | P型，硅材料 | C | 参量管 | A | 高频大功率管（$f_\alpha≥3MHz$ $P_C≥1W$） | | |
| 3 | 三极管 | A | PNP型，锗材料 | Z | 整流管 | | | | |
| | | | | L | 整流堆 | | | | |
| | | B | NPN型，锗材料 | S | 隧道管 | T | 半导体闸流管（可控硅整流器） | | |
| | | C | PNP型，硅材料 | N | 阻尼管 | | | | |
| | | D | NPN型，硅材料 | U | 光电器件 | Y | 体效应器件 | | |
| | | E | 化合物材料 | K | 开关管 | B | 雪崩管 | | |
| | | | | X | 低频小功率管（$f_\alpha<3MHz$，$P_C<1W$） | J | 阶跃恢复管 | | |
| | | | | | | CS | 场效应器件 | | |
| | | | | | | BT | 半导体特殊器件 | | |
| | | | | G | 高频小功率管（$f_\alpha≥3MHz$ $P_C<1W$） | FH | 复合管 | | |
| | | | | | | PIN | PIN型管 | | |
| | | | | | | JG | 激光器件 | | |

举例：

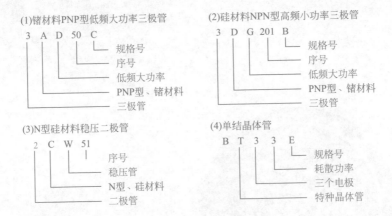

(1)锗材料PNP型低频大功率三极管

3 A D 50 C
    └── 规格号
   └──── 序号
  └────── 低频大功率
 └──────── PNP型、锗材料
└────────── 三极管

(2)硅材料NPN型高频小功率三极管

3 D G 201 B
     └── 规格号
   └───── 序号
  └─────── 低频大功率
 └───────── PNP型、锗材料
└─────────── 三极管

(3)N型硅材料稳压二极管

2 C W 51
   └── 序号
  └──── 稳压管
 └────── N型、硅材料
└──────── 二极管

(4)单结晶体管

B T 3 3 E
    └── 规格号
   └──── 耗散功率
  └────── 三个电极
└───────── 特种晶体管

### 国际电子联合会半导体器件型号命名法

| 第一部分 | | 第二部分 | | | | 第三部分 | | 第四部分 | |
|---|---|---|---|---|---|---|---|---|---|
| 用字母表示使用的材料 | | 用字母表示类型及主要特性 | | | | 用数字或字母加数字表示登记号 | | 用字母对同一型号者分挡 | |
| 符号 | 意义 | 符号 | 意义 | 符号 | 意义 | 符号 | 意义 | 符号 | 意义 |
| A | 锗材料 | A | 检波、开关和混频二极管 | M | 封闭磁路中的霍尔元件 | 三位数字 | 通用半导体器件的登记序号（同一类型器件使用同一登记号） | A B C D E F∧ | 同一型号器件按某一参数进行分挡的标志 |
| | | B | 变容二极管 | P | 光敏元件 | | | | |
| B | 硅材料 | C | 低频小功率三极管 | Q | 发光器件 | | | | |
| | | D | 低频大功率三极管 | R | 小功率可控硅 | | | | |
| C | 砷化镓 | E | 隧道二极管 | S | 小功率开关管 | | | | |
| | | F | 高频小功率三极管 | T | 大功率可控硅 | | | | |
| D | 锑化铟 | G | 复合器件及其它器件 | U | 大功率开关管 | 一个字母加两位数字 | 专用半导体器件的登记序号（同一类型器件使用同一登记号） | | |
| | | H | 磁敏二极管 | X | 倍增二极管 | | | | |
| R | 复合材料 | K | 开放磁路中的霍尔元件 | Y | 整流二极管 | | | | |
| | | L | 高频大功率三极管 | Z | 稳压二极管即齐纳二极管 | | | | |

举例：

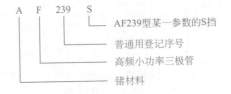

A F 239 S
    └── AF239型某一参数的S挡
   └──── 普通用登记序号
  └────── 高频小功率三极管
└──────── 锗材料

美国电子工业协会半导体器件型号命名法

| 第一部分 | | 第二部分 | | 第三部分 | | 第四部分 | | 第五部分 | |
|---|---|---|---|---|---|---|---|---|---|
| 用符号表示用途的类型 | | 用数字表示 PN 结的数目 | | 美国电子工业协会（EIA）注册标志 | | 美国电子工业协会（EIA）登记顺序号 | | 用字母表示器件分挡 | |
| 符号 | 意义 | 符号 | 意义 | 符号 | 意义 | 符号 | 意义 | 符号 | 意义 |
| JAN或J | 军用品 | 1 | 二极管 | N | 该器件已在美国电子工业协会注册登记 | 多位数字 | 该器件在美国电子工业协会登记的顺序号 | A B C D ∧ | 同一型号的不同挡别 |
| | | 2 | 三极管 | | | | | | |
| 无 | 非军用品 | 3 | 三个 PN 结器件 | | | | | | |
| | | n | n 个 PN 结器件 | | | | | | |

举例：

(1) JAN2N2904

JAN 2 N 2904
— EIA登记序号
— EIA注册标志
— 三极管
— 军用品

(2) 1N4001

1 N 4001
— EIA登记序号
— EIA注册标志
— 二极管

日本半导体器件型号命名法

| 第一部分 | | 第二部分 | | 第三部分 | | 第四部分 | | 第五部分 | |
|---|---|---|---|---|---|---|---|---|---|
| 用数字表示类型或有效电极数 | | S 表示日本电子工业协会（EIAJ）的注册产品 | | 用字母表示器件的极性及类型 | | 用数字表示在日本电子工业协会登记的顺序号 | | 用字母表示对原来型号的改进产品 | |
| 符号 | 意义 | 符号 | 意义 | 符号 | 意义 | 符号 | 意义 | 符号 | 意义 |
| 0 | 光电（即光敏）二极管、晶体管及其组合管 | S | 表示已在日本电子工业协会（EIAJ）注册登记的半导体分立器件 | A | PNP 型高频管 | 四位以上的数字 | 从 11 开始，表示在日本电子工业协会注册登记的顺序号，不同公司性能相同的器件可以使用同一顺序号，其数字越大越是近期产品 | A B C D E F ∧ | 用字母表示对原来型号的改进产品 |
| | | | | B | PNP 型低频管 | | | | |
| 1 | 二极管 | | | C | NPN 型高频管 | | | | |
| | | | | D | NPN 型低频管 | | | | |
| 2 | 三极管、具有两个以上 PN 结的其他晶体管 | | | F | P 控制极可控硅 | | | | |
| | | | | G | N 控制极可控硅 | | | | |
| | | | | H | N 基极单结晶体管 | | | | |
| 3 | 具有四个有效电极或具有三个 PN 结的晶体管 | | | J | P 沟道场效应管 | | | | |
| | | | | K | N 沟道场效应管 | | | | |
| | | | | M | 双向可控硅 | | | | |
| n-1 | 具有 n 个有效电极或具有 n-1 个 PN 结的晶体管 | | | | | | | | |

举例：

(1)2SC502A (日本收音机中常用的中频放大管)

2　S　C　502　A

└── 2SC502型的改进产品

└── 日本电子工业协会登记顺序号

└── NPN型高频三极管

└── 日本电子工业协会注册产品

└── 三极管（两个PN结）

(2)2SA495 (日本夏普公司GF-9494收录机用小功率管)

2　S　A　495

└── 日本电子工业协会登记顺序号

└── PNP高频管

└── 日本电子工业协会注册产品

└── 三极管（两个PN结）

# 常用三极管的性能参数及用途

| 型号 | 材料与极性 | $P_{CM}$/W | $I_{CM}$/mA | $BU_{CEO}$/V | $f_T$/MHz | $h_{FE}$ | 主要用途 |
|---|---|---|---|---|---|---|---|
| 9011 | 硅 NPN | 0.4 | 30 | 30 | 370 | 28~180 | 通用型，可作为高放 |
| 9012 | 硅 PNP | | 500 | 20 | | 64~202 | 1W 输出，可作为功率放大 |
| 9013 | 硅 NPN | 0.625 | 500 | 20 | | | |
| 9014 | | | 100 | 45 | 270 | 60~1000 | 低噪声放大通用型，低噪声放大 |
| 9015 | 硅 PNP | 0.45 | 100 | 45 | 190 | 60~600 | |
| 9016 | 硅 NPN | 0.4 | 25 | 20 | 620 | 28~198 | 低噪声，高频放大，振荡 |
| 9018 | | | 50 | 15 | 1100 | | |
| 8050 | 硅 NPN | 1 | 1.5A | 25 | 190 | 85~300 | 高频功率放大 |
| 8055 | 硅 PNP | | 1.5A | 25 | 200 | 60~300 | |
| 2N3903 | 硅 NPN | 0.625 | 200 | 40 | >250 | | 通用型，与 3DK4B 管对应 |
| 2N3904 | | | | | >300 | | |
| 2N3905 | 硅 PNP | | | 40 | >200 | | 通用型，与 3DK3F 管对应 |
| 2N3906 | | | | | >250 | | |
| 2N4124 | 硅 NPN | 0.625 | 200 | 25 | 300 | | 同 3DK40A |
| 2N4401 | | | | 40 | >250 | | 同 3DK4B |
| 2N5401 | 硅 PNP | 0.625 | 600 | 150 | >100 | | 放大，可作为视放 |
| 2N5551 | 硅 NPN | | | 160 | | | |
| 2N6515 | | | 500 | 250 | >40 | | 高反压管 |

续表

| 型号 | 材料与极性 | $P_{CM}$/W | $I_{CM}$/mA | $BU_{CEO}$/V | $f_T$/MHz | $h_{FE}$ | 主要用途 |
|---|---|---|---|---|---|---|---|
| 2SA708 | 硅 PNP | 0.8 | 700 | 60 | 50 | 150 | 低放，中速开关 |
| 2SA733 | | 0.25 | 150 | 50 | 180 | 200 | 通用，高、低放 |
| 2SA928A | | 1 | 2A | 30 | 120 | | 功率放大 |
| 2SC388A | 硅 NPN | 0.3 | 50 | 25 | >300 | 20~200 | 高放，图像中放 |
| 2SC815 | | 0.4 | 200 | 45 | 200 | 80 | 高放，中放振荡 |
| 2SC945 | | 0.25 | 250 | 50 | 300 | 200 | 通用，高放振荡 |
| 2SC1008 | | 0.8 | 700 | 60 | 50 | 150 | 放大，中速开关 |
| 2SC1187 | 硅 NPN | | 30 | 20 | 700 | 90 | 高放，图像中放 |
| 2SC1393A | | 0.25 | | 30 | 700 | 100 | 低噪高放 |
| 2SC1674 | | | 20 | 20 | 600 | 90 | 高放，振荡混频 |
| 2SC1730 | | | 50 | 15 | 1100 | 100 | VHF/UHF 振荡 |
| 2SC2310 | | 0.2 | 200 | 150 | 230 | 100~320 | 低噪高放 |
| 2SC2330 | 硅 NPN | 70 | 6A | | | 60 | 功率放大 |
| 2SC2383 | | 0.9 | 1A | 160 | >20 | 60~320 | 功放，场输出 |
| 2SC2500 | | | 2A | 10 | 150 | 140~600 | 闪光灯专用 |
| 2SD471A | | 0.8 | 1A | 30 | 130 | 200 | 功率放大 |
| MPS2222 | | 0.625 | 600 | 30 | >250 | | 通用型，高放 |
| MPS2907 | | | 600 | 40 | >200 | | |
| MPS5179 | | 0.2 | 50 | 12 | 900 | | 高频放大 |
| MPSA42 | | 0.625 | 500 | 300 | >50 | | 高压放大 |
| MPSA92 | | | 500 | 300 | >50 | | |
| 2SA473 | 硅 PNP | 10 | 3A | 30 | 100 | 70~240 | 功率放大 |
| 2SA614 | | 15 | 1A | 55 | 30 | 80 | 功放，稳流 |
| 2SA634 | | 10 | 3A | 30 | 55 | 100 | 功率放大 |
| 2SA940 | | 25 | 1.5A | 150 | 4 | 75 | 场输出，放大 |
| 2SB540 | 锗 PNP | 6 | 2A | 50 | 5 | 120 | 场输出，功放 |
| 2SB596 | 硅 PNP | 30 | 4A | 80 | >3 | 40~240 | 功率放大 |
| 2SB708 | | 40 | 7A | 80 | | 40~200 | 功放，中速开关 |
| 2SB834 | | 30 | 3A | 60 | 9 | 100 | |
| 2SC1096 | 硅 NPN | 10 | 3A | 30 | 65 | 60 | 功率放大 |
| 2SC1173 | | | | | 100 | 70~240 | |
| 2SC1507 | | 15 | 200 | 300 | 80 | 80 | |
| 2SC1520 | | 10 | | 250 | | | |
| 2SC2073 | 硅 NPN | 25 | 1.5A | 150 | 4 | 75 | 功放，场输出 |
| 2SC2688 | | 10 | 200 | 300 | 80 | 40~250 | 功率放大 |
| 2SD288 | | 25 | 3A | 55 | 35 | 100 | 功率，稳流 |
| 2SD362 | | 40 | 5A | 150 | 10 | 45 | 功放，开关电路 |
| 2SD363 | | 200 | 30A | 250 | | 30 | 功率放大 |
| 2SD401 | | 20 | 2A | 200 | 5 | 90 | 功放，场输出 |
| 2SD526 | | 30 | 4A | 80 | 8 | 40~240 | 功率放大 |
| 2SD888 | | 50 | 6A | 80 | | 1000 | 功率放大 |